普通高等教育农业农村部"十三五"规划教材
全国高等农林院校"十三五"规划教材
全国高等农业院校优秀教材

基础化学实验

第三版

农科各专业用

刘晓瑭　主编

中国农业出版社
北京

内容简介

　　本书将无机化学实验、分析化学实验、有机化学实验、仪器分析实验统一起来。包括化学实验安全知识，化学实验基础知识，化学实验常用仪器简介，化学实验的基本操作技能，化学物质的制备、合成、分离与纯化实验，滴定分析和质量分析实验，化学常数测定实验，仪器分析实验，综合性、设计性和研究性实验9章共55个实验，并有附录可供查阅有关数据。本书着重介绍化学实验的基础知识和基本操作技能，并将其运用到各个实验中。为了减少对环境的污染和增强环境保护意识，树立"绿色化学"的理念，有些实验为微型实验或增加了微型操作步骤，还有些实验为绿色实验。

　　本书可作为高等农林院校和其他院校非化学专业本科学生的化学实验教材，也可供从事化工生产和管理，化学产品研制、开发、检测和应用的科技人员参考。

第三版编者名单

主　编　刘晓瑭

副主编　肖　勇

参　编　（以编写章节先后为序）

　　　　周晓华　张浩然　林碧敏

　　　　陈　实　郭秀兰

第一版编者名单

主　编　罗志刚

参　编　（以编写章节先后为序）

周晓华　赵　颖　黄　鹤

林祖兴　曾满枝　陈　实

张淑婷

第三版前言

本书第二版自 2014 年 8 月出版以来，已印刷 5 次。作为农科各专业"基础化学实验"课程教材使用已近 12 年。其间，本教材对省级精品资源共享课程"基础化学实验"的建设做出了重要贡献，并入选 2017 全国农业教育优秀教材资助项目名单。为适应网络教学的发展趋势，"基础化学实验"课程也开展了线上线下混合教学，在 2020 年疫情期间，该课程被列入了华南农业大学在线教育综合平台，本教材也将继续为新环境下的课程建设服务。

本次修订继续保持前两版的宽口径、重基础、贴近农科专业实际需求的风格，在前两版基本结构的基础上，进行了部分内容的更新和修订。

(1)编写体例做了部分修改，根据实际教学过程的反馈，每个实验都增加了"数据记录及处理"条目，引导学生更好地记录数据、现象和完成实验报告；在"实验用品"条目中增加了"其他用品"，列出不属于仪器和药品的实验用品；将实验中作为解释和说明的内容作为页下注以增加阅读的连续性。

(2)为了凸显实验中安全的重要性，将"化学实验安全知识"作为第一章独立成章，将主要安全规则在开篇明确罗列，特别增加了实验室常见事故的急救知识，并且将化学试剂分为非管控试剂和管控试剂分别介绍。

(3)在"化学实验基础知识"中，将指示剂的内容归入"化学试剂的分类"中介绍，并将常见指示剂的性质列于附录 7 中；增加了对称量纸的介绍；将常用化学分析方法简介调整到"样品分析的一般程序和方法"中介绍；实验数据的处理方法中 Excel 作图采用了最新的版本。

(4)在"化学实验常用仪器简介"中，增加了一些实验中用到的玻璃仪器和用具；详细介绍了电子天平的原理和用法，而删除了化学实验室中几乎不再使用的机械天平；增加了熔点仪、折射仪、自动电位滴定仪、X 射线衍射仪、核磁共振波谱仪、热重分析仪、气体吸附比表面积测试仪、透射电子显微镜和扫描电子显微镜等常用的分析仪器；原子吸收光谱仪等也以更新型号的仪器为例介绍其结构和操作。

(5)在"化学实验的基本操作技能"中删除了实验室中几乎不会应用的"玻璃工操作"及相应的实验项目；在"液体体积的度量与滴定"中介绍了量器的校正；以"化合物物理

常数的测定"为基础改写为"温度计和物质熔沸点的测定"。

(6)在实验项目方面，进行了删改和调整，使之更加贴近实际和更具农科特色。例如将"几种日用化学品的制备及应用"通过改写作为综合性实验由"化学物质的制备、合成、分离与纯化实验"部分调整到"综合性、设计性和研究性实验"部分，并且增加了"免洗消毒凝胶的制备"实验；将"化学常数测定"中与醋酸酸度测定有关的几个实验整合为"醋酸溶液 pH 和醋酸离解常数的测定"；对各项目都进行了文字修订，使表述一致。在修订过程中，征求了任课教师的意见和建议，同时结合教学研究的成果，优化了部分实验操作方法和实验条件；随着实验条件的改善，仪器设备进行了部分更新，相应的装置图和操作步骤进行了调整。

第三版内容包括化学实验安全知识，化学实验基础知识，化学实验常用仪器简介，化学实验的基本操作技能，化学物质的制备、合成、分离与纯化实验，滴定分析和重量分析实验，化学常数测定实验，仪器分析实验，综合性、设计性和研究性实验等 9 章共 55 个实验，书后附录列出了实验中可能会用到的相关数据和方法。本书适用于高等农林院校和其他院校非化学专业的本科学生。

本书由华南农业大学刘晓瑭主编，所有编者及完成章节如下：刘晓瑭（绪论、3.2、3.13、3.15 及第 4 章）、周晓华（第 1 章、第 2 章及 3.1）、张浩然（第 5 章及 3.17、3.18）、肖勇（第 6 章及 3.16）、林碧敏（第 7 章）、陈实（第 8 章及 3.3～3.12）、郭秀兰（第 9 章及 3.14），董汉武绘制了部分图片，全书由刘晓瑭统一整理定稿。

本书在修订过程中得到了华南农业大学材料与能源学院的任课教师及公共基础课实验教学中心基础化学实验室老师的支持和帮助，他们不仅提出了许多宝贵意见，而且提供了许多实验数据，第二版的主编罗志刚教授因退休，编者赵颖老师、张淑婷老师、刘小平老师、曾满枝老师因工作关系没有参加第三版的编写，但仍然给予了本次修订极大的支持，在此一并表示衷心感谢！感谢广东省本科高校教学质量与教学改革工程之"精品教材"项目的资助！同时感谢中国农业出版社和华南农业大学本科生院对本教材的修订和出版给予的大力支持！

由于编者水平有限，书中难免存有错漏和不当之处，恳请读者提出宝贵意见。

编　者

2021 年 6 月于广州

第一版前言

本书是根据最新的高等农业院校普通化学实验、分析化学实验、有机化学实验、仪器分析实验教学大纲和教学基本要求编写的，它将几门化学实验课程整合在一起，旨在建立基础化学实验课程的新体系。内容包括化学实验的基础知识，化学实验常用仪器简介，化学实验的基本操作技能，化学物质的制备、合成、分离与纯化实验，验证性实验，滴定分析和质量分析实验，化学常数测定实验，仪器分析实验，综合性、设计性和研究性实验9章共67个实验，书后附录所列的数据可应用于有关实验的结果计算。对各个实验内容，力求做到原理叙述简明准确，操作步骤切实可行。为了减少对环境的污染和增强环境保护意识，有些实验为微型实验或增加微型操作步骤。微型实验是近年来国内外迅速发展的一种实验方法和实验技术，它具有现象明显、效果良好、节省时间、降低消耗、减少污染、操作安全、实验设备携带轻便等优点，因此越来越受到关注，应用渐广。在内容的安排上，着重介绍化学实验的基础知识和基本操作技能，并将其运用到各个实验中去，力求把化学物质的"结构-性质-应用-制备-提纯-测定"的关系完整地传授给学生，使学生对化学实验的基础知识和基本操作技能有一个全面的认识和整体的训练，为学习专业课程和将来从事科学研究打下坚实的基础。本书适用于高等农业院校非化学专业的本科学生。

基础化学实验是高等农业院校一门重要的基础实验课程，是实践性环节的重要一环，它对培养高级农业科技人才起着重要的作用。在本书编写中，既注意本课程的系统性、科学性和先进性，又考虑与化学理论课程相适应，与农科各专业相关联，以有利于学生的素质教育、能力培养和个性发展，使学生通过本课程的学习和实践，提高科学素质和创新能力。

本书由华南农业大学罗志刚主编，参加编写的教师有（以编写章节先后为序）：罗志刚（绪论，第三章及第二章的第二、三、十节）、周晓华（第一章及第二章的第一节）、赵颖（第四章）、黄鹤（第五章）、林祖兴（第六章）、曾满枝（第七章）、陈实（第八章及第二章的第四、五、六、七、八、九节）、张淑婷（第九章），全书由罗志刚统一整理定稿。

　　本书是全国高等农林院校"十一五"规划教材，在编写和出版中得到了华南农业大学和中国农业出版社的大力支持，华南农业大学理学院应用化学系的教师提出了许多宝贵的意见，在此一并致以衷心的感谢。

　　由于编者水平有限，书中难免有疏漏和不妥之处，敬请读者批评指正。

编　者

2009 年 5 月于广州

目　录

绪　论

纵观自然科学的发展，几乎每一理论的突破、每一定律的创立、每一成果的获得，都离不开实践，尤其化学，更是一门实践性很强的科学。通过化学实验发展了化学理论，而化学理论的发展，又促使化学实验向更高的要求、更强的手段迈进。

◆**关于基础化学实验**

基础化学实验是针对非化学化工专业的学生开设的化学实验课，也是农业院校的一门重要基础实验课程，是实践教学的重要环节。基础化学实验包含无机化学实验、分析化学实验、有机化学实验和物理化学实验，以介绍化学实验的原理和方法为主要内容，以实际操作为主要手段，以培养操作技能和创新精神为主要目的。本教材在编写过程中，在完整体现化学原理和体系的前提下，尽可能结合农科特色，使学生在接受化学基本操作技能训练、掌握化学实验基本操作规范的同时，也能了解各农科专业的基础，提升学习基础化学实验的积极性和主动性。实验室的安全知识和化学实验基础知识帮助学生在走进化学实验室的第一天就建立起牢固的安全意识和规则意识，并初步了解做实验的基本程序和方法。学生从实验室常用仪器简介和化学实验的基本操作技能中可以初步认识化学实验用到的各种或简单或复杂的仪器以及在所有实验中都会涉及的各种操作的规范，有助于后续实验的顺利开展，也可作为实验各过程中随时查阅的参考资料。化学物质的制备、合成、分离和纯化实验，可以帮助学生学会制备和合成自然界难以获得或不存在的物质，学会从农林产品或天然产物中分离和提纯各种有效成分；滴定分析和重量分析实验的重点在于帮助学生学习和掌握定量分析的原理和方法以及分析结果的表达，并培养正确、规范的操作；化学常数测定实验的目的在于使学生了解有关数据的测定原理和方法及仪器的使用，并能对数据进行分析处理而得到相关的原理、定律或结论，从而更深刻地理解理论课中讲授的化学常数的来历；仪器分析实验介绍了大型分析仪器的发展和应用，帮助学生了解和学习有关仪器的工作原理和使用方法，并进行相关的定性或定量分析；综合性、设计性和研究性实验更注重与实际应用的结合，具有开放性和启发性，学生通过查阅文献，设计多元化的实验方案，有助于发现问题、分析问题、解决问题的综合能力的提升和创新精神的培养。总之，基础化学实验包含了化学实验的基础知识、基础理论和基本技能，体现了化学物质的"结构-性质-应用-制备-提纯-测定"的关系，通过本课程的学习和实践，学生将获得上述技能的全面训练，对化学和物质将有更直观、更全面的认识，也有助于科学精神的培养和科学思维的形成，为后续专业课程的学习和将来从事科学研究奠定坚实的基础。

◆**为什么要做基础化学实验**

我国著名的无机化学家和教育家戴安邦教授指出："只传授化学知识和技术的化学教育是片面的，全面的化学教学要求既传授化学知识和技术，更训练科学方法和思维，还培养科学精神和品德。学生在化学实验室中是学习的主体，在教师指导下进行实验，训练由实验解决化学问题，使各项智力因素皆得以发展，故化学实验是实施全面化学教育的一种最有效的教学形式。"这段话很精辟地阐释了为什么要做基础化学实验。对于农科学生而言，基于以下原因必须学习而且应该认真努力地学好基础化学实验。

(1)后续专业课程学习的要求　农业科学各学科的发展、各理论的建立都必须建立在实验和实践的基础上，几乎所有的专业实验和专业研究都离不开化学实验的基础知识、基本理论和基本操作技能。因此，基础化学实验是后续专业课程的基础。

(2)掌握正确的实验操作技能　正确的操作才能产生正确的数据和结果，从而获得正确的结论。通过基础化学实验可以掌握化合物常见的制备方法、分离方法和定量分析方法以及性能表征方法，从而建立准确的"量"的概念。在基础化学实验中进行基本操作的训练具有重要意义，是逐步掌握科学研究方法的基础。

(3)提升独立思考的工作能力　在完成基础化学实验的过程中，必须要能够联系理论课中讲授的相关知识理解实验的原理，还必须在实验中仔细观察、记录现象，实验完成后必须对观察到的现象进行分析、归纳和综合，对所记录的数据进行科学的处理和分析，并能对实验的结果进行分析讨论、得出结论。这样完整的研究过程无疑会提升实验者的思考能力。

(4)建立科学方法论　通过实验，特别是设计性和研究性实验，将全面系统地学习查阅文献、整理文献和设计实验方案的方法，并独立开展实验和研究工作，直至获得实验成果。在这一过程中不仅要综合应用重要的化学理论和概念，而且要考虑到这些理论和规律的应用条件、范围和方法，才能形成可行的实验方案。在实施过程中，也要根据实验进展实时调整实验策略，才能获得最终的可信的实验结果。多次反复必将帮助实践者形成科学的方法论。

(5)培养严谨的科学精神和科学的工作态度　在化学实验中，必须合理安排、规范操作、细致观察，必须坚持实事求是的作风，忠实于所观察到客观现象和如实测得的数据。若发现实验现象与理论不符，应检查实验操作是否正确或所用理论是否合适等，而不能不求甚解地盲从或修改数据。逐渐让科学精神和科学的工作态度生根发芽。

◆**如何做好基础化学实验**

任何一门课程要取得良好的教学效果，都离不开教与学两个环节。从教的角度而言，基础化学实验的指导教师应使学生明确实验目的、实验原理、实验方法及实验技术在操作步骤中的具体运用，注意基本操作技能的培养，启发学生的思维，充分发挥学生的主观能动性，给学生留下探索的余地、思考的时间和设计的空间。鼓励学生勇于探索、敢于创新，使学生通过本课程的学习和实践，具备一定的化学实验素质和创新能力，拓宽视野，了解化学与其他学科，尤其是农林学科、生命科学、食品科学、环境科学、材料科学、能源科学、医药科学的关系，并掌握基本的、科学的研究方法，以便在一定程度上能用化学的观点和方法从分子水平去观察分析和研究解决各自学科的有关现象和问题。从学的角度而言，要学好任何一门课程，学生首先都必须明确学习的目的和意义，有正确的学习态度，其次要掌握正确的学习方法。在基础化学实验的学习中，主要的学习过程包括以下四个环节，不仅是学生学习的重要环节，也是教师评价学习效果的重要环节。

(1)预习　充分有效的预习是做好实验的前提和保证，通过预习要了解实验原理、实验方法和有关的实验技术在操作步骤中的具体运用，了解实验的重点和难点，并明确要做好该实验需要注意的具体问题，带着问题来做实验，才能在规定的时间内顺利完成全部实验内容，达成预期的实验目的。预习工作可归纳为"看、查、写"三步。

① 看：通过仔细阅读实验教材和复习相关的理论知识，明确本实验的目的，熟悉实验

内容、有关原理、操作步骤、数据处理方法、有关基本操作和仪器的使用方法，了解实验中的注意事项(特别是安全事项)和做好实验的关键所在，初步估计每个反应或步骤的预期结果，回答实验思考题。对实验内容做到胸有成竹，避免盲目地"照方抓药"。预习不充分，指导教师可根据具体情况停止其实验。

② 查：从资料中查出实验所需的数据或常数；对设计性、研究性实验，要认真查阅实验教材中提供的以及近期有关文献，制订出切实可行的详细的实验方案。

③ 写：对于一般的实验项目，在充分预习的基础上写出完整的预习报告；对于综合性、设计性和研究性实验项目，必须在充分查阅资料、分析总结的基础上完成预习报告。预习报告一般包括实验目的、实验原理、实验步骤、实验现象与数据记录、注意事项、实验所需的常数等部分，也可提出预习中发现的而自己无法解决的问题，具体的要求和做法见实验报告部分。预习过程应能回答思考题中与实验操作有关的问题，以备指导教师在课前提问。预习报告要做到简明扼要、逻辑清晰、切勿抄书。

(2)实验操作　实验操作是实验课程教学的主体环节，师生都必须高度重视，严格履行各自的职责。教师应严格要求、耐心指导。学生应接受教师的指导、规范操作。具体包括以下几点：

① 在实验中应始终保持肃静，严格遵守实验室的安全和工作规则。

② 所有的实验都应根据实验教材中规定的，或课堂上指导教师确定的，或审核通过的实验方案中设计的方法、步骤和试剂用量等进行操作，不得擅自更改实验方案。

③ 实验中要有操作的积极性和主动性，并能正确、规范地进行操作和使用仪器；要认真、细致地进行观察，并及时、准确地将实验现象、数据记录在预习报告中预留的空位和表格中。翔实地做好实验记录是至关重要的，一方面可以训练真实、正确地反映客观事实的能力，另一方面也便于分析实验成功或失败的原因，培养实事求是的科学精神和严谨的学术作风。

④ 在实验中遇到疑难问题，应独立思考或与周边同学小声讨论解决，若确实难以解决，可请教指导教师帮助。若发现实验现象与理论不符，或与教材中预期描述不同，应认真分析、检查原因，经与指导教师沟通并征得同意后，再细心地重做实验；也可做对照实验、空白实验或重新设计实验进行验证，从中得到有益的科学结论，并训练科学的思维方法。

⑤ 实验完成后，需将实验记录交指导教师审阅签字后，整理好实验台面，再离开教室。

(3)实验报告　实验后根据实验记录实事求是地写出实验报告，归纳总结实验现象和数据，分析讨论实验结果和问题，并做出相应的结论，还可以提出实验意见和建议。学生应独立完成实验报告，不得抄袭他人报告，即使分组实验也必须各自独立完成实验报告。实验报告应书写整洁、文字简练、分析有据、结论明确。实验报告(含预习报告部分)用报告纸书写，分两部分完成，其中以下①～⑦项内容实验前完成(作为预习报告内容)，⑧～⑩项内容为实验后完成。

① 实验名称

② 实验目的：只有明确实验目的和具体要求，才能更好地理解实验内容和操作依据，做到心中有数、有的放矢。

③ 实验原理：用简明扼要的文字和化学方程式说明实验原理，若实验中涉及特殊的装置，应画出实验装置图。切忌抄书！

④ 仪器与药品：列明实验中所需的各种用品，特别要预习各种仪器的使用方法，了解各种试剂的性质，清楚使用中的注意事项。

⑤ 操作步骤：条理清楚、简明扼要地写出实验步骤，可以用流程图表达，切勿照书抄。（在预习报告中，可空出本部分右侧 1/3 位置作为实验过程中记录实验现象的空格）

⑥ 注意事项：列出实验中应特别注意的安全、操作等事项。（本部分不是每个实验都必须有的，根据实验的具体内容而定）

⑦ 实验数据记录：在预习实验时，应根据实验内容设计好实验数据记录的项目，可用表格或文字空格表示；在本部分还应列出实验所需的物理常数。本部分是预习报告的重点部分，可以充分体现实验者对实验内容的整体了解和结果呈现所需数据的把握等预习效果。

⑧ 数据处理及现象分析：依据前述的记录，用文字、表格、绘图等方式将实验现象及数据表示出来，列出有关计算公式，进行计算并将结果列入表中或绘制图形。有的实验则需要根据实验现象和结果写出实验结论等。本部分尽量使用规范的表格和图形，可以直观明了地体现数据处理结果和实验结论。

⑨ 误差分析与问题讨论：本部分包括两个方面。一是根据计算所得的误差或相对平均偏差、回收率、产率等进行分析讨论，或探讨实验现象和结论产生的原因等；二是总结通过本次实验在理论和实验操作方面的收获，或者对实验操作和仪器装置等的改进建议以及实验中的疑难问题分析等。通过问题分析讨论，可以达到总结、巩固和提高的目的，也可以训练科技论文的写作能力。

⑩ 思考题：有的思考题是在预习时需要解决的，还有一些是需要在实验完成后解决的。可根据指导教师的布置，完成相应的思考题。

(4)实验态度和科学精神　作为自然科学的实验课程，必须以科学的态度对待和参与，并通过实验过程，不断地形成和强化科学精神、科学方法和科学态度。具体体现在以下方面：不迟到，不早退，不无故旷课；实验中注意安全，保持整洁、安静，无特殊情况不离开实验室；实验过程中体现严谨、科学的态度和协作、负责的精神；实验后整理好药品，清洁实验柜、药品架和仪器，并由老师检查验收。值日生负责整理药品和仪器、清洁实验台面和地面卫生、检查并关好水电门窗等。

◆如何报告实验结果

所有实验完成后，都需以一定的形式报告实验结果，即所谓的实验报告。实验报告可以有多种形式。为了帮助实验者在撰写实验报告时能有的放矢，本教材的每个实验都列出了数据记录的参考格式和结果分析讨论的建议内容，在此基于基础化学实验课程中三类实验给出相应的实验报告范例，供参考。设计性实验和研究性实验的实验报告涉及查阅文献和文献综述等内容，实验报告的格式与这些范例不同。

Ⅰ. 制备实验

基础化学实验报告

姓名_____　　　　班级_____　　　　日期_____

实验名称　__工业 $CuSO_4 \cdot 5H_2O$ 的提纯和结晶水测定__

一、实验目的

(1)掌握结晶和重结晶提纯物质的原理和方法。

(2)了解加热脱水测定化合物结晶水的原理和方法。

(3)综合训练称重、加热、沙浴加热、溶解、沉淀、过滤、减压过滤、结晶、重结晶、洗涤、干燥等基本操作。

二、实验用品(略。根据教材内容整理即可)

三、实验原理

粗硫酸铜中含有不溶性杂质和 $FeSO_4$、$Fe_2(SO_4)_3$、$Cu(NO_3)_2$ 等可溶性杂质。不溶性杂质可过滤除去；$FeSO_4$ 用 H_2O_2 氧化为 $Fe_2(SO_4)_3$，调节 $pH \approx 4.0$，使 Fe^{3+} 水解为 $Fe(OH)_3$ 沉淀而过滤除去。

$$2Fe^{2+} + H_2O_2 + 2H^+ = 2Fe^{3+} + 2H_2O$$

$$Fe^{3+} + 3H_2O = Fe(OH)_3 \downarrow + 3H^+$$

除去 Fe^{3+} 的滤液经蒸发、浓缩、冷却，即可析出 $CuSO_4 \cdot 5H_2O$ 晶体。抽滤后可除去一些可溶性的杂质。$Cu(NO_3)_2$ 在水中的溶解度比 $CuSO_4$ 的大得多，可利用重结晶的方法，使它留在母液中而与 $CuSO_4$ 分离；最后将产品干燥即得纯的 $CuSO_4 \cdot 5H_2O$。

$CuSO_4 \cdot 5H_2O$ 加热时随着温度升高逐步脱水，通过准确称量脱水前后样品的质量，计算出结晶水数目。

四、实验步骤

1. 提纯　　　　　　　　　　　　　　　　　　　　　　　实验现象记录

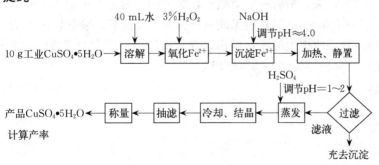

2. 重结晶(参照上述流程)

3. 结晶水的测定(参照上述流程，可给出沙浴的装置图)

五、数据记录

1. 工业 $CuSO_4 \cdot 5H_2O$ 的质量_____g；初步提纯后 $CuSO_4 \cdot 5H_2O$ 的质量_____g；重结晶后 $CuSO_4 \cdot 5H_2O$ 的质量_____g；回收率_____%

2. 坩埚重_____g；

坩埚＋$CuSO_4 \cdot 5H_2O$ 质量_____g；$CuSO_4 \cdot 5H_2O$ 重_____g；

坩埚＋无水 $CuSO_4$ 质量_____g；无水 $CuSO_4$ 重_____g

六、数据处理与结果讨论

1. 数据处理

$CuSO_4 \cdot 5H_2O$ 回收率_____%

结晶水质量_____g；$n(CuSO_4)$_____mol；$n(H_2O)$_____mol

$CuSO_4 \cdot 5H_2O$ 所含的结晶水数目＝$\dfrac{n(H_2O)}{n(CuSO_4)}$＝_____

相对误差＝$\dfrac{实验值－理论值}{理论值} \times 100\%$＝_____

2. 结果讨论（供参考）

（1）根据溶度积规则计算可知，pH 在 3.5～4.0 时，Fe^{3+} 可完全水解生成 $Fe(OH)_3$ 沉淀，Fe^{2+} 要在 pH＝9.7 时才能完全水解生成 $Fe(OH)_2$ 沉淀，而 Cu^{2+} 在 pH 为 4.6 左右就开始水解。因此，首先将 Fe^{2+} 转化为 Fe^{3+}，并调节 pH≈4.0，使 Fe^{3+} 完全水解而被过滤除去，此时，Cu^{2+} 不水解。

（2）能将 Fe^{2+} 转化为 Fe^{3+} 的氧化剂有 $KMnO_4$、$K_2Cr_2O_7$、Cl_2、H_2O_2 等，选用 H_2O_2 的原因是：其还原产物为水，不引进新杂质，而过量的 H_2O_2 可通过加热分解除去。滴加 H_2O_2 时的温度不宜过高，否则会加速 H_2O_2 的分解，可能导致 Fe^{2+} 的氧化不完全。

（3）精制后的硫酸铜溶液用稀硫酸调节 pH 为 1～2，是防止少量进入溶液的 $Fe(OH)_3$ 胶体混入产品中，同时也避免加热过程中硫酸铜的水解。在浓缩过程中使用小火，慢慢蒸发，晶膜刚出现时应立即停止加热和搅拌，令其自然冷却、结晶。

（4）由于 $CuSO_4 \cdot 5H_2O$ 的脱水过程分为两个阶段：第一阶段 42～191 ℃，失去四个结晶水；第二阶段 216～288 ℃，失去最后一个结晶水，成为白色粉末状的无水 $CuSO_4$。因此在沙浴脱水时应保持温度为 260～280 ℃，在保证完全脱水的前提下，避免 $CuSO_4$ 分解。

（5）讨论上述提纯产物回收率偏低还是偏高，并分析原因；将实验所得 $CuSO_4 \cdot 5H_2O$ 结晶水数目与理论值比较，分析导致误差的可能因素。

七、思考题（略）

Ⅱ．物理量测定实验

基础化学实验报告

姓名＿＿＿＿＿＿　　　　　班级＿＿＿＿＿＿　　　　　日期＿＿＿＿＿＿

实验名称　排水集气法测定金属镁的摩尔质量　

一、实验目的

(1)掌握排水集气法测定金属镁摩尔质量的原理与方法。

(2)掌握排水集气的操作技术。

(3)掌握理想气体状态方程式和分压定律的应用。

二、实验用品(略。根据教材内容整理即可)

三、实验原理

镁能从稀盐酸溶液中定量置换出氢气，反应方程式为

$$Mg+2HCl \longrightarrow MgCl_2 + H_2(g)$$

反应中生成的 H_2 的物质的量 $n(H_2)$ 等于消耗的单质 Mg 的物质的量 $n(Mg)$，假设实验中的气体为理想气体，则有

$$n(H_2)=n(Mg)=\frac{m(Mg)}{M(Mg)}, \qquad n(H_2)=\frac{p(H_2)V(H_2)}{RT}$$

排水集气法收集到的气体实际上是氢气与水蒸气的混合气体，两者的总压为外界的大气压 p，由量气管测得的气体的体积为 $V(mL)$，则

$$M(Mg)=\frac{RTm(Mg)}{[p-p(H_2O)]\cdot V(H_2)}\times 1\,000$$

四、实验步骤

实验现象记录

1. 用砂纸打磨镁条至光亮。

2. 用分析天平称取镁条 3 份，每份重 0.025～0.035 g。

3. 玻璃缸中注入约 4/5 容积的自来水，浸泡软木塞。

4. 轻折镁条，用铜丝缠好，固定在软木塞上。

5. 往量气筒中加入 10 mL 4 mol·L^{-1} HCl 溶液，再沿筒壁缓慢加入蒸馏水至满，用步骤 4 中的软木塞塞住量气筒。

6. 迅速将量气筒倒置于玻璃缸中。

7. 镁条完全反应后，移去软木塞。待筒内外浓度、温度一致后，准确读取气体体积 V。

＊＊注意事项＊＊

(1)禁止明火。

(2)镁条必须打磨光亮，完全除去表面的黑色氧化膜。

(3)量气筒中加入 HCl 溶液后，加蒸馏水时必须沿筒壁缓慢注入，尽量减少 HCl 溶液和水混溶。

(4)反应过程中软木塞要始终完全浸入水中；镁条完全反应后，应轻轻敲击量气筒的下端，使气泡全部上升，然后在水下移去软木塞；整个反应过程中集气管不能离开水面。

五、数据记录及处理

室温 $T=$＿＿＿＿℃，大气压 $p=$＿＿＿＿Pa。

测量次数	$m(Mg)/g$	$V(H_2)/m^3$	$p(H_2O)/Pa$	$p(H_2)/Pa$	$M(Mg)/$ $(g \cdot mol^{-1})$	$\overline{M}(Mg)/$ $(g \cdot mol^{-1})$
1						
2						
3						

六、结果与讨论

1. 将实验值 $\overline{M}(Mg)$ 与理论值 $M(Mg)=24.305\ g \cdot mol^{-1}$ 比较，计算测量的相对误差。

2. 分析本实验中产生误差的原因及消除方法。

3. 针对本实验提出改进方案。

七、思考题（略）

Ⅲ. 定量分析实验

基础化学实验报告

姓名_____　　　　班级_____　　　　日期_____

实验名称__甲醛法测定铵盐的含氮量__

一、实验目的

(1)掌握 NaOH 溶液的标定和甲醛法测定铵盐中含氮量的原理和方法。

(2)掌握分析天平的操作技能，能熟练使用分析天平进行减量法称量。

二、实验用品(略。根据教材内容整理即可)

三、实验原理

1. NaOH 标准溶液标定的原理

本实验采用邻苯二甲酸氢钾($KHC_8H_4O_4$)标定 NaOH 溶液的浓度，反应方程式如下：

$$\text{(COOH)(COOK)C}_6\text{H}_4 + NaOH = \text{(COONa)(COOK)C}_6\text{H}_4 + H_2O$$

计量点时，溶液的 pH 约为 9，可选用酚酞作指示剂，记录 NaOH 溶液的体积 $V(\text{mL})$，用下式计算出 NaOH 溶液的浓度。

$$c(NaOH) = \frac{m(KHC_8H_4O_4) \times 1\,000}{V(NaOH) \cdot M(KHC_8H_4O_4)} = \frac{1\,000 m(KHC_8H_4O_4)}{204.22\,V(NaOH)}$$

2. 甲醛法测定铵盐含氮量的原理

铵盐中的 NH_4^+ 的酸性太弱($K_a^\ominus = 5.6 \times 10^{-10}$)，需将其与甲醛作用，定量生成 $(CH_2)_6N_4H^+$ 和 H^+，再用 NaOH 标准溶液直接滴定 $(CH_2)_6N_4H^+$($K_a^\ominus = 7.1 \times 10^{-6}$)和 H^+，反应方程式如下：

$$4NH_4^+ + 6HCHO = (CH_2)_6N_4H^+ + 3H^+ + 6H_2O$$
$$(CH_2)_6N_4H^+ + 3H^+ + 4OH^- = (CH_2)_6N_4 + 4H_2O$$

滴定生成弱碱$(CH_2)_6N_4$($K_b^\ominus = 1.4 \times 10^{-9}$)，终点时溶液为弱碱性，选用酚酞作指示剂。利用 NaOH 标准溶液的浓度和消耗的体积即可计算出铵盐的含氮量。

四、实验步骤

1. 0.1 mol·L⁻¹ NaOH 溶液的标定

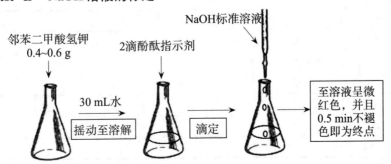

2. 铵盐试样中氮含量的测定

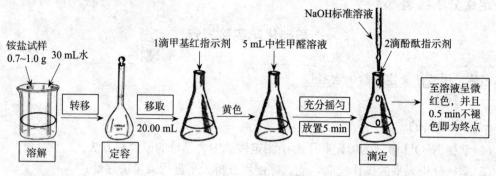

∗∗注意事项∗∗

加入甲基红指示剂后，若溶液呈红色，表明试样中含有游离酸，需用 NaOH 溶液中和滴定至红色刚变为黄色，再继续下一步操作。

五、数据记录

1. NaOH 标准溶液标定的数据记录和偏差计算表

项目		次数		
		1	2	3
$m(KHC_8H_4O_4)/g$				
$V(NaOH)/mL$	终读数			
	始读数			
	用 量			
$c(NaOH)/(mol \cdot L^{-1})$				
平均值 $c(NaOH)/(mol \cdot L^{-1})$				
偏差				
平均偏差				
相对平均偏差				

2. 铵盐中氮含量的测定数据记录和偏差计算表

项目		次数		
		1	2	3
$c(NaOH)/(mol \cdot L^{-1})$				
铵盐试样量/g				
$V(NaOH)/mL$	终读数			
	始读数			
	用 量			
$w(N)/\%$				
平均值 $w(N)/\%$				
相对平均偏差				

根据实验原理和实验过程可知铵盐中氮的质量分数用下式计算：

$$w(N) = \frac{c(NaOH) \cdot V(NaOH) \times 14.01 \times 10^{-3}}{\frac{1}{5} \times m(试样)} \times 100\%$$

六、结果与讨论

1. 根据以上相对平均偏差的结果，讨论造成偏差的原因和消除方法。

2. 根据计算所得含氮量的结果，预测铵盐试样的种类（常见无机盐）。

3. 可分析实验中试剂的选择和相关操作的原因。

七、思考题（略）

1 化学实验安全知识

【概述】

化学是一门实验科学，学习化学必须要做化学实验。进入实验室必须遵守实验室规则和安全守则，认识并掌握实验室基本的安全标识。了解化学试剂的管理办法，尤其是危险化学品、易制毒化学品、易制爆危险化学品、放射性物品等管控化学品的使用和管理制度，使用这些管控化学品必须做到按程序严格审批、责任落实、安全可控。

作为重要的实验学习场所，化学实验室里存有各种实验必需的试剂和仪器，所以常常潜藏着诸如着火、爆炸、中毒、灼伤和割伤等安全隐患。这就要求实验者必须具备必要的安全知识，尽可能避免事故的发生，即使万一发生事故也能及时妥善处理。

综上所述，在进入实验室开始实验之前，首先必须熟知实验室规则和安全守则，了解管控危险化学品的审批、使用和管理办法，掌握化学实验安全知识、防护方法和应急处理技能，这样才能保证化学实验安全有序顺利地进行。

1.1 实验室安全守则

化学实验室中许多试剂易燃、易爆，具有腐蚀性和毒性，实验过程中也会用到水、电、煤气及各种玻璃仪器，均存在着不安全因素，所以进行化学实验时，绝不可麻痹大意，必须重视安全问题。初次进行化学实验的学生，应接受必要的安全教育。每次实验课前应掌握本实验的安全注意事项。在实验过程中要严格遵守安全守则，避免发生事故。

1.1.1 基础化学实验室的主要安全规则

(1)进入实验室，必须了解周围环境，明确总电源、急救器材(灭火器材、消火栓、急救药品)的位置及使用方法。

(2)电炉、酒精灯、水、电、气等使用完毕立即关闭，不随意乱放仪器和试剂。

(3)具有强腐蚀性的洗液、浓酸、浓碱应避免溅落在皮肤、衣服、书本上，更应防止溅入眼睛里。

(4)实验室内的所有试剂和药品不得私自带走。

(5)所有试剂瓶上必须贴有明显的与内容物相符的标签。严禁将空的原装试剂瓶装入别种试剂而不更换标签。发现试剂瓶标签掉落或字迹模糊时应立即重新贴好标签。

(6)注意安全操作，具体要求如下：

① 观察加热反应和剧烈反应、含有易挥发和易燃物质的实验，都应在远离火源的通风

橱内进行。

②能产生有刺激性或有毒气体的实验，要在通风橱中进行。取用腐蚀性和刺激性试剂（如浓盐酸、浓硝酸、浓氨水、冰醋酸、溴水、氢氟酸等）时也需在通风橱中进行，并戴防护用具。

③严禁在密闭的容器中加热液体，以免发生爆炸。加热试管时，切勿将管口对着自己或别人，不能俯视正在加热的液体，以免液体溅出伤人。

④闻气体气味时，应用手轻拂气体，把少量气体拂向自己再闻，切勿直接吸入蒸气。

⑤用水稀释浓酸时，应先将水倒入容器，然后少量多次地缓慢加入浓酸，并不断搅动，尤其不能将水倒入浓硫酸中，以免迸溅，造成灼伤。

⑥禁止随意混合各种化学试剂和药品，以免产生危险物质危害自身和他人安全。

⑦玻璃管与胶管、胶塞等安装和拆卸时，应先用水润湿，手上垫棉布，以免玻璃管折断而造成割伤或扎伤。

⑧打开高温烘箱门前，须确认箱内温度低于100℃方可打开，且不要正面对着烘箱开门。

1.1.2 学生实验守则

(1)实验前要认真预习有关实验的全部内容，写好预习报告。通过预习，明确实验目的和要求及实验的基本原理、步骤和有关操作技术，熟悉实验所需的药品、仪器和装置，了解实验中的注意事项(特别是安全事项)、可能出现的问题和疑问，并提出应对方法。

(2)进入实验室要穿实验服，不能穿短衫、短裤和露脚面的鞋，禁止穿拖鞋进入实验室，实验操作时根据实验具体内容按需佩戴护目镜、口罩和乳胶手套。

(3)实验过程中要遵守操作规则及一切安全规则，保证实验安全可控地进行。

(4)遵守纪律，不迟到，不早退，不喧哗，保持室内安静，不擅离实验岗位，严禁在实验室内打闹及恶作剧。

(5)实验室内禁止吸烟，禁止饮食。不能用实验室玻璃器皿饮水。

(6)损坏仪器物品要及时如实报告登记，出了问题或发生意外事故，必须报告指导教师及时解决处理。

(7)公用试剂、仪器和工具，应在指定地点使用，用后立即复位并保持整洁。使用水电和试剂等应在安全的前提下遵循节约的原则。

(8)未经指导教师允许不得动用与本实验无关的仪器设备及物品。精密仪器使用后要在仪器使用记录本上登记，并经指导教师检查。如发现仪器损坏或异常，要及时报告。

(9)实验过程中要密切关注实验进展情况，在记录本上及时、如实地记录实验中的现象和数据，不得编造和涂改。

(10)实验过程中随时保持实验环境整洁，做到台面、地面、水槽和仪器干净，所有垃圾应随手放入废物杯中，不得丢入水槽，以免堵塞下水管道。

(11)实验完毕应将玻璃仪器洗净收好，抹净实验台面，整理好试剂药品，将实验记录交指导教师审阅，签字后方可离开实验室。

(12)实验结束后值日生打扫和整理实验室，在教师指导下处理废液和固体废弃物。检查并关闭门窗、水电，洗净双手，离开实验室。

1.2 实验室安全标志

化学实验室中有各种化学试剂和仪器。在安全管理中，为了能安全地使用化学试剂、正确地使用仪器、安全而顺利地完成化学实验，实验室中经常贴有警示性安全标志。所有标志都清晰明了，实验人员进入实验室后应首先通过各种标志了解所处的环境，以及试剂和仪器的性质。

1.2.1 禁止标志

禁止标志

1.2.2 警告标志

警告标志

1.2.3 指令标志

指令标志

1.2.4 危险化学品的警示图形符号

危险化学品
警示图形符号

危险化学品分类主要基于联合国《全球化学品统一分类和标签制度》（GHS 制度），我国对于危险化学品的分类主要依据国家标准《化学品分类和危险性公示 通则》（GB 13690—2009）和《化学品分类和标签规范》（GB 30000.2—2013 ～ GB 30000.29—2013），按照危险特性将化学品分为理化危险、健康危险、环境危害 3 个种类，确认原则包含 28 类危险化学品，其中理化危险化学品 16 类，健康危险化学品 10 类，环境危害化学品 2 类。危险化学品的标签包括危险种类、图形符号、信号词和危险说明。以下仅列出危险化学品的类型及其对应的最高危险级别的警示图形符号，并备注国家标准号。

危险种类	危险化学品	图形符号	运输象形图	备　注
理化危险	爆炸物			GB 30000.2—2013
	易燃气体			GB 30000.3—2013
	气溶胶			GB 30000.4—2013
	氧化性气体			GB 30000.5—2013
	加压气体			GB 30000.6—2013
	易燃液体			GB 30000.7—2013
	易燃固体			GB 30000.8—2013

（续）

危险种类	危险化学品	图形符号	运输象形图	备　注
理化危险	自反应物质或混合物			GB 30000.9—2013（根据物质起火和爆炸的性质选择一种或两种图案）
	自燃液体			GB 30000.10—2013
	自燃固体			GB 30000.11—2013
	自热物质和混合物			GB 30000.12—2013
	遇水放出易燃气体的物质和混合物			GB 30000.13—2013
	氧化性液体			GB 30000.14—2013
	氧化性固体			GB 30000.15—2013
	有机过氧化物			GB 30000.16—2013（根据物质起火和爆炸的性质选择一种或两种图案）
	金属腐蚀物			GB 30000.17—2013

（续）

危险种类	危险化学品	图形符号	运输象形图	备　注
健康危险	急性毒性			GB 30000.18—2013
	皮肤腐蚀/刺激			GB 30000.19—2013
	严重眼损伤/眼刺激		不做要求	GB 30000.20—2013
	呼吸道或皮肤致敏		未做要求	GB 30000.21—2013（呼吸道致敏物用人形图形，皮肤致敏物用叹号图形）
	生殖细胞致突变性		不做要求	GB 30000.22—2013
	致癌性		未做要求	GB 30000.23—2013
	生殖毒性		不做要求	GB 30000.24—2013
	特异性靶器官毒性一次接触		未做要求	GB 30000.25—2013
	特异性靶器官毒性反复接触		不要求	GB 30000.26—2013
	吸入危害		未做要求	GB 30000.27—2013
环境危害	对水生环境的危害			GB 30000.28—2013
	对臭氧层的危害		未做要求	GB 30000.29—2013

1.3 实验室安全知识

1.3.1 实验室安全必备用品

化学实验室必须配备足够数量的安全用品。

(1)必须配置适用的灭火器材,包括灭火器、石棉布、灭火毯、沙子等,就近放在便于取用的地方,并定期检查和更新。

(2)必须安装必要的防护装置,例如烟雾报警器、冲洗淋浴器、洗眼器等。

(3)配置安全防护用具,如白大褂、防护眼镜、橡胶手套、耐高温手套、防毒口罩、防护面罩等。

(4)配备急救药箱,应包括红药水、紫药水、碘酒、医用双氧水、稀小苏打溶液、硼酸溶液、烧烫伤药膏、创可贴、消毒纱布、脱脂药棉、医用镊子、医用剪刀等。

1.3.2 非管控化学试剂管理办法

化学实验室内的化学试剂及其溶液品种很多且大多具有一定的毒性及危险性,对其加强管理不仅是保证分析数据质量的需要,也是确保安全的需要。实验室只宜存放少量短期内需用的试剂。化学试剂应科学分类、有序存放,一般按无机物、有机物、生物培养剂分类;无机物按酸、碱、盐分类,盐类按金属活泼性顺序存放;生物培养剂按培养菌群不同分类存放。属于危险化学药品中的剧毒品应锁在专门的毒品柜中,由专门人员加锁保管,实行领用经申请、审批、双人登记签字的制度。

化学实验室试剂存放和使用需遵照以下要求:

① 存放试剂的柜子、库房要经常通风。易燃易爆试剂应储于铁柜(壁厚 1 mm 以上)中,柜子的顶部应有通风口。严禁在实验室存放大于 20 L 的瓶装易燃液体。室温下易发生反应的试剂要低温保存。苯乙烯和丙烯酸甲酯等不饱和烃及衍生物在室温时易发生聚合,过氧化氢易发生分解,因此要在 10 ℃以下的环境中保存。易燃易爆药品不得放在普通冰箱内,确需冷藏,则应使用防爆冰箱。

② 相互混合或接触后可以发生激烈反应、燃烧、爆炸、放出有毒气体的两种或两种以上的化合物称为不相容化合物,不能混放。这种化合物多为强氧化性物质与强还原性物质。

③ 固体试剂应装在广口瓶内,液体试剂盛放在细口瓶或滴瓶内。盛碱液的试剂瓶要用橡皮塞,$NaOH$、HF 等易腐蚀玻璃的试剂要用塑料瓶存放。腐蚀性试剂宜放在塑料或搪瓷的盘或桶中,以防因瓶子破裂造成事故。

④ 要注意化学试剂的存放期限,一些试剂在存放过程中会逐渐变质,甚至形成危害。如醚类、四氢呋喃、二氧六环、烯烃、液体石蜡等在见光条件下,若接触空气可形成过氧化物,放置时间越久越危险。某些具有还原性的试剂,如苯三酚、四氯化钛、四氢硼钠、硫酸亚铁、维生素 C、维生素 E 以及铁丝、铝、镁、锌粉等易被空气中氧所氧化变质。钾、钙、钠在空气中极易氧化,遇水发生剧烈反应,应放在盛有煤油的广口瓶中以隔绝空气。吸水性强的试剂,如 Na_2CO_3、Na_2O_2 等应严格密封保存于干燥器中。

⑤ 试剂柜和试剂溶液均应避免阳光直晒或靠近暖气等热源。要求避光的试剂,如 HNO_3、$AgNO_3$、$SnCl_2$、$FeSO_4$ 等应装于棕色试剂瓶中,或用黑纸(或黑布)包好存放于阴

凉的暗柜中。

⑥ 发现试剂瓶上标签掉落或者将要模糊时应立即贴好标签。无标签或标签无法辨认的试剂都要当成危险物品重新鉴别后小心处理，不可随便丢弃，以免引起严重后果。

⑦ 化学试剂应定位放置、用后复位、节约使用，多余的试剂不准倒回原瓶；可集中放置，贴好标签，供后续实验或他人使用。

⑧ 打开易挥发的试剂瓶塞时，不可把瓶口对准自己或他人。试剂使用后，应立即盖好，严防密封不良或泄漏，并按其所需条件保存。化学试剂的稳定是相对的，一般试剂都有影响其稳定的因素，这主要取决于试剂的结构与性质。例如，含 Cl^-、Br^-、SO_4^{2-}、SCN^-、NO_3^-、OH^- 的试剂易潮解，含 $R-CO-$、$HN\diagup$、$R-SO_2-$ 的易水解，含 $S_2O_3^{2-}$、SO_3^{2-} 的易氧化，含 $\diagup C=C\diagdown$、$-C\equiv C-$、$-CHO$ 的易聚合，含 OH^- 的易吸收 CO_2。这些试剂使用后若密封措施不当，或保存条件不善皆可变质。含有 $-O-O-$、$-O-Cl$、$-N=O$、$-N=N-$、$-NO_2$、$-C\equiv C-$、$-N=C\diagdown$ 等基团的化合物稳定性更差，极易发生爆炸。

⑨ 化学试剂绝不可用舌头品尝、不能用鼻子对准试剂瓶口直接嗅闻。如果需嗅闻，可将瓶口远离鼻子，用手在试剂瓶上方扇动空气来嗅闻气味。

⑩ 化学试剂一般不能作为药用或食用。医药用试剂和食品的化学添加剂都有安全卫生的特殊要求，由有资质的厂家生产和运输。

1.3.3 管控化学品的管理制度

1.3.3.1 管控化学品的种类

管控化学品包括危险化学品、易制毒化学品、易制爆危险化学品和放射性物品。

(1)危险化学品 危险化学品是指具有毒害、腐蚀、爆炸、燃烧、助燃等性质，对人体、设施、环境具有危害的剧毒化学品和其他化学品。其中剧毒化学品是指具有剧烈急性毒性危害的化学品，包括人工合成的化学品及其混合物和天然毒素，还包括具有急性毒性易造成公共安全危害的化学品，例如苯硫醇、异氰酸甲酯、正丁酸、正丁腈、重铬酸钾、二甲双胍、樟脑油、克百威、番木鳖碱等。国家安全生产监督管理总局办公厅下发的《危险化学品目录》(2015 版)中共列出了 2 828 种物质。

(2)易制毒化学品 易制毒化学品的管控范围分三类共 23 个品种。第一类：苯基-2-丙酮、3,4-亚甲基二氧苯基-2-丙酮、胡椒醛、黄樟素、黄樟油、异黄樟素、N-乙酰邻氨基苯酸、邻氨基苯甲酸、麦角酸、麦角胺、麦角新碱、麻黄素、伪麻黄素、消旋麻黄素、去甲麻黄素、甲基麻黄素、麻黄浸膏、麻黄浸膏粉等麻黄素类物质；第二类：苯乙酸、醋酸酐、三氯甲烷、乙醚、哌啶；第三类：甲苯、丙酮、甲基乙基酮、高锰酸钾、硫酸、盐酸。购买第一类非药品类易制毒化学品由省公安厅审批，购买第二、三类非药品类易制毒化学品由所在地县级以上公安机关审批。购买使用单位应当建立易制毒化学品管理制度和使用台账(出入库登记)，如实记录购进化学品的品种、数量、使用情况和库存等，并保存两年备查；并于每月初将上个月的购买使用情况送公安机关备案，每年第一季度前向所在地公安机关报告上年度的购买使用情况。

(3)易制爆危险化学品 易制爆危险化学品是指其本身不属于爆炸品但是可用于制造爆

炸物品或经简单还原即可制造爆炸物品的危险化学品,例如,过氧化氢、硝酸、硝酸银、氯酸钾、硝基纤维素、硫黄、铝粉等。易制爆化学品属于特殊管控的危险化学品,公安部编制的《易制爆危险化学品名录》(2017版)列出了9大类74种化学品。

(4)放射性物品 放射性物品是指含有放射性核素,并且其活度和比活度均高于国家规定的豁免值的物品。中国环境保护部(国家核安全局)会同公安部、交通运输部等七个部门根据国务院第562号令《放射性物品运输安全管理条例》(以下简称《条例》)规定和放射性物品在运输过程中的潜在危害程度,于2010年制定了《放射性物品分类和名录》。按照《条例》中第三条的规定,根据放射性物品的特性及其对人体健康和环境的潜在危害程度,将放射性物品分为三类。一类放射性物品是指Ⅰ类放射源、高水平放射性废物、乏燃料等释放后对人体健康和环境产生重大辐射影响的放射性物品;二类放射性物品是指Ⅱ类和Ⅲ类放射源、中等水平放射性废物等释放到环境后对人体健康和环境产生一般辐射影响的放射性物品;三类放射性物品是指Ⅳ类和Ⅴ类放射源、低水平放射性废物、放射性药品等释放到环境后对人体健康和环境产生较小辐射影响的放射性物品。

1.3.3.2 化学实验室中管控化学品的管理措施

管控化学品在生产、运输、流通、使用中出现任何不规范,都会对相关人员的人身安全和社会的公共安全造成威胁和损害,国家各部委和地方政府都有严格的管理条例。在化学实验室中涉及管控化学品也必须严格执行管控化学品的储存、保管和使用制度,防止意外流失造成不良后果和危害。

(1)按照上级管理部门要求,坚持"五双"制度——双人收发、双人记账、双人双锁、双人运输、双人使用。

(2)管控化学品的申购、领用要坚持专人审批、专人领用、专人保管。购买运输必须由具有相关资质的运输单位运输,不得自行运输。

(3)管控化学品的保管人员必须熟悉管控品的有关物理、化学性质,以便做好仓库温度控制与通风调节。严格执行管控化学品在库检查制度,发现有变质、异常现象要分析原因,提出改进储存条件和保护措施,并及时通知有关部门处理。

(4)管控化学品应严格管控,发现丢失、被盗时,应当立即报告相关部门。仓库钥匙应妥善保管,钥匙遗失应立即上报并及时更换门锁。

(5)管控化学品的发放本着先入先出的原则,发放时有准确登记(试剂的计量、发放时间和经手人)。用多少领多少,并一次配制成使用试剂。剩余物品及时入库,做好全过程监控和记录。定期检查,做到账物相符。

(6)使用管控化学品的人员必须建立事故应急处理方案和措施,使用时必须严格按照规程穿戴防护用具、遵守各项安全操作规程、落实安全防护措施。

(7)管控试剂使用后产生的废液不得倒入水池内,应倒入指定的废液收集容器内。废液不得存放,必须当天在指定的安全地方妥善处理,并完整记录废液量、处理方法、处理时间、处理地点、处理人员等相关信息。

1.3.4 气瓶的安全使用

1.3.4.1 气瓶内充装气体的分类

(1)按临界温度分类 ①永久气体,如氧气118℃、氢气132.4℃、氮气144.0℃;

②液化气体，如 NH_3、Cl_2、H_2S 等；③溶解气体，如乙炔 C_2H_2。

（2）按照气体化学性质的安全性能分类　①剧毒气体，如 F_2、Cl_2；②易燃气体，如 H_2、CO、C_2H_2；③助燃气体，如 O_2、N_2O；④不燃气体，如 N_2、Ar、He、CO_2。

1.3.4.2　气瓶的外观标识

为了安全使用气瓶，气瓶本身必须是安全的。钢瓶生产、检验的标记必须明确、合格。不论气瓶盛装何种气体，在其肩部都有白色薄漆的钢印标记，记有该瓶生产、检验及有关使用的一些基本数据，必须与实际相符。降压或报废的钢瓶，除在检验单位的后面打上相应标志外，还应在气瓶制造厂打的工作压力标志前面，打上降压或报废标志。

对可重复充装的气瓶，《气瓶颜色标识》(GB/T 7144—2016)规定了气瓶外表面的涂敷颜色、字样、字色、色环、色带和检验色标等以识别气瓶所充装气体和定期检验年限的主要标志。充装常用气体的气瓶颜色标识见表 1-1。

表 1-1　充装常用气体的气瓶颜色标识

序号	充装气体	化学式	瓶体颜色	字样	字色	色环
1	空气		黑	空气	白	
2	氩气	Ar	银灰	氩	深绿	
3	氮	N_2	黑	氮	白	$p=20$，白色单环 $p \geqslant 30$，白色双环
4	氧	O_2	浅蓝	氧	黑	
5	甲烷	CH_4	棕	甲烷	白	
6	天然气		棕	天然气	白	
7	氢	H_2	浅绿	氢	大红	$p=20$，大红单环 $p \geqslant 30$，大红双环
8	二氧化碳	CO_2	铝白	液化二氧化碳	黑	$p=20$，黑色单环
9	一氧化碳	CO	银灰	一氧化碳	大红	
10	氟	F_2	白	氟	黑	
11	氯	Cl_2	深绿	液氯	白	
12	硫化氢	H_2S	银灰	液化硫化氢	大红	

注：色环中的 p 是指气瓶的工作压强，单位为 MPa。

1.3.4.3　气瓶安全使用规则

（1）气瓶必须存放于通风、阴凉、干燥、严禁明火、远离热源、不受日光曝晒的室内。要有专人管理，要有醒目的标志，例如"乙炔危险，严禁烟火"等字样。可燃性气体气瓶一律不得进入实验楼内。严禁乙炔气瓶、氢气瓶、氧气瓶、氯气瓶存放在一起。

（2）气瓶存放和使用时要直立、固定，防止倾倒。气瓶安全帽在存放时必须旋紧。

（3）剧毒气体或相互混合能引起燃烧爆炸气体的钢瓶必须单独放置在单间内，并在该室附近设置防毒、消防器材。氧气瓶严禁油污，注意手、扳手、衣服上也不能沾染油污。

（4）搬运气瓶时严禁摔掷、敲击、剧烈震动。瓶外必须有两个橡胶防震圈。搬运的气瓶一定要在事前戴上并旋紧安全帽。乙炔瓶严禁横卧滚动。

（5）使用时必须安装减压表。减压表按气体性质分类，如氧气表可用于 O_2、N_2、Ar、空气等，螺纹是右旋的(俗称正扣)；氢气表可用于 H_2、CO 等可燃气体，螺纹是左旋的(俗称反扣）；乙炔表则为乙炔气瓶专用。安装减压表时先用手旋进，然后用扳手旋进 6~7 扣，最后用皂液检查，确保不漏气。

（6）开启钢瓶前先关闭分压表。当总压表已显示瓶内压力后，再开启分压表，调节输出压力至所需值。开启气门时操作者应站在气压表的一侧，不得将头或身体对准气瓶总阀，以防阀门或气压表冲出伤人。

（7）气瓶内气体不得用尽，应保留剩余压力 0.2~1 MPa，以备充气单位检验取样，也可防止空气反渗入瓶内。

1.4 实验室常见事故的预防和急救知识

1.4.1 化学中毒的预防和急救知识

化学试剂大多具有一定的毒性和腐蚀性，如砷化物、氰化物等为剧毒试剂。有毒物质往往通过呼吸吸入、皮肤渗入、误食等方式导致中毒。

1.4.1.1 化学中毒的预防知识

（1）实验室内禁止吸烟、进食，禁止赤膊、穿拖鞋。

（2）实验中所用剧毒物质由专人负责保管、适量发放给使用人员，并要回收剩余物质。

（3）装有毒物质的器皿要贴标签注明，用后及时清洗，经常使用有毒物质的实验操作台及水槽要注明。

（4）处理有刺激性、有恶臭和有毒的物质（如 H_2S、NO_2、Cl_2、Br_2、CO、SO_2、SO_3、发烟硫酸、浓硝酸、浓盐酸、氢氟酸、氯化氧磷、乙酰氯等）时，必须在通风橱中进行。通风橱开启后，不要把头伸入橱内，并保持实验室通风良好。

（5）实验中应避免皮肤、五官或伤口直接接触化学试剂，尤其严禁用手直接拿取剧毒品。

（6）溅落在桌面或地面的化学试剂应及时除去。

（7）实验后的有毒残渣必须按照实验室规定进行处理，不准乱丢；残液应倒入废液回收瓶中，不能倒入下水道，以免污染环境。

（8）严禁在酸性介质中使用氰化物。

（9）可溶性汞盐、铬的化合物、氰化物、砷盐、锑盐、镉盐和钡盐都有毒，不得进入口内或接触伤口，其废液也不能倒入下水道，应统一回收处理。金属汞易挥发，汞蒸气通过呼吸进入体内，逐渐累积而引起慢性中毒，为了减少汞的蒸发，可在汞液面上覆盖液体：甘油的效果最好，5% $Na_2S \cdot 9H_2O$ 溶液次之，水的效果最差。对于溅落的汞应尽量用毛刷蘸水收集起来，颗粒直径大于 1 mm 的可用吸耳球或真空泵抽吸的捡汞器捡起来。洒落过汞的地方可以撒上多硫化钙、硫黄粉或漂白粉，或喷洒药品使汞生成不挥发的难溶盐，然后打扫干净。

（10）禁止冒险品尝化学试剂，也禁止用鼻子直接嗅闻气体。

1.4.1.2 化学中毒的急救方法

实验过程中，化学试剂溅到皮肤上，应立即用大量水冲洗；沾在皮肤上的有机物应当立即用大量清水和肥皂洗去，切莫用有机溶剂洗，否则只会增加化学药品渗入皮肤的速度。操作有毒物质实验中若有咽喉灼痛、嘴唇脱色或发绀、胃部痉挛或恶心呕吐、心悸头晕等症状，则可能系中毒所致。视中毒原因施以下述急救后，立即送医院治疗，不得延误。

（1）固体或液体毒物中毒　有毒物质尚在嘴里的立即吐掉，用大量水漱口；如果是非腐蚀性毒物，可把 $5\sim10$ mL 稀硫酸铜溶液加入一杯温水中（浓度约 1%），内服后，用手指伸入咽喉部催吐；如果是腐蚀性毒物导致中毒，应灌注牛奶缓解，切不可服用催吐剂。误食碱者，先饮大量水再服用醋酸、果汁加鸡蛋白或喝些牛奶；误食酸者，先饮水，再服 $Mg(OH)_2$ 乳剂或氢氧化铝膏剂加鸡蛋白，最后饮些牛奶，不要用催吐剂，也不要服用碳酸盐或碳酸氢盐。重金属盐中毒者，喝一杯含有几克 $MgSO_4$ 的水溶液，立即就医，不要服催吐剂，以免引起危险或使病情复杂化。砷和汞化物中毒者，必须紧急就医。

（2）吸入气体或蒸气中毒　应立即将伤者转移至室外，解开衣领和纽扣，呼吸新鲜空气。吸入少量氯气或溴气者，可用 $NaHCO_3$ 溶液漱口。对休克者应施以人工呼吸，但不要用口对口法。立即送医院急救。

1.4.2　烧烫伤和灼伤的预防和急救知识

皮肤接触了高温、低温（如固体 CO_2、液氮）和腐蚀性物质（如强酸、强碱、液溴、高锰酸钾等）都会造成烧烫伤和灼伤。因此在进行高温或低温操作时，要穿戴规范的防护用具，并小心操作；在取用腐蚀性化学药品时必须戴橡胶手套和防护眼镜。一旦发生烧烫伤和灼烧要采取以下措施进行急救。

（1）烧烫伤的急救　小面积烧烫伤，首先应立即除去皮肤外面的覆盖物（手套、衣物等），然后用冷疗法处理，在烧伤早期用流水或冷水对创面进行冲洗、浸泡或冷敷，以稀释和除去创面上残留的化学物质，并迅速降温，减轻疼痛，减少渗出和水肿，减轻烧烫伤深度的作用，流水冲洗持续的时间，应以停止后创面不痛或稍痛为佳，一般为 $0.5\sim1$ h，最后在伤处涂上正红花油或烫伤软膏。烧烫伤后创面不能涂红药水、甲紫等有色外用药，因为有色外用药会影响早期对创面深度的判断和增加清创难度，也可造成愈后色素加重的现象。如果烫伤严重，应马上送医院处理。大面积创面不能涂擦红汞，以免汞由创面吸收而导致汞中毒。

（2）灼伤的急救　若眼部灼伤，用清水彻底冲洗，严禁用手或纸帕揉擦。被酸或碱灼伤，首先立即用大量水冲洗，然后再用 $1\%\sim5\%$ $NaHCO_3$ 溶液（酸灼伤）或 2% 醋酸（或 1% 硼酸）溶液（碱灼伤）冲洗，最后用水冲净。严重者还要消毒灼伤处，涂上软膏或送医院处理。如被液溴灼伤，应立即用 2% 硫代硫酸钠溶液洗至伤处呈白色，然后用甘油加以按摩。

1.4.3　触电的预防和急救知识

实验中常使用电加热炉、电热套、电动搅拌机等电器，有触电的危险。实验室常用电为频率 50 Hz、220 V 的交流电。当人体通过 1 mA 电流时，便有发麻或针刺的感觉，10 mA 以上人体肌肉就会强烈收缩，25 mA 以上则呼吸困难，有生命危险。

1.4.3.1　防止触电的知识

（1）实验装置和设备的金属外壳等应连接地线；使用新电器设备前，首先了解使用方法及注意事项，不盲目接电。

（2）长时间没有使用的电器设备应预先检查绝缘情况，若发现有破损应及时修理，不能勉强使用。检查电器设备是否漏电应使用试电笔，凡是漏电的仪器，一律不能使用。

（3）擦拭电器设备应先断电，严禁用湿抹布擦拭电闸或插座，也不允许将电器导线置于潮湿的地方。

（4）使用电器时应防止人体与电器导电部分直接接触，避免石棉网金属丝与电炉电阻丝接触，不能用湿手或手持湿的物体接触电插头，电热套内严禁滴入水等溶剂，以免发生电器短路。

（5）仪器发生故障时应及时切断电源；实验后应先关仪器开关，再拔下电源插头。

1.4.3.2 触电的预防和急救知识

（1）立即切断电源，用不导电的物品（木棒、竹竿等）打断电线，使伤员迅速离开电源，切勿用手接触伤者或电器。

（2）触电者脱离电源后，就地平躺，保持呼吸道通畅，不要走动，仔细观察伤者；呼叫拍打伤者，判断是否丧失意识，但禁止摇动伤者头部。

（3）对呼吸、心跳停止的伤者，应该立即实施心肺复苏术，直到救护车到达并送医院救治。心肺复苏术包括胸外按压、开放气道和人工呼吸三步。如图 1-1 所示。胸外按压与人工呼吸的比率为 30∶2，即 30 次胸外按压、2 次人工呼吸为 1 个循环周期，5 个循环周期（约 2 min）后检查和评估心肺复苏效果，如无效则要反复进行，直到急救车和医务人员到达现场。

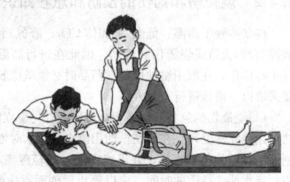

图 1-1　心肺复苏术

1.4.4　机械伤的预防和急救知识

机械伤是指机械做出的强大功作用于人体造成的伤害。手与机械接触最为频繁，因此机械伤常发生在手部。化学实验室的机械伤主要为割伤和扎伤。在化学实验中向塞子中插入温度计或玻璃管，在冷凝管上接冷凝水管时用力不当很容易发生玻璃破裂造成割伤和扎伤。

割伤或扎伤之后，一般会造成局部皮肤损伤流血的现象，严重时可能会造成血管、神经、肌腱等损伤现象。所以对割伤或扎伤，首先要进行包扎止血的处理。若伤势不重，应先取出伤口上的玻璃碎片，用蒸馏水冲洗伤口，并挤出一点儿血，再涂上红药水，或贴上创可贴，或用无菌纱布加压包扎在患处。如割伤严重，需要在肢体近心端加压止血，必要时用止血带止血，然后送医院进一步处理。处理完伤口后，还需要注射破伤风针，防止感染破伤风。

1.4.5　防火、灭火和防爆知识

1.4.5.1　防火措施

着火是化学实验室里容易发生的事故。大多数着火是由于加热或处理低沸点有机溶剂（如乙醚、石油醚、乙醇、二硫化碳、苯、丙酮等）时操作不当引起的。

（1）实验室不能保存大量易燃溶剂，少量的也必须密封，不能用敞口容器盛装易燃物。易燃物必须置于阴凉处，并注意远离火源、暖源及电源。

（2）使用或倾倒易燃或易挥发溶剂时必须熄灭火源，不能用明火直接加热易燃性溶剂，应根据实验要求及易燃溶剂的特点选择合适的热源（如水浴、油浴、电热套、红外加热炉等），远离明火。

（3）在蒸馏或回流易燃液体时，为防治暴沸及局部过热，瓶内液体不能超过瓶容积的2/3，并要在加热前加入沸石，加热过程中不能加入沸石、活性炭或毛细管，以免液体暴沸冲出着火。

（4）使用氧气瓶时，不得让氧气大量逸入室内。在含氧量约 25% 的大气中，物质的燃点比在空气中低得多，而且燃烧剧烈，不易扑灭。

1.4.5.2　灭火方法

实验室一旦着火，应沉着冷静、及时地采取措施，要一面灭火，一面采取措施防止火势蔓延（如立即切断电源、移开未燃着的有机物和易燃易爆物等）。然后根据着火起因和火势大小采取不同的扑灭方法。

地面或台面着火，一般的小火可用湿布、石棉布或沙子覆盖燃烧物，对容器中发生的局部小火，可用石棉网、表面皿或淋湿的抹布等盖灭。

火势大时要使用灭火器，常用的灭火器有干粉灭火器，使用方便，有效期长，适用于扑救各种易燃、可燃液体和易燃、可燃气体着火，以及电器设备起火。泡沫灭火器适用于扑救各种油类火灾和木材、纤维、橡胶等固体可燃物火灾，不能扑救电器着火，用后污染严重，火场清理麻烦，因此除非不得已最好不用。二氧化碳灭火器灭火性能高、毒性低、腐蚀性小，灭火后不留痕迹，使用比较方便，适用于各种易燃、可燃液体和可燃气体火灾，还可以扑救仪器仪表、图书档案和低压电器设备以及 600 V 以下电器的初起火灾，是实验室最常见、最安全的灭火器，但不能扑灭金属着火。

灭火器的使用方法如图 1-2 所示，口诀是：一提、二拔、三瞄、四压。一手提起灭火器，瓶身垂直；然后拔掉保险销；一手握住喷管（⚠注意：二氧化碳灭火器和泡沫灭火器要握住木柄，以免严重冻伤！）控制方向，瞄准火焰根部；在有效喷射范围内，压下开关，即可喷射灭火。

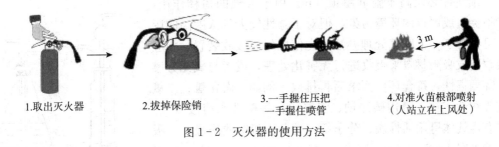

1.取出灭火器　　2.拔掉保险销　　3.一手握住压把　　4.对准火苗根部喷射
　　　　　　　　　　　　　　　　　一手握住喷管　　　（人站立在上风处）

图 1-2　灭火器的使用方法

⚠注意：化学实验室一般不用水灭火！因为水能和一些化学药品发生剧烈反应，用水灭火时会引起更大的火灾甚至爆炸，并且大多数有机溶剂不溶于水且比水轻，用水灭火时有机溶剂会浮在水面上，反而扩大火场。

若衣服着火，切勿惊慌乱跑，化纤织物最好立即脱除，一般小火可用湿抹布、石棉布等覆盖在着火处将火熄灭；火势大则应立即卧倒打滚以灭火，若衣物上未沾染有机物质，也可就近打开淋浴、水龙头用大量水浇灭。

1.4.5.3 爆炸的预防及处理

实验室中所有的爆炸事件都是由不规范操作造成的。一旦发生爆炸都会产生严重的后果，必须高度谨慎，防患于未然。仪器装置堵塞或装配不当（如蒸馏装置未与大气相通）、不规范操作（如明火加热易挥发和易燃物品等、减压蒸馏使用不耐压的仪器）、违章使用易爆物（如硝酸盐、重氮盐、叠氮化物、芳香族多硝基化合物、硝酸酯等）、易燃易爆气体大量逸入空气中达到爆炸反应界限、实验不认真导致反应过于猛烈难以控制、随意混合药品、乱倒实验废液或废料等都有可能引起爆炸。为防止爆炸事故发生，应注意以下几点：

（1）取出的易燃易爆试剂药品不得随便倒入储备瓶中，更不能随手倾入下水道，应征求指导教师意见后加以处理。

（2）常压操作时，切勿在封闭系统中进行加热或反应。反应进行中，必须经常检查装置各部分，确保畅通无堵塞。

（3）做减压实验时，应使用耐压容器及防护屏并戴防护面罩。

（4）使用和制备易燃易爆气体（氢气、乙炔等）时，必须在通风橱内进行，且附近不能有明火。氢气在点燃前必须检验纯度；银氨溶液不能久存，因其久置后也易爆炸；使用乙醚时，不能有过氧化物存在，如发现有过氧化物应立即用硫酸亚铁除去。对易爆固体，如苦味酸金属盐、三硝基甲苯、某些强氧化剂及其混合物等，不能重压、撞击或研磨。

1.5 实验室废弃物的处理方法

实验室中的废水、废气、废渣，因为量小，一般不易引起人们重视。但不论数量多少，都应符合国家相关的排放标准，以保护大气、水体和土壤环境。

1.5.1 废气的处理方法

一般来说，实验室产生的废气无论种类还是数量均较少，一般可由通风装置直接排至室外，但排气管必须高于附近屋顶 3 m。由于大气的稀释作用，一般不会造成严重的环境污染，但对于毒性较大且浓度高的废气，可参考工业上废气处理办法，先使用气体吸收装置、相应的吸收液或吸附材料来吸收进行无害化处理，或者与氧充分燃烧，降低毒性，符合环保要求后再排放。例如，卤化氢、二氧化硫等酸性气体，可用碳酸钠、氢氧化钠等碱性水溶液吸收。一些有毒气体可用活性炭、分子筛、硅藻土等吸收塔吸收。吸收装置见图 1-3。

图 1-3 气体吸收装置

1.5.2 废液的处理方法

国家环境保护总局和国家技术监督检验总局批准发布的《城镇污水处理厂污染物排放标准》（GB 18918—2002）对能在环境或动植物体内积蓄、对人体产生长远影响的污染物排放标准做了明确规定，见表 1-2。

表1-2 基本控制项目最高允许物排放浓度(日均值,mg·L^{-1})

| 序号 | 基本控制项目 | 一级标准 | | 二级标准 | 三级标准 |
		A标准	B标准		
1	化学需氧量(COD)	50	60	100	120
2	生化需氧量(BODs)	10	20	30	60
3	悬浮物(SS)	1	3	30	50
4	动植物油	1	3	5	20
5	石油类	0.5	1	5	15
6	阴离子表面活性剂	0.5	1	2	5
7	总氮(以N计)	15	20		
8	氨氮(以N计)	5(8)	8(15)	25(30)	
9	总磷(以P计)	0.5	1	3	5
10	色度(稀释倍数)	30	30	40	50
11	pH	6~9			
12	粪大肠菌群数/(个·L^{-1})	10^3	10^4	10^4	

实验室废液一般不能直接排入下水道,必须分类收集,集中处理后符合国家规定的排放标准再排放。通常要注意以下几类主要废液的处理:

(1)无机酸性废液 将废酸慢慢倒入过量的碳酸钠或石灰水溶液,或与废碱互相中和后排放,并用大量水冲洗。

(2)碱性废液 用废酸或6 mol·L^{-1}工业盐酸中和,排放后用大量的水冲洗。

(3)含有毒物质的溶液 实验室中常见的有毒物质主要是重金属离子以及含氰或氟的废液,应根据其化学性质,采用化学反应使其转化为固体、沉淀或无毒化合物。含汞、砷、铅、铋等重金属离子的废液,可控制酸度至0.3mol·L^{-1}使其生成硫化物沉淀;含氰废液中加入NaOH使pH>10,再加过量质量分数3%的KMnO$_4$溶液,使CN$^-$氧化分解后排放;含氟废液,加入石灰使其生成CaF$_2$沉淀。

(4)有机类实验废液 此类废液对实验室环境和安全有极大的威胁,应高度重视,要根据废液的不同性质进行合理的处理。甲醇、乙醇、乙酸类溶剂能被细菌作用分解,这类溶剂的稀溶液可用大量水稀释后排放。其他各类不易回收利用或不易被细菌分解的有机溶剂,由实验室尽量分类回收,经蒸馏、分馏后循环使用,例如,将含大量乙醚的废液依次用水萃取、酸碱中和、0.5% KMnO$_4$溶液萃取至紫色不褪色,再次用水萃取、用0.5%~1%硫酸亚铁铵溶液萃取(除过氧化物)、水萃取,最后用氯化钙干燥、过滤、分馏,收集33.5~34.5℃馏分,回收乙醚;对于含大量乙酸乙酯的废液,依次用水、硫代硫酸钠稀溶液(洗至褪色)、水多次萃取后,再用无水碳酸钾脱水干燥,蒸馏,收集76~77℃馏分回收乙酸乙酯;同样对含大量氯仿、乙醇、四氯化碳等的废溶液都可以通过用水萃取,再用试剂处理,最后通过蒸馏收集沸点附近的馏分,回收得到可再使用的溶剂。有些废液可以做适当化学处理后再排放,例如,低浓度的含酚废液可加入次氯酸钠或漂白粉加热煮沸,使酚分解为二氧化碳和水;高浓度的含酚废液,可先用醋酸丁酯萃取,再加少量的氢氧化钠溶液反萃取,经调节pH后蒸馏回收,处理后的废液排放。利用二氧化氯(ClO$_2$,强氧化消毒剂)水溶液对酚废水进行处理，不仅方便、安全，操作也十分简单，直接将其按一定量加入酚废水中，搅拌均匀，维持一定的处理时间，即可达到良好的处理效果，不存在二次污染，可直接排放。

对于一些实验室不易处理的废液或者不具备处理废液条件的实验室，可以由专业环保公司进行统一回收、集中处理。

1.5.3 固体废弃物的处理方法

化学实验中的固体废弃物主要指实验废渣、固体副产品、标签脱落或过期的药品等。对环境无污染、无毒害的固体废弃物按一般垃圾处理(碎玻璃和其他有棱角的锐利废料，要收集于特殊废品箱内)，而有毒有害、易污染环境的固体废弃物则不能乱丢乱放。例如，实验剩下的易燃物和氧化剂(钠、钾、白磷、高锰酸钾、过氧化钠等)应妥善保管、回收备用，防止发生着火爆炸等安全事故。

处理固体废弃物常用的方法有热处理法(焚化、熔融等)、稳定化(加入中和剂、氧化还原剂、配位剂等稳定化剂)、深度掩埋法等。例如，能放出有毒气体或能自燃的危险废料，沾附有有害物质的滤纸、称量纸、包装纸，废活性炭等，必须分类收集并通过无害化反应、焚烧掩埋等方法处理；危险物品的空容器、包装物必须完全消除危害后，才能改为他用或弃用；可溶于水的化学固体废弃物回收时要注意防水，以免成为水溶液流失；不溶于水的化学固体废弃物必须将其用化学方法处理成无害物或焚烧处理；易燃的固体有机废物焚烧处理；无毒废渣可在指定地点深埋；有毒废渣即使量少也不能倒在一般垃圾处，应解毒处理后在指定地点深埋，有毒废渣量较大时必须交由专业环保公司处理。

1.5.4 减少实验室废弃物的方法

化学实验室中尽量减少废弃物的产生才是从源头保护环境的做法。在基础化学实验课程中可采取以下方案减少废弃物。

(1)依据绿色化学的理念设计和选择实验内容，在实验过程中尽力做到零排放。

(2)在不能做到零排放时，尽量设计和选择微型实验；常规实验中，在保证性质呈现和精确度的前提下，尽量采用少量的试剂和温和的反应条件。

(3)在设计实验内容和安排实验课程时，可根据实验项目之间的联系合理编排实验顺序，尽量将前一个实验的产物作为后续实验的原材料，或者将前面实验的废弃物作为其他实验的资源，以合理利用实验产物，既节约实验试剂，又能减排降耗。例如，实验"工业 $CuSO_4 \cdot 5H_2O$ 的提纯和结晶水测定"中得到的硫酸铜粉末可用于检测酒精中是否含水；实验"用工业废铁渣制备硫酸亚铁铵"的产物硫酸亚铁铵可作为实验"三草酸合铁(Ⅲ)酸钾的制备"的原料等。

(4)后续实验不能继续使用的产物和副产物也不能随意丢弃，需回收纯化后备用。

思考题

1. 实验室的安全规则主要有哪些？

2. 化学实验室非管控类试剂的存放和使用需遵照哪些要求？

3. 什么是管控化学品？管控化学品分为哪四种类型？

4. 按照危险特性，我国将化学品分为哪几类？熟悉各种警示图形符号。

5. 氮气瓶、氢气瓶的瓶身为什么颜色? 使用气瓶时要注意什么?

6. 有毒化学物质可通过呼吸吸入、皮肤渗入、误食等方式导致中毒,实验中如何预防中毒?

7. 如何预防割伤、烧烫伤和灼伤? 如果不小心发生割伤或灼伤应如何急救处理?

8. 实验过程中万一着火,立即大量泼水或跑离实验室的做法对不对? 如何根据起火原因和火势大小采取合适的方法灭火?

9. 实验过程中产生的废液应如何处理? 请分类说明。

10. 化学实验产生的废弃液体和固体不能随便倒入下水道或混入生活垃圾中,如何收集和处理实验废弃物?

2 化学实验基础知识

【概述】

化学实验中几乎离不开水，试剂，试纸、滤纸和称量纸等纸制品耗材，不同规格的水、试剂和纸制品的用途也不尽相同。在实验中应根据实验目的科学合理地选用适当规格的实验消耗品，可兼顾实验结果的准确性和节约成本、减少浪费。

在分析测试中，要求试样必须具有代表性且呈一定的状态，所以采集后的待测样品（尤其是天然样品）必须进行预处理方能测定，而预处理的效果直接关系到分析结果的准确度。只有用科学的方法收集的实验数据才是可靠和有效的，而这些数据必须进行科学的分析和处理才能得出合理的结论。

因此，在进入实验室开始实验之前，实验人员必须具备一定的化学实验基础知识，这样才能保证化学实验过程中合理使用试剂和仪器，操作处理得当并获得正确合理的实验结论。

2.1 化学试剂简介

化学试剂的种类很多，世界各国对化学试剂的分类和分级的标准不尽相同，国际纯粹与应用化学联合会(IUPAC)对化学标准物质的分级也有规定，见表2-1。表中C级和D级为滴定分析标准试剂，E级为一般试剂。我国化学试剂的产品标准有国家标准(GB)、部颁标准(HG)及企业标准(QB)三级。目前，部颁标准已归纳为专业（行业）标准(ZB)。近年来，一些试剂的国家标准在陆续建立或修订中，开始与国际标准接轨。

表 2-1 IUPAC 对化学标准物质的分级

级别	标　　准
A级	相对原子质量标准
B级	和A级最接近的基准物质
C级	含量为(100±0.02)%的标准试剂
D级	含量为(100±0.05)%的标准试剂
E级	以C级或D级的标准进行的对比测定所得纯度或相当于这种纯度的试剂，比D级的纯度低

2.1.1 化学试剂的分类

我国化学试剂按用途分为标准试剂、一般试剂、专用试剂、指示剂、高纯试剂、有机合成基础试剂、生化试剂和临床试剂等，本节只简要介绍基础化学实验中涉及的主要试剂类型。

(1)一般试剂　一般试剂是实验室最普遍使用的试剂，包括通用试剂及生化试剂等。一般试剂的级别、标志、标签颜色及应用范围列于表2-2中。

表2-2　一般试剂的级别、标志、标签颜色及应用范围

级　别	中文标志	英文名称	英文符号	标签颜色	应用范围
通用试剂	优级纯	guarantee reagent	G. R.	深绿色	精密分析实验
	分析纯	analytical reagent	A. R.	金光红色	一般分析实验
	化学纯	chemical pure reagent	C. P.	中蓝色	一般化学实验
生化试剂	生化试剂	biological reagent	B. R.	咖啡色	生化实验
	生物染色剂	biologic stain	B. S.	玫瑰红色	生化实验

表2-2中的标签颜色为国家标准《化学试剂包装及标志》(GB 15346—2012)中所规定，另外基准试剂标签颜色也为深绿色，其他类别的试剂均不能使用上述颜色。

(2)标准试剂　标准试剂是衡量其他物质化学量的标准物质。标准试剂的特点是主体含量高而且准确可靠，其产品一般由大型试剂厂生产，并按国家标准进行检验。

(3)高纯试剂　高纯试剂的主体含量与优级纯试剂相当，杂质含量比优级纯和标准试剂低，而且规定检测的杂质项目比同种优级纯或基准试剂多1~2倍。高纯试剂也属于通用试剂，如 HCl、$HClO_4$、$NH_3 \cdot H_2O$、Na_2CO_3、H_3BO_3 等。高纯试剂主要用于微量或痕量分析中。

(4)专用试剂　专用试剂是指具有专门用途的试剂。与高纯试剂相似，专用试剂不仅主体含量较高，而且杂质含量很低；与高纯试剂不同的是，在特定的用途中有干扰的杂质成分只需控制在不致产生明显干扰的限度以下。各类仪器分析法所用试剂，如色谱分析标准试剂，核磁共振波谱分析专用试剂，以及紫外、红外光谱纯试剂等均是专用试剂。

(5)指示剂　指示剂是在滴定分析中用来指示终点的试剂。滴定过程中，当到达滴定终点附近时，指示剂的颜色会发生改变，从而指示滴定终点。指示剂分为酸碱指示剂、氧化还原指示剂、金属离子指示剂、吸附指示剂和专属指示剂。前三种指示剂为常见的指示剂，它们的名称、变色点、颜色变化及配制方法等见附录7。

① 酸碱指示剂：酸碱指示剂多为有机弱酸或有机弱碱，它们的共轭酸与共轭碱具有不同的颜色，常用于指示酸碱滴定的终点。在化学计量点附近，溶液的pH发生突变，指示剂的酸式与碱式发生转化，从而引起颜色的变化，指示终点。常用的酸碱指示剂有酚酞、甲基橙、甲基红、百里酚酞等，具体见附录7(一)，常见的混合酸碱指示剂见附录7(二)。

② 氧化还原指示剂：氧化还原指示剂的氧化型和还原型具有不同的颜色，当被氧化或被还原时就会发生颜色改变，可用于指示氧化还原滴定的终点。如在酸性溶液中用重铬酸钾滴定亚铁离子时，常用二苯胺磺酸钠作指示剂。计量点附近稍微过量的重铬酸钾使二苯胺磺酸钠由无色的还原型氧化为紫色的氧化型，从而指示终点。常见氧化还原指示剂见附录7(三)。

③ 金属离子指示剂：金属离子指示剂简称金属指示剂，它能与金属离子形成与其本身颜色不同的配合物，且配合物的稳定性小于金属离子与 EDTA 生成的配合物的稳定性，可用于指示以 EDTA 为滴定剂的配位滴定的终点。计量点以前，由于溶液中总存在过量的金属离子，它们可与金属指示剂形成配合物，溶液显配合物的颜色。一旦到达计量点，金属离子将全部与 EDTA 形成配合物，原来与金属离子配位的指示剂释放出来，从而引起溶液颜色的改变，指示终点。常见金属离子指示剂见附录7(四)。

2.1.2　化学试剂的选用原则

化学试剂的纯度对化学实验结果影响较大。不同的实验对试剂纯度的要求也不相同。由于不同规格的同一种试剂在生产成本、能源消耗等方面相差很大，因此不要盲目追求高纯度的试剂，以免造成浪费。试剂选用的原则如下：

① 总体原则：在能满足实验要求的前提下，选用试剂的级别应就低不就高。

② 一般无机、有机性质实验和制备实验，用化学纯试剂即可符合实验要求，试剂杂质只要对反应无影响即可。

③ 滴定分析中常用的标准溶液，一般先用分析纯试剂粗略配制，再用工作基准试剂标定。在对分析结果要求不很高的实验中，也可用优级纯或分析纯试剂替代基准试剂。滴定分析中所用的其他试剂一般为分析纯试剂。

④ 在仪器分析实验中一般使用优级纯、分析纯或专用试剂，测定痕量成分时则选用高纯试剂。

⑤ 很多试剂就主体含量而言，优级纯和分析纯相同或相近，只是杂质含量不同。如果实验对所用试剂的主体含量要求高，则应选用分析纯试剂；如果对试剂杂质含量要求严格，则应选用优级纯试剂。

⑥ 当现有试剂纯度不能达到某种实验要求时，常常进行一次至多次提纯后再使用。常用的提纯方法有蒸馏法(液体试剂)和重结晶法(固体试剂)。

2.1.3　化学试剂的存放

由于化学试剂种类繁多，性质各异，有些试剂会因保管不当而变质失效，严重的会使实验失败甚至发生事故，因此，化学试剂的保管十分重要。化学试剂的管理见 1.3.2 和 1.3.3。

2.2　实验室用纯水的制备和检验

化学实验中，仪器的洗涤、溶液的配制、均相反应的进行、试样的净化处理以及分析测试等都离不开大量的实验用纯水。实验用纯水由天然水净化而来。

2.2.1　纯水的规格

我国国家标准《分析实验室用水规格和试验方法》(GB/T 6682—2008)中规定了实验用纯水的规格、等级、制备方法、技术指标及检验方法，实验用纯水级别及主要技术指标如表 2-3 所示。

表 2-3　实验用纯水级别及主要技术指标

指标名称	一级	二级	三级
pH 范围(25 ℃)	—	—	5.0~7.5
电导率(25 ℃)/(mS·m⁻¹)	≤0.01	≤0.10	≤0.50
可氧化物质(以 O 计)/(mg·L⁻¹)		≤0.08	≤0.4
蒸发残渣[(105±2)℃]/(mg·L⁻¹)		≤1.0	≤2.0
吸光度(254 nm 波长，1 cm 光程)	≤0.001	≤0.01	—
可溶性硅(以 SiO₂ 计)/(mg·L⁻¹)	≤0.01	≤0.02	

注：①由于在一级水、二级水的纯度下，难以测定其真实的 pH，因此对一级水、二级水的 pH 范围不做规定；
②一级水、二级水的电导率需用新制备的水"在线"测定；
③由于在一级水纯度下，难以测定可氧化物质和蒸发残渣，故对其限量不做规定。可用其他条件和制备方法保证一级水的质量。

2.2.2　纯水的制备和选用

天然水水源不同，所含杂质各异，制水的工艺要求也不同。总的来说，天然水中主要杂质有电解质、中性分子有机物、微生物、颗粒状物质和溶解于水中的气体等五类。采取一定的措施，尽可能除去这些杂质，即可获得不同等级的实验用纯水。

纯水的制备工序一般分为三步。首先是水的预处理，主要通过砂滤、膜滤等方法除去水中的悬浮物与颗粒物，通过活性炭吸附有机物。第二步是脱盐，这是纯水制备中至关重要的步骤，常通过离子交换、电渗析、反渗透或蒸馏等方法除去水中的各种盐类(蒸馏还可除去可溶气体)。现在常用蒸馏法制备双蒸水，将一次蒸馏水引入石英亚沸蒸馏器中，在不沸腾的情况下进行蒸馏，获得的亚沸水为高纯水。第三步是后处理，可通过紫外、超滤除去细菌及小颗粒物，即可获得纯水。

由此可见，化学实验室中所用的纯水来之不易，在实验中应根据不同的需求选用适当级别的纯水。在保证实验精度的前提下，注意节约用水。三级水是实验室最普遍使用的水，用于一般化学实验和分析，有时需将三级水加热煮沸后使用。二级水可能含有微量的无机、有机或胶态物质，主要用于无机痕量分析实验，如原子吸收光谱分析、电化学实验等。一级水基本不含有溶解或胶态离子及有机物，主要用于有严格要求的分析实验，包括对微粒有要求的实验，如高效液相色谱分析用水。

各级纯水均可在实验室中制备，如用离子交换、电渗析和反渗透等方法制取三级水，用多次蒸馏或离子交换等方法制备二级水，一级水可用二级水经过石英设备蒸馏或离子交换混合床，处理后，再经 0.2 μm 微孔滤膜过滤方法制取。但制备成本通常高于工业化生产，因此大多数化学实验室都是批量采购不同级别的纯水。

2.2.3　纯水的检验

纯水的质量(水质)可以通过检测水中杂质离子含量来鉴定。检验的方法有物理方法和化学方法。根据国家标准 GB/T 6682—2008 的规定，分析实验室用水需检验 pH、电导率、可氧化物、吸光度、蒸发残渣、可溶性硅，并且规定了标准的测试方法；针对仪器分析对水纯度的更高要求，新版纯水标准《仪器分析用高纯水规格及试验方法》(GB/T 33087—2016)在

2017 年 5 月正式发布实施。《中国药典》(2015 版)第二部规定了药用纯水的标准和检验方法。

本节根据上述标准,结合基础化学实验室的实际,简要介绍几种检验方法。

(1)pH 取纯水样品 100 mL,加饱和氯化钾溶液 0.30 mL,用酸度计测定与大气相平衡的纯水的 pH,pH 应为 5.0～7.0。通常还可以采用简易的化学法测定:取两支试管,在其中各加 10 mL 待测水,于一支试管中滴加 2 滴 0.2%甲基红,不得显红色;于另一支试管中滴加 5 滴 0.2%溴百里酚蓝(也叫溴麝香草酚蓝),不得显蓝色。

(2)电导率 用电导率仪测定纯水的电导率。电导率越低,表示水中的离子越少,水的纯度越高。一级、二级水在储存时会吸收 CO_2 以及溶解容器材料而引入杂质,故应将电极装入制水设备的出水管道中,在线测量。

测量一、二级水时,电导池常数为 0.01～0.1;测量三级水时,电导池常数为 0.1～1。如果电导率仪无温度补偿功能,则应使用恒温水浴槽,保持温度恒定为 25 ℃,或记录测定时的水温,再根据附录 5 中换算系数换算成 25 ℃时的电导率。

(3)可氧化物 在 1 L 纯水中加入 3.2 g 高锰酸钾,煮沸 15 min,密闭静置 2 d 以上,用垂熔玻璃滤器过滤掉不溶物,滤液摇匀并保存于棕色试剂瓶中备用,此高锰酸钾溶液浓度为 0.02 mol·L^{-1}。取待测纯水样品 100 mL,加 10%稀硫酸10 mL,煮沸后加 0.02 mol·L^{-1}高锰酸钾溶液 0.10 mL,再煮沸 10 min,粉红色不得完全消失。

(4)蒸发残渣 取待测纯水样品 100 mL,置于 105 ℃恒重的蒸发皿中,在水浴上蒸干,并在 105 ℃烘箱内干燥至恒重,遗留残渣不得超过 0.1 mg。

(5)硝酸盐 取待测纯水样品 5 mL 于试管中,0 ℃冰浴冷却,加 10%氯化钾溶液 0.4 mL 与 0.1%二苯胺硫酸溶液 0.1 mL,摇匀,缓缓滴加 98%浓硫酸 5 mL,摇匀,将试管于 50 ℃水浴中放置 15 min,溶液产生的蓝色与标准硝酸盐溶液(每毫升相当于 1 μg NO_3)0.3 mL 加无硝酸盐的纯水 4.7 mL 用同一方法处理后的颜色比较,不得更深。

(6)亚硝酸盐 取待测纯水样品 10 mL,置于纳氏管中,加 10 g·L^{-1}对氨基苯磺酰胺的 10%稀盐酸溶液和 1.0 g·L^{-1}盐酸萘乙二胺溶液各 1 mL,产生的粉红色与标准亚硝酸盐溶液(每毫升相当于 1 μg NO_2)0.2 mL 加无亚硝酸盐的纯水 9.8 mL 用同一方法处理后的颜色比较,不得更深。

随着分析仪器的发展,现在趋向于采用仪器分析获得水质分析结果并且将仪器分析的方法写进国家标准中。例如 GB/T 33087—2016 中全部采用分析仪器测试,用紫外氧化-非分散红外和紫外氧化-电导率测定总有机碳、用电感耦合等离子体质谱仪(ICP-MS)测定 Na^+ 和 Si 含量、用离子色谱仪测定 Cl^-。

2.3 试纸、滤纸和称量纸

2.3.1 试纸

试纸是浸过指示剂或试剂溶液的小纸片,用于检验溶液中某种化合物、元素或离子的存在,目前实验室中使用的试纸均采购标准化生产的商品,如急需也可在实验室中自制。

(1)石蕊试纸和酚酞试纸 石蕊试纸、酚酞试纸用来定性检验溶液的酸碱性。红色石蕊试纸遇碱性溶液变蓝,蓝色石蕊试纸遇酸性溶液变红。酚酞试纸遇碱性溶液变成深红色。

使用时,用镊子取小块试纸放在表面皿边缘或滴板上,用玻璃棒将待测溶液搅拌均匀,然后用玻璃棒末端沾少许溶液接触试纸，观察试纸颜色的变化，确定溶液的酸碱性。切勿将试纸浸入溶液，以免污染溶液。⚠注意：使用石蕊试纸和酚酞试纸时不能用水预先润湿。

（2）淀粉碘化钾试纸　淀粉碘化钾试纸用来定性检验氧化性气体，如 Cl_2、Br_2 等。当氧化性气体遇到湿的试纸后，则将试纸的 I^- 氧化成 I_2，I_2 立即与试纸上的淀粉作用变成蓝色。如果气体氧化性强，而且浓度大，还可以进一步将 I_2 氧化成无色的 IO_3^-，使蓝色褪去。因此，使用时必须仔细观察试纸颜色的变化，否则会得出错误的结论。⚠注意：使用淀粉碘化钾试纸时，要用蒸馏水湿润后再放在试管口，不要使试纸直接接触溶液。

（3）醋酸铅试纸　醋酸铅试纸用来定性检查 H_2S 气体。当含有 S^{2-} 的溶液被酸化时，逸出的 H_2S 气体遇到试纸后，立即与纸上的醋酸铅反应，生成黑色的 PbS 沉淀，使试纸呈褐黑色，并有金属光泽。

当溶液中 S^{2-} 的浓度较小时，则不易检验出。⚠注意：使用醋酸铅试纸时，也要用蒸馏水湿润后再放在试管口。

（4）pH 试纸　由浸润了多种指示剂混合液制成的 pH 试纸包括广泛 pH 试纸和精密 pH 试纸两类，均用来检验溶液的 pH。前者的变色范围是 pH＝1～14，只能粗略地估计溶液的 pH。后者根据其变色范围可分为多种，如 pH＝3.8～5.4、pH＝8.2～10.0 等，可以较精确地估计溶液的 pH，可根据待测溶液的酸碱性，选用某一变色范围的试纸。pH 试纸用法与石蕊试纸和酚酞试纸相同，待接触了被测溶液的试纸变色后，与色阶板比较，确定被测溶液的 pH。

2.3.2　滤纸

化学分析滤纸一般以优质纤维素（高级棉）为原料，纯洁度高、组织均匀、强度高、过滤速度恒定。常用作过滤介质，使溶液与固体分离。也有用玻璃纤维等特殊材料制成的用于特定场合的特殊滤纸。目前我国生产的滤纸主要有定量分析滤纸、定性分析滤纸和层析定性分析滤纸三类。

（1）定性滤纸和定量滤纸　定性滤纸用于定性化学分析和相应的过滤分离。定性滤纸厚度一般在 0.18～0.40 mm，质量在 $80～190\ g\cdot m^{-2}$，灰分占质量的 0.06％～0.2％。不同型号的定性滤纸有不同的特性，如表 2-4 所示。

表 2-4　定性滤纸特性与用途

定性滤纸级别	特性与用途
1 级	中等颗粒保留度和中等流速，常用于土壤分析、食品工业测试、空气污染监测和气体鉴定
2 级	比 1 级滤纸颗粒保留度略强，但过滤速度相对慢些，用于监测空气和土壤中的特殊污染物
3 级	滤纸湿强度增加，是一种具有良好的负载力和细小颗粒保留度的滤纸。适合在布氏漏斗中使用。其具高吸附性能，可用作层析的载体
4 级	流速快，大颗粒和胶状沉淀物保留能力强。常用于常规的生物液体或有机浸出物的澄清，用于普通快速空气污染监测中的采样
5 级	最高效的定性滤纸，用于收集小颗粒，流速慢。适用于化学分析，澄清悬浮物和水/泥土分析
6 级	流速是 5 级定性滤纸的 2 倍，但颗粒保留度相等。常用于水分析

（续）

定性滤纸级别	特性与用途
湿强定性滤纸	含有少量的化学性质稳定的树脂(含氮的树脂)，增强了湿强度，虽不会因此引入任何明显的杂质到滤液中，但滤纸不能用于凯氏定氮测定
普通皱纹滤纸	用作不太重要的常规分析。广泛用于化学实验室的常规过滤
学生级普通滤纸	广泛用于化学实验室中的普通过滤和粗样品的制备

定量分析滤纸在制造过程中，纸浆经过盐酸和氢氟酸处理，并经过蒸馏水洗涤，纸纤维中大部分杂质已经除去，所以灼烧后残留灰分小于滤纸质量的 0.01%。每小张滤纸灼烧后的灰分在 0.1 mg 以下，小于天平的称量误差(0.2 mg)，对分析结果几乎不产生影响，适于做精密定量分析。

根据紧密程度，滤纸分快速、中速、慢速三类，包装盒上分别用白色(快速)、蓝色(中速)、红色(慢速)色带为标志。滤纸有圆形和方形两种，圆形定量滤纸的规格按直径分 $\phi9$ cm、$\phi11$ cm、$\phi12.5$ cm、$\phi15$ cm 和 $\phi18$ cm 等数种，方形定量滤纸有 60 cm×60 cm 和 30 cm×30 cm 等。

(2)滤纸的选用　由于分析滤纸的特性，在使用时应注意：

① 依据被过滤物及操作所需的颗粒保留度、流速和负载力、湿强度、化学抗性等因素来选择化学分析滤纸的类型，即定性滤纸或者定量滤纸。

② 根据过滤颗粒的大小选用滤速合适的滤纸。过滤胶状沉淀，如 $Fe(OH)_3$、$Al(OH)_3$ 等，难以过滤和洗涤，应选用快速滤纸；过滤细晶型沉淀，如 $BaSO_4$、$CaCO_3$，沉淀易穿过滤纸，应选用慢速滤纸。

③ 滤纸的大小还应与漏斗相适应，滤纸应比漏斗上沿低约 1 cm，过滤后取固相时，沉淀应装到相当于滤纸圆锥高度的 1/3 或 1/2 处。

④ 一般采用自然过滤，利用滤纸截留固体微粒的能力，使液体和固体分离。

⑤ 由于滤纸的机械强度和韧性都较小，尽量少用抽滤的办法过滤，如必须加快过滤速度，为防止穿滤而导致过滤失败，在用循环水泵过滤时，可根据抽力大小在漏斗中叠放2~3层滤纸，在用真空泵抽滤时，在漏斗中先垫一层致密滤布，上面再放滤纸过滤。

⑥ 滤纸最好不要过滤热的浓硫酸或硝酸溶液。

⚠注意：定量滤纸和定性滤纸这两个概念都是纤维素滤纸才有的，不适用于其他类型的滤纸，如玻璃微纤维滤纸。

(3)特殊滤纸　有些特殊的化学分析和制备需要滤纸具备一些特殊的性能，于是出现了用一些特殊材料制成的滤纸，如玻璃微纤维滤纸。玻璃微纤维滤纸采用100%硼硅酸玻璃纤维制造而成，呈化学惰性并且不含黏合剂。这种滤纸流速快，负载力大并且保留颗粒极为细小，可达亚微颗粒范围。玻璃微纤维滤纸能承受高达 500 ℃的高温，能用于需要灼烧的密度分析和高温气体过滤。玻璃微纤维滤纸具有毛细纤维结构，能吸附比同等纤维素滤纸更多的水分，使其能适用于点样分析。玻璃微纤维滤纸能制成全透明，用于显微检验，还适合用于收集各种水中的悬浮物，过滤水中的颗粒、藻类和细菌培养液等。在生化方面，玻璃微纤维滤纸广泛用于细胞收集、液闪计数和结合分析测验，特别适用于要求较严格的实验，如沙门菌和绿脓杆菌、蛋白溶液过滤，高效液相色谱分析前的样品和溶剂过滤。

2.3.3 称量纸

称量纸也称硫酸纸，是天平称量固体样品或粉状样品时的专用纸张。称量纸是由细微的植物纤维通过互相交织，在潮湿状态下经过游离打浆、不施胶、不加填料、抄纸，用72%浓硫酸浸泡2~3 s，清水洗涤后经甘油处理、干燥所形成的质地坚硬的半透明薄纸。纸质密致光滑、不易吸水吸油、无静电、韧性强，转移样品时无残留，有利于准确称量并有效保护天平托盘，是实验室天平称量的必备耗材。称量纸一般为正方形，规格有 50 mm×50 mm、75 mm×75 mm、100 mm×100 mm、150 mm×150 mm 等。称量时可直接将称量纸垫在托盘上使用，也可以折成凹形以方便盛装样品以及称量后倒入反应容器。

2.4 样品分析的一般程序和方法

化学实验的一个重要任务是鉴定物质的组成和测定各组分的含量。在工农业生产和科研中，需要分析的样品是多种多样的。对各种来源和分析目的不同的样品，应采用不同的分析方法和分析手段。但作为一种解决问题的思路，任何样品分析测定都有一些共同的基本步骤，主要包括样品的采集、样品的预处理、选择适当的方法进行准确的测定，以及对测定数据进行计算和处理并报告结果，如图 2-1 所示。分析方法主要有化学分析法和仪器分析法，常量组分通常采用化学分析法，微量和痕量组分常用仪器分析法。本节简要介绍其中的采样和制样以及分析方法的分类，同时介绍用化学分析方法分离、鉴定无机离子和有机官能团的主要方法。实验过程中涉及的仪器校正、标定和测定将在后续内容中陆续介绍，数据处理包括准确度和精密度等内容将在 2.5 节中介绍。

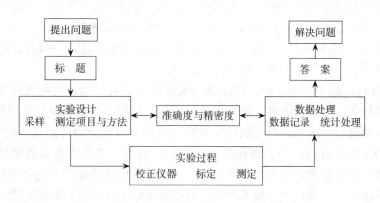

图 2-1　分析程序 U 形图

2.4.1 样品的采集、调制和初步试验

(1) 采样　从大量的分析对象中，抽取其中的一部分作为分析检验的物料，这个过程称为采样，所得的物料称为样品或试样。采集到的样品必须具有均匀性和代表性，以保证分析结果的正确性以及由此得出的结论的合理性。

采样的具体方法，应根据分析对象的性质、均匀程度、数量的多少以及对分析项目的要求来具体确定。对于各种不同类型的分析对象，各有关主管部门一般都指定了具体的要求和方法，需要时可查阅相关的标准或文献资料。这里仅介绍其中三种基本方法。

① 简单随机取样法：简单随机取样法是最基本、最简单的取样法，适用于均匀总体的场合，如组成均匀的气体、溶液、浆料及粉末状固体等。操作时，一般是对分析对象的总体，沿不同方向和部位随机确定若干个取样点，从中抽取等量的物料进行混合。

② 阶段性随机取样法：如果分析对象的总体可看成由 n 个单元构成，可先从中随机抽取几个单元，然后再从抽出的每个单元中随机抽取 m 个个体。这种作法称为两阶段取样。当然，根据需要，样品也可以分为更多的阶段取样，用这种方法取样，从每个单元中抽取的个体数不一定要相等。

③ 分层随机取样法：如果分析对象的总体具有明显的区域性差异，如原料来源于不同层面或不同地域，须采用分层随机取样法。即先把大总体按照其中的差异分成若干个分总体，再分别在每一个分总体内进行随机取样，然后予以混合。

(2)样品的调制　对于采集到的样品，在分析前必须进行必要的调制。调制主要包括将样品充分地均匀化(均化)和对样品进行一些必要的初步审察。

① 样品的均化：用适当的方法，可从分析对象中采集到具有代表性的样品，但其各个局部的组成和性质仍有很大的差异。而每次测试所需的试样只是样品中很小的一部分，为保证每次试验所用的原料都能代表分析对象的总体，在分析前必须将样品充分均化。

对于溶液混合样和料浆混合样，在采样结束后，立即进行充分的搅拌，便可达到均化的目的。固体样品的均化过程是对采集到的大量样品进行多次的粉碎过筛和缩分的过程。缩分可用机械(分样机)或手工完成，常采用四分法，直到样品能通过 $100\sim200$ 目的筛孔，质量在 $100\sim200$ g。

② 初步审察：在均化过程中应对样品进行初步审察，主要是观察颜色和状态、溴闻气味等。对液态样品还要观察其中是否有固体悬浮物或是否有互不相混的其他液相存在，对固体样品则应注意它是无定形还是结晶，是否有不同形态的晶体存在等。

(3)初步试验　分析前应通过初步试验估计样品的大致组成。一般包括灼烧试验、焰色试验、溶解性试验、酸碱性和氧化还原性试验等。

① 灼烧试验：取 $1\sim2$ mg 固体样品或一滴试液于刮匙尖端，先用低热加热，并注意观察，如固体的熔化、升华、爆裂、爆炸、放出气体；再用高热，将试样强烈灼烧，观察试样是否燃烧以及燃烧时的火焰。灼烧试验对判断试样是有机化合物还是无机化合物很有帮助，根据燃烧时的火焰还可以初步识别化合物的类型。例如，芳香族化合物燃烧时火焰有浓黑烟；低级脂肪族化合物燃烧时火焰几乎无烟；含氧化合物的火焰带蓝色；糖和蛋白质燃烧时发出特殊的焦味；多元卤代物一般不燃烧，当加热火焰直接与试样接触灼烧时，试样使加热火焰冒烟，而卤代物的火焰多数带白烟。

② 焰色试验：用尖端弯成小环的铂丝蘸取少许用浓 HCl 润湿的固体样品或试液，置火焰上灼烧，从火焰被染成的颜色可初步判断一些元素是否存在。例如，Na 的焰色为黄色、K 的为紫色；Ca、Sr、Ba 的分别为砖红色、猩红色、黄绿色；而 Pb 和 Sb 的均为浅蓝色。

③ 溶解性试验：无机物的溶解性试验常常包括水溶解、盐酸溶解、硝酸溶解、王水溶解和其他混合酸溶解、NaOH 溶液与氨水溶液的溶解等。在水溶解的同时测定其酸碱性。有机物的溶解性试验除上述项目，还包括在某些有机溶剂中的溶解试验。

④ 氧化还原性试验：氧化还原性试验主要有酸性 $KMnO_4$ 试验、碘淀粉试液试验、淀

粉 KI 试液试验和斐林试验等。

2.4.2 样品的分解处理

在对样品进行分析测定之前，必须将样品中的被测组分制成便于测试的溶液。这种含有被测组分的溶液称为试液。样品采用什么溶解方法，应参考初步试验的结果，根据分析的任务、要求、选用的分析方法和试样中存在的干扰成分等方面的影响因素，选用一种能使分析对象毫无损失而又便于检测的溶解方法。

对于可溶于水的样品或被测组分可溶于水的，直接用水溶解即可。但多数无机样品难溶于水，可用酸或碱溶液溶解，其中以酸溶法最为常用。酸溶法中常用的酸有 HCl、H_2SO_4、HNO_3、$HClO_4$、HF 以及它们按一定比例混合而成的混合酸等。有时还加入 H_2O_2 以增加其氧化能力。这种用液体溶剂直接溶解样品的方法称为湿法分解。

对于难溶的无机样品，常用熔融法，即通过加入大量熔剂(一般为样品量的6~12 倍)，在坩埚中加热至熔融，将被测组分转化为易于溶解的化合物，再选用适宜的溶剂溶解成溶液。对有机物的元素分析，常用钠熔法和氧瓶燃烧法。对生物样品进行微量元素测定时，可以采用马弗炉高温灰化以及等离子氧低温灰化等方法来将被测组分转化为易于溶解的化合物，再用适当的溶剂溶解成溶液。这种用固体熔剂在高温下先将样品分解(再用液体溶剂溶解成溶液)的方法称为样品的干法分解。

制成试液后，首先要设计方案通过控制条件或采用掩蔽剂来消除干扰组分的影响，否则就需要采用沉淀和共沉淀法、萃取法、吸附和离子交换法、色谱法、蒸馏法等方法对被测组分进行分离和富集。

2.4.3 样品的分析

(1)定性分析 定性分析的任务是鉴定试样的化学成分，解决试样"有什么"的问题。在用化学分析法对无机物进行定性分析或对纯净有机物进行元素定性分析时，待测的对象一般都是经分解后转入溶液以离子状态存在的，这时可用分别鉴定的方法或先分组再鉴定的方法将其一一检出。理论上，通过化学分析的方法可以对一个未知样品进行全定性，但这是一件非常耗时而烦琐的工作，现在都尽量采用仪器分析方法，如原子发射光谱法或 IPC - MS、原子吸收光谱法、元素分析仪、拉曼光谱仪等可鉴定试样中的微量元素、金属元素和非金属元素。气相色谱和高效液相色谱技术是最常用的鉴定官能团的方法，高分离效能的色谱仪、高分辨效能的质谱仪的联用是定性分析的最佳组合。

(2)定量分析 定量分析是测定试样中有关组分的相对含量，即解决"有多少"的问题。定量分析也分为化学分析法和仪器分析法两种。对复杂试样的定量分析，若采用化学分析法和普通的仪器分析法(如分光光度法和电位分析法等)，通常需要经过定性分析了解试样组成后，才能进一步根据测定要求，选择适当的方法予以测定；而在一些现代化的分析仪器中，对常见的离子和化合物也可以同时给出定性和定量的分析结果。但经典的化学分析法，由于其分析的准确度高，仪器设备简单，因此在标准物的制备和一般的日常分析中仍占有不可替代的地位。

(3)结构分析 结构分析是测定试样中有关元素的相互连接关系，即解决"长什么样"或"是什么"的问题。结构分析对研究化合物的性质具有特别的意义，一般都使用大型的精密仪器。常采用的仪器有 X 射线衍射仪、四圆衍射仪、红外光谱仪、紫外-可见光谱仪、核磁共振仪和质谱仪联合分析，它们相辅相成，互为补充，可以完整地给出物质的分子结构模型。

2.4.4　常用化学分析方法简介

在化学分析中，非金属阴离子、金属阳离子的分离和鉴定以及有机官能团的鉴定对于确定化合物结构和组成至关重要，本节简要介绍常见离子和官能团的分离、鉴定方法，更详细的方法可参考分析化学著作。为了提高分析结果的准确性，应进行"空白试验"和"对照试验"[参见 2.5.1(3)]。

2.4.4.1　常见非金属阴离子的分离与鉴定

阴离子主要是非金属元素组成的简单离子和复杂离子，这里主要讨论以下阴离子的分析方法：F^-、Cl^-、Br^-、I^-、CO_3^{2-}、NO_2^-、NO_3^-、PO_4^{3-}、S^{2-}、$S_2O_3^{2-}$、SO_3^{2-}、SO_4^{2-}、SiO_3^{2-}、AsO_4^{3-}、AsO_3^{3-}、Ac^- 和 CN^-。金属元素组成的阴离子，如 CrO_4^{2-}、MnO_4^- 等，在金属阳离子分析中鉴定。非金属阴离子的分析思路是：先通过初步试验或进行分组试验，利用物质性质的不同，根据溶液中离子共存情况，以排除不可能存在的离子，然后鉴定可能存在的离子。

（1）初步试验

① 试液的酸碱性试验：若试液呈强酸性，则不存在易被酸分解的离子，如 CO_3^{2-}、NO_2^-、$S_2O_3^{2-}$ 等。有些阴离子在碱性（或中性）溶液中可以共存，酸化后立即相互反应，如 SO_3^{2-} 与 S^{2-}、SO_3^{2-} 与 CrO_4^{2-}、I^- 与 NO_2^-、I^- 与 CrO_4^{2-} 等。因此，在强酸性溶液中，一种离子被证实，就可以否定另一种离子的存在。

② 与酸反应产生气体的试验：试样中加入稀 H_2SO_4 或稀 HCl，若产生气体，则根据生成气体的颜色、气味或其具有的特征反应（表 2-5），推断阴离子的种类。

表 2-5　阴离子与酸反应的现象与推断

观察到的现象（有气体产生）			可能的结果		备　注
气体的颜色	气体的气味	析出气体的性质	气体组成	存在的阴离子	
无色	无味	使石灰水变浑浊	CO_2	CO_3^{2-}	SO_2 也能使石灰水变浑浊
无色	刺激性气味	使 I_2-淀粉溶液或稀 $KMnO_4$ 溶液褪色	SO_2	SO_3^{2-}、$S_2O_3^{2-}$（同时析出 S）	H_2S 也能使 I_2-淀粉溶液或稀 $KMnO_4$ 溶液褪色
无色	腐蛋味	使润湿的 $Pb(Ac)_2$ 试纸变黑	H_2S	S^{2-}	—
棕色	刺激性臭味	使润湿的 KI-淀粉试纸变蓝	NO_2、NO	NO_2^-	—

③ 氧化性阴离子试验：氧化性阴离子常用还原剂来检验，如 KI。在稀 H_2SO_4 酸化的试液中，加入 KI 溶液和 CCl_4，振荡后呈紫色，说明存在氧化性阴离子，如 NO_2^-、AsO_4^{3-}、CrO_4^{2-} 等。如果不出现 I_2，则不能断定无 NO_2^-，因为试液中如果存在 SO_3^{2-} 等强还原性离子，酸化后 NO_2^- 会与它们先反应，就不一定检出 NO_2^-。

④ 还原性阴离子试验：还原性阴离子常用氧化剂来检验。在酸化的试样溶液中加入 $KMnO_4$ 溶液。若紫色褪去，则可能存在 S^{2-}、SO_3^{2-}、$S_2O_3^{2-}$、Br^-、I^-、NO_2^- 等还原性阴离子。其中还原性较强的阴离子如 S^{2-}、SO_3^{2-}、$S_2O_3^{2-}$，在酸性介质中还能使蓝色的 I_2-淀

粉溶液褪色。

⑤ 难溶盐阴离子试验：通常将常见的阴离子根据它们与 Ba^{2+} 和 Ag^+ 生成沉淀的情况分为钡组阴离子和银组阴离子，利用钡盐和银盐的溶解性差别，确定整组离子是否存在。据此将阴离子分为 3 组，见表 2-6。

表 2-6 阴离子的分组

组别	组试剂	组内阴离子	特性
第一组 (钡组)	$BaCl_2$（中性或弱碱性）	CO_3^{2-}、SO_4^{2-}、SO_3^{2-}、$S_2O_3^{2-}$、SiO_3^{2-}、PO_4^{3-}、AsO_4^{3-}、AsO_3^{3-}	钡盐难溶于水（除 $BaSO_4$ 外，其他钡盐溶于酸），银盐溶于 HNO_3
第二组 (银组)	$AgNO_3$（稀、冷 HNO_3）	Cl^-、Br^-、I^-、S^{2-}	银盐难溶于水和稀 HNO_3（AgS 溶于热 HNO_3）
第三组	无组试剂	NO_2^-、NO_3^-、Ac^-、CN^-	钡盐和银盐都溶于水

阴离子的初步试验步骤及反应概况列于表 2-7 中。

表 2-7 阴离子的初步试验

| 阴离子 | 气体放出试验 （稀 H_2SO_4） | 还原性阴离子试验 | | 氧化性阴离子试验 | $BaCl_2$ （中性或弱碱性） | $AgNO_3$ （稀 HNO_3） |
		KMnO₄ （稀 H_2SO_4）	I₂-淀粉 （稀 H_2SO_4）	KI （稀 H_2SO_4、CCl_4）		
SO_4^{2-}					白色沉淀	*
SO_3^{2-}	酸性气体	反应	反应		沉淀溶于酸	
$S_2O_3^{2-}$	气体＋浑浊	反应	反应		*	沉淀转灰色
S^{2-}	酸性气体 （臭鸡蛋味）	反应	反应			黑色沉淀
CO_3^{2-}	酸性气体				沉淀溶于酸	
PO_4^{3-}					沉淀溶于酸	
AsO_4^{3-}				反应	沉淀溶于酸	
AsO_3^{3-}		反应			沉淀溶于酸	
SiO_3^{2-}	白色沉淀				白色沉淀	
Cl^-		反应				白色沉淀
Br^-		反应				淡黄色沉淀
I^-		反应				黄色沉淀
CN^-	酸性气体	反应	反应			*
NO_2^-	酸性气体	反应		反应		
NO_3^-						
Ac^-						

＊表示浓度大时可有反应。

(2)阴离子鉴定试验　经过初步试验后，可以对试液中可能存在的阴离子做出判断，根据阴离子特性反应对其做出鉴定。附录8(一)列出了阴离子的主要鉴定反应。

在鉴定某些能发生相互干扰的离子时，需要采取一些适当的分离步骤。例如 Cl^-、Br^-、I^- 共存时，可按图2-2方法进行分离鉴定。

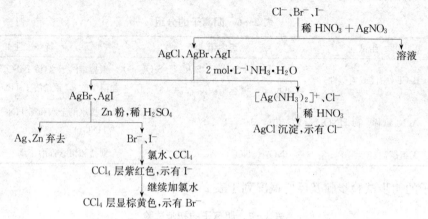

图2-2　Cl^-、Br^-、I^-混合液的分离鉴定示意图

如果溶液中同时存在 S^{2-}、SO_3^{2-} 和 $S_2O_3^{2-}$，分别鉴定时按照图2-3进行。需先向混合液中加入 $PbCO_3$ 固体除去 S^{2-}，使 $PbCO_3$ 转化为溶解度更小的 PbS 沉淀。离心分离后，再分别鉴定清液中的 SO_3^{2-} 和 $S_2O_3^{2-}$。

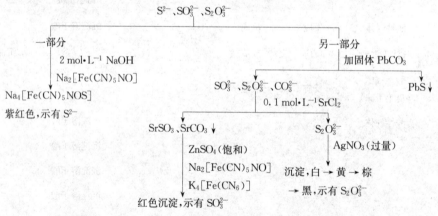

图2-3　S^{2-}、SO_3^{2-}、$S_2O_3^{2-}$ 混合液的分离鉴定示意图

NO_2^- 的存在干扰 NO_3^- 的鉴定，在用棕色环法鉴定 NO_3^- 时，需先向混合液中加入饱和 NH_4Cl 溶液并加热将 NO_2^- 除去。

2.4.4.2　常见金属阳离子的分离与鉴定

阳离子的种类较多，常见的有20多种。离子的分离和鉴定是以各离子对试剂的不同反应为依据的，这种反应常伴随着特殊的现象，如沉淀的生成或溶解、出现特殊颜色、产生气体等。根据离子的组成特点，离子鉴定有分别鉴定法和系统分析法。

(1)分别鉴定法　离子间无相互干扰或采用适当方法可避免干扰，就可以不用分离而直接鉴定各离子。在进行离子分别鉴定时，可同时做对照试验和空白试验。阳离子的分别鉴定法见附录8(二)。

（2）系统分析法　按一定分离程序将离子进行严格的分离后再确认的方法。凡能使一组阳离子在适当反应条件下生成沉淀而与其他组阳离子分离的试剂称为组试剂。利用不同的组试剂把阳离子逐组分离，再进行检出的方法叫阳离子系统分析法。阳离子系统分析的方法有多种，如硫化氢系统分析法、两酸两碱法、两酸三碱法等，在此介绍两酸两碱法。常见的20多种阳离子分为以下6组。首先按照图2-4的程序将待测离子进行分组鉴定，再根据各组离子的特性分别鉴定各离子。

第一组（易溶组）：Na^+、K^+、NH_4^+、Mg^{2+}。

第二组（氯化物组）：Ag^+、Hg_2^{2+}、Pb^{2+}。

第三组（硫酸盐组）：Ba^{2+}、Ca^{2+}、Pb^{2+}。

第四组（氨合物组）：Co^{2+}、Ni^{2+}、Cu^{2+}、Zn^{2+}、Cd^{2+}。

第五组（两性组）：Al^{3+}、Cr^{3+}、$Sb(Ⅲ、Ⅴ)$、$Sn(Ⅱ、Ⅳ)$。

第六组（氢氧化物组）：Fe^{2+}、Fe^{3+}、Bi^{3+}、Mn^{2+}、Hg^{2+}。

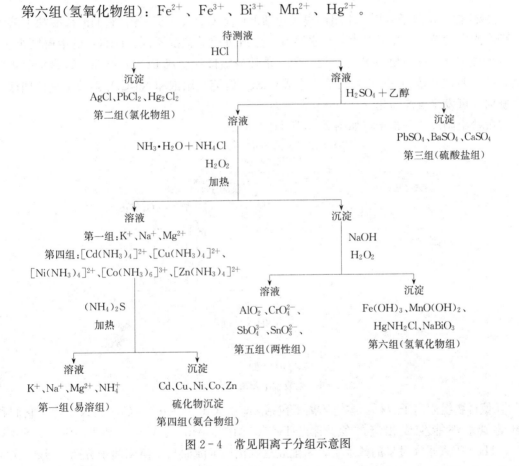

图2-4　常见阳离子分组示意图

① 易溶组阳离子分析：本组阳离子为 NH_4^+、K^+、Na^+、Mg^{2+}，它们的盐大多数可溶于水，没有一种共同的试剂可以作为组试剂，应采用附录8（二）的分别鉴定法，将它们加以检出。

② 氯化物组阳离子分析：本组阳离子包括 Ag^+、Hg_2^{2+}、Pb^{2+} 等，它们的氯化物不溶于水，其中 $PbCl_2$ 可溶于 NH_4Ac 和热水中，而 $AgCl$ 可溶于 $NH_3·H_2O$ 中。因此检出这三种离子时，可先将这些离子沉淀为氯化物，然后再进行鉴定反应。氯化物组阳离子分析步骤如

图 2-5 所示。

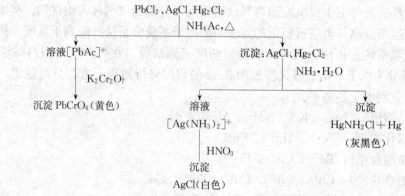

图 2-5 氯化物组阳离子分析步骤

③ 硫酸盐组阳离子分析：本组阳离子包括 Ba^{2+}、Ca^{2+}、Pb^{2+} 等，它们的硫酸盐不溶于水，但在水中的溶解度差异较大，在水溶液中生成沉淀的情况不同。$BaSO_4$ 的溶解度很小，Ba^{2+} 在溶液中能立即析出 $BaSO_4$ 沉淀。Pb^{2+} 能比较缓慢地生成 $PbSO_4$ 沉淀。$CaSO_4$ 溶解度稍大，Ca^{2+} 只能在浓的 Na_2SO_4 溶液中生成 $CaSO_4$ 沉淀。用饱和 Na_2CO_3 溶液加热处理这些硫酸盐时，可发生沉淀转化。

硫酸盐组阳离子分析步骤如图 2-6 所示。

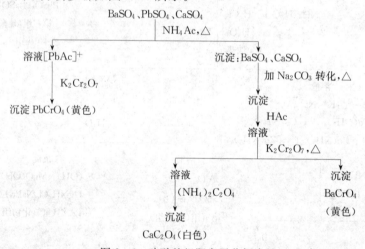

图 2-6 硫酸盐组阳离子分析步骤

④ 氨合物组阳离子分析：本组阳离子包括 Zn^{2+}、Cd^{2+}、Cu^{2+}、Co^{2+}、Ni^{2+} 等，它们和过量的氨水都能生成相应的氨合物。Fe^{3+}、Al^{3+}、Mn^{2+}、Cr^{3+}、Bi^{3+}、Sb^{3+}、Sn^{2+}、Sn^{4+}、Hg^{2+} 等离子在过量的氨水中，因生成氢氧化物沉淀而与本组阳离子分离。Hg^{2+} 在大量铵离子存在时，将与氨水作用形成汞氨配离子 $[Hg(NH_3)_4]^{2+}$ 而进入氨合物组。由于 $Al(OH)_3$ 是典型的两性氢氧化物，能部分溶解在过量的氨水中，因此加入铵盐如 NH_4Cl 使 OH^- 的浓度降低，可防止 $Al(OH)_3$ 溶解。但是由于 OH^- 的浓度降低，Mn^{2+} 也不能形成氢氧化物沉淀。如在溶液中加入 H_2O_2，则 Mn^{2+} 可被氧化而生成溶解度小的 $MnO(OH)_2$ 棕色沉淀。因此本组阳离子的分离条件为：在适量 NH_4Cl 存在条件下，加入过量氨水和适量 H_2O_2，此时本组阳离子因形成氨合物而与其他阳离子分离。

⑤ 两性组和氢氧化物组阳离子分析：两性组阳离子有 Al^{3+}、Cr^{3+}、Sb^{3+}、Sn^{2+} 等，氢氧化物组阳离子有 Fe^{2+}、Fe^{3+}、Bi^{3+}、Mn^{2+}、Hg^{2+} 等。这两组阳离子主要存在于分离氨合物组后的沉淀中，利用 Al、Cr、Sb、Sn 等元素的氢氧化物酸碱两性的性质，用过量碱可将这两组元素分离。

2.4.4.3　有机化合物官能团的鉴定

有机化合物的性质主要取决于它的官能团，各种官能团往往能与某些试剂作用产生特殊的颜色或沉淀等现象，利用这些现象就能鉴定某类官能团的存在或验证有机化合物的性质。

(1)烃的性质　烷烃是饱和烃，比较稳定，在一般条件下与其他物质不发生反应。但在特定条件下，也能发生一些反应，如在光照下能与卤素发生取代反应。烯烃和炔烃是不饱和烃，分子中含有 C＝C 与 C≡C 键，都比较容易发生加成和氧化反应。例如，均易与溴发生加成反应，使溴的红棕色消失；均可被高锰酸钾溶液氧化，使紫色高锰酸钾溶液生成褐色的二氧化锰沉淀。芳香烃结构稳定，苯环一般较难氧化和加成，易发生取代反应，如硝化反应；如苯环带有侧链，则侧链易被氧化成羧基，如松节油被 $KMnO_4$ 和 H_2SO_4 氧化。

(2)卤代烃的性质　卤代烃的主要化学性质是发生如下的亲核取代反应，有单分子亲核取代反应(S_N1)和双分子亲核取代反应(S_N2)之分。

$$RX + Nu:^- \longrightarrow RNu + X^-（Nu:^- 为亲核试剂）$$

在 S_N1 中，卤代烃的化学活性次序为叔卤代烃＞仲卤代烃＞伯卤代烃；在 S_N2 中，卤代烃的化学活性次序则为伯卤代烃＞仲卤代烃＞叔卤代烃。不同结构烃基的卤代烃与 $AgNO_3$ 的乙醇溶液反应，出现沉淀的速度不同，表明不同的活泼性。

(3)醇和酚的性质　醇和酚结构中的羟基分别与烃基和芳环相连，导致它们的化学性质有很多不同。例如，醇可发生取代反应、氧化反应等，醇羟基可以与苯甲酰氯反应生成有香味的酯，可利用这种性质鉴别化合物中的羟基。伯醇、仲醇、叔醇与氯化锌-盐酸试剂(卢卡斯试剂)反应的速率不同，叔醇最快，仲醇次之，伯醇反应极慢，可借此区别不同类型的醇。酚羟基的氢原子比醇羟基的氢原子活泼，因此酚类在水溶液中可电离产生氢离子，呈弱酸性，遇到碱能生成酚盐。大多数酚类或含有酚羟基的化合物与三氯化铁作用呈特有的紫色，此反应常用于鉴别酚类(但含有烯醇型结构的化合物也能产生类似的呈色反应)；苯酚除具有酚羟基的特性外，还有一些芳烃的性质，如发生取代反应。

(4)醛和酮的性质　醛、酮是含有羰基的化合物，化学性质相似，醛和酮在酸性条件下与 2,4-二硝基苯肼作用生成黄色、棕色或橙红色的 2,4-二硝基苯腙沉淀，利用该性质可以鉴定醛和酮。但由于醛类羰基上至少连有 1 个氢原子，而酮类的羰基则与 2 个烃基相连，因而导致醛、酮化学性质的差异，最典型的性质是醛类易被氧化，而酮则不易被氧化。例如，吐伦(Tollen)试剂与醛发生银镜反应而不与酮反应，借此可区别醛和酮。凡具有 $(H)R\overset{\overset{\displaystyle O}{\|}}{-C}-CH_3$ 结构的醛或酮都能与卤素的碱溶液发生碘仿反应；而具有 $(H)R\overset{\overset{\displaystyle OH}{|}}{-CH}-CH_3$ 结构的醇类可被氧化而产生甲基酮结构，因而也可发生碘仿反应。可通过鉴定试样中是否含有羟基以确定其类型。

(5)羧酸和羧酸衍生物的性质　羧酸中含有羧基，具有酸性，能与碱作用生成羧酸盐，羧酸盐又能被强酸分解为原来的羧酸。一般饱和的一元羧酸不会被氧化，但甲酸例外。因甲酸分子结构中含有醛基，容易被氧化，具有还原性。草酸是二元羧酸，由于它的两个羧基直接相连，所以也容易被高锰酸钾的酸性溶液所氧化。羧基中的羟基能被其他基团取代，生成羧酸衍生物，如被卤原子取代生成酰卤，被酰氧基取代生成酸酐，被烃氧基取代生成酯，被氨基取代生成酰胺等，它们都含有酰基，因而具有相似的化学性质，能被水、醇、氨、羧酸等分解。其活泼性次序是酰卤＞酸酐＞酯＞酰胺。

(6)胺、酰胺的性质　胺和酰胺是含氮的有机化合物。胺类从结构上看，它的分子是由烃基和氨基两部分组成，所以具有碱性，可以与酸作用生成盐。

$$\text{苯胺} —NH_2+HCl \longrightarrow \text{苯胺盐酸盐} —NH_2 \cdot HCl$$

不同的烃基结构对氨基的影响不同，所以脂肪胺和芳香胺在性质上也有差别，如苯胺可发生溴代反应。酰胺类化合物既可以看成是羧酸的衍生物，也可以看成是胺的衍生物。酰基的引入，使其碱性变得很弱，酰胺在酸性介质和碱性介质中均可进行水解等反应，可用石蕊试纸检验。尿素是碳酸的二元酰胺，能发生水解、缩合、成盐等反应。

(7)糖的性质　糖类化合物是多羟基醛、多羟基酮或它们的缩合物。单糖和某些双糖，由于分子中具有半缩醛羟基，在水中能形成开链结构，所以具有还原性。而分子中没有半缩醛羟基的双糖，在水中不能形成开链结构，因此无还原性。多糖的相对分子质量较大，分子中可还原的部分在整个分子中所占的比例很小，所以多糖无还原性。但无论双糖或多糖，均可水解成单糖，从而具有还原性。还原糖能使斐林(Fehling)试剂和吐伦(Tollen)试剂还原，而非还原糖则不能。蔗糖为非还原性的双糖，但用酸水解后，可生成具有还原性的两种单糖（葡萄糖和果糖）。淀粉与碘能生成深蓝色的复合物，淀粉还能在酸性溶液中水解，生成蓝糊精、红糊精、消色糊精、麦芽糖、葡萄糖等一系列化合物。还原糖能与苯肼作用生成脎，糖脎都是不溶于水的黄色晶体。不同的糖脎晶形不同，在反应中生成的速率也不同。因此，可根据糖脎的晶形及生成晶体所需的时间来鉴定糖。

(8)氨基酸和蛋白质的性质　氨基酸是蛋白质的基石，氨基酸分子中含有氨基和羧基，因此它与强酸、强碱都可生成盐。蛋白质的分子质量很大，在酸、碱存在下，或在酶的作用下，水解成分子量较小的多肽。简单蛋白质水解的最终产物为各种氨基酸。蛋白质分子中含有肽键和其他侧链基团，因此，蛋白质可被多种试剂沉淀。在蛋白质溶液中加入大量无机盐，能使蛋白质粒子表面的水膜遭到破坏而凝结析出，这个过程称为盐析。乙醇及丙酮等亲水性有机试剂、浓的无机酸、重金属盐、某些有机酸或生物碱试剂等都可以使蛋白质溶液沉淀。蛋白质分子中的某些基团还能与特殊试剂发生颜色反应，这可用于蛋白质的定性鉴定。

2.5　实验数据的表达和处理方法

在实验过程中，由于测量所用仪器、实验方法乃至实验者本人都不可避免地存在一定局限性，因此测量值与真实值之间总存在一个差值，这个差值叫作误差。为了得到合理的结果，要求实验者根据误差分析选择合适的实验方法及合适精度的仪器，同时运用误差概念使实验的误差减小到最小，并能对测量结果进行适当的处理。

2.5.1 误差的来源和减免方法

按照误差的来源不同，误差分为系统误差和偶然误差。

（1）系统误差 也叫可测误差，是由某些比较确定的原因所引起的，对分析结果的影响比较固定，其大小也有一定的规律性，在重复测量的情况下，它有重复出现的性质，即具有单向性和重现性。主要有以下三种。

① 方法误差：由分析方法本身不完善造成的误差。如滴定分析中反应进行不完全，滴定终点与化学计量点不相符，有其他副反应发生等。

② 仪器、试剂误差：由仪器本身不准确和试剂不纯而引起的分析误差。例如，天平两臂不等长和砝码质量不准确引起称量误差、滴定管和温度计刻度不准确引起测量误差、所用试剂或蒸馏水中的所有杂质均能带来试剂误差。

③ 主观误差：指在正常操作条件下，由于分析人员对操作规程的认识和实验条件的控制或实验习惯而引起的误差。例如，滴定管读数时习惯于偏低或偏高，对颜色的敏锐性不同等所造成的误差。

（2）偶然误差 也称为随机误差，是由一些偶然因素所引起的误差。例如，测定过程中，温度、湿度的突然改变，气压的微小波动等。其影响时大时小、时正时负，且难以觉察也难以控制，但它符合正态分布曲线，即绝对值相等的正误差和负误差出现的概率相等，小误差出现的概率大而大误差出现的概率小。

⚠注意：误差与过失不同。系统误差和偶然误差都是指在正常操作的情况下所产生的误差，是不可完全消除的。而过失则是因为操作不细心导致加错试剂、记错读数、溶液溅失等违反操作规程所造成的错误。"过失"不属于误差，是完全可以避免的。

（3）误差的减免 误差虽然无法完全消除，但可以通过科学的方法尽量减小或减免。一般采用如下三种方法。

① 对照试验：对照试验分标准样品对照试验和标准方法对照试验等。标准样品对照试验是用已知准确含量的标准样品（或纯物质配成的合成试样）与待测样品按同样的方法进行平行测定。标准方法对照试验是用可靠的分析方法与被检验的分析方法，对同一试样进行分析对照。若测定结果相同，则说明被检验的方法可靠，无系统误差；若有误差，则应采用校正系数或修订方法加以减免。

许多分析部门为了解分析人员之间是否存在系统误差和其他方面的问题，常将一部分样品安排在不同分析人员之间，用同一种方法进行分析，以资对照，这种方法称为内检。有时将部分样品送交其他单位进行对照分析，这种方法称为外检。

② 空白试验：在不加样品的情况下，按照与样品相同的分析方法和步骤进行分析，得到的结果称为空白值。从样品分析结果中减掉空白值，这样可以消除或减小由蒸馏水及试剂带入的杂质引起的试剂误差，得到更接近于真实值的分析结果。

③ 校准仪器：对仪器进行校准可以消除仪器误差。例如，温度计、砝码、移液管、滴定管和容量瓶等，在精确的分析中，必须进行校准，并在计算结果时采用校正值。

在消除系统误差的前提下，增加平行测定的次数，可以减小偶然误差。一般要求平行测定3～5次，取算术平均值，便可以得到较准确的分析结果。

2.5.2　测量的准确度和精密度

（1）准确度　准确度表示测量的准确性，即测量值（x）与真实值（T）之间符合的程度，用误差（E）来衡量。E 越小，表示测量结果的准确度越高；反之，E 越大，准确度越低。误差有绝对误差（E）和相对误差（E_r）两种，表示方法如下：

$$E = x - T \qquad (2-1)$$

$$E_r = \frac{E}{T} \times 100\% \qquad (2-2)$$

E 和 E_r 都有正负之分，正号表示结果偏高，负号表示结果偏低。一般用相对误差来表示分析结果的准确度更为确切。

但实际测量中，真实值不可能知道，往往用"标准值"代替真实值。标准值是采用多种可靠的分析方法，由具有丰富经验的人员经过反复多次测定得出的比较准确的结果。

（2）精密度　在实际工作中，真实值（或标准值）常常是不知道的，因此无法用误差来评价结果的准确度。在这种情况下，可用精密度来判断分析结果的质量。精密度是指同一样品的多次平行测定值之间彼此相符合的程度，精密度用偏差（d_i）来衡量。偏差越小，说明测定结果的精密度越高。

$$d_i = x_i - \bar{x} \qquad (2-3)$$

式中：x_i 是测量值；$\bar{x}$ 是各测量值的算术平均值。

一组测量值总的精密度，常用平均偏差、相对平均偏差或标准偏差来表示。

① 平均偏差：

$$\bar{d} = \frac{\sum |d_i|}{n} \qquad (2-4)$$

② 相对平均偏差：

$$\bar{d_r} = \frac{\bar{d}}{\bar{x}} \times 100\% \qquad (2-5)$$

③ 标准偏差：用数理统计方法处理数据时，常用标准偏差来衡量测量结果的精密度。对有限次（$n < 20$）的测量，标准偏差以 s 表示。

$$s = \sqrt{\frac{\sum d_i^2}{n-1}} = \sqrt{\frac{\sum (x_i - \bar{x})^2}{n-1}} \qquad (2-6)$$

由于标准偏差是把单次测量值与平均值的偏差先平方再求和，所以它比平均偏差更能灵敏地反映出较大偏差的存在，更能反映出一组测定值的精密度。

（3）准确度与精密度的关系　对一组实验数据的评价，既要考虑准确度，又要考虑精密度。准确度和精密度是两个完全不同的概念，既有区别又有联系。图 2-7 形象地表示出了两者的关系。在评价分析结果时，只有精密度和准确度都好的方法才可取。在同一条件下，对样品多次平行测定中，精密度高，只表明偶然误差小，不能排除系统误差存在的可能性，即精密度高，准确度不

准确度好　　准确度不好　　准确度不好
精密度好　　精密度好　　　精密度不好

图 2-7　准确度和精密度的关系

一定高。只有在消除系统误差的前提下，才能以精密度来衡量准确度。如精密度差，实验的重现性低，则该实验方法是不可信的，也就谈不上准确度。

2.5.3　实验数据的正确记录和有效数字

在科学实验中，为了得到准确的测定结果，不仅要用可靠的方法和仪器以及规范的操作获取各种数据，而且还要能够正确地记录数据和科学地处理数据。分析结果的数值不仅表示试样中被测成分含量的多少，而且还反映了测定的准确程度。所以，记录数据和计算结果应保留几位数字是很重要的。

(1)实验数据的记录　学生应有专门编有页码的实验记录本，要养成在任何情况下都不撕页的习惯。不允许将数据记在单页纸上，或随意记在无法长期保存的地方。文字记录应整齐清洁，数据记录尽量采用表格形式。

对于实验过程中的各种测量数据及有关现象，应及时、准确、清晰地记录下来，切忌带有主观因素，不能随意拼凑和伪造数据。对实验中出现的异常现象，更应即时、如实记录。

在实验过程中，如果发现数据算错、测错或读错而需要改动，可在该数据上画一横线，并在其上方写上正确的数字。

(2)有效数字　数字的位数不仅表示数字的大小，也反映测量的准确程度。有效数字就是实际能测得的数字。在记录实验数据时，必须正确地记录数字的位数，即有效数字。

有效数字保留的位数，应根据分析方法与仪器的准确度来决定，无论计量仪器如何精密，其最后一位数总是估计出来的。因此所谓有效数字就是保留末一位不准确数字，其余数字均为准确数字的数字。即测得的数值中只有最后一位是可疑的。例如，分析天平只能称准到 $0.000\,2$ g，所以在分析天平上称取 $0.500\,0$ g 试样，不仅表明试样的质量为 $0.500\,0$ g，还说明有 4 位有效数字，最后一位是可疑的，试样的实际质量是$(0.500\,0\pm0.000\,2)$g，相对误差是 0.04%。如将其质量记录成 0.50 g，则表明该试样是在台秤上称量的，实际质量为(0.50 ± 0.02)g，相对误差为 4%，误差扩大了 100 倍，故记录数据的位数不能任意增加或减少。可见有效数字是和仪器的准确程度有关的，即有效数字不仅表明数量的大小而且也反映测量的准确度。

移液管、滴定管、吸量管等玻璃计量仪，都能准确测量溶液体积到 0.01 mL。用 50 mL 滴定管测量溶液体积时，小数点后应保留两位，如 25.55 mL、8.52 mL。用 25 mL 移液管移取溶液时，应记录为 25.00 mL；用 5 mL 吸量管移取溶液时，应记录为 5.00 mL。用 50 mL 容量瓶配制溶液时，应记录为 50.00 mL。

总之，在分析化学实验中，测量结果所记录的数字应与所用仪器测量的准确度相对应。在常量分析中，一般保留 4 位有效数字。但在水质分析中，有时只要求保留 2 位或 3 位有效数字，应视具体要求而定。

(3)有效数字中"0"的意义　"0"在有效数字中有两种意义：一种是作为数字定位，起占位作用；另一种是有效数字。例如，在分析天平上称量物质，得到如下质量：

物　质	称量瓶	Na_2CO_3	$H_2C_2O_4 \cdot 2H_2O$	称量纸
质量/g	10.143 0	2.104 5	0.210 4	0.012 0
有效数字位数	6	5	4	3

以上数据中"0"所起的作用是不同的。在 10.143 0 和 2.104 5 中的"0"都是有效数字。在 0.210 4 中，小数点前面的"0"是定位用的，不是有效数字，而小数点后的"0"是有效数字，所以它有 4 位有效数字。在 0.012 0 中，"1"前面的两个"0"都是定位用的，而末尾的"0"是有效数字，所以它有 3 位有效数字。

综上所述，数字中间的"0"和末尾的"0"都是有效数字，而数字前面所有的"0"只起定位作用。以"0"结尾的正整数，有效数字的位数不确定。例如，4 500 这个数就不能确定是几位有效数字，可能为 2 位或 3 位，也可能是 4 位。遇到这种情况，应根据实际有效数字书写成：

$$4.5 \times 10^3 \qquad \text{2 位有效数字}$$
$$4.50 \times 10^3 \qquad \text{3 位有效数字}$$

因此表示很大或很小的数的有效数字时，常用 $\times 10^n$ 表示。与指数形式相似，对数的首数也不算有效数字，对数的有效数字位数只由尾数的位数确定。例如，pH＝5.00，表示 H^+ 浓度只有 2 位有效数字。

(4)有效数字的运算　在处理数据时，常遇到数字的四则运算，要遵守先修约后计算的原则，有效数字修约规则为"四舍六入，恰五成双，过五进位"。

① 加减法：在加减法运算中，结果应保留的有效数字是以小数点后位数最少的数为准，即以绝对误差最大的数为准。例如，在烧杯中放入 10.21 g $CuSO_4$，8.5 g K_2SO_4，250 mL 水，则烧杯中溶液的质量为

$$10.21 + 8.5 + 250 = 10 + 8 + 250 = 268(\text{g})$$

上述三个质量的绝对误差分别为 ± 0.01 g、± 0.1 g 和 ± 1 g，水质量的绝对误差最大，准确度最小，通过计算得到的溶液质量不可能比水的质量更准确，所以溶液质量的有效数字应以水为准，小数点后面位数为 0 位。

② 乘除法：在乘除法运算中，结果保留的有效数字位数以位数最少的数为准，即以相对误差最大的数为准。例如，某学生测定水的密度 d，用量筒量取体积(V)为 25 mL 的水样，放到分析天平上称出其质量(m)为 25.5285 g。该生应报告水的密度为

$$d = \frac{m}{V} = \frac{25.528\ 5}{25} = 1.0(\text{g} \cdot \text{mL}^{-1})$$

结果为 1.0，保留 2 位有效数字，与 25 一致。由于测量体积不够准确，测量质量也不必使用精确的分析天平，使用台秤得到的结果也是一样的。如果使用移液管量取体积 $V = 25.00$ mL，水的密度则需保留 4 位有效数字，结果为 1.021 g·mL^{-1}。

③ 非测量数据的有效数字：在运算中，非测量得到的倍数、系数或常数的有效数字位数可视为无限。例如，水的相对分子质量为 $2 \times 1.008 + 16.00 = 18.02$，这里"2"是非测量数据。

再如，将室温为 26.6 ℃ 分别以华氏度(℉)和热力学温度(K)表示。

华氏度与摄氏度的关系为 $℉ = 1.8 \times t(℃) + 32$，则

$$\text{室温}(℉) = 1.8 \times 26.6 + 32 = 47.9 + 32 = 79.9(℉)$$

热力学温度与摄氏度的关系为 $T(\text{K}) = t(℃) + 273.15$，则

$$\text{室温}(\text{K}) = 26.6 + 273.15 = 299.8(\text{K})$$

这里，温度换算式中的 1.8、32 和 273.15 都为非测量数据。

2.5.4 实验数据的处理方法

对实验中采集到的大量数据进行处理才能得到实验结果，常用的处理方法有列表法、图解法和数学方程式法。这些方法都可以在计算机上用 Excel、Origin 等软件进行画图和曲线拟合。

2.5.4.1 列表法

列表法是表达实验数据最常用的方法，其特点是将数据按照每一项列出，简洁清晰，便于从数据中找出规律，也便于运算，另外还可以及时检查和减少错误。列表时需注意：

① 正确确定自变量和因变量。先列自变量，后列因变量，数据一一对应，毫不相干的数据不应列在同一表格里。

② 每一表格都应有简明完备的名称。

③ 应在表的每一行或列正确写出表头。由于表中列出的通常是一些纯数，因此表头应以量的符号/单位符号表示，如 V/mL、p/Pa 等。

④ 若表中数据有公共的乘方因子，可将其写在对应的栏头内。

⑤ 同一列数据的小数点应对齐。

⑥ 直接测得的数据可与处理结果并列在同一表中，必要时在表的下面注明数据的处理方法或来源。

⑦ 表中数据的填写须遵守有效数字规则。

2.5.4.2 图解法

(1)图解法在化学实验中的应用　用图解法表达实验数据能直观清晰地看出变量间的变化趋势和一些重要特征。主要应用包括：

① 表达变量间的定量依赖关系：即以自变量为横坐标、因变量为纵坐标，绘出实验数据(x_i，y_i)，再按作图规则画出曲线。

② 求极值或转折点：图形上能很直观地表现出函数的极值或转折点。

③ 外推值：即在适当条件下将绘制的图形外推获得不易或不能直接测量的数据。使用外推法必须满足：a. 在外推的范围及邻近区域，被测量的变量间函数呈线性关系或可认为呈线性关系；b. 外推的范围离实测的范围不能太远；c. 外推结果与已有的正确经验不能抵触。

④ 求测量数据间函数关系的解析式：即凡因变量 y 和自变量 x 呈线性关系，或经过处理后为线性关系者，均可依据图形上的截距和斜率来求测量数据间函数关系的解析式。

(2)作图要点　只有获得质量优良的图形，才能使图解法得到良好效果。为此要把握作图的要点。

首先要合理选择直角坐标系的坐标分度。坐标分度要能表示出全部有效数字，使图上读出的各物理量的精密度与测量时的精密度一致，而且要方便易读、图形美观。例如，通常应使单位坐标格所代表的变量为简单的整数。除外推法求截距外，坐标原点不必作为变量的零点。

然后要清晰地标记坐标轴。坐标轴旁应注明它代表的变量名称和单位及变量应有的数值，但实验值的坐标不用标出来。

最后，作图时要符合误差要求，即曲线应尽可能通过多数坐标点，使处于光滑曲线两边的坐标点约各占一半，这样曲线就能近似地代表测量的平均值。坐标点可用 △、×、○、●

等不同符号标记，且在图上明显标出。坐标点应有足够大小，它可粗略表示测量的误差范围。每幅图应有简明的标题，且注明每条曲线的实验条件。

2.5.4.3 Excel 和 Origin 软件处理数据的方法简介

如果用手工作图来处理化学实验数据，由于人为因素会导致同一组数据得到不同的结果。用计算机处理即可消除人为因素造成的误差。数据处理和画图的软件有很多，下面简介两种常用的软件。

（1）Excel 软件　Excel 是 Microsoft Office 的套件之一，用于表格的处理、画图和数据分析。以分光光度法测定铁的含量为例，实验数据记录见表 2-8，在 Office 2010 系统中作图过程如下。

表 2-8　吸光度 A 与 Fe^{2+} 含量之间的关系

Fe^{2+} 含量/$(mg \cdot L^{-1})$	0.00	0.40	0.80	1.20	1.60	2.00
吸光度 A	0.000	0.081	0.161	0.236	0.314	0.392

① 启动 Excel 后出现一个自动创建的工作簿文件，命名为"铁含量的测定"。

② 将实验数据按列输入：自变量的数据输入 A 列，因变量的数据输入 B 列。

③ 在"插入"菜单中选"图表"，单击"插入散点图（X，Y）"，单击"确定"即出现由表中数据生成的散点图。

④ 单击图形右侧的"＋"，勾选"坐标轴""坐标标题""趋势线"。

⑤ 单击"图表标题"，填入"吸光度 A 与 Fe^{2+} 含量之间的关系"；分别在横坐标和纵坐标的标题框中填入"Fe^{2+} 含量/$(mg \cdot L^{-1})$"和"吸光度 A"。

⑥ 单击"趋势线"右侧的箭头中出现的"更多选项"，在"设置趋势线格式"中选"线性（L）"，勾选"显示公式"和"显示 R 平方值"，图中即出现回归方程：$Y = 0.1953x + 0.0023$，$R^2 = 0.9999$。如图 2-8所示。

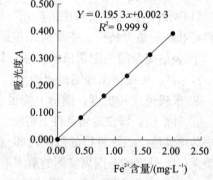

图 2-8　吸光度 A 与 Fe^{2+} 含量之间的关系

用同样的方法，Excel 还可以画曲线。

（2）Origin 软件　Origin 是 Originlab 公司研发的基于 Windows 平台下用于专业绘图和数据分析的软件，其功能强大、简单易学，广泛应用于学术论文中，其官网地址为 http://www.originlab.com/。Origin 软件一般用于数据作图和曲线拟合。

仍以表 2-8 中实验数据的处理为例，介绍 Origin 8.0 软件线性拟合的过程。

① 启动 Origin 后出现"Date1"。

② 将实验数据按列输入：Fe^{2+} 的含量输入 A(X) 列，吸光度 A 输入 B(Y) 列。

③ 将鼠标移至 B(Y) 列，单击右键，选择"Plot"，再选择"Scatter"，或使用工具栏"Scatter"按钮绘图，即得到图形文件 Graph1。该图形上数据点的形状、颜色和大小，坐标轴的形式，数据范围等均可在相应内容所在位置处用鼠标左键单击后出现的窗体中进行调整。

④ 按"Tools"菜单，选择"Linear Fit"，出现"Linear Fit"对话框，单击"Fit"，在 Graph1 中就显示出得到的拟合直线，并在 Results Log 窗口列出拟合后的有关参数，所得到的回归系数 $A=0.002\,29$，$B=0.195\,21$，相关系数 $R=0.999\,91$。单击"下一步"。

⑤ 双击图中"x Axis Title"，出现"Text Control"，输入"Fe^{2+} 含量/(mg·L^{-1})"，单击"OK"；双击图中"y Axis Title"，输入吸光度"A"，单击"OK"。

⑥ 双击 y 轴坐标，出现"y Axis - Layer1"对话框，可以对坐标刻度、数字大小等做修改。得到图 2-9。

用 Origin 拟合曲线的方法类似于直线拟合。

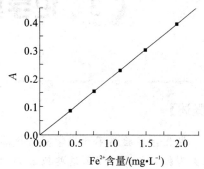

图 2-9　吸光度 A 与 Fe^{2+} 含量之间的关系

思考题

1. 国际纯粹与应用化学联合会(IUPAC)将化学标准物质分为几级？滴定分析标准试剂、一般试剂分别对应哪一级？

2. 实验室中常用试剂为一般试剂，请说明一般试剂的级别、标志、标签颜色及应用范围。

3. 化学试剂及纯水的选用原则是什么？

4. 如何用 pH 试纸或酚酞试纸测定溶液的 pH？

5. 选择和使用滤纸时应注意什么？

6. 简述样品分析的一般步骤。

7. 为保证分析结果的正确性以及结论的合理性，采样必须有均匀性和代表性，采样的基本方法有哪些？

8. 非金属阴离子鉴定中的初步试验有什么意义？与个别离子鉴定有何不同？二者是否可以互相代替？

9. 根据误差产生的原因，系统误差主要分为哪几种？如何减免系统误差和偶然误差？

10. 什么是准确度和精密度？准确度和精密度的关系是什么？如何定量表示准确度和精密度？

11. 列表法和作图法是表达实验数据最常用的两种方法，说明列表和作图时需把握哪些要点。

3 化学实验常用仪器简介

【概述】

做化学实验离不开化学实验仪器，这些仪器既有常规玻璃仪器和一般分析仪器，也有大型精密仪器。了解这些仪器的结构、原理和使用方法，有助于做好化学实验。本章介绍的仪器都是化学实验的常用仪器，目的是使使用者能在实验前对所用的仪器有所了解，实验中正确规范地进行操作，实验后归纳总结并加深认识。

3.1 常用玻璃仪器及器皿用具

玻璃具有良好的化学稳定性，所以在化学实验中大量使用玻璃仪器。玻璃分软质和硬质两种。从断面处看颜色偏绿的为软质玻璃，颜色偏黄的为硬质玻璃。软质玻璃透明度好，但硬度、抗腐蚀性和耐热性差，所以一般用于制造非加热仪器，如量筒、试剂瓶等。硬质玻璃的耐热性、抗腐蚀性和耐冲击性都较好，常用的烧杯、试管、烧瓶等都是硬质玻璃的。

在化学实验中，还常用带有标准磨口的玻璃仪器。磨口分内磨口和外磨口两种，均按标准尺寸磨制，常见规格有 10、14、19、24、29、34 等，这些数字是指磨口最大端的直径（mm）。相同规格的内外磨口均可紧密相连接，不同规格的磨口间可借助相应的标准接头套接。使用标准磨口仪器，操作方便，便于清洗，既可免去塞塞子及钻孔等程序，又能避免反应物或产物被塞子沾污，只是磨口仪器价格较高。

使用标准磨口玻璃仪器时须注意：

(1)磨口处必须洁净，若粘有固体杂质，会使磨口对接不严，导致漏气。若固体杂质较硬，还会损坏磨口。

(2)用后立即拆开清洗，否则长期放置，内外磨口会粘牢，难以拆开。

(3)除非反应中有强碱，一般使用时不涂润滑剂，以免沾污产物或反应物。

常用玻璃仪器和器皿用具分别列于表3-1和表3-2中。常用标准磨口玻璃仪器如图3-1所示。

表3-1 常用玻璃仪器

仪　器	规　格	主要用途	注意事项
烧杯	有玻璃的、塑料的和聚四氟乙烯的，以容积（mL）表示，如 1 000、400、250、100、50 等规格	反应容器，尤其在反应物较多时使用，易混合均匀	①玻璃烧杯可以加热至高温。加热时置于石棉网上，使受热均匀，一般不直接加热 ②不能用来存放有机溶剂

（续）

仪 器	规 格	主要用途	注意事项
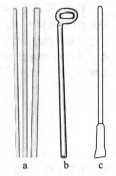 a.玻璃棒 b.环形玻璃棒 c.淀帚	玻璃棒是以直径（mm）×长度（mm）表示。一般有 6×15、6×20、6×25、6×30、7×20、8×30 等规格	①玻璃棒：搅拌混匀、加速溶解和引流作用 ②环形玻璃棒：能环绕温度计上下移动，使溶液上下混匀，保证溶液上下温度一致 ③淀帚：带橡皮头的玻璃棒，擦扫附着在杯内壁上的残留沉淀	①玻璃棒搅拌时不要太用力，以免玻璃棒或容器（如烧杯等）破裂 ②搅拌不要碰撞容器壁、容器底，不要发出响声 ③玻璃棒搅拌时要沿一个方向匀速搅拌（顺时针或逆时针）
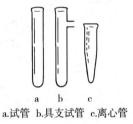 a.试管 b.具支试管 c.离心管	普通试管是以管外径（mm）×长度（mm）表示。一般有 12×150、15×100、30×200 等规格 试管分硬质试管、软质试管，有刻度、无刻度试管，具支、无支试管，具塞、无塞试管 离心管以容积（mL）表示，一般有 5、10、15 等规格	①反应容器，便于操作、观察，用药量少 ②具支试管可用于装配气体发生器、洗气装置和检验气体产物 ③离心管用于沉淀分离	①可直接加热，加热时应注意使试管下半部受热均匀，加热固体时，略向下倾斜 ②硬质试管可以加热至高温，但不宜骤冷，软质试管在温度急剧变化时极易破裂 ③离心管不能加热
锥形瓶	以容积（mL）表示，如 1 000、500、250、150、50 等规格	①反应容器，振荡方便，并且加热时可避免液体大量蒸发 ②滴定分析中常用	可以加热至高温。加热时应置于石棉网上，一般不直接加热
碘量瓶	以容积（mL）表示，如 500、250、150、50 等规格	用于碘量法	①塞子和瓶口磨砂部分注意勿擦伤，以免漏气 ②滴定时打开塞子，用蒸馏水将瓶口及塞子上的碘液洗入瓶中

（续）

仪 器	规 格	主要用途	注意事项
 量筒　　量杯	以所能度量的最大容积（mL）表示，如100、50、10、5等规格；上口大的叫量杯，如50、100、250等规格	量取一定体积的液体	①不能作为反应容器，不能加热，不可量热的液体 ②读数时视线应与液面水平，读数与凹液面相切的刻度
 容量瓶	以刻度以下的容积（mL）表示，如1000、500、250、100、50、25、20、10、5等规格	①配制标准溶液时使用 ②定容时使用	①不能加热，不能代替试剂瓶用来存放溶液，不能在其中溶解固体 ②瓶塞与瓶配套使用，不能互换
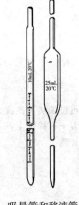 吸量管和移液管	以其最大容积（mL）表示。中间膨大，只有一个刻度的叫移液管，如50、25、20、10等；有分度的叫吸量管，如10、5、2、1等	精确量取一定体积液体	①不能加热，用后应洗净 ②为减小测量误差，吸量管每次都应从最上面刻度起往下放出所需体积 ③管口上无"吹"字样的，使用时尖嘴处的溶液不能吹出
 表面皿	以直径（cm）表示，如40、45、50、60、70、80、90、100、120、150、180等	盖在烧杯或蒸发皿上，以免液体溅出或灰尘落入	①不能用火直接加热 ②作盖子使用时，其直径应比被盖容器略大

（续）

仪　器	规　格	主要用途	注意事项
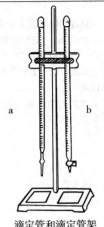 滴定管和滴定管架	滴定管分为碱式（a）和酸式（b）两种，以容积（mL）表示，如50、25等 现多用通用滴定管，构造同酸式滴定管，其活塞用聚四氟乙烯制造	滴定管用于滴定或量取准确体积的液体	①酸式滴定管盛放酸性及氧化性液体，碱式滴定管盛放碱性液体，两者不能混用；通用滴定管既可盛放酸液也可盛放碱液 ②见光易分解的滴定液应用棕色滴定管 ③滴定管用后要及时清洗
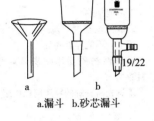 a.漏斗　b.砂芯漏斗	以口径（mm）或漏斗颈长短表示，如60、40、30；有长颈漏斗等 砂芯漏斗依漏斗容积（mL）和砂芯的微孔直径（μm）大小分成 G1～G6 六种，微孔平均直径：G1（80～120）、G2（40～80）、G3（15～40）、G4（5～15）、G5（2～5）、G6（<2），如 2 - G3、10 - G3、60 - G5、250 - G6 等	用于过滤操作 G1 砂芯：收集和扩散气体 G2 砂芯：滤除大颗粒沉淀 G3 砂芯：滤除一般化学溶液中杂质 G4 砂芯：减压过滤滤除溶液中沉淀杂质 G5 砂芯：减压过滤滤除细小沉淀或较大细菌 G6 砂芯：减压过滤滤除细菌	玻璃漏斗：不能加热 砂芯漏斗： ①在加热或冷却时应缓慢进行 ②不宜过滤氢氟酸、热浓磷酸、热或冷的浓碱液 ③G1～G4 号砂芯漏斗使用后滤板上附着沉淀物时，可用蒸馏水冲净，必要时可根据不同的沉淀物选用适当的洗涤液先做处理，再以蒸馏水冲净，烘干
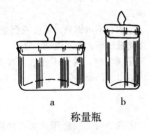 称量瓶	分扁形（a）和筒形（b），以外径（mm）×高（mm）表示，如筒形 25×40，扁形 50×30	用于准确称量一定量的固体	①用前应洗净烘干，用后应洗净，在磨口处垫一小纸条 ②不能直接加热
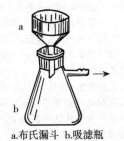 a.布氏漏斗　b.吸滤瓶	布氏漏斗为瓷质，以直径（cm）表示，如8、6等 吸滤瓶为玻璃制品，以容积（mL）表示，如500、250 等	两者配套用于晶体或沉淀的减压过滤操作	①不能加热 ②注意漏斗大小与过滤的晶体或沉淀量相适合 ③滤纸要略小于漏斗的内径。使用时先开抽气泵，后过滤；过滤完毕，先拔掉吸滤瓶上的接管，后关闭气泵

（续）

仪　器	规　格	主要用途	注意事项
 干燥器	以外径（mm）表示，如 180、210、240、300 等；分普通干燥器(a)和真空干燥器(b)两种	①存放物品，以免物品吸潮。内放干燥剂，可保持样品干燥 ②定量分析时，将灼烧过的坩埚放在其中冷却	①灼热过的样品放入干燥器时，温度不能过高。温度较高的物体放入后，在短时间内把干燥器盖打开一两次，以免器内造成负压，难以打开 ②干燥器内的干燥剂失效后要及时更换
 洗瓶	以容积(mL)表示，分玻璃的和塑料的两种	①盛装蒸馏水 ②盛装适当的洗涤剂洗涤沉淀	①不能装自来水 ②不能加热
 试剂瓶	以容积(mL)表示，如 60、125、250、500、1 000 等；有广口瓶(a)和细口瓶(b)两种，又分磨口、不磨口、无色、棕色等	①广口瓶盛放固体试剂 ②细口瓶盛放液体试剂和溶液	①不能加热 ②取放试剂时，瓶盖应倒放在桌子上，不能弄脏弄乱 ③碱性物质要用橡皮塞或塑料瓶 ④见光易分解的物质用棕色瓶
 滴瓶	以容积(mL)表示，如 30、60、125 等；分磨口、不磨口、无色、棕色等	当液体药品每次使用量很少，或者易发生危险时选用滴瓶来盛装该溶液	①不可长时间盛放强碱（玻璃塞），不可久置强氧化剂 ②吸上的药品若有剩余不可倒回 ③滴管不可倒放、横放或倒立，以防液体流入胶头腐蚀滴管 ④滴液时，滴管不能放入容器内，以免污染滴管
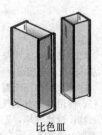 比色皿	以光程长度（mm）表示，如 5、10、20、30、50 等；有玻璃和石英两种材质	玻璃比色皿用于可见分光光度计 石英比色皿用于紫外分光光度计	①拿取时，只能用手指接触两侧的毛玻璃，避免接触光学面 ②不能将比色皿放在火焰或电炉上进行加热或干燥箱内烘烤 ③比色皿内有污染时，应用无水乙醇清洗并擦干 ④盛装溶液时，液体至比色皿高度的 2/3 处即可，光学面如有残液可先用滤纸轻轻吸干，然后用镜头纸或丝绸擦拭

（续）

仪　　器	规　　格	主要用途	注意事项
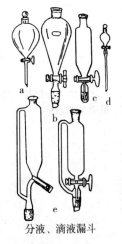比色管	以最大容积（mL）表示，如 10、25、50、100 等；分无塞和有塞两种	在目视比色法中，用于比较溶液颜色的深浅	①一套比色管应由同一种玻璃制成，且大小、形状、高度应相同 ②比色管应放在特制的、下面垫有白瓷板或配有镜子的比色管架上 ③不能用试管刷刷洗，以免划伤内壁
烧瓶	以容积（mL）表示，如 100、250、500 等；有圆形(b)、茄形(c)、梨形(d)；有有磨口、无磨口；有平底(a)、圆底(b)；有长颈(a)、短颈(b)；有二口瓶（f）、三口瓶(b、e)等	圆底烧瓶：在常温或加热条件下作反应容器，因圆形受热面积大，耐压大 平底烧瓶：配制溶液或代替圆底烧瓶，还可用作洗瓶，不耐压，不能用于减压蒸馏 三口烧瓶：用于需要搅拌的实验，中间插搅拌器，两边插温度计、加料管或滴液漏斗、冷凝管等	①盛放液体的量不能超过烧瓶容积的 2/3，也不能太少 ②固定在铁架台上，不能直接加热，需垫石棉网加热
分液、滴液漏斗	以容积（mL）和漏斗形状表示，如 60、100、125、250 等；有球形(a)、梨形(b)、筒形(c)等几种	①用于液体的分离、洗涤和萃取 ②滴液漏斗(d)用于在反应中滴加液体 ③恒压漏斗(e)可在上口塞紧的情况下滴加液体，主要用于滴加挥发性强、刺激性大的液体	①漏斗口塞子与活塞是配套的，应系好，防止滑出打碎 ②使用前，将活塞涂一层凡士林，插入转动直至透明。如果凡士林少了，会造成漏液，太多又会溢出沾污仪器和试液 ③萃取时，振荡初期应多次放气，以免漏斗内气压过大 ④不能加热
干燥管	以管口直径（mm）×管长度（mm）表示，如 16×100─球、15×100U 形；有直形、弯形和 U 形几种，可具支	盛装干燥剂干燥气体	①干燥剂置于球形部分，不宜过多，小管与球形交界处放少许棉花填充 ②大头进气，小头出气

（续）

仪　器	规　格	主要用途	注意事项
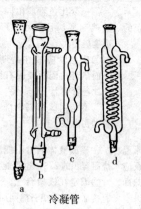 冷凝管	以外套管长（mm）表示，如 300、400、500 等；分为空气冷凝管(a)、直形冷凝管(b)、球形冷凝管(c)和蛇形冷凝管(d)几种	①球形冷凝管面积大，用于加热回流 ②直形、空气冷凝管用于蒸馏。沸点低于 140 ℃时用直形冷凝管，高于 140 ℃时用空气冷凝管	①安装冷凝管时，应将夹子在冷凝管重心位置夹紧，以免翻倒 ②装配仪器时，先装冷却水橡皮管，再装仪器
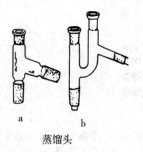 蒸馏头	磨口仪器	蒸馏头(a)用于简单的蒸馏，上口装温度计，支管装冷凝管 克氏蒸馏头(b)用于减压蒸馏，特别是易产生泡沫或发生暴沸的蒸馏，正口装毛细管，带支管的管口插温度计	注意磨口处保持洁净，用后应立即洗净
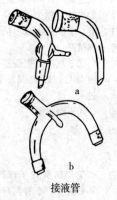 接液管	有普通和磨口两种，分单尾(a)和双尾(b)	蒸馏时连接冷凝管与接收瓶，承接液体用 单尾接液管可用于简单蒸馏，支管出尾气，也可用于减压蒸馏，支管接减压系统 双尾接液管用于减压蒸馏，便于接收不同馏分	注意磨口处保持洁净，用后应立即洗净
 培养皿	以玻璃底盖外径（mm）表示，如 60、75、100、150、200 等	①用于微生物或细胞培养 ②放置固体样品	①不能加热 ②固体样品放在培养皿中，可放在干燥器中干燥

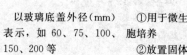

（续）

仪　　器	规　　格	主要用途	注意事项
薄层色谱层析缸　标本缸	以缸长度（或直径）（mm）×高度（mm）表示，一般有 100×100、100×200、200×200 等规格	层析缸用于薄层色谱展开 标本缸用于纸色谱展开	盖子密封性要好
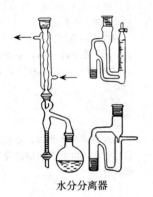水分分离器	以圆底烧瓶容积（mL）、蒸馏接收管全容积（mL）和最小分度（0.1 mL 或 0.03 mL）表示	分离不相混溶的液体，在酯化反应中分离微量水，用于测定石油油脂、有机物中的水分	
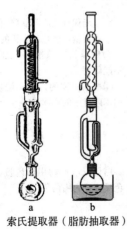a　　b 索氏提取器（脂肪抽取器）	以烧瓶容积（mL）、提取管内径（mm）和长度（mm）表示	由烧瓶、提取管（两侧分别有虹吸管和连接管）、冷凝器（蛇形、球形）组成 利用溶剂回流及虹吸原理，使固体连续不断地被溶剂萃取，溶剂用量少，萃取效率高	①索氏提取器的各部分连接要紧密，不能漏气 ②提取管两侧的虹吸管和连接管比较细，容易受损折断，使用时需轻拿轻放
熔点测定管(提勒管)		用于测定晶体物质的熔点	①加热液体（浴液）装到刚高出提勒管上侧管口处即可 ②加热时，火焰须与熔点测定管的倾斜部分接触

表3-2 常用器皿或用具

器皿或用具	规　格	主要用途	注意事项
蒸发皿	瓷质，以口径（cm）表示，如6、9、12、15等；也有石英、铂制品，分平底和圆底两种	①反应容器 ②灼烧固体 ③因口大底浅，蒸发速度快，蒸发、浓缩溶液用	①可耐高温，能直接用火烧 ②注意高温时不要用冷水洗
坩埚　玻璃砂芯坩埚	坩埚多数为瓷质，以容积（mL）表示，如10、15、20、50等；也有石墨、石英、铁、镍、银和铂制品及聚四氟乙烯制品 玻璃砂芯坩埚，以容积(mL)-砂芯滤片微孔径编号（G1～G6)表示，如10-2、30-4等	坩埚：耐高温，用于灼烧固体。根据固体的性质选用不同质地的坩埚 玻璃砂芯坩埚：可在定量分析中对样品进行过滤、干燥、称量联合操作	坩埚： ①放在泥三角上，直接用火烧，先用小火预热，再大火灼烧 ②热的坩埚不可直接放在桌上，应垫上石棉网。稍冷后，移入干燥器中存放 玻璃砂芯坩埚：使用时必须抽滤，不能骤冷骤热，不能过滤氢氟酸、碱等，用毕立即洗净
坩埚钳	铁或铜合金制，用长度（cm）表示；分白、黑两种	加热坩埚时，用于夹取坩埚或坩埚盖	夹取灼热的坩埚时，必须预热坩埚钳，以免坩埚局部受冷而破裂
研钵	瓷质，以钵口直径（mm）表示，如60、90、120等；也有铁、玻璃、玛瑙等材质	①研磨固体 ②混合固体物质	①不能代替反应容器使用 ②放入量不能超过容积的1/3 ③易爆物质只能轻轻压碎，不能研磨 ④根据固体的性质和硬度选用不同材质的研钵
点滴板	上釉瓷板，分白、黑两种，有六凹穴、九凹穴、十二凹穴等	进行点滴反应，观察沉淀生成和颜色变化	白色反应产物用黑色板，有色反应产物用白色板
水浴锅　恒温油浴锅　电热套	水浴锅为铜或铝制品	水浴锅和油浴锅用于间接加热、控温实验 电热套多用于玻璃仪器精确控温加热	①不能干烧 ②油浴锅使用时按需加油（一般为二甲基硅油，闪点360℃、燃点480℃较好），加油不能过多，也不能低于加热管

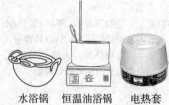

（续）

器皿或用具	规　　格	主要用途	注意事项
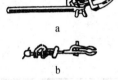 双顶丝夹(S夹)	铜质或铁质	用于将万能夹固定在铁架台上	使用时一个扣口朝上，一个扣口朝向自己
 a b 万能夹	铜质或铝质	用于固定烧瓶或冷凝管。a 为多脚夹，b 为单脚夹，主要用于夹玻璃仪器的磨口处	为防止夹裂玻璃，爪部需用乳胶管或布包裹
 滴定管蝴蝶夹	塑料或铝质	用于固定滴定管	
 移液枪　　微量进样器	移液枪以吸液体积（μL）范围表示，如0.1～2.5、2～20、5～50、10 ～ 100、20～200、100～1 000等 微量进样器以吸取的体积（μL）表示，如 0.5、1、2、5、50、100、250、500、1 000 等，分无存液、有存液两种规格	移液枪用于实验室少量或微量液体的移取 微量进样器主要用于吸取微量定量样品注入气相色谱仪	①移液枪设定移液体积时应从大量程调节至小量程，若从小量程调节至大量程，应先调至超过设定体积刻度，再回调至设定体积 ②装配移液枪头时，将移液枪垂直插入吸头，左右旋转半圈，上紧，不能用移液器撞击吸头 ③吸液时吸头垂直浸入液面3 mm 以下，放液时，如果量很小，吸头尖端应贴紧容器内壁 ④吸有液体的移液枪不可平放 ⑤移液枪用后应调至最大刻度，竖直挂在移液枪架上
 磁力搅拌器	配有可旋转的磁子，并有控制磁子转速的旋钮以及控温的加热装置	用于反应温度不高、需要搅拌的两相反应	加热反应温度一般很难超过100 ℃

（续）

器皿或用具	规　格	主要用途	注意事项
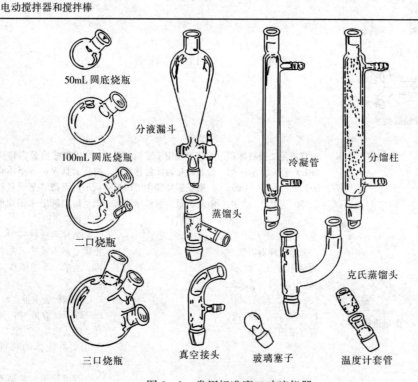 电动搅拌器和搅拌棒	由小马达连接调压变压器组成，带动玻璃搅拌棒搅拌容器中的液体或固液混合物，固定搅拌棒用简易密封或液封	适用于油、水等溶液或固液反应中	不适用于黏度过大的胶状溶液。使用时必须接地线

50mL 圆底烧瓶

100mL 圆底烧瓶

分液漏斗

冷凝管

分馏柱

二口烧瓶

蒸馏头

三口烧瓶

真空接头

玻璃塞子

克氏蒸馏头

温度计套管

图 3-1　常用标准磨口玻璃仪器

3.2　天平

　　天平是称量所用的仪器。常用的天平有托盘天平和分析天平。托盘天平用于精度不高的称量，一般能称准至 0.1 g(也有能称准至 0.01 g 的)。分析天平用于精度高的称量，一般能称准至 0.1 mg(也有能称准至 0.01 mg 的)。目前，实验室中主要使用电子天平，包括电子台秤和电子分析天平。本节将介绍电子天平的原理，以电子分析天平为例介绍电子天平的使用方法。电子天平是通过作用于物体上的重力来确定该物质质量，并采用数字指示输出结果的计量器具。用于砝码质量量值传递、物体质量测量、体积测量及磁性测量等；也可用于确定与质量相关的其他量值、参数或特性。在化学实验室中通常用来称量物质的质量。

3.2.1 电子天平的基本原理

电子天平是利用电磁力或电磁力矩补偿原理，实现被测物体在重力场中的平衡，来获得物体质量并采用数字指示装置输出结果的衡量仪器。

$$F = BLI\sin\theta \tag{3-1}$$

式中：F 为电磁力(N)；B 为磁感应强度(T)；L 为导线长度(m)；I 为电流(A)；θ 为通电导体与磁场的夹角。在电子天平中，通常选择通电导体与磁场的夹角为 $90°$，即 $\sin 90° = 1$，此时通电导体所受的磁场力最大，式(3-1)可写成：

$$F = BLI \tag{3-2}$$

由于 B、L 值在电子天平中是一定的，可视为常数，所以电磁力的值就取决于电流的大小，即电磁力随电流的增大而增大。电流的大小是由天平秤盘上所加载荷的大小，也就是被称物质的重力决定的。当大小相等、方向相反的电磁力与重力达到平衡时，则有

$$F = mg = BLI \tag{3-3}$$

式中：m 为物质的质量(kg)；g 为重力加速度($9.8\ \text{m}\cdot\text{s}^{-2}$)。

式(3-3)即为电子天平的电磁平衡原理，通俗地讲，就是载荷使秤盘的位置发生了变化，这时位置检测器将此变化量通过 PID 调节器和放大器转换成与载荷相对应的电压信号，再经过低通滤波器和模数(A/D)转换器，变换成数字信号给计算机进行数据处理，并将此数值显示在显示屏幕上，如图 3-2 所示。

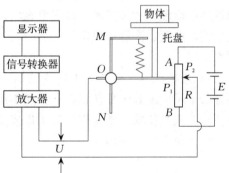

图 3-2 电子天平的原理示意图

3.2.2 电子天平的结构

电子天平具有不同的精确度，如称准至 $0.01\ \text{g}$、$0.1\ \text{mg}$ 或 $0.01\ \text{mg}$ 等，应根据实验的精度要求选择不同的电子天平。此外，还应选择量程合适的天平，通常取最大载荷加少许保险系数即可，也就是常用载荷再放宽一些即可，并不是越大越好。

常用的电子分析天平外观如图 3-3 所示。电子天平包含有去皮装置，即当天平秤盘上有载荷时，将示值调整至零点的装置，方便快速称量，在面板上用"TARE"键控制。天平的最大称量为不计添加皮重时的最大称量能力；最小称量为小于该载荷时称量结果可能产生过大相对误差的称量值；两者之间的范围即为天平的常量范围。

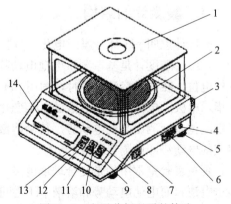

图 3-3 电子分析天平的构造

1. 防风罩 2. 秤盘 3. 水平泡 4. 电源插座 5. 水平调整脚 6. 数据输出插座 7. 开/关 8. 背光键 9. 去皮键 TARE 10. 单位转换键 11. 计数键 COUNT 12. 校准键 CAL 13. 打印键 PRINT 14. 显示窗

常规电子天平有多种操作程序，两边及顶部均装有活动门，便于称量和从事滴定等工作；电子台秤一般无防风罩。

3.2.3　电子天平的操作方法

(1)接通电源并预热使天平处于备用状态。

(2)打开天平开关，使天平处于零位，否则按去皮键或清零键。

(3)放上器皿或称量纸，根据需要读取数值并记录，按去皮键使天平重新显示零。

(4)在器皿或称量纸内加入被测样品至显示所需质量为止，记录数据。

(5)将器皿或称量纸连同样品一起拿出。

(6)按去皮键清零，以备再用。

(7)称量结束后，关闭电源，清理秤盘，关好所有活动门。

⚠注意：称量读数时，活动门必须处于关闭状态。

3.2.4　电子天平的使用环境要求及维护保养

(1)环境要求　房间应避免阳光直射；远离铁路、公路、震动机等震源，无法避免时应采取防震措施；远离热源、高强电磁场、腐蚀性气体等环境；工作室内应整洁干净，避免气流影响，温度、湿度应恒定，以20℃、45%～75%相对湿度为宜；工作台应牢固可靠，台面水平。

(2)维护保养　保持天平室内清洁，洒落物品应及时小心清除；定期进行自校或外校，保证天平灵敏度处于最佳状态；长期不用时，应放置干燥剂后暂时收藏起来；发现故障应及时找专业人员排除，禁止带故障工作或擅自拆卸零部件；应避免过载使用，以免损坏天平的"心脏"部位——传感器。

3.3　酸度计

3.3.1　酸度计的结构

酸度计也叫pH计，属于电化学分析仪器，在实验室中主要用来测定溶液的氢离子浓度（酸碱度）。酸度计是基于测量电池电动势的原理来测量水溶液的pH，因此，它也可以测量电极电位。在测量溶液pH时，利用pH指示电极、参比电极、被测试液组成测量电池，其中指示电极的电位随被测溶液的pH变化而变化，而参比电极的电极电位已知并且恒定，由精密电位差计测出电池电动势。待测溶液的pH不同，产生的电池电动势也不同，所以测定溶液的电动势即可测得溶液的pH。

现在实验室常用的是复合玻璃电极，操作简便。复合玻璃pH电极和被测溶液组成一个测量电池，而电池电动势和溶液pH之间的对应关系符合能斯特方程：

$$E=E_0-2.303\frac{RT}{F}pH \tag{3-4}$$

式中：E为由电极系统产生的电池电动势；E_0为电极系统的截距电位，在一定条件下可看作常数；R为摩尔气体常数（8.314 J·K^{-1}·mol^{-1}）；T为溶液的热力学温度（K）；F为法拉第常数（9.65×10^4 C·mol^{-1}）；pH为被测溶液的pH。

为了省去将电池电动势换算为 pH 的步骤，酸度计将测得的电池电动势直接显示在仪表上。同时仪器还设有"定位""斜率"和"温度"调节装置。

由于当玻璃电极(零电位 pH 为 7)和 Ag－AgCl 电极浸入 pH＝7 的缓冲溶液中时，其电极电位并不都是理论上的 0 mV，而有一定值，其电位差一般称为不对称电位。不对称电位的大小取决于玻璃电极膜材料的性质、内外参比体系、测量溶液和温度等因素。"定位"调节按钮用于消除电极不对称电位对测量结果所产生的误差。"斜率"调节按钮用于电极补偿转换系数。由于实际的电极系统并不能达到理论上的转换系数(100％)，因此，设置此调节按钮是便于操作者用两点校正法对电极系统进行 pH 校正，使仪器能更精确地测量溶液 pH。"温度"调节按钮用于补偿由于溶液温度不同对测量结果产生的影响。因此在进行溶液 pH 测量及 pH 校正时，必须将此按钮调至该溶液温度值上。在进行电极电位(mV)测量时，此按钮无作用。"斜率""定位"调节按钮仅在进行 pH 测量及校正时有作用。

不同型号酸度计的结构基本相似，图 3－4 为上海智光仪器仪表有限公司的 pHS－3C 型酸度计的结构示意图。

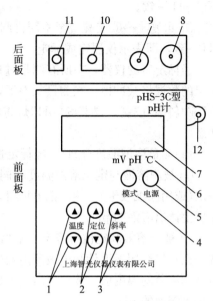

图 3－4　pHS－3C 型酸度计示意图
1. 温度补偿调节装置　2. 定位调节装置
3. 斜率补偿装置　4. 模式选择装置
5. 电源开关　6. 量纲显示　7. 数据显示屏
8. 测量电极接口　9. 参比电极接口
(不使用复合电极时接参比电极)
10. 信号输出接口(电极信号 mV 值)
11. 电源接口　12. 电极梗安装插座

3.3.2　酸度计的操作方法

下面以 pHS－3C 型酸度计为例，介绍酸度计的基本使用方法。

(1)开机前准备　电极梗旋入电极梗安装插座，调节电极夹到适当位置；把复合电极夹在电极夹上，拉下电极前端的电极套；用蒸馏水清洗电极，然后用滤纸吸干。

(2)开机　电源线插入电源插座，按下电源开关，电源接通后，预热 30 min。

(3)仪器的标定　仪器使用前，先要标定，在连续使用时，每天标定一次。一般情况下，在 24 h 内仪器不需要再标定，标定步骤如下：

① 在测量电极插座接口拔去短路插座，插上复合电极，旋紧。

② 按仪器的"模式"按键，使仪器的"pH"灯点亮。

③ 按仪器的"温度""▲"或"▼"按键，使仪器显示值达到标准溶液温度值，此时仪器的"℃"灯点亮，过几秒钟仪器自动回到 pH 测量状态，即"pH"灯点亮。

④ 把经蒸馏水清洗后并用滤纸吸干的电极插入 pH＝6.86 的缓冲溶液中。

⑤ 调节仪器的"定位""▲"或"▼"按键，使仪器显示的读数与该缓冲溶液当时温度下的 pH 一致(如用混合磷酸盐定位温度为 10 ℃时，pH＝6.92)。

⑥ 用蒸馏水清洗电极，并用滤纸吸干，将电极再插入 pH＝4.00(或 pH＝9.18)的标准缓冲溶液中，调节仪器的"斜率""▲"或"▼"按键，使仪器显示的读数与该缓冲溶液当时温度

下的 pH 一致。

⑦ 重复④~⑥步骤直至不用再调节"定位"或"斜率"仪器显示的读数与标准缓冲溶液的 pH 一致，即表示仪器完成标定。

经标定后的仪器，在所有测量过程中，不能再按"定位"和"斜率"调节按键，否则仪器原标定的数据将被冲掉。在测量状态下，仪器的"pH"灯不闪烁。如果在测量过程中误按了"定位"或"斜率"按键，仪器的"pH"灯将闪烁，此时可以按一下仪器的"模式"按键，回到测量状态。

(4)测量溶液酸度(pH)　经标定过的仪器即可用来测定被测溶液的酸度。

① 被测溶液与定位溶液温度相同时，首先用蒸馏水清洗电极头部，再用被测溶液清洗一次(或用滤纸吸干)；然后把电极浸入被测溶液中，用玻璃棒搅拌溶液，使溶液均匀，在显示屏上读出溶液的 pH。

② 被测溶液和定位溶液温度不相同时[①]，首先用蒸馏水清洗电极头部，再用被测溶液清洗一次；然后用温度计测出被测溶液的温度值，调节"温度"调节按键，使仪器显示的温度值与被测溶液的温度值一致；最后把电极插入被测溶液内，用玻璃棒搅拌溶液，使溶液均匀后读出该溶液的 pH。

(5)测量电池电动势(mV)　如果需要测量电池电动势或电极电位，则按仪器的"模式"按键，使仪器的"mV"灯点亮。

把离子选择电极或金属电极和参比电极安装到电极架上，将上述电极分别连接到仪器后面的测量端和参比端。用蒸馏水清洗电极，再用滤纸吸干。将两电极插在被测溶液内，溶液搅拌均匀后，即可在仪器上读出两电极的电极电位差(mV)。

3.3.3　酸度计的维护和保养

(1)仪器必须清洁干燥(特别是电极输入插孔和电极插头)，以防止绝缘电阻下降引起测量误差。

(2)新电极或长久不用的电极在使用前先放入 3 mol·L^{-1}氯化钾溶液中浸泡活化 24 h。

(3)测定前如发现电极内部与玻璃球之间有气泡，应将电极向下轻轻甩动，以消除敏感球泡内的气泡，否则将影响测量精度。测定 pH 时，电极的玻璃球应全部浸入溶液中。

(4)电极玻璃球的敏感膜薄而易碎，应避免与硬物接触。测量后应及时套上电极保护套，电极套内应放少量 3 mol·L^{-1}氯化钾补充液，以保持玻璃球湿润。

(5)电极有一定的使用寿命和保存期，如发现斜率下降或测量不稳定，应及时更换，以保证测量准确。

(6)电极表面受污染时，需进行处理。如果附着无机盐结垢，可用温的稀盐酸溶解；钙、镁等难溶性结垢，可用 EDTA 二钠溶液溶解；沾有油污时，可用丙酮清洗。电极按上述方法处理后，应在蒸馏水中浸泡 24 h 后再使用。禁用无水乙醇或脱水性洗涤剂处理电极。

---

① 被测溶液的温度最好和用于 pH 标定的标准溶液温度相同，以减小由于温度测量而引起的补偿误差，提高仪器的测量精度。

3.4　库仑仪

3.4.1　库仑仪的结构

库仑分析是一种绝对量的分析技术，具有分析速度快、灵敏、准确的特点，操作简便，易于自动化，试剂可以连续再生使用，仪器不需要标定。仪器的设计是根据恒电流库仑滴定的原理，但由于电量的积算采用电流对时间的积分，所以对电解电流的恒定精度的要求不是很高；由于电压-频率变换采用集成电路，所以积算精度较高。被分析物质的含量根据库仑定律计算：

$$m = \frac{Q}{96\,485} \cdot \frac{M}{n} \tag{3-5}$$

式中：m 为待测物质的质量(g)；Q 为电量(C)；M 为待测物质分子的摩尔质量(g·mol^{-1})；n 为滴定过程中被测离子的电子转移数。

仪器由终点方式选择、控制电路、电解电流变换电路、电量积算电路和数字显示电路五大部分组成。图 3-5 和图 3-6 分别是 KLT-1 型通用库仑仪的方框图和面板图。

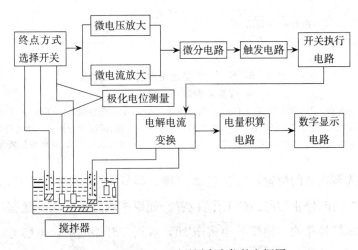

图 3-5　KLT-1 型通用库仑仪的方框图

3.4.2　库仑仪的操作方法

开启电源前释放所有琴键，"工作/停止"开关置"停止"位置，根据样品含量高低、样品量多少及分析精度的要求选择合适挡位的电解电流量，电流微调放在最大位置。一般情况下选 10 mA 挡。

开启电源开关，预热 10 min，根据样品分析需要及采用的滴定剂，选用指示电极电位法或指示电极电流法，把指示电极插头和电解电极插头插入机后相应插孔内，并夹在相应的电极上。把配好电解液的电解杯放在搅拌器上，并开启搅拌，选择适当转速。

例 1：电解生成 Fe^{2+} 测定 Cr^{6+} 时，终点指示方式可选择"电位下降"法，接好电解电极及指示电极线。此时电解阴极为有用电极，即中二芯黑线接双铂片，红线接铂丝阴极；大二芯黑夹子夹钨棒参比电极，红夹子夹两指示铂片中的任意一根，把插头插入主机的相应插

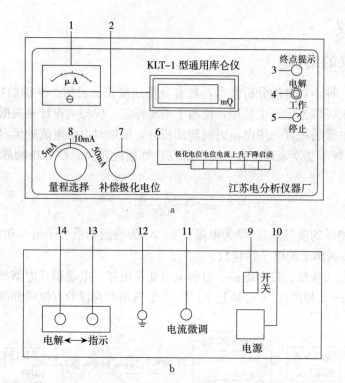

图 3-6 KLT-1 型通用库仑仪的面板图

a. 仪器前面板　b. 仪器后面板

1.50 μA 表　2.4 位 LED 显示(mC)　3. 电解指示灯　4. 电解按钮　5. 工作/停止开关
6. 琴键开关　7. "补偿极化电位"钟表电位器　8. "量程选择"波段开关　9. 电源开关
10. 电源插座　11. 电流微调　12. 接地端　13. 指示电极插孔　14. 电解电极插孔

孔。补偿电位预先调在 3 的位置，按下 启动 琴键，调节补偿电位器使表针指在 40 左右，待指针稍稳定，将"工作/停止"开关置"工作"位置。如原指示灯处于灭的状态，则此时开始电解计数。如原指示灯是亮的，则按下 电解 按钮，灯灭，开始电解，电解至终点时表针开始向左突变，红灯亮，仪器显示数即为所消耗的电量(mC)。

　　例 2：电解生成碘测定砷时，终点指示方式可选择"电流上升"法。此时只需把夹钨棒的黑夹子夹到两指示铂片中的另一根即可。其他接线不变。极化电位钟表电位器预先调在 0.4 的位置，按下 启动 琴键，按下 极化电位 琴键，调节极化电位到所需的极化电位值，使 50 μA 表头至 20 左右，松开 极化电位 琴键，等表头指针稍稳定，按下 电解 按钮，灯灭，开始电解。电解至终点时表针开始向右突变，红灯亮，仪器读数即为总消耗的电量(mC)。

　　测量其他离子时需选用其他电解池系统(可参考有关资料)。

3.4.3　库仑仪的维护和保养

　　(1)仪器在使用过程中，拔出电极头或松开电极夹时必须先释放 启动 琴键，以使仪器的指示回路输入端起到保护作用，不会损坏机内器件。

（2）电解电极及采用电位法指示滴定终点的正负极不能接错，电解电极的有用电极应视所选用的滴定剂和辅助电解质的种类而定，一般得到电子被还原而成为滴定剂的是电解阴极，即有用电极。

（3）电解过程中不要换挡，否则会使误差增大。

（4）电解电流的选择视样品含量高低而定，一般分析低含量样品时可选择小电流，但如果电流太小，有时可能终点不能停止，这主要是计量点突变速率太小，而使微分电压太低不能关断。电流下限的选择以能关断为宜。

3.5　熔点仪

3.5.1　熔点仪的工作原理

熔点是指在一定压力下，固态与液态处于平衡时的温度。固体物质熔点的测定，通常是将晶体物质加热到一定温度，晶体开始由固态转变为液态，测定此时的温度就是该晶体物质的熔点。在测定熔点过程中，可以研究、观察物质在加热状态下的形变、色变以及物质三态转化等物理变化过程，所以，熔点测定是辨认该物质本性的基本手段，也是纯度鉴定的重要方法之一。纯净的晶体物质一般都有固定的熔点，而且熔点范围（又称熔程，是指由始熔至全熔的温度间隔）很小，一般不超过 1 ℃；若物质不纯，则熔点会下降，且熔点范围会扩大。利用这一性质可以判断物质的纯度和鉴别未知化合物。因此，熔点测定仪在化工、医药研究中占有重要地位。熔点仪分为热台法熔点仪和毛细管法熔点仪。

3.5.2　热台法熔点仪

3.5.2.1　热台法熔点仪原理

热台法是将被测样品置于载玻片和盖玻片之间，然后放在热台上加热，在显微镜或光电检测设备下监控样品至融化的过程并判断熔点值。通过显微镜对试样进行观察，能清晰地看到试样在加热过程中的细微变化，如升华、失水、分解及晶形的转变等现象。用热台法熔点仪还可对微量的试样和熔点较高的有机化合物进行测定。图 3-7 是 X-4 型热台法熔点仪的结构示意图。

3.5.2.2　热台法熔点仪操作方法

取一块干净的载玻片放在加热台上，然后小心地把微量的试样粉末平铺在载玻片上，盖上盖玻片，稍稍按压使其紧贴载玻片。调节拨圈，使试样位于加热台中央的小孔上，再将隔热玻璃罩盖在加热台上，插入温度计，移动反光镜并旋转手轮，使镜头聚焦，以获得清晰的图像并使棱角分明的晶体外形处于视场内。

接通电源开始加热，先把电位器旋钮旋至快速升温位置"△"，当温度升至距试样熔点约 30 ℃时，再把电位器旋钮旋至缓慢升温位置"△"。同时旋转升温控制器至适当位置，利用改变输入加热台的电压（由电压表读出）来控制升温速度，为每分钟 2~3 ℃。在距熔点约 10 ℃时，再使升温速度控制在每分钟 1 ℃以下。仔细观察试样的变化，当晶体棱角开始变圆时，表示试样开始熔化，立即记录此时的温度，即为试样开始熔化的温度（T_a）；至晶体全部消失时，表示试样完全熔化，立即记录此时的温度，即为试样完全熔化的温度（T_b）；T_a~T_b 称为熔程（即熔点范围）。

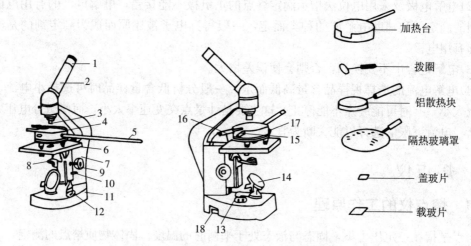

图 3-7　X-4 型热台法熔点仪结构示意图

1. 目镜　2. 棱镜检偏部件　3. 物镜　4. 加热台　5. 温度计　6. 载热台　7. 镜身　8. 起偏部件
9. 手轮　10. 止紧螺钉　11. 底座　12. 波段开关　13. 电位器旋钮　14. 反光镜　15. 拨圈
16. 隔热玻璃罩　17. 地线柱　18. 电压表

测定完毕，将电位器旋钮旋至停止加热的位置。移开隔热玻璃罩，用镊子取出载玻片和盖玻片，将铝散热块置于加热台上加速冷却。然后另换载玻片和盖玻片，按上述步骤进行第二次测定。每种试样至少要测定两次。测定完毕，将加热台降至最低位置。

如果不知道试样的熔点，应先进行一次粗测，方法同上，但加热速度可快些。

3.5.3　毛细管法熔点仪

3.5.3.1　毛细管法熔点仪原理

毛细管法是将待测样品装入毛细管中，把毛细管封端后放入测量槽加热，通过透射光自动测量其熔点。物质在结晶状态时反射光线，在熔融状态时透射光线。因此，物质在熔化过程中随着温度的升高会产生透光度的跃变。图 3-8 是典型的熔化曲线，A 点所对应的温度 T_a 称为初熔点；B 点所对应的温度 T_b 称为终熔点（或全熔点）；$T_a \sim T_b$ 称为熔程（即熔点范围）。

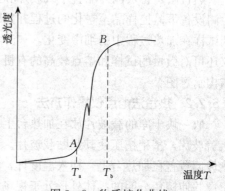

图 3-8　物质熔化曲线

此法不用传热液体，毛细管直接插在微型电炉中，精确控制电炉的初始温度、升温速度即可完成测定。测定时，用一束光通过毛细管后照射到光电转换器上，样品熔化前光路不通，没有电信号输出；样品刚开始熔化，光线开始透过一点；待样品全部熔化变成透明的液体时，光线完全透过，光电转换器的输出最大。对应的温度都被准确记录并显示在仪器面板上。

下面以上海仪电物理光学仪器有限公司的 WRS-2 微机熔点仪为例，介绍熔点仪的结构与操作方法。

3.5.3.2 毛细管法熔点仪的结构

WRS-2 微机熔点仪采用光电检测、液晶显示等技术，具有自动显示初熔点、终熔点，自动记录熔点曲线，自动求取熔点的平均值等功能。图 3-9 为 WRS-2 微机熔点仪的工作原理图，图 3-10 和图 3-11 分别为该微机熔点仪正面视图和液晶显示屏示意图。

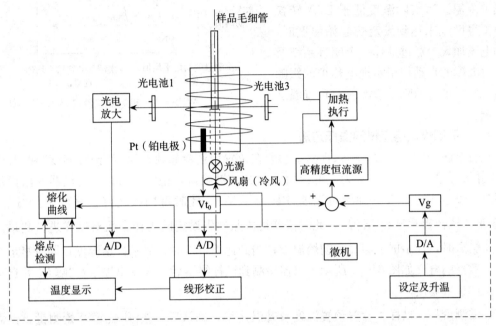

图 3-9 WRS-2 微机熔点仪工作原理图

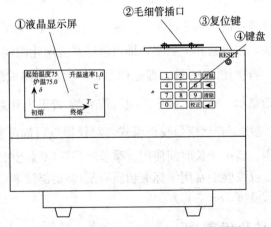

图 3-10 WRS-2 微机熔点仪正面视图

自白炽灯源发生的光，经光纤穿过电热炉和毛细管座的透光孔会聚在毛细管中，透过熔融样品的光，由硅光电池接收。当温度上升时，样品在熔解的过程中，光通量变大，经微机记录，显示熔化曲线及初熔和终熔温度。温度检测采用直接插入毛细管座底部的铂电阻作探头，所得的测温信号经电压放大送至 A/D 转换器，由软件计算温度并显示。通过键盘输入可得到相应的升温速率。输入的起始温度，经 D/A 转换器与测温单元所得的温度模拟电压一同送入加法器，其输出的偏差信号经调节器驱动加热执行。当电热炉的实际温度高于 D/A 转换的模拟温度时，电热炉降温。当实际温度低于 D/A 转换的模拟温度或未达到设定的起始温度时，加热电流加大。通过这样一个闭环系统及软件对温度的自动校正实现电热炉的跟随功能，同时也可消除季节温差对预置温度的影响。

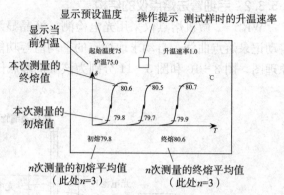

图 3-11 WRS-2 微机熔点仪液晶显示屏示意图

3.5.3.3 毛细管法熔点仪的操作方法

开启电源开关，然后在输入提示箭头所在位置用键盘修改、设置"预置温度"和"升温速率"，并按↵键表示确认，若无须修改可直接按↵键确认，稳定20 min。当仪器发出提示音"嘀"时，表示实际炉温达到预置温度并稳定了30 s，此时可插入装好试样的毛细管[①]。按 升温 键，操作提示显示"升温"，此时仪器将按照预先设定的工作参数对试样进行测量。当到达初熔点时，显示屏上会显示初熔温度；当到达终熔点时，显示终熔温度；同时显示熔化曲线。数据的含义如图 3-11 所示。仪器检测到试样终熔后，会发出提示音"嘀"，并自动返回设定的预置温度。

如需测量另一试样，设置预置温度及升温速率，确认后，按 升温 键开始测量。仪器可以连续测量 3 个试样，显示 3 条测量曲线，并自动计算初熔和终熔温度的平均值。

清除 键的使用：每测定一个样品，会显示出对应样品的熔化曲线，若由于装样等因素造成某条曲线长距离不连续，测量误差过大，此时按下 清除 键，操作提示处将显示：1 2 3，分别对应相应的熔化曲线，按键盘相应数字，即可清除对应熔化曲线，对应的初熔和终熔温度的平均值也随之变化。再次按 清除 键，即返回测量界面。清除曲线后，新的测量曲线和数据将在原清除位置重新显示。升温过程中可随时按 清除 键退出升温。

校正 键的作用：此键用于开启仪器校正模式，对仪器进行温度校正。一般新仪器出厂后无须校正，请慎重使用。若由于长时间使用、季节温差等原因造成仪器误差较大，也可以参照标准进行校验。熔点仪校验中常用的标准物质有萘(终熔温度 80.6 ℃)、己二酸(终熔温度 152.9 ℃)和蒽醌(终熔温度 285.7 ℃)。

3.5.4 熔点仪的维护和保养

(1)熔点仪应放置在干燥、无尘、通风的实验室环境，避免过高的湿度以及尘埃污染；

---

① 被测样品必须按要求烘干，在干燥和洁净的研钵中研磨为细密粉末，用自由落体方式敲击毛细管使样品填装结实，样品填装高度约为 3 mm，同批样品填装高度应基本一致。被测样品最好一次填装 5 根毛细管，分别测定后取中间 3 个读数的平均值作为测量结果，以消除毛细管及样品制备填装带来的偶然误差。

仪器要远离酸、碱等腐蚀性液体。

（2）仪器使用前检测毛细管套筒是否与炉体装配完好，确认光源输出良好；仪器使用后，温度降至室温。

（3）如果待测样品分解后产生毒气，应在通风橱内测试；测试时，避免接触升温部分，防止烫伤。

（4）毛细管插入仪器前需用软布将外面沾污的物质清除，以免污染插座，影响测量。

3.6　折射仪

3.6.1　折射仪的工作原理

折射仪（又称折光仪或折光率仪）是利用光线的折射原理设计的光学仪器，常用于测定溶液的折射率。折射率是指光线在空气中传播的速度与在其他物质中传播速度的比值，是物质的重要物理常数之一，物质的折射率因温度或光线波长的不同而改变。透光物质的温度升高，折射率变小；光线的波长越短，折射率越大。许多纯物质都具有一定的折射率，对于液体物质而言，折射率可以作为纯度的标准。所以，利用折射率可以鉴定未知化合物，也可以进行浓度测定，确定液体混合物的组成。如果某物质中含有杂质则折射率会出现偏差，杂质越多，偏差越大。因此，折射仪是实验室常备的仪器之一，广泛应用于食品、化工和医疗临床检验等多个领域。目前，折射仪有多个种类，但通常都是采用透射系统或反射系统两类检测系统测量物质的折射率。

刻度型手持式折射计和阿贝折射仪通常采用透射系统测量，而数显型折射仪则采用反射系统测量。数显型折射仪的检测系统如图3-12所示。如果光线A由棱镜的左下部小角度入射，将会穿过样品而不会被分界面反射。光线B则会被分界面反射至右部，几乎沿着棱镜界面射出。光线C则由于入射角太大而不能穿过样品，被棱镜完全反射至右下部，此时棱镜将出现

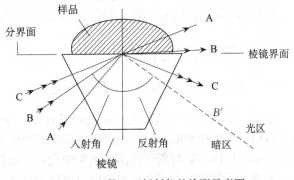

图3-12　数显型折射仪的检测示意图

光区和暗区，图中所示虚线 B' 即为明暗区域的分界线。由于分界线的反射角与反射率成正比，因此明暗区域分界线的位置即成为一个标度，可转换为折射率数据。

3.6.2　折射仪的操作方法

下面以上海仪电物理光学仪器有限公司 WZB 数显型折射仪（图3-13）为例，介绍折射仪的使用方法。其主要包括高折射率棱镜（铅玻璃或立方氧化锆）、棱镜反射镜、透镜、标尺（内标尺或外标尺）和目镜等。常规折射率测定方法如下：

（1）开机　按 电源 键开机，显示室温值。

（2）清洗棱镜　滴几滴蒸馏水至滴液孔上，吸干水后用擦镜纸擦干净。

（3）功能选择　若显示屏显示"R1"，则进入第（4）步校正；若显示屏显示"Brix"，则按住 校正 键不放，再按住 测量 键，至显示屏左上角显示"R1"进入折射率测量功能，然后松开 测量 键，再松开 校正 键，使测量功能转换至"R1"；若显示"Err"，则关机重启。

（4）校正　在棱镜上滴 2 滴蒸馏水，按住 校正 键直至显示屏显示"End"，松开 校正 键。

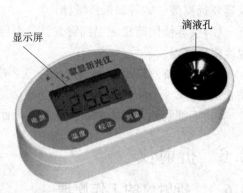

图 3-13　WZB 数显型折射仪

（5）测量[①]　吸干棱镜上面的水，在干净的棱镜上滴 2 滴待测液，按下 测量 键，显示屏即显示待测液的折射率。

（6）继续测量　重复操作（2）和（5）。

（7）测量结束　用蒸馏水清洗棱镜，并吸干水分。

3.6.3　折射仪的维护和保养

（1）仪器应在干燥、常温的环境下放置，避免长时间在阳光下暴晒，防止液晶显示屏失效。

（2）不要将仪器在日光、强灯光直接照射下进行测量，测量时不宜晃动仪器。

（3）不要在水流下直接清洗仪器滴液孔，以免内部进水，损伤内部零件。

3.7　自动电位滴定仪

3.7.1　自动电位滴定仪的工作原理

自动电位滴定仪是根据电位法原理设计的、用于容量分析的一种常见分析仪器。测定时，选用适当的指示电极和参比电极与被测溶液组成一个工作电池，随着滴定剂的加入，溶液发生化学反应，被测离子的浓度不断变化，因而指示电极的电位随之变化。在滴定终点附近，被测离子浓度发生突变，引起电极电位的突跃，根据突变的电极电位，结合仪器内部的计算程序即可计算滴定终点。此法是根据化学反应到达计量点时指示电极的电极电位发生突跃变化来确定滴定终点，因此，在深色、浑浊溶液中或无适当指示剂时，此法更简便、准确。目前自动电位滴定仪已开发了很多分析方法，通过选用不同电极可进行酸碱滴定、氧化还原滴定、配位滴定、非水滴定和 pH 测量等多种滴定；若更换测量单元，可以实现电位滴定、电导滴定以及库仑滴定等多种测定。自动电位滴定仪已广泛应用于药物、食品、能源、实验室分析等各种不同领域。

3.7.2　自动电位滴定仪的结构

自动电位滴定仪主要由控制处理器（主机）、交换装置（交换单元）和搅拌器等部分组成，

---

① 为避免待测物因蒸发而影响精度，取样和测试动作要迅速。

以及与不同类型的分析滴定相应的指示电极。下面以雷磁 ZDJ-5 型自动电位滴定仪为例，介绍此类仪器的基本结构和使用方法。ZDJ-5 型自动电位滴定仪是基于计算机和改进的串行总线开发的模块化组合滴定仪，主要分为滴定单元模块、检测单元模块和控制单元模块。通过串行连接线将滴定单元和检测单元连接到计算机，计算机则通过控制单元模块来控制滴定单元，进行容量电位滴定、容量永停滴定、容量电导滴定和库仑电位滴定，同时采集检测单元的信号，实现自动电位滴定。仪器结构分电计和滴定系统两大部分，电计部分采用电子放大控制线路，将指示电极与参比电极间的电位同预先设置的某一终点电位相比较，两信号的差值经放大后控制滴定系统的滴液速度。达到终点预设电位后，滴定自动停止。雷磁 ZDJ-5 型自动电位滴定仪的基本结构如图 3-14 所示。

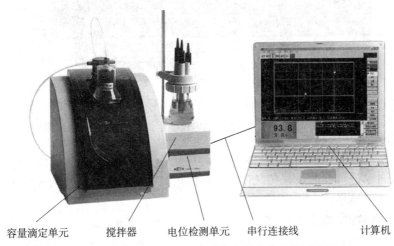

容量滴定单元　　　搅拌器　　　电位检测单元　　　串行连接线　　　计算机

图 3-14　雷磁 ZDJ-5 型自动电位滴定仪结构示意图

3.7.3　自动电位滴定仪的操作方法

（1）开机，运行软件　将 ZDJ-5 容量滴定单元、mV/pH 检测单元、控制单元正确连接在一起组成自动电位滴定仪，接上电源，打开滴定单元的电源，运行操作软件。

（2）仪器自检，搜索配置　软件运行后，自动检索连接的串行口，并报告连接状态和滴定仪的配置，仪器自检通过后，自动进入测量状态。

（3）选择模式，设置参数　按菜单项、常用键或者图标等可以进入相应的功能模块。若将容量滴定单元、电位检测单元通过串行连接线连接到计算机串行口，即可构成以计算机为操作界面的虚拟自动电位滴定仪，如图 3-15 所示。根据需要在软件工作站中设置相应测量参数，包括"设置""操作""测量""滴定""模式"等；中间为测量结果显示，显示当前的电位值（或者 pH）和温度值；右面为常用的按键，包括"滴定""清洗""补液"。可按软件界面上的"菜单""工具栏""按钮"或"图标"进行滴定操作。

（4）滴定　单击菜单"滴定"或"滴定操作按钮"中的项目可进行相应的滴定，有预滴定、空白滴定、模式滴定、预设终点滴定、手动连续滴定和手动间断滴定等 6 种类型的电位滴定窗口。在每个滴定窗口必须选择合适的控制参数以保证滴定过程正常完成。滴定仪在正式开始滴定前自动打开搅拌器，自动进行补液，并等待 10 s 保证电极信号达到平衡。滴定过程

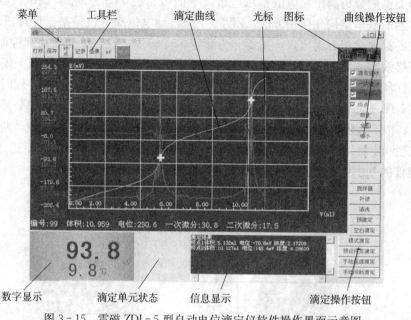

菜单　工具栏　滴定曲线　光标　图标　曲线操作按钮

数字显示　滴定单元状态　信息显示　滴定操作按钮

图 3-15　雷磁 ZDJ-5 型自动电位滴定仪软件操作界面示意图

中，"数字显示"实时显示检测信号和滴定体积，并在"滴定曲线"显示所选择的曲线。滴定结束后，滴定仪自动进行补液，并在"信息显示"区内显示滴定的起始和结束时间、持续时间以及可能的滴定终点结果。

若需重复上次滴定，单击菜单"滴定/重复滴定(×××)"将重复最近一次进行的滴定(×××)。

(5)滴定终点的确定　根据滴定的实际情况，可以选择滴定仪自动判断滴定终点或手动判断、选择滴定终点。

(6)结束　滴定结束后保存结果、输出数据、关机。

3.7.4　自动电位滴定仪的维护和保养

(1)开机前，仪器应具备正常使用条件，基本部件安装到位、各供流管路接头连接可靠。检查电气线路的各种连接，确保相互匹配、连接正确。

(2)滴定前检查滴定剂的体积，不能少于 5 mL。

(3)如前一次滴定使用了会产生沉淀或结晶的滴定剂(如 $AgNO_3$)，应对滴定管做认真清洗，以免产生结晶损坏阀门。

(4)开机前不得更换滴定管，必须使仪器上的滴定管完成一次补液动作，活塞处于下死点位置时，方可进行更换。

3.8　分光光度计

3.8.1　分光光度计的工作原理

分光光度计是一种常用的实验室分析仪器，利用物质对光的选择吸收现象，通过测定被测物质对特定波长或一定波长范围内的光的吸收程度，对该物质进行定性、定量和结构分析。

根据朗伯-比尔定律，当单色光辐射穿过被测物质溶液时，被该物质吸收的量(吸光度)与该物质的浓度和液层的厚度(光路长度，光程)成正比，其关系如下式：

$$A = -\lg(I/I_0) = -\lg T = kLc \tag{3-6}$$

式中：A 为吸光度；I_0 为入射的单色光强度；I 为透射的单色光强度；T 为物质的透射比；k 为吸收系数；L 为被测物质溶液的光程；c 为被测物质溶液的浓度。

由于物质对光的选择性吸收，以及相应的吸收系数 k 是该物质的物理常数，当已知某纯物质在一定条件下的吸收系数后，可在同样条件下，将样品配成溶液，测定其吸光度，即可由式(3-6)计算出样品中该物质的含量。

3.8.2 分光光度计的结构

分光光度计的型号很多，按光学结构特点可分为单波长分光光度计和双波长分光光度计两大类。前者又分为单光束与双光束两类。常见的单光束分光光度计有国产的 721 型、722型、XG-125 型、751 型和英国的 SP500 型。前面三种型号是可见分光光度计，测量波长为 380~800 nm(可见光区)，不能测定紫外光谱；后两种型号是可见-紫外分光光度计，测量波长为 200~800 nm(可见光和紫外光区)，可进行紫外光谱测定。双光束分光光度计是把入射单色光分为两束，一束通过参比池，另一束通过样品池，因而可以在两条光路上几乎同时对被测试样和参比样品进行测定，能自动消除电源电压的影响。常见的双光束分光光度计有国产的 710 型、730 型、740 型和日立 UV-340 型等。

从结构上讲，任何一种分光光度计基本上都由五部分组成，即光源、单色器、样品吸收池、检测器、信号指示系统。其结构方框图如下：

光源 → 单色器 → 样品吸收池 → 检测器 → 信号指示系统

对于不同型号的仪器，其结构、操作面板可能有不同特点，但基本使用方法是类似的。下面以上海凌光技术有限公司的 Spectrumlab 22pc 分光光度计为例，介绍分光光度计的使用方法。该仪器面板和左侧视图如图 3-16 所示。

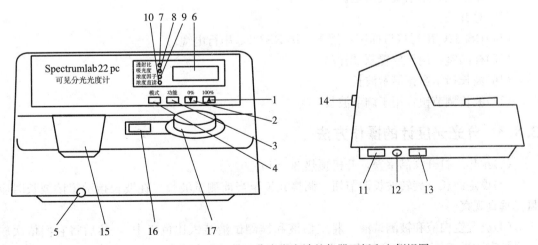

图 3-16 Spectrumlab 22pc 分光光度计的仪器面板和左侧视图

1. ↑100%键　2. ↓0%键　3. 功能键　4. 模式键　5. 试样槽架拉杆　6. 显示窗　7. 透射比指示灯
8. 吸光度指示灯　9. 浓度因子指示灯　10. 浓度直读指示灯　11. 电源插座　12. 熔丝座　13. 总开关
14. RS232C 串行接口插座　15. 样品室　16. 波长指示窗　17. 波长调节钮

图 3-16 中：

(1) ↑100% 键：在"透射比"灯亮时，用作自动调整透射比为 100%，一次未到位可加按一次，出现"----"表示在调节中；在"吸光度"灯亮时，用作自动调节吸光度为 0，一次未到位可加按一次，出现"----"表示在调节中；在"浓度因子"灯亮时，用作增加浓度因子设定，点按点动，持续按后，进入快速增加，再按 模式 键后自动确认设定值；在"浓度直读"灯亮时，用作增加浓度直读设定，点按点动，持续按后，进入快速增加，再按 模式 键后自动确认设定值。

(2) ↓0% 键：在"透射比"灯亮时，用作自动调整透射比为 0%；在"吸光度"灯亮时不用，若按下则出现超载；在"浓度因子"灯亮时，用作减少浓度因子设定，操作方式同 ↑100% 键；在"浓度直读"灯亮时，用作减少浓度直读设定，操作方式同 ↑100% 键。

(3) 功能 键：预定功能扩展用。按下时将当前显示值从 RS232C 口发送，可由上层计算机接收或打印机接收。

(4) 模式 键：用作选择显示标尺。按"透射比"灯亮、"吸光度"灯亮、"浓度因子"灯亮、"浓度直读"灯亮次序，每按一次渐进一步循环。

(5) 试样槽架拉杆：用于改变样品槽位置（四位置）。

(6) 显示窗：4 位 LED 数字，用于显示读出数据和出错信息。

(7) "透射比"指示灯：指示显示窗显示透射比数据。

(8) "吸光度"指示灯：指示显示窗显示吸光度数据。

(9) "浓度因子"指示灯：指示显示窗显示浓度因子数据。

(10) "浓度直读"指示灯：指示显示窗显示浓度直读数据。

(11) 电源插座：用于接插电源电缆。

(12) 熔丝座：用于安装熔丝。

(13) 总开关。

(14) RS232C 串行接口插座：用于连接 RS232C 串行电缆。

(15) 样品室：用于放置测试样品。

(16) 波长指示窗：显示波长。

(17) 波长调节钮：用于调节波长。

3.8.3 分光光度计的操作方法

(1) 预热　打开样品室盖，开机预热 30 min。

(2) 设定波长　旋转波长调节钮，调整波长至当前测试波长。在波长指示窗读波长时应目光垂直观察。

(3) 放置空白液和被测试液　将空白液和被测试液装入比色皿中[①]，然后将它们依次放入样品室试样槽架上，空白液应放在最靠近测试者的第一格位置内。

---

① 比色皿要洗涤干净、用待测液润洗后，装入待测液，不超过比色皿高度的 2/3，用擦镜纸擦干外壁上的液体。注意手指捏住比色皿毛面装液和取放，不能用手接触光面，以免影响光的吸收和透射。比色皿的使用注意事项见表 3-1。

（4）调整透射比100% 将试样槽架拉杆推向最内，使空白液置入样品室光路中，轻轻合上样品室盖，按下 ↑100% 键，调至透射比 T 为100%。

（5）调整透射比0% 打开样品室盖，按下 ↓0% 键，调至透射比 T 为0%。重复（4）、（5）步骤若干次，直至100%与0%数据稳定不变。

（6）置标尺为"吸光度" 按 模式 键至"吸光度"灯亮。

（7）被测试液置入光路 依次拉出试样槽架拉杆，使试液对准光路。每拉出一格时都有定位感，到位时应前后轻轻推动一下，以确保定位正确。

（8）读取数据 每拉出一格，显示窗即显示该被测试液的吸光度数据，记录数据后，再继续后续操作，直至测完其他被测试液的吸光度。

（9）重复测试 重复（4）～（8）步骤2次。读取3次吸光度数据后取平均值。

（10）测试结束 取出比色皿，完全复原仪器使用前的状态。

3.9 傅里叶变换红外光谱仪

3.9.1 傅里叶变换红外光谱仪的工作原理

傅里叶变换红外光谱仪（Fourier transform infrared spectrophotometer，FTIR）是基于光相干涉原理而设计的干涉型红外光谱仪。傅里叶变换红外光谱仪具有扫描速度快、光通量大、分辨率高、测定光谱范围宽、适合各种联机等优点。FTIR 没有色散元件，主要由光源、干涉仪、检测器、计算机和记录仪等组成。其核心部分是迈克尔逊干涉仪（图 3-17）。它将光源来的信号以干涉图的形式送往计算机进行傅里叶变换的数学处理，最后将干涉图还原成光谱图。干涉仪由定镜、动镜、分束器（简称 BS）和探测器组成，其中 BS 是核心部分。BS 使进入干涉仪中的光，一半透射到动镜上，一半反射到定镜上，又返回到 BS 上，形成干涉光后送到样品上。不同红外光谱范围所用的 BS 不同。

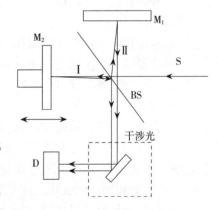

图 3-17 迈克尔逊干涉仪示意图
M_1. 定镜 M_2. 动镜 S. 光源 D. 探测器
BS. 分束器

傅里叶变换红外光谱仪的工作原理见图 3-18。由红外光源 S 发出的红外光，经准直为平行红外光束进入干涉仪系统，经干涉仪调制后得到一束干涉光。干涉光通过样品 S_a，获得含有光谱信息的干涉信号到达探测器（即检测器）D 上，由 D 将干涉信号变为电信号。此处的干涉信号是时间函数，即由干涉信号绘出的干涉图，其横坐标是动镜移动时间或动镜移动距离。该干涉图经过 A/D 转换器送入计算机，由计算机进行傅里叶变换的快速计算，即可获得以波数为横坐标的红外光谱图。然后通过 D/A 转换器送入绘图仪而绘出标准红外光谱图。

FTIR 通常使用的光源是能斯特灯，硅碳棒或涂有稀土化合物的镍铬螺旋状灯丝；检测器多使用热释电检测器和碲镉汞检测器；红外谱图的记录、处理一般都在计算机上进行。目前国内外都有比较好的工作软件。例如，美国 PE 公司的 Spectrum v 3.01 可以在软件上直

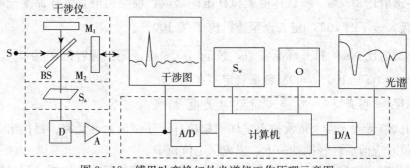

图 3-18　傅里叶变换红外光谱仪工作原理示意图

S. 光源　M_1. 定镜　M_2. 动镜　BS. 分束器　D. 探测器　S_a. 样品　A. 放大器
A/D. 模数转换器　D/A. 数模转换器　S_w. 键盘　O. 外部设备

接进行扫描操作，可以对红外谱图进行优化、保存、比较、打印等。此外，仪器上的各项参数都可以在工作软件上直接调整。

3.9.2　傅里叶变换红外光谱仪的操作方法

不同型号仪器的具体操作过程可能不同，但基本操作流程大致如下：

(1)定期检查仪器湿度指示，正常应为鲜艳蓝色，如指示变浅，应立即更换干燥剂。

(2)开计算机、打印机。

(3)开仪器电源。

(4)双击化学工作站软件图标，打开分析软件。

(5)仪器进入自检状态，通过后会给出一定显示，软件右上方应有绿色"√"出现；如果报警或出现黄色"●"或红色"×"，应使用软件"诊断"菜单检查仪器状态查找原因，并立即向仪器管理人员反映。

(6)如仪器正常，单击"采集选项"检查仪器样品采样参数，并根据分析需要进行调整。

(7)根据分析要求进行背景、样品光谱图的采集。先用模具压一个纯的 KBr 片放入仪器，测试本底，空气，得到纯 KBr 的谱图；将少量样品(1/20)放入 KBr 中压成片，与纯 KBr 厚度大致相同，测试其红外光谱图，得到扣除背景后样品的红外光谱图。

(8)根据分析要求对谱图进行处理，如基线校正、自动平滑、纵坐标归一化(Normalize Scale)、标峰等。

(9)根据要求进行谱图对比、搜索、QC 对比、IR 光谱能解释等分析，如需要，打印谱图和分析结果。

(10)分析完毕，先保存谱图，再依次关闭软件、仪器和计算机，最后填写记录。

3.10　原子吸收光谱仪

3.10.1　原子吸收光谱仪的工作原理

原子吸收光谱法是利用气态原子可以吸收一定波长的光辐射使原子中外层的电子从基态跃迁到激发态的现象而建立的。由于各种原子中电子的能级不同，能选择性地吸收一定波长的辐射光，其共振吸收波长恰好等于该原子受激发后发射光谱的波长，由此可作为元素定性的依据；根据 Beer 定律，吸光度（即对辐射的吸收程度）与浓度成正比，可作为定量的依据。目前原子吸收光谱法已成为无机元素定量分析应用最广泛的一种分析方法。

3.10.2 原子吸收光谱仪的结构

不同型号的原子吸收光谱仪的具体构造虽有不同，但结构一般均包括光源（锐线光源）、原子化系统、分光系统（单色器）以及检测系统等几个部分。现以 PE AA800 型原子吸收光谱仪为例，介绍其结构及使用方法。

PE AA800 型原子吸收光谱仪采用实时双光束分光系统，配备大面积、双闪耀波长光栅，波长可测范围 190～900 nm；光源部分预设八灯座，四个无极放电灯，仪器可自动识别元素，自动设定灯电流、狭缝、波长，自动优化灯电流；原子化系统有火焰和石墨炉两部分，通过软件控制可自动切换和校准；检测系统为阵列式固态检测器；数据处理系统运用 AAWinLab32 软件全自动控制仪器，在线工作时，可实现包括点火、熄火、更换元素灯、调节波长、石墨炉进样等多种操作的自动控制，同时具有数据处理和输出打印报告的功能。仪器基本结构如图 3-19 所示。

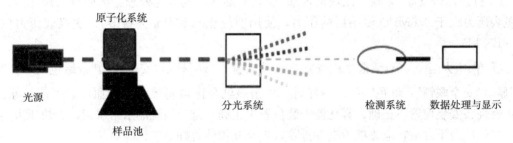

图 3-19 原子吸收光谱仪结构

3.10.3 原子吸收光谱仪的操作方法

以火焰原子化法的操作为例，介绍具体的操作过程。若在该状态模式下关机，下次启动后仍为火焰原子化模式。

（1）开机

① 开机前的准备工作：将空气压缩机的插头插上，逆时针关闭空气压缩机的放气钮，检查空气压力，到达 450～500 kPa 后才能打开主机电源。

② 打开空气开关和计算机电源。

③ 打开主机电源，等主机初始化完毕后（约 30 s），双击 WinLab32 for AA 联机。

（2）编辑方法（以 Cu 元素为例）

① 单击 编辑方法，在对话框中单击 新建方法，再在对话框中选择元素 Cu，单击 确定，参数默认即可。

② 单击 设置，可以修改"重复次数"，其余参数默认。

③ 单击 校准，一般选择"线性过原点"。单击 标样浓度，输入空白、标准及浓度，方

法中的其余参数按照默认值即可。

④ 方法编辑完后，可以单击"编辑"→"检查方法"，检查方法是否合适，如果不合适，按照提示修改方法。

⑤ 保存方法：依次单击"文件"→"另存为"→"方法"，输入新方法名，单击 确定 保存方法。

(3)编辑样品表　单击样品信息，在"试样信息编辑器"对话框中输入"样品识别码""稀释前体积""稀释后体积""试样初始重量""制备试样体积"等相关信息，也可以只输入样品名称，然后依次单击"文件"→"另存为"→"试样信息文件"，输入文件名，单击 确定 保存新的样品信息文件。

(4)点灯　单击 灯设置 ，在对话框中点亮元素灯。例如，若 Cu 灯放在 3 号位，单击"灯 3"对应的"On/Off"，将 Cu 灯点亮并将仪器波长设置为 324.8 nm，待 Cu 灯能量稳定后可进行测试。

(5)点火

① 打开排风。

② 打开乙炔气瓶[①]，检查乙炔是否漏气[②]，若漏气，则需先处理。再检查乙炔压力，保证主表压力大于 0.6MPa(使用后的压力，使用前应比 0.6MPa 大很多)，次级表压力位于 90～100 kPa。

③ 单击 火焰 ，在对话框中检查安全互锁装置。"好"显示"安全联锁"：绿色"√"；"不好"显示"安全联锁"：红色"×"。不好时，单击该红色区域将提示互锁原因。可能的原因[③]有：燃烧头安装位置不正确、雾化器安装位置不正确、排放系统的水封水满、乙炔压力不合适、空气压力不合适，应逐项检查并排除，直至互锁装置好。

④ 单击 火焰控制 ，单击"开/关"点燃火焰[④]，检查火焰的高度及颜色，若异常，则等火焰稳定后开始测试，若火焰的高度和颜色不正常，则需处理后才可测试。

(6)分析测量

① 参数设定：单击"手工分析控制"，在"结果数据组名称"处，单击"打开"，输入结果文件名，单击 确定 ，保存设定结果。

② 分析标样空白：在"手工分析控制"对话框中，吸入标样空白，单击 分析空白 。

③ 分析标样：吸入标准溶液 1，单击 分析标样 ，分析标样 1，依次分析其余标样。标样分析完毕，单击 校准 ，查看标准曲线，要求曲线相关系数 $r \geqslant 0.999$。

④ 分析试样空白：吸入试样空白，单击 分析空白 。

⑤ 分析试样：吸入试样 1，单击 分析试样 ，分析试样 1，依次分析其余试样，数据在

---

① 打开气瓶时脸部不要正对表头，防止因表头质量问题导致人体受到伤害。

② 乙炔会爆炸，气路一定要检漏，与助燃气应单独存放，做到人走气关、不用气关。

③ 重新拆卸燃烧室后一定要检查各个密封圈是否良好，尤其是雾化器处的密封圈。

④ 使用石墨炉时，塞曼启动后，0.6 m 的范围内有强磁场，因此，带有心脏起搏器的人要远离仪器，会被磁化的物件也要远离仪器。

结果中显示。

(7)打印结果　打开"文件""打印""活动窗口"，查看分析结果，并打印结果。

(8)测量完毕依顺序关机　关元素灯→清洗(针对普通水溶液样品，吸入去离子水 5 min 进行清洗)→关火(单击 火焰控制 ，单击"关"熄灭火焰)→关气(关闭乙炔气瓶，单击 排气 ，排除管路中残留的乙炔，关闭排风系统)→关闭程序→关主机电源→关闭 WinLab32 软件→退出主菜单→关闭空气压缩机主机、计算机。

3.11　气相色谱仪

3.11.1　气相色谱仪的结构

常用气相色谱仪(gas chromato-graph，GC)的基本设备和分析流程如图 3-20 所示。载气由载气源供给，经减压阀减压，通过净化器除去载气中的水分和杂质后进入稳压阀，经转子流量计测其流速。当汽化室、色谱柱、检测器达到一定的恒定温度后，自进样口注入样品。样品在汽化室瞬间汽化并由载气带入色谱柱分离。分离后的各组分依次进入检测器，检测器将各组分浓度随时间的变化转变成电信号，此信号经放大后记录在记录仪上，从而得到一组流出曲线。

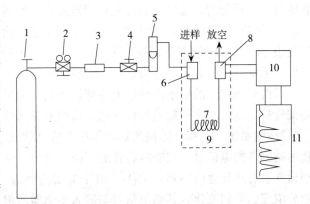

图 3-20　气相色谱分析流程示意图
1. 载气钢瓶　2. 减压阀　3. 净化器　4. 稳定阀
5. 转子流量计　6. 汽化室　7. 色谱柱　8. 检测器
9. 恒温箱　10. 放大器　11. 记录器

气相色谱仪主要由载气系统、进样系统、分离系统、检测系统和记录系统五部分组成。

(1)载气系统　载气系统包括载气钢瓶、净化器、稳压阀、流量计和供载气连续运行的密闭管路等装置。为了获得较高的分析准确度，要求载气必须相当稳定纯净，并具有一定的流速。常用的载气有氢气、氮气、氦气和氩气，一般根据所选用的检测器和分析对象及其他一些因素选择合适的载气。气路结构可分为单柱单气路和双柱双气路两类。前者适用于恒温分析，一些较简单的气相色谱仪属于这种类型。双柱双气路可以补偿气流不稳、固定相流失对检测器产生的噪声，从而提高仪器的稳定性，特别适用于程序升温和痕量分析。目前多数气相色谱仪为双柱双气路类型。

(2)进样系统　进样就是把样品快速而定量地加到色谱柱上端，以便进行分离。进样系统包括进样器和汽化室两部分。液体样品可用微量注射器进样。常用的微量注射器有 1 μL、5 μL、10 μL、100 μL 多种规格，气体样品除了可用微量注射器进样外，还可以使用六通阀进样。汽化室的作用是将液体样品瞬间汽化。

(3)分离系统　分离系统包括色谱柱、色谱炉(柱箱)和温度控制装置。色谱柱安装在色谱炉中，色谱炉的作用是为样品各组分在色谱柱内的分离提供适宜的温度。

温度控制系统用来设定、控制和测量色谱炉、汽化室和检测器的温度。色谱炉温度从

30~500 ℃连续可调，可在任意给定温度保持恒温，也可按一定的速率程序升温。汽化室温度以使样品瞬间汽化而又不分解为宜，汽化室温度一般比柱温高 10~50 ℃。气相色谱检测器对温度的变化十分敏感，即使微小的温度变化也会直接影响检测器的灵敏度和稳定性，所以检测器的控温精度应高于±0.1 ℃。

色谱柱是色谱仪的核心部分，其功能是将多组分样品分离为单个组分。色谱柱分为填充柱和毛细管柱两种类型。填充柱由柱管和固定相组成。柱管材料为不锈钢或玻璃，弯制成 U 形或螺旋形，内径为 2~4 mm，长为 1~3 m。填充柱内装有固定相，固定相的种类繁多，主要分为固体固定相和液体固定相两大类，可根据具体样品分离的需要选择。填充柱制备简单，应用较为广泛。毛细管柱又叫空心柱，占主导地位的材质是石英，石英毛细管柱具有化学惰性、热稳定性及机械强度好并有弹性等优点。空心柱分为涂壁空心柱、多孔层空心柱、涂载体空心柱等类型。涂壁空心柱是将固定液直接涂在毛细管内壁上；多孔层空心柱是在管壁上涂一层多孔性吸附剂固体颗粒，不再涂固定液；涂载体空心柱是在毛细管内壁上先涂一层粒径很小(<2 μm)的多孔颗粒，然后再在多孔层上涂渍固定液。

由于毛细管柱的分离效能很高(为填充柱的 10~100 倍)，对于复杂样品的分析具有独特优点，因而对固定液的要求不像填充柱那样严格。如果实验室中能准备几根不同极性固定液的毛细管柱，就可解决一般的分析问题，从而避免选择固定液的麻烦。

(4)检测系统　气相色谱检测器的作用是将色谱柱分离后的各组分按其物理、化学特性转化为易测量的电信号。按响应特性的不同，可分为浓度型检测器和质量型检测器两类。浓度型检测器有热导池检测器(TCD)、电子捕获检测器(ECD)等检测器，它们测量的是载气中组分浓度的瞬间变化，其响应信号与进入检测器的组分浓度成正比。质量型检测器有氢火焰离子化检测器(FID)、火焰光度检测器(FPD)等检测器，它们测量的是载气中组分的质量流速的变化，其响应信号与单位时间内进入检测器的某组分的质量成正比。目前，气相色谱检测器种类繁多，不同检测器的应用范围和性能特点不同。一台气相色谱仪可以配备几种检测器，根据分析对象和准确度要求等选择使用。常见的检测器有以下几种：

① 热导池检测器：浓度型检测器，对有机物和无机物都有响应，而且不破坏样品，结构简单、性能稳定、价格低廉，是目前应用广泛的一种检测器。缺点是灵敏度低，多用于常量组分的测定。

② 氢火焰离子化检测器：简称氢焰检测器，是质量型检测器，对大多数有机物有很高的灵敏度，适于分析痕量有机化合物。但对稀有气体、空气、H_2、CO、CO_2、SO_3、H_2S 等气体无响应。

③ 电子捕获检测器：一种高选择性、高灵敏度的浓度型检测器，只对含有高电负性元素的组分产生响应，如含有卤素、硫、磷、氮、氧等元素的物质。检测限可达 10^{-14} g·mL^{-1}，可测定微量或痕量组分。近年来广泛用于食品、农副产品中农药残留量分析，大气及水污染的分析等。

④ 火焰光度检测器：质量型检测器，对含硫、磷的化合物有很高的灵敏度和选择性，检测限分别为 10^{-11} g·s^{-1} 和 10^{-12} g·s^{-1}。

(5)记录系统　记录系统的作用是在记录信号的同时进行数据处理，在色谱数据处理软件的支持下，将色谱分析的结果以图表的形式呈现出来，如色谱图，各色谱峰的保留时间、峰面积、峰高以及根据所选方法计算出来的相对含量等。

3.11.2 气相色谱仪的操作方法

不同厂家的气相色谱仪的具体操作过程可能不同，但基本操作流程大致相同，以 Agilent 6890N 气相色谱系统为例，其基本结构如图 3-21 所示，具体操作过程如下。

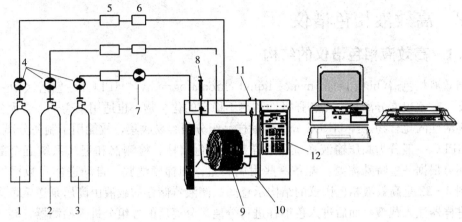

图 3-21 Agilent 6890N 气相色谱仪

1. 空气瓶　2. 氢气瓶　3. 载气瓶　4. 气体调节器　5. 净化过滤器　6. 限流器　7. 流量控制器
8. 进样口　9. 色谱柱　10. 柱温箱　11. 检测器　12. 控制面板

(1)开机

① 打开气源(按相应的检测器选择所需气体)。

② 打开计算机。

③ 打开色谱仪电源开关。

④ 待仪器自检完毕，双击"Instrument Online"图标，化学工作站自动与 6890N 通信，此时 6890N 显示屏上显示"Loading…"。

(2)编辑方法

① 从"View"菜单中选择"Method and run control"画面，单击"Show top toolbar""Show status toolbar""Instrument diagram""Sampling Diagram"，使其命令前有"√"标志，来调用所需的界面。

② 根据需要设定参数，主要包括：选择载气为氮气，并设定流量；设置柱温(起始温度、升温速率、终止温度等)；设置汽化温度和检测器温度；设定进样量、分流比，根据检测器需要选择燃气、助燃气的流量。

③ 单击"Method"菜单，选中"Save Method As…"，输入方法名，单击"OK"。

④ 从"Run Control"菜单中选择"Sample Info…"选项，输入操作者名称，在"Data file"中选择"Manual"或"Prefix"。

⑤ 单击"OK"，等仪器"Ready"，基线平稳。

(3)色谱分析　待仪器稳定后，注入样品，分离分析，记录色谱数据。

(4)关机

① 实验结束后，调出提前编好的关机方法，此方法内容包括同时关闭 FID/NPD/FPD/ECD/μECD/TCD 检测器，降温各热源(Oven temp、Inlet temp、Det temp)，关闭 FID/

NPD/FPD 气体(H_2，Air)。

② 待各处温度降低后(低于 50 ℃)，退出化学工作站，退出 Windows 所有的应用程序。

③ 关闭计算机和打印机电源。

④ 关闭色谱仪电源，最后关闭载气。

3.12 高效液相色谱仪

3.12.1 高效液相色谱仪的结构

高效液相色谱(high performance liquid chromatography，HPLC)是色谱法中一个重要的分支，它不仅能分离高沸点、强极性和热不稳定的化合物，也适用于离子性、大分子及具有生物活性的化合物。经 HPLC 分离后的样品组分很容易收集，故能用于制备分离。

HPLC 一般分为高压输液系统、进样系统、色谱柱、检测器和记录系统五个部分。此外，还可根据一些特殊需要，配备一些附属装置，如梯度洗脱、自动进样及数据处理装置等。图 3-22 是高效液相色谱仪的结构示意图。储液器储存的载液由高压泵送至色谱柱，试液由进样器注入载液，而后进入色谱柱进行分离。分离后的各组分进入检测器，转变成电信号，供给记录器或数据处理装置。HPLC 有多种分离模式，但仪器结构都基本相同。样品的引入通常采用阀进样方式，检测器则主要有 UV-Vis、示差折光、荧光光谱、电化学及质谱等。这里仅以 Agilent 1100 仪器为例，介绍其结构与操作。

Agilent 1100 仪器的外观结构见图 3-23。仪器流程如下：流动相置于溶剂柜内的储液瓶中，由高压泵输入系统，样品由自动进样器注入，经色谱柱分离后进入检测器件流动池，吸光度信号经放大后由记录仪记录。

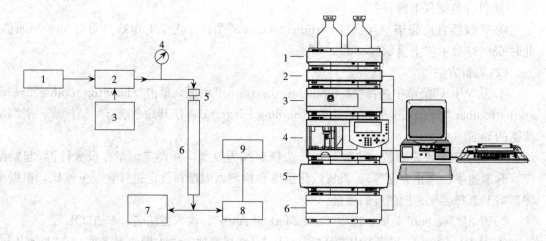

图 3-22 高效液相色谱仪结构示意图
1. 储液器 2. 高压泵 3. 梯度洗脱装置
4. 压力表 5. 进样器 6. 色谱柱
7. 馏分收集器 8. 检测器 9. 记录仪

图 3-23 Agilent 1100 液相色谱仪
1. 溶剂柜 2. 脱气机 3. 泵 4. 自动进样器
5. 柱温箱 6. 检测器

3.12.2 高效液相色谱仪的操作方法

液相色谱要求流动相纯度较高，所有溶剂必须是色谱级的，待测样品也要求过膜。以

Agilent 1100 液相色谱仪为例，介绍基本操作步骤。

(1)开机

① 打开计算机，进入 Windows 界面，并运行 Bootp Server 程序。

② 自上而下打开色谱仪各模块电源，仪器自检，Bootp Server 里显示有信号(六行字符)。

③ 待各模块自检完成后，双击"Instrument 1 Online"图标，化学工作站自动与色谱仪通信。

④ 从"View"菜单中选择"Method and run control"画面，单击"View"菜单中的"Show top toolbar""Show status toolbar""System diagram""Sampling diagram"，使其命令前有"√"标志，来调用所需的界面。

⑤ 把流动相注入溶剂瓶中。

⑥ 打开 Purge 阀后，单击"Pump"图标，出现参数设定菜单，单击"Setup pump"选项，设泵流速 Flow(5 mL·min^{-1})，单击"OK"。

⑦ 单击"Pump"图标，出现参数设定菜单，单击"Pump control"选项，选中"On"，单击"OK"，则系统开始 Purge，直到管线内(由溶剂瓶到泵入口)无气泡为止，切换通道继续 Purge，直到所有要用通道无气泡为止。

⑧ 单击"Pump"图标，出现参数设定菜单，单击"Pump control"选项，选中"Off"，单击"OK"关泵，关闭"Purge valve"。

⑨ 单击"Pump"图标，出现参数设定菜单，单击"Setup pump"选项，进入 Pump 编辑画面，设流动相流速 Flow(1.0 mL·min^{-1})、溶剂比例等实验条件。

⑩ 单击泵下面的瓶图标，根据实际情况输入溶剂的实际体积和瓶体积，也可输入停泵的体积，单击"OK"。

(2)数据采集方法编辑

① 开始编辑完整方法：从"Method"菜单中选择"Edit entire method"选项，选中除"Data analysis"外的三项，单击"OK"，并在"Method Comments"中加入方法的信息(如方法的用途等)。

② 根据分析需要设定泵、自动进样器、柱温箱以及检测器等相关参数。

③ 单击"Method"菜单，选中"Save Method As…"，输入方法名，单击"OK"。从"Run Control"菜单中选择"Sample Info…"选项，输入操作者名称，在"Data file"中选择"Manual"或"Prefix"，选择数据名称和编号。

④ 从"Instrument"菜单选择"System on"。

⑤ 等仪器 Ready，基线平稳，从"Method"菜单中选择"Run method"，进样。

(3)数据分析方法编辑

① 从"View"菜单中，单击"Data analysis"进入数据分析画面。

② 从"File"菜单选择"Load signal"，选中数据文件名，单击"OK"。

③ 根据具体情况进行谱图优化、积分，并打印报告。

(4)关机 关机前，用体积分数为 95％的有机溶剂(常用甲醇或乙腈)水溶液冲洗系统 20 min(如用含有弱酸、弱碱以及缓冲溶液等含盐的溶液作流动相，先以纯水为流动相冲洗)，再用适当纯有机溶剂冲洗系统 20 min，然后关泵。退出化学工作站及其他窗口，关闭计算机。

3.13 X射线衍射仪

X射线衍射仪(X-ray diffractometer, XRD)是利用衍射原理, 对固态物质特别是晶体物质进行物相定性、定量分析、微观结构表征的大型分析仪器。当晶体或非晶体物质被X射线照射时将产生特有的衍射图谱, 分析该图谱, 可获得物质组成、晶型、物质内部原子或分子的结构或形态等信息。XRD是研究物质的物相和晶体结构的主要方法, 具有不损伤样品、无污染、快捷、测量精度高、能得到有关晶体完整性的大量信息等优点, 适用于无机、有机等各类固体材料。因此, XRD作为分析材料结构和成分的现代方法, 已在各学科研究和生产中广泛应用。

3.13.1 X射线衍射仪的结构

XRD的形式多种多样, 用途各异, 但其基本构成很相似, 图3-24为XRD的基本构造原理图, 主要部件包括四部分。

(1)X射线发生器 X射线发生器由X射线管、高压变压器、管压管流控制器以及保护电路等组成, 是产生X射线的装置。X射线管的实质是真空二极管, 其阴极是钨丝, 阳极为金属片。在阴极两端加上电流后, 钨丝发热, 产生热辐射电子。这些电子在高压电场作用下被加速, 轰击阳极(又称靶), 产生X射线。此过程产生大量热量, 为了保护靶材, 用循环水冷却。常见的阳极靶

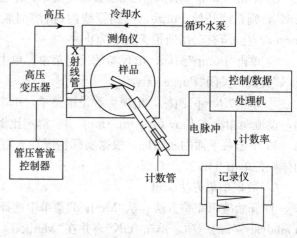

图3-24 X射线衍射仪的基本构造原理图

材有Cr、Fe、Co、Ni、Cu、Mo、Ag、W, 最常用的是Cu靶, 适用于晶面间距0.1~1 nm的测定, 几乎可测定全部材料, 采用单色器滤波, 测量含Cu试样时有高的荧光背底。由X射线管发射出的X射线包括连续X射线光谱和特征X射线光谱, 前者主要用于判断晶体的对称性和进行晶体定向的劳埃法, 后者用于进行晶体结构研究的旋转单体法和进行物相鉴定的粉末法。

(2)测角仪 测角仪是X射线衍射仪的核心部件, 由光源臂、检测器臂和狭缝系统组成, 如图3-25所示。测角仪分为垂直式和水平式。垂直式测角仪上, 水平放置样品, 对样品的制备要求较低。狭缝系统用于控制X射线的平行度, 并决定测角仪的分辨率。X射线源焦点与计数管窗口分别位于测角仪圆周上, 样品位于测角仪圆的正中心。在入射光路上有固定式梭拉狭缝和可调式发射狭缝, 在反射光路上也有这两种狭缝与接收狭缝。有的衍射仪还在计数管前装有单色器。当给X射线管加以高压, 产生的X射线经由发射狭缝射到样品上时, 晶体中与样品表面平行的面网, 在符合布拉格条件时即可产生衍射而被计数管接收。当计数管在测角仪圆所在的平面被扫射时, 样品与计数管以1:2速度连动。因此, 在某些

角位置能满足布拉格条件的面网所产生的衍射线将被
计数管依次记录并转换成电脉冲信号，经放大处理后
通过记录仪描绘成衍射图。样品须是单晶、粉末、多
晶或微晶的固体块。

（3）X射线探测器　衍射仪的X射线探测器为计数
管。它是根据X射线光子的计数来探测衍射线的存在
及强度。它与检测记录装置一起代替了照相法中的底
片的作用。其主要作用是将X射线信号转变为电信号。
目前最常用的是NaI晶体闪烁计数管。闪烁计数管是
利用X射线激发晶体的荧光效应探测X射线的。它首
先将接收到的X射线光子转变为可见光光子，再转变
为电子，然后形成电脉冲。产生的脉冲数量与入射的
X射线光子的数目有关，即与X射线的强度有关，可
以用来测量X射线的强度。同时，脉冲的大小与X射

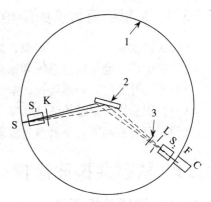

图3-25　测角仪光路示意图
1. 测角仪圆　2. 试样　3. 滤波片　S. 光源
S₁、S₂. 梭拉狭缝　K. 发射狭缝
L. 防散射狭缝　F. 接收狭缝　C. 计数管

线的能量有关，用一个脉高分析器，对所接收的脉冲按其高度进行甄别。近年来一些高性能
的衍射仪采用固体探测器和阵列探测器，如锂漂移硅Si(Li)或锂漂移锗Ge(Li)固体探测器，
以及Vantec-1一维探测器和LynxEye探测器等。

（4）衍射图的处理分析系统　现代XRD都是用计算机控制和设定参数，将这些信号进
行自动处理，记录图谱，并都附带安装有专用衍射图处理分析软件，实现了自动化和智
能化。

3.13.2　X射线衍射仪的操作方法

以Rigaku的Ultima Ⅳ型号X射线多晶粉末衍射仪为例介绍仪器的使用方法。该仪器
采用X射线光源Cu靶，陶瓷基复合光管，电压20～60 kV，电流2～60 mA；2θ扫描范围
为－3°～162°，常规2θ扫描可从0.3°开始；工作模式为θ/θ模式，可联动或单独驱动。所有
光路系统可程序自动调节，采用双探测器系统。具体操作过程如下：

（1）样品制作　用研钵将样品研磨，压片，在压片过程中，试样表面要平整均匀。

粉末样品要求：干燥，在空气中稳定，粒度均匀，粒径小于20 μm，样品量＞100 mg。
块状样品要求：测试面清洁平整，也可是板状、片状或丝状，带衬底材料的薄膜或带基材的
镀层等原始形状，厚度≤5 mm，直径≥2 cm。特殊样品：极少量的微粉、非晶条带、液体
样品等，微粉样品需要颗粒均匀细小，且物质性质稳定，对Si无腐蚀性，条带需要平整光
滑且不能太厚。

（2）开机　依次打开并检查循环水冷却系统和X射线光源，第一次开机需进行光管老化
处理。

（3）检测　将样品架插入样品卡槽，在操作软件上设置样品名、起始角度、终止角度、
扫描速度等参数，单击开始图标测试，待仪器测试结束，可将数据导出和转化。

（4）关机　测试完毕，首先将电流降至待机电流，再单击关闭X射线，等待10 min左
右，使光管冷却下来，然后关闭衍射仪照明灯和衍射仪开关，再关闭软件和计算机，最后关
闭循环冷却装置。

3. 13. 3　X射线衍射仪的维护和保养

（1）保证仪器处于无尘、恒温、防潮、防震、防腐蚀的工作环境。

（2）实验前，确保真空系统和循环水冷却系统工作正常。

（3）小心开关门，轻推轻拉，避免猛力碰撞。

（4）使用后样品架必须清洗干净，仪器样品台应定期清洁干净。

（5）如有紧急问题，不要擅自处理，及时联系仪器管理员。

3.14　核磁共振波谱仪

3. 14. 1　核磁共振原理

原子核是带正电荷的粒子，能自旋的核有循环电流，会产生磁场，形成磁矩，自旋核的磁矩和角动量矩之间的比值为定值，称为磁旋比，是各种核的特征常数。

$$\mu = \gamma P \tag{3-7}$$

式中：μ 是磁矩；P 是角动量矩；γ 是磁旋比。

当自旋核处于磁感应强度为 B_0 的外磁场中时，除自旋外，还会附加一个以外磁场方向为轴线的回旋，称为进动或拉摩尔进动（Larmor precession）。自旋核进动的角速度 ω_0、进动频率 ν_0 与外磁场强度 B_0 的关系如下：

$$\omega_0 = 2\pi\nu_0 = \gamma B_0 \tag{3-8}$$

微观磁矩在外磁场 B_0 中的取向是量子化的，自旋量子数为 I 的原子核在外磁场作用下只可能有 $2I+1$ 个取向，I 值为 1/2 的原子核在外磁场作用下只有两种取向，用磁量子数 $m=1/2$ 和 $m=-1/2$ 表征，这两种状态之间的能量差 ΔE 值为

$$\Delta E = 2\mu B_0 = h\nu_0 \tag{3-9}$$

式中：h 为普朗克常量。

在磁场的激励下，若这些具有磁性的原子核接收到的外加能量恰好等于相邻两个能级之差，即 ΔE，则原子核就可能吸收该能量（称为共振吸收），从低能态跃迁至高能态，这种现象称为核磁共振（nuclear magnetic resonance，NMR）。所吸收能量的数量级相当于射频范围的电磁波。因此，所谓核磁共振就是研究磁性原子核对射频能的吸收。

NMR 波谱按照测定对象可分为 ^1H - NMR 谱、^{13}C - NMR 谱及氟谱、磷谱、氮谱等。核磁共振在化学结构鉴定、动态过程研究（如反应动力学研究、平衡过程研究）、三维结构研究（如蛋白质、DNA/DNA 复合物、多糖）、药物设计等领域应用广泛。

3. 14. 2　核磁共振波谱仪的结构

按照仪器的工作方式，核磁共振波谱仪可分为连续波（CW - NMR）及脉冲傅里叶变换（PFT - NMR）两种形式。核磁共振波谱仪主要由磁铁、探头（样品管）、扫场发生器、射频发射器、信号检测器及记录处理系统 6 个部件组成（图 3 - 26）。

（1）磁铁　NMR 的灵敏度和分辨率主要取决于磁铁的质量和强度，它是 NMR 中最重要的部分之一。在 NMR 中通常用对应的质子共振频率来描述不同场强。NMR 常用的磁铁有三种：永久磁铁（频率 60 MHz）、电磁铁（频率 100 MHz）、超导磁铁（频率 200 MHz 以上）。

频率越高，分辨率越好，灵敏度越高，图谱简单易于分析。

（2）探头　探头是插入式整体组合件，是发射射频和收集信号的部件，可根据不同核进行最佳匹配协调。探头种类很多，目前使用日趋广泛的是超低温液体探头。

（3）扫描线圈　在连续波 NMR 中，扫描方式最先采用扫场方式，通过在扫描线圈内加上一定电流，产生 10^{-5} T 磁场变化来进行核磁共振扫描，这样变化不会影响 NMR 磁场的均匀性。相对扫场方式，扫频方式工作起来比较复杂，但目前大多数装置都配有扫频工作方式。

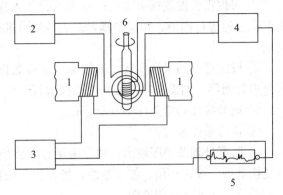

图 3-26　核磁共振波谱仪示意图
1. 磁铁　2. 射频发射器　3. 扫场发生器
4. 信号检测器　5. 记录仪或示波器　6. 样品管

（4）射频发射器　射频发射器用来产生固定频率的电磁辐射波。NMR 通常采用恒温下石英晶体振荡器产生基频，经过倍频、调谐及功率放大后输入与磁场成 $90°$ 角的线圈中。

（5）信号检测及记录处理系统　检测器和放大器用来检测和放大共振信号，记录仪将共振信号绘制成共振图谱。共振核产生的射频信号通过探头上的接收线圈加以检测。

核磁共振波谱仪一般还备有以下配套装置：

（1）去耦仪　可进行双照射。

（2）温度可变装置　黏稠的试液可在较高的温度下分析，高温使试液流动性较好，否则黏稠的试样会使共振吸收峰变宽，影响分辨率。

（3）信号累计平均仪　核磁共振波谱分析的缺点是灵敏度较低，试样要求量较多（例如数毫克至数十毫克），试液要求较浓（例如 $0.1\sim0.5\ mol\cdot L^{-1}$）。为了克服这个困难，可用信号累计平均仪，对于极稀的试液，可以重复扫描，累加所得信号，提高灵敏度和信噪比。

3.14.3　核磁共振波谱仪的操作方法

虽然不同型号仪器的具体操作过程可能不同，但基本操作流程大致相似，以瑞士 Bruker Biospin AG 公司生产的 Avance NEO 600 MHz 核磁共振波谱仪为例，介绍其使用方法。可检测核为 ^1H 和 ^{19}F 以及共振频率在 ^{15}N 至 ^{31}P 之间的所有核，样品的要求扫场范围为 ^1H：$-1\sim13$、^{13}C：$-12\sim230$。

（1）开机　按照仪器手册要求开启机柜、压缩气体系统和计算机。

（2）建立工作条件　选择合适的探头并连接相应的电缆、气路及所需附件后，选用合适的标样，建立氘锁，仔细匀场调谐，按照仪器操作手册分别检测 ^1H、^{13}C 或其他待测杂核的 $90°$ 脉宽。可以根据仪器的具体工作情况调整谱仪的发射功率以获得合适的 $90°$ 脉宽。所得结果保存于计算机内，同时利用仪器自带的自动程序计算出去耦、选择性脉冲等的功率并保存。

（3）检定或校准仪器　按照检定或标准规程检测仪器的灵敏度、分辨率和线形，并记录检测结果。

（4）一维谱图测试

① 按照测试要求建立新的实验文件，调用所需的脉冲序列。

② 根据需要设置探头温度；将样品管放入探头中，待样品达到设置的温度后，锁场并对测试通道进行调谐。如需去耦，对去耦通道进行调谐。然后调入匀场参数（如果需要）进行匀场。

③ 设定适当的采样参数，如谱宽、采样数据点、频率偏置、脉冲宽度、累加次数和弛豫延迟时间等。如需去耦，设置去耦仪偏置频率。

④ 调节接收器增益（receiver gain）。

⑤ 执行采样累加。

⑥ 数据处理及谱图输出：建立窗函数，将所得到的 FID（自由感应衰减）信号进行傅里叶变换处理、校正相位、校正基线、校正化学位移、标注化学位移值，对需要积分的谱图进行积分等，作图并打印谱图。

（5）关机　弹出转子，取下样品管，退出实验程序，关闭空气压缩机。洗净核磁管。

3.14.4　核磁共振波谱仪的维护和保养

（1）核磁共振波谱仪的安装和放置应满足以下环境要求：①仪器放置场地不得有强烈的机械振动和电磁干扰，铁磁性物品应远离磁体；②实验室温度保持 20 ℃±5 ℃，湿度≤75%；③使用稳压电源，电源电压波动<5%，频率稳定；④连接地线，单独接地，状况良好。

（2）样品管不得有裂痕、管外不得粘贴标签、不允许用金属物捆绑；样品中不得含有固体颗粒或磁性物质。

（3）定期加液氮、液氦，防止磁体发生失超。

（4）严禁不开气就进样，听到较大的气流声，有气流托住样品管和转子后方可进样。

（5）实验结束后必须将气流关闭，以保护空气压缩机。空气压缩机不能长期运转，以免发生故障。

（6）如实验过程中遇停电等不可抗因素，应立即停止实验，将核磁管弹出，关闭仪器设备，不得使用不间断电源继续实验，待问题排查解决后，经相关负责人确认后方可继续实验。

3.15　热重分析仪

3.15.1　热重分析仪的工作原理

热重分析（thermogravimetric analysis，TG 或 TGA）是指在程序控制温度下测量待测样品的质量与温度变化关系的技术，因此只要物质受热时质量发生变化，就能用 TG 来研究其变化过程，可以研究晶体的物理性质变化（如熔化、蒸发、升华和吸附等）以及物质的热稳定性、分解过程、脱水、解离、氧化、还原等化学现象，还可进行成分的定量分析和反应动力学研究。热重分析操作简便、灵敏、速度快、所需试样量少，而得到的科学信息广泛。应用于塑料、橡胶、涂料、药品、催化剂、无机材料、金属材料与复合材料等各领域的研究开发、工艺优化与质量监控。

热重分析仪的核心是热天平，其主要工作原理是把电路和天平结合起来，通过程序控温仪使加热电炉按一定的升温速率升温（或恒温）。当被测试样质量发生变化时，光电传感器能将质量变化转化为直流电信号。此信号经测重电子放大器放大并反馈至天平动圈，产生反向电磁力矩，驱使天平梁复位。反馈形成的电位差与质量变化成正比(即可将电位差转变为样品的质量变化)。其变化信息通过记录仪描绘出热重(TG)曲线，热重分析曲线纵坐标表示质量损失(或失重率)，从上向下表示质量减少；横坐标表示温度(或时间)，自左至右表示温度升高(或时间延长)。进行热重测试时，试样质量 m 经称重变换器变成与质量成正比的直流电压，经称重放大器放大后，送到模/数转换器，再送到计算机，计算机采集了质量转变为电压的信号，同时也采集了质量对时间的一次导数(也称微分)信号以及温度信号。然后对这三个信号进行数据处理，经处理后的曲线由显示器显示，对该曲线进行数据分析并打印图谱。

3.15.2 热重分析仪的结构

热重分析仪主要由热天平、炉体加热系统、程序控温系统、气氛控制系统、称重变换器、称重放大器、模/数转换器、数据实时采集和记录系统等几部分组成，通过计算机和相关软件进行数据处理后打印出测试曲线并分析数据结果。仪器结构如图3-27所示。

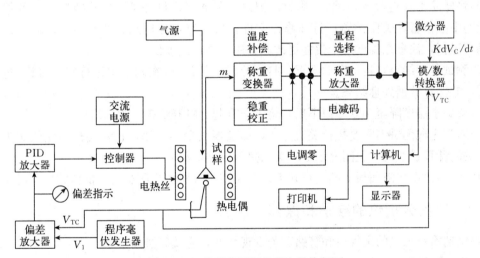

图3-27 热重分析仪的基本结构框图

(1)热天平 热天平是把电路和天平结合起来，测量样品的质量随时间的变化。根据天平类型、炉子大小以及最高测试温度，热天平的测量量程为 1~5 g，分辨率为 0.1~1 μg。

(2)炉体加热系统 炉体包括炉管、炉盖、炉体加热器和隔离保护套，最高温度可达1 100 ℃。高温型的可到 1 600 ℃，甚至更高。

(3)程序控温系统 炉温增加的速率受此系统的控制，其程序控制器能够在不同的温度范围内进行线性温度控制。

(4)气氛控制系统 气氛控制系统分两路：一路是反应气体(包括参与反应的气体和不参与反应的惰性气体)，经由反应气体毛细管导入样品池附近，并随样品一起进入炉腔，使样品的整个测试过程一直处于某种气氛的保护中；另一路是对天平的保护气体，通入并对天平室内进行吹扫，防止样品在加热过程中发生化学反应时放出的腐蚀性气体进入天平室，这样既可以使天平保持很高的精度，也可以延长热天平的使用寿命。

(5)自动进样器　现在很多仪器都带有自动进样的功能，在设置好测试条件的前提下按照指令执行测试任务，使仪器连续 24 h 不间断地工作，大大提高了工作效率。

3.15.3　热重分析仪的操作方法

以耐驰 TG209F3 型热重分析仪为例介绍仪器的使用方法。

(1)提前 2.5 h 检查恒温水浴的水位，确保液面至少低于顶面 2 cm；打开电源开关，在面板上启动运行，设定的温度值应比环境温度高 10~15 ℃。

(2)先打开计算机，然后打开热重仪电源开关。

(3)确定实验载气①，调节低压输出压力②，在仪器测量单元上手动测试气路的通畅性，并调节气体流量③。

(4)确定样品在高、低温下的氧化还原性质，选择适用的坩埚（Al_2O_3、Pt 等），在计算机上打开对应的 TG209F3 测量软件，待自检通过，检查仪器设置，确认坩埚类型。

(5)打开炉盖，将空坩埚置于支架的中心位置，关闭炉盖；按照工艺要求，新建一个修正文件，编程运行；待程序结束，仪器冷却后，升起支架，打开盖子取出空坩埚。

(6)将样品平整地放入坩埚④，称重，记录样品质量；打开炉盖，将装有样品的坩埚置于支架的中心位置，关闭炉盖；打开修正文件，选择修正加样品的测量模式，输入样品质量，编程运行，注意在温度段中仅能更改原程序的结束温度值。

(7)测试程序结束，自动存储数据，打开分析软件包（或在测试中运行实时分析）进行数据处理，并保存数据处理结果。

(8)待炉子温度降至 100 ℃ 以下后，将支架升起，打开炉盖，拿出坩埚。

(9)通常完成测试不需要执行关机操作，如仪器长期不使用，正常关机顺序依次为关闭软件→关闭计算机主机→关闭显示器→关闭热重仪器电源开关。

(10)关闭恒温水浴面板上的运行开关；关闭使用气瓶的高压总阀，低压阀可不必关。

3.15.4　热重分析仪的维护和保养

(1)定期检查天平的出气口和管路，若发现堵塞，应及时清理。

(2)恒温水浴建议使用去离子水或蒸馏水，过滤器定时清洗。

(3)当发现支架上有异物时，不要自行清理，发现有样品碎屑掉入炉腔时，不可用任何工具吸或吹，需及时通知管理人员。

3.16　气体吸附比表面积测试仪

3.16.1　气体吸附比表面积测试仪的原理和结构

气体吸附比表面积测试仪是一种常用的多孔固体物质分析仪器，它依据气体在固体表面

---

① 推荐使用惰性气体，如氮气。
② 推荐低压输出压力为 0.03~0.05 MPa，不大于 0.1 MPa。
③ 推荐常用气体流量为 20 mL·min⁻¹（不超过 100 mL·min⁻¹）。
④ 样品量不宜超过坩埚容积的 1/3，质量 5~15 mg。

的吸附特性,在一定压力下,被测样品颗粒(吸附剂)表面在超低温下对气体分子(吸附质)具有可逆物理吸附作用,并对应一定压力存在确定的平衡吸附量。通过测定出该平衡吸附量,利用理论模型来"等效"求出被测样品的比表面积。即通过气体吸附比表面积测试仪测量样品的吸附等温线,再根据样品的特性,选择恰当的理论模型计算出样品的 BET(Brunauer - Emmett - Teller)及 Langmuir 比表面积、平均孔径和孔体积、BJH 吸附/脱附曲线以及中孔和大孔信息、中孔和大孔体积/面积对孔径分布等样品结构信息。适用于各种材料的研究与产品测试,包括沸石、碳材料、分子筛、二氧化硅、氧化铝、土壤、黏土、有机金属化合物骨架结构等各种材料,其中材料比表面积与孔分布的测试大量应用于分子筛、活性炭等催化材料的表面物理性能研究,广泛应用于催化、环境、建筑等领域。

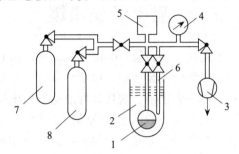

图 3 - 28　静态容量法气体吸附比
表面积分析仪原理图
1. 样品　2. 杜瓦瓶　3. 真空泵系统
4. 压力计(压力传感器)　5. 校准体积(气体定量管)
6. 饱和蒸气压测定管　7. 吸附气体
8. 死体积测定气体(He)

气体吸附比表面积测试仪大多以静态容量法为工作原理,其结构包括真空泵、气源、歧管、杜瓦瓶、样品管、饱和蒸气压测定管、压力测量装置(压力传感器),见图 3 - 28。

3.16.2　气体吸附比表面积测试仪的操作方法

不同型号的气体吸附比表面积测试仪的结构基本相似,下面以美国麦克仪器公司的 ASAP - 2020 型气体吸附比表面积测试仪为例,简要介绍仪器的基本操作流程。

(1)开机　按顺序开启气体瓶阀、泵、仪器、软件,最后开分子泵。

(2)建立工作条件　定义样品文件中默认值;建立待测样品的样品分析文件;定义分析参数文件,包括脱气条件、分析条件、吸附特性、报告内容等选项。

(3)准备样品　包括样品预处理、清洁样品管、装样、称重、样品脱气、将脱气后的样品转移到分析口等操作。

(4)安装杜瓦瓶　包括冷阱杜瓦瓶和分析口杜瓦瓶的安装。

(5)样品分析　确认参数设置无误后,单击开始进行分析。

(6)数据处理及结果分析　输出分析结果列表文件,输出分析结果等温吸附和脱附线数据,产生分析结果的重叠曲线等。

3.16.3　气体吸附比表面积测试仪的维护和保养

(1)避免频繁开、关机,宜长期开机运行。

(2)定期检查真空泵油是否洁净,油液面保持在正常范围。

(3)定期检查气体钢瓶压力,出口压力应在 0.1 MPa 左右。

(4)使用液氮时应小心操作,避免发生伤害事故。

(5)装样、安装和清洗样品管时要小心,避免样品管破损。样品管采用清水和超声波清洗器清洗,并烘干备用。

(6)定期清洗冷阱管和杜瓦瓶内部,并晾干。

(7)如使用过程中出现异常情况,首先复制和保留出现的错误提示信息,同时暂停测试,及时联系仪器管理人员寻求指导。

3.17 透射电子显微镜

透射电子显微镜(transmission electron microscope,TEM,简称透射电镜)是最早发展起来的一种电子显微镜。由于它具有分辨率高,能够做电子衍射等特点,至今仍然是应用得最广泛的一种电镜。现代高性能的透射电镜兼有扫描电镜、扫描透射电镜和微区成分分析等功能,更扩大了它的适用范围。广泛应用于组织、细胞、生理病理样品、病毒、细菌等动植物体内材料及部分化工材料的内部形态超微结构研究,并可进行元素分析和图像分析。可对纳米材料样品、生物组织的亚显微结构进行三维重构。

3.17.1 透射电子显微镜的工作原理

透射电镜的基本构造如图3-29所示。以高速运动的电子束为"光源",电磁透镜进行电子聚焦,利用的是带电粒子与磁场间的相互作用。透射电镜的工作原理是:由电子枪发射出来的电子束,在真空通道中沿着镜体光轴穿越聚光镜,电子束被会聚成一束尖细、明亮而又均匀的光斑,照射在样品室内的样品上;透过样品后的电子束携带有样品内部的结构信息,样品内致密处透过的电子量少,稀疏处透过的电子量多;经过物镜的会聚调焦和初级放大后,电子束进入下级的中间镜和第1、第2投影镜进行综合放大成像,最终被放大了的电子影像投射在观察室内的荧光屏板上;荧光屏将电子影像转化为可见光影像以供使用者观察。

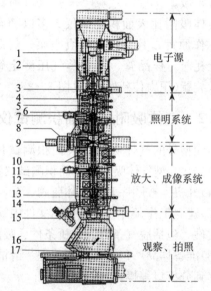

图3-29 透射电子显微镜基本构造

1. 电子枪 2. 加速管 3. 阳极室隔离阀 4. 第一聚光镜
5. 第二聚光镜 6. 聚光后处理装置 7. 聚光镜光阑
8. 测角台 9. 样品杆 10. 物镜 11. 选区光阑
12. 中间镜 13. 第1投影镜 14. 第2投影镜
15. 光学显微镜 16. 小荧光屏 17. 大荧光屏

3.17.2 透射电子显微镜的结构

透射电镜的结构包括主体部分和辅助系统两大部分。主体部分包括电子枪、照明系统、成像系统和记录系统等;辅助系统包括真空系统(机械泵、离子泵等)、电路系统(变压器、调整控制器)、水冷系统等。以下介绍主体部分。

(1)电子枪 电子枪的功能是产生高速电子,电子枪有多种类型。以热阴极电子枪为例,它由处于负高压(或称加速电压)的阴极、栅极(电位比灯丝还要低几百到几千伏,数值可调)和处于0电位的阳极组成,加热灯丝发射电子束,并在阳极加电压使电子加速,经加速而具有高能量的电子从阳极板的孔中射出,电子束能量与加速电压有关,栅极则起到控制电子束形状的作用。在阳极加速电压①的作用下，经过聚光镜(2~3 个电磁透镜)会聚为电子束照射到样品上。由于电子的穿透能力很弱(比 X 射线弱得多)，进行透射电子显微镜检测的样品必须很薄，一般在 100 nm 左右(甚至更低)。此外，整个主体部分必须保持在理想的真空状态②。

(2)照明系统　在透射电子显微镜的观测过程中，需要亮度高、相干性好的照明电子束。而电子枪发射出来的电子束有一定的发散角，因此，还要用两个电磁透镜进一步会聚，以提供束斑尺寸不同、近似平行的照明束。一般都采用双聚光系统，聚光镜用于会聚电子枪射出的电子束，以求尽可能小地损失照明样品，调节照明强度、孔径半角和束斑大小。

(3)放大、成像系统　成像系统包括样品室、物镜、中间镜、反差光阑、衍射光阑、投影镜以及其他电子光学部件。由于穿过样品的电子携带了样品本身的结构信息，成像系统将穿过试样的电子束在透镜后成像或成衍射花样，并经过物镜、中间镜和投影镜接力放大，最终以图像或衍射像的形式显示于荧光屏上。样品室有一套机关设置，以保证样品经常更换时不破坏主机的真空。实验操作时，样品可在 X 轴、Y 轴二维方向移动，以便找到所要观察的位置。

(4)记录系统　记录系统包括观察室和照相室，为方便前期观察，高性能透射电子显微镜除了配有荧光屏外，还配有用于聚焦的小荧光屏和放大 5~10 倍的光学放大镜。荧光屏的分辨率为 50~70 μm，因此在观察细微结构时要有足够高的放大率，以使荧光屏能分辨并为人眼所见。例如，如需要观察 0.5 nm 的颗粒就需要 10 万倍的电子光学放大，再加 10 倍的光学放大即可。

3.17.3　透射电子显微镜的操作方法

虽然不同型号仪器的具体操作过程可能不同，但基本操作流程大致相同。以 Thermo Fisher 生产的 Talos L120C 型透射电子显微镜为例介绍仪器的操作方法。

(1)开机　按照仪器手册要求开启机柜和计算机。

(2)进样　在透射电子显微镜正常工作状态下，通过样品杆将载有样品的铜网送至电镜，待样品室抽真空完毕。

(3)打开阀门　在计算机屏幕上单击"Set up"打开软件，打开阀门即可开始观察样品。

(4)调 Z 轴　在倍率 M1250× 时，按一下左面板"L1"，再轻轻按住右面板"Z axis(−)"按钮直至图像左右摆动幅度最小，再按一下"L1"停止摆动。

(5)加光阑　单击"Alighments‐Apertures"插入光阑。

(6)观察和调焦　通过右面板摇杆来移动样品寻找合适视野，调节右面板的"Magnification"放大倍率旋钮、"Focus"调焦旋钮，左面板的"Intensity"光强旋钮将视野调至最佳。"Focus"调焦旋钮为上下组合按钮，上面小旋钮调节焦距使视野清晰，下面大旋钮为"Focus step"，控制小旋钮的调节精度，1~5 级从微调至粗调(不可大于 5)。"Intensity"调节

---

① 　生物样品多采用 80~100 kV，金属、陶瓷等多采用 120 kV、200 kV、300 kV，超高压电镜则高达1 000~3 000 kV。

② 　镜筒的真空度至少在 $1.33×10^{-3}$ Pa 以下，如果真空度不理想，可产生多种副作用，如电子与空气中气体分子之间的碰撞可引起散射而影响衬度，还会使电子栅极与阳极间高压电离导致极间放电，从而影响电子枪的寿命，残余的气体还会腐蚀灯丝，污染样品。

"Screen current"为 1~2 nA。可单击"Search – Stage – Add"记住兴趣位点。单击"Insert Screen"抬起荧光屏。

(7)预览照片 在计算机右屏幕的 Velox 软件中，单击"Camera View"预览照片，继续用"Focus"调节旋钮调清晰视野，微移样品位置。

(8)拍照 单击"Acquire Camera Image"获取照片。在照片处单击鼠标右键，选择"Export"，确认目标路径并保存照片。之后继续观察照片。单击"Insert Screen"放下荧光屏。

(9)小换样 一次测试可装 3 个铜网，看完一个换下一个铜网称为小换样。单击"Alignments – Apertures – Objective"，退出光阑，调节倍率"M1250×"，光铺满屏幕，荧光屏处于放下状态，单击"Search – Stage – Holder"，使 X、Y、Z 复位。轻轻逆时针旋转样品杆至刻度 1-00，则为第 2 个铜网，重复上述观察样品的步骤。轻轻逆时针旋转样品杆至刻度 2-00，则为第 3 个铜网，切不可用大力，不可转过头，看完样品则需要重新进样。

(10)关机 观察完毕，将倍率调至"M1025×"，光铺满屏幕，荧光屏处于放下状态，单击"Col Valve Closed"，先关闭阀门，再关闭计算机显示器。取出样品。

3.18 扫描电子显微镜

扫描电子显微镜(scanning electron microscope，SEM，简称扫描电镜)是一种介于透射电子显微镜和光学显微镜之间的一种观察手段。其利用聚焦很窄的高能电子束来扫描样品，通过光束与物质间的相互作用，激发各种物理信息，对这些信息收集、放大、再成像以达到对物质微观形貌表征的目的。扫描电子显微镜和其他分析仪器相结合，可以在观察微观形貌的同时进行物质微区成分分析。另外具有可测样品种类丰富，几乎不损伤和污染原始样品以及可同时获得形貌、结构、成分和结晶学信息等优点。

3.18.1 扫描电子显微镜的结构

扫描电子显微镜的基本构造如图 3-30 所示。主要包括以下几个部分：

(1)镜筒 镜筒包括电子枪、聚光镜、物镜及扫描系统。其作用是产生很细的电子束(直径约几纳米)，并且使该电子束在样品表面扫描，同时激发出各种信号。

(2)电子信号的收集与处理系统 在样品室中，扫描电子束与样品发生相互作用后产生多种信号，其中最主要的是二次电子，它是被入射电子所激发出来的样品原子中的外层电子，产生于样品表面以下几纳米至几十纳米的区域，其产生率主要取决于样品的形貌和成分。通常所说的扫描电镜像指的就是二次电子像，它是研究样品表面形貌的最有用的电子信号。检测二次电子的检测器的探头是一个闪烁体，当电子打到闪烁体上时，就在其中产生光，这种光被光导管传送到光电倍增管，光信号即被转变成电流信号，再经前置放大及视频放大，电流信号转变成电压信号，最后被送到显像管的栅极。

(3)电子信号的显示与记录系统 扫描电镜的图像显示在显像管上，并由照相机拍照记录。

(4)真空系统及电源系统 扫描电镜的真空系统由机械泵与油扩散泵组成，其作用是使镜筒内达到 $1.33×10^{-2}~1.33×10^{-3}$ Pa 的真空度；电源系统供给各部件所需的特定的电源。

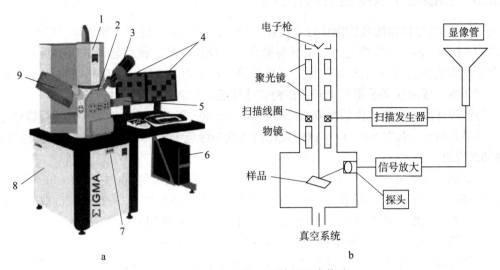

图 3-30　扫描电子显微镜的基本构造

a. 外观构成　b. 主体结构

1. 镜筒　2. 样品室　3. EDS 探测器　4. 监控器　5. EBS 探测器
6. 计算机主机　7. 开机/待机/关机按钮　8. 底座　9. WDS 探测器

3.18.2　扫描电子显微镜的工作原理

　　扫描电镜主要利用二次电子观察样品形貌。电子枪发射出来的电子束，经 3 个电磁透镜聚焦后，形成直径为几纳米的电子束。末级透镜上部的扫描线圈能使电子束在试样表面上做光栅状扫描。试样在电子束作用下，激发出各种信号，信号的强度取决于试样表面的形貌、受激区域的成分和晶体取向。

　　设在试样附近的探测器把激发出的电子信号接收下来，经信号处理放大系统后，输送到显像管栅极以调制显像管的亮度。由于显像管中的电子束和镜筒中的电子束是同步扫描的，显像管上各点的亮度是由试样上各点激发出的电子信号强度来调制的，即由试样表面上任一点所收集来的信号强度与显像管屏上相应点亮度之间是一一对应的。因此，试样各点状态不同，显像管各点相应的亮度也必不同，由此得到的像一定是试样状态的反映。放置在试样斜上方的波谱仪和能谱仪用来收集 X 射线，借以实现 X 射线微区成分分析。入射电子束在试样表面上是逐点扫描的，像是逐点记录的，因此试样各点所激发出来的各种信号都可选录出来，并可同时在相邻的几个显像管上显示出来，这给试样综合分析带来极大的方便。

　　扫描电镜成像衬度特点：二次电子的像衬度与试样表面的几何状态有关，二次电子的探测具有无影效应背散射电子特点。背散射电子是指入射电子与试样相互作用(弹性和非弹性散射)之后，再次逸出试样表面的高能电子，其能量接近于入射电子能量(E)。背散射电子的产额随试样原子序数的增大而增加。所以，背散射电子信号的强度与试样的化学组成有关，即与组成试样的各元素的平均原子序数有关。分辨率不如二次电子像，有较强的阴影效应，图像有浮雕感。

3.18.3　扫描电子显微镜的操作方法

虽然不同型号仪器的具体操作过程可能不同，但基本操作流程大致相同。以 Zeiss 生产的 EVO MA 15 钨灯丝扫描电子显微镜为例介绍其操作步骤。该仪器的分辨率为 3.0 nm@30 kV、放大倍数为(5～1 000 000)×，试样的最大尺寸为 145 mm(高度)×250 mm(直径)。

(1)开机　按照仪器手册要求开启机柜和计算机，并装入样品，抽真空。

(2)选择样品　在侧工作栏中双击"Stage Navigation Bar"，双击样品号找到目标样品。

(3)寻找目标　按"Ctrl+Tab"键使鼠标箭头变为绿色十字，单击目标位点，目标位点随之移动到视野中央。

(4)聚焦　调节键盘上"Magnification"旋钮至所需要的放大倍数，按下"Reduced"键，出现聚焦小框后，单击"2"，调节"Focus"旋钮至样品清晰，再次按下"Reduced"键取消小框。

(5)反差和亮度　调节键盘上"Contrast"和"Brightness"旋钮至图像反差和亮度合适。

(6)冻结　单击"4"，待照片右下角点出现红点，扫描结束。

(7)保存照片　单击鼠标右键取消十字，按鼠标中键，单击"Send to"，单击"Tiff File"，设置文件名称，单击"Save"保存照片。

(8)关机　测试完毕，单击右下角"All"，选择"Shutdown Gun"关闭高压。

思考题

1. 简述使用电子天平的注意事项。

2. 使用酸度计测量溶液的 pH 时为什么要进行"定位"和"斜率"校正？使用 pH 电极的注意事项有哪些？

3. 简述数显型折射仪的测量原理。

4. 什么是朗伯-比尔定律？它的应用条件是什么？哪些仪器是利用该定律设计生产的？

5. 从结构上讲，分光光度计一般都由哪几部分组成？各部分有何作用？

6. 简述气相色谱仪各主要组成部分的作用。常用气相色谱仪的检测器有哪些？各有何特点？

7. 液相色谱仪通常包括哪些主要组成部分？液相色谱仪可以用于分离分析哪些化合物？

8. X 射线衍射仪可测定物质的哪些性质？

9. 简述核磁共振仪的工作原理及其在有机化合物分析中的应用。

10. 简述透射电镜和扫描电镜的工作原理，通过它们的表征可获得物质的哪些性质？

4 化学实验的基本操作技能

【概述】

　　化学是一门中心科学，也是一门基础科学。学习并掌握化学实验的基本操作技能，是正确进行一切科学实验的基础。没有严格、规范的基本操作技能训练和良好、科学的实验素养，就无法进行一切科学实验。因此必须系统、全面地学习和掌握化学实验的基本操作技能。本章重点介绍化学实验的基本操作技能，并使之系统化、规范化、标准化，以便学生在教师的指导下，结合后续各章节实验内容进行严格的操作训练，提高实验素养，培养动手能力、实践能力和独立工作能力。

4.1　玻璃仪器的使用

4.1.1　玻璃仪器的洗涤

　　化学实验中经常使用各种玻璃仪器，如果玻璃仪器不洁净，往往由于污物或杂质的影响而得不到正确的结果，因此玻璃仪器的洗涤是化学实验中的一项重要内容。玻璃仪器的洗涤方法很多，应根据实验要求、污物的性质和沾污的程度选择合适的洗涤方法。

　　(1)用水洗刷　对于水溶性的污物，一般直接用水冲洗玻璃仪器，冲洗不掉时，可用合适的毛刷刷洗，再用水冲洗干净。

　　(2)用肥皂液或合成洗涤剂刷洗　对于油污和有机污物，可用毛刷蘸取肥皂液或合成洗涤剂刷洗，再用水冲洗干净，如污物仍不能除去，可用热碱液浸泡。

　　(3)用合成洗涤剂荡洗　对因口小、管细而不便用毛刷刷洗或因刻度精确、形状特殊而不能用毛刷刷洗的玻璃仪器，可往仪器内倒入少量稀的合成洗涤剂，摇荡几分钟后，将洗涤剂倒出，再用水冲洗干净。

　　(4)用特殊洗液洗涤　有些污物需根据其化学性质，用特殊洗液洗涤。对氧化性污物，用还原性洗液洗涤；而对还原性污物，则用氧化性洗液洗涤。例如，二氧化锰可用草酸溶液洗去，银镜可用浓硝酸洗去。对有机污物，也可用合适的有机溶剂洗去，例如，松香可用乙酸乙酯洗去，油漆可用松节油洗去。洗液用后应倒回原瓶，可反复使用，直至失效，再回收处理，千万不能倒入水槽，以免腐蚀下水道。

　　洗净的玻璃仪器应清洁透明，水沿内壁自然流下，均匀湿润而不挂水珠。已洗净的玻璃仪器，内壁不能用布或纸擦拭，否则布或纸上的纤维及污物会留在壁上反而沾污仪器。在定性和定量分析实验中，准确性要求较高，玻璃仪器的常规洗涤方法为先用洗涤剂(或特殊洗液)浸泡或刷洗，然后用流动的自来水冲洗干净，再用蒸馏水或去离子水荡洗2~3次；有的场合还需用盛装的溶液润洗3次。

4.1.2　玻璃仪器的干燥

玻璃仪器在每次实验完成后要求洗净、干燥备用。不同实验对玻璃仪器的干燥程度要求不同。一般定量分析用的烧杯、锥形瓶等洗净后即可使用，而用于有机分析或合成的玻璃仪器常常要求干燥，有的要求无水，有的可以允许微量水，应根据不同要求来干燥仪器。主要采用以下方法进行干燥。但必须注意，为保证计量精度，带有刻度的计量容器不能用加热法干燥。

(1)晾干　对不急用的仪器或带刻度的计量容器，可将其倒置在干净的格栅板或干燥架上晾干。

(2)烘干和烤干　将仪器内的水倒出后，放进 $105 \sim 120$ ℃电烘箱内[①]烘干(图 4-1)，也可放在红外灯干燥箱中烘干。称量用的称量瓶等在烘干后要放在干燥器中冷却和保存。厚壁玻璃仪器烘干时要注意使烘箱温度慢慢上升，不能直接置于高温烘箱内，以免炸裂；带有刻度的玻璃量器不可放在烘箱中烘干；沾有有机溶剂的玻璃仪器不能用电烘箱干燥，以免发生爆炸。烧杯、锥形瓶等可置于石棉网上用低热烤干，试管则可以在电炉上直接低热烤干。烤干试管时必须使试管口向下倾斜，如图 4-2 所示，以免水珠倒流，使试管炸裂。热量不能集中在一个部位，应先从底部开始加热，慢慢移至管口，反复数次，直至不见水珠后，将试管口向上，以赶尽水汽。

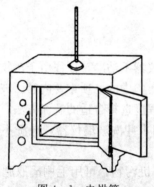
图 4-1　电烘箱

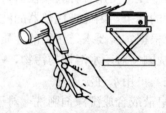
图 4-2　烤干试管

(3)热(冷)风吹干　对于急于干燥的或不适于放入烘箱的玻璃仪器可采用吹干的方法干燥。将仪器内的水倒出后擦干外壁，然后用电吹风筒的热风将仪器内残留的水分赶出；用冷风可吹干计量容器。

(4)用有机溶剂干燥　将仪器内的水倒干后，加入少量有机溶剂，通常是乙醇、丙酮或乙醚，慢慢转动仪器，将玻璃仪器荡洗，使残留水分与其混合，然后倒出并回收荡洗剂，仪器即迅速干燥。也可用电吹风吹，开始用冷风吹，当大部分溶剂挥发后用热风吹至完全干燥，再用冷风吹去残余的蒸气，使其不再冷凝在容器内。此法要求通风良好、不可有明火，以防中毒和有机溶剂蒸气燃烧爆炸。

4.1.3　玻璃仪器的组装和拆卸

在化学实验室中，大多使用标准磨口的玻璃仪器，因此组装玻璃仪器装置非常方便。组

---

①　被烘干的仪器口应朝上，以免水珠滴入箱底损坏电热丝。

装顺序必须遵循"由下往上"和"从左到右"的原则。具体的操作过程：首先准备好所需的铁架台和铁夹，并检查所有的磨口应接合良好，即磨口连接处要连接紧密；其次选定热源——酒精灯、远红外加热炉或电热套；依据热源的高度确定反应容器的位置，以此为基准，依次安装蒸馏瓶、分馏柱、蒸馏头、冷凝管、尾接管和接收装置等；最后安装好温度计，连接冷却水管。所用玻璃仪器要用烧瓶夹和万能夹固定在铁架台上，冷却水管、夹子最好放置在实验装置后面，夹子夹紧时尽量使各处不产生应力。组装好的实验装置从正面看，反应容器、分馏柱与实验台面垂直；从侧面看，所有仪器应处在同一平面上，做到横平竖直。

拆卸仪器装置时，首先移走接收瓶和热源，然后移走温度计等其他仪器，即按照与安装顺序相反的方向逐个拆除仪器。

4.2　加热和制冷

4.2.1　加热器具及其使用

酒精灯、酒精喷灯和煤气灯曾经是化学实验和玻璃加工中最常用的加热器具，但这种明火加热方式在应用中具有较多的不安全因素，而且目前有多种电加热器可满足不同的加热需要。本节重点介绍基础化学实验室中常用的几种电加热设备(图4-3)，包括普通电阻丝电炉、红外加热炉、电热套、管式炉、马弗炉和烘箱(图4-1)。

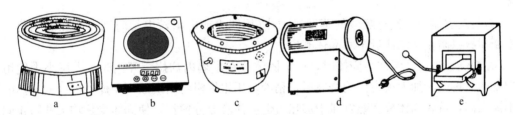

图4-3　常用的电加热器

a. 电炉　b. 红外加热炉　c. 电热套　d. 管式炉　e. 马弗炉

使用电炉时，要垫上一块石棉网，以保证容器受热均匀。使用红外加热炉则可将容器直接置于面板上，可加热有机溶剂。电热套能扩大容器的受热面积，并且电热丝已用绝缘的玻璃纤维包裹，能保证容器受热均匀，也可用于加热易燃的有机物。用管式炉加热时，被加热物应放在瓷管或石英管中，管式炉能加热到1 000℃左右。马弗炉是用电热丝或硅碳棒加热的密封炉，炉膛用耐高温材料制成，呈长方体，一般电热丝马弗炉使用的最高温度为950 ℃，硅碳棒马弗炉使用的最高温度为1 300 ℃。炉内温度用热电偶和毫伏表组成的高温计测量，并用温度控制器控制加热温度。当炉温升到所需温度时，控制器就切断电源停止加热；而当炉温降到低于控制温度时，控制器又将电源接通重新加热。用马弗炉加热时，被加热物必须放在能耐高温的容器(如坩埚)中，不能直接放在炉膛上，并且不能超过最高允许温度。马弗炉可用于样品的灰化，以测定样品灰分。烘箱可用于400 ℃以下的固体和液体加热，被加热物质要放在合适的容器中。

4.2.2　加热方法

实验室中常用于加热的容器有试管、烧杯、烧瓶、蒸发皿和坩埚等。这些容器都能承受一定的温度，但不能骤热骤冷，因此加热前必须将容器外面的水擦干，加热后不能立即与潮湿的或冷的物体接触。

(1)加热试管中的试剂　当加热试管中的液体时，液体的体积不应超过试管容积的1/2，试管夹夹在试管的中上部，斜持试管，使管口向上(图4-4a)，注意管口不能对着人，以免管中液体溅出时把人烫伤。先加热液体的中上部，再慢慢往下移动，随后不停地上下移动试管，使液体各部分受热均匀。不能集中加热某一部位，否则会使液体局部骤热沸腾而冲出管外。

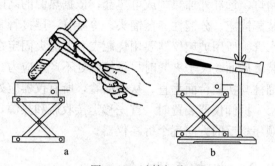

图4-4　试管加热
a. 加热试管中的液体　b. 加热试管中的固体

当加热试管中的固体时，固体的量不应超过试管容积的1/3；块状或粒状固体，一般应先研细。常用铁夹固定，使管口稍微向下倾斜(图4-4b)，以免凝结在试管内的水珠回流至灼热的管底，使试管骤冷而炸裂。先来回将试管预热，然后集中加热。

(2)加热烧杯、烧瓶中的液体　用普通电炉或红外加热炉加热烧杯、烧瓶中的液体时，液体的量不应超过容器容积的1/2，需放在石棉网上，还应不断搅拌或放入几粒沸石以防止暴沸。

(3)蒸发浓缩　将盛有溶液的蒸发皿加热(用明火或电阻丝电炉时则应放在泥三角上)，并不断搅拌以防止暴沸或近干时晶体溅出。

(4)灼烧　当需高温加热固体时，可把固体放在坩埚内灼烧。开始时，先用小火使坩埚均匀受热，再逐渐加大火力。灼烧完后，稍冷，用坩埚钳将坩埚放入干燥器内。如加热的温度不需太高，可将固体放在蒸发皿中加热，但应注意充分搅拌，使固体受热均匀并防止固体溅出。

(5)水浴加热　当要求被加热物受热均匀且又低于100 ℃时，可用水浴加热。水浴加热常在水浴锅中进行。锅中加水后，置于电炉上加热，受热器皿悬置于水中(不可触及锅底或锅壁)。有时为了方便，也用规格较大的烧杯代替水浴锅。现在有更方便的数显恒温水浴锅。

(6)油浴加热　当要求被加热物受热均匀，且高于100 ℃时，可用油浴加热。油浴加热常在油浴锅中进行。油浴锅用生铁铸成，也可用规格较大的烧杯代替，也有集热式恒温油浴锅。油浴适用于100~250 ℃的加热。常用的油浴如下：

① 甘油：可加热到140~150 ℃，温度过高会分解。

② 植物油：如菜油、蓖麻油、花生油等，可加热到220 ℃左右，温度过高会分解，常加入质量分数为1%的对苯二酚等抗氧化剂，便于久用。

③ 石蜡：可加热到200 ℃左右，冷却到室温后又成为固体，便于保存。

④ 液体石蜡：可加热到200 ℃左右，温度稍高也不分解。

⑤ 硅油：可加热到250 ℃左右，透明度高，但较昂贵。

⚠注意：使用油浴加热要特别注意防止着火，因为油达到闪点时可能燃烧，所以当油加热到冒烟时，要立即停止加热；万一油浴着火，要立即撤除热源，并用石棉布、灭火毯等将火盖灭，切勿用水浇。

（7）沙浴加热　沙浴加热常在沙浴盘中进行，沙浴盘通常用生铁铸成，盘中盛均匀细沙，受热器皿下部埋入沙中，但不能触及盘底或盘壁，如图4-5所示。如要测量温度，可将温度计插入靠近受热器皿的沙中，其末端与器皿底部大致相平。沙浴特别适用于220 ℃以上的加热，但沙浴传热慢，温度上升慢，且不易控制。

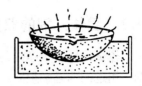

图4-5　沙浴加热

4.2.3　制冷方法

在化学实验中，有些反应或某种分离、提纯需要在较低温度下进行，可根据不同要求选用合适的制冷方法。

（1）自然冷却　热的物质可放置在空气中，让其自然冷却至室温。

（2）流水冷却和吹风冷却　当需要快速冷却时，可将盛有热物质的器皿放在冷水流中冲淋或用电吹风筒吹冷风冷却。

（3）回流冷凝　许多有机反应需要使反应物在较长时间内保持沸腾才能完成，为了防止反应物以蒸气逸出，常用回流冷凝装置（通常用球形冷凝管，以增大冷却面积）使蒸气不断地在冷凝管内冷凝成液体返回反应器中。为了防止空气中的湿气进入反应器或为了吸收反应中放出的有害气体，可在冷凝管上口连接装有 $CaCl_2$ 的干燥管或气体吸收装置，如图4-6所示。为了使冷凝管的外管充满水，应让冷却水从下口进入、上口流出，水流速度以能保持蒸气充分冷凝即可。同时也要控制加热火力，使蒸气上升到冷凝管高度的1/3左右为宜。

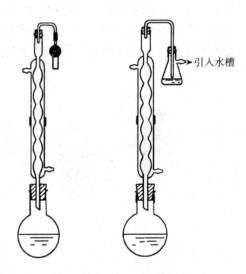

引入水槽

图4-6　回流冷凝装置

（4）冷冻剂冷却　要使溶液的温度低于室温，可用冷冻剂冷却。最简单的冷冻剂是冰盐混合物，如100 g碎冰和35 g NH_4Cl 混合，温度可降至-15 ℃；100 g碎冰和50 g $NaNO_3$ 混合，温度可降至-18 ℃；100 g碎冰和33 g NaCl混合，温度可降至-21 ℃；100 g碎冰和100 g $CaCl_2 \cdot 6H_2O$ 混合，温度可降至-29 ℃。更冷的冷冻剂是干冰（固体 CO_2）与乙醇或丙酮混合，温度可降至-77 ℃；液氮甚至能使温度降至-190 ℃。

⚠注意：当使用冷冻剂（尤其是低温冷冻剂）时，切勿触及皮肤，以防冻伤。当温度低于-38 ℃时，不能用水银温度计，而要用内装有机液体（如烃类化合物）的低温温度计。

4.3　试剂的取用

分装试剂时，一般将固体试剂装在广口瓶中，液体试剂装在细口瓶或滴瓶中，见光易分解的试剂（如 $AgNO_3$、$KMnO_4$ 等）则装在棕色瓶中。每一试剂瓶上都应贴有标签，标明试剂的名称、规格（或浓度）以及日期。实验时，根据需要规范取用各种试剂。

4.3.1　固体试剂的取用

固体试剂要用干净的药匙取用，药匙的两端分别为大小两个匙，分别用来取较多和少量试剂。用过的药匙必须立即洗净擦干，多取的试剂不能倒回原瓶，可放在指定容器中供他人使用。取出试剂后，应立即盖紧瓶塞，并将试剂瓶放回原处。

往试管（特别是湿试管）中加入固体粉末时，可用小匙小心地将试剂送入试管底部，避免试剂粘在管壁，如图 4-7 所示，然后将试管直立起来，让药品全部落到底部。有些块状物质可用镊子夹取。

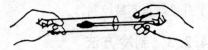

图 4-7　用药匙往试管里送入固体试剂

4.3.2　液体试剂的取用

（1）从细口瓶中取用液体试剂　把瓶塞倒放在台面上（如果瓶塞倒放不稳，可用食指和中指将瓶塞夹住），将试剂瓶贴有标签的一面朝向手心，拿起瓶子，如图 4-8a 所示，逐渐倾斜，使瓶口靠住容器壁或玻璃棒，将试剂缓慢倒入容器中，如图 4-8b、c 所示。然后慢慢将瓶子竖起并把瓶口剩余的一滴试剂靠入容器内，避免其流到瓶的外壁。多取的试剂绝对不能倒回原瓶，可放在指定容器中供他人使用。

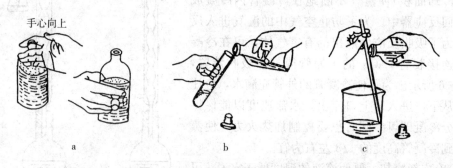

手心向上

a　　　　　　　b　　　　　　　c

图 4-8　从细口瓶中取用液体试剂

（2）从滴瓶中取用液体试剂　从滴瓶中取用液体试剂时，只能用滴瓶上的滴管，而不能用其他滴管。先用拇指和食指将滴管提起，使管口离开液面，然后捏紧橡皮头，赶出滴管中的空气，再把滴管插回试剂中，放松橡皮头，吸入试剂，再取出滴管，滴加试剂（如果最初提起滴管时滴管中已有试剂，则可直接取出滴管，滴加试剂）。滴加试剂时，不能把滴管插入试管等容器内，而要离开该容器 1 cm 左右，如图 4-9 所示，以免因接触容器沾污滴管而污染试剂。滴加完后，要立即将滴管放回原滴瓶中，不能放在台面上。另外，滴管的管口不能向上，以免试剂倒流到橡皮头中，腐蚀橡皮头，并污染试剂。一旦试剂被污染，就不能继续使用，应将试剂全部倒出，彻底洗净滴瓶和滴管后，再装进新的试剂。

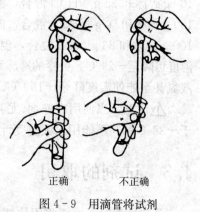

正确　　　　不正确

图 4-9　用滴管将试剂加入试管中

滴瓶按一定次序放在试剂架上。使用时，一般不应将滴瓶取下，以免放乱。

4.4 气体的发生、净化、干燥和收集

4.4.1 气体的发生

实验室中需要气体时，常用启普发生器或气体发生装置来制取。

启普发生器是由一个球形漏斗插到一个葫芦状的玻璃容器中组成的(图4-10)。上下连通并放入酸液，固体试剂则放在中间的球体中，为防止固体落入下部半球体，应在中间球体下面垫一些玻璃毛。向启普发生器内加入试剂的方法是：先将中间球体上部带导气管的塞子拔下，由开口处加入固体试剂，再将塞子塞上，并打开导气管上的活塞，将酸液由球形漏斗加到下部半球体内，当酸液将要与固体试剂接触时即关闭活塞。球形漏斗中还应留一些酸液，但不能太多，以免反应产生的气体量太多而把酸液从球形漏斗上口压出。需要气体时，打开导气管上的活塞，酸液便从下部半球体进入中间球体，并与固体试剂反应，放出气体。不需要气体时，关闭活塞，中间球体内继续产生的气体则把部分酸液压回球形漏斗，使其不再与固体试剂接触而终止反应。因此，启普发生器在加入足够量的试剂后，能反复使用多次，而且也易于控制。启普发生器适用于制取 H_2、CO_2、H_2S 等气体，但启普发生器不能加热。

启普发生器使用一段时间后，由于试剂的消耗，需要更换酸液和添加固体。更换酸液时，打开下部半球体侧口上的塞子，倒掉废酸液；然后塞好塞子，再从球形漏斗中加入新的酸液。添加固体则可在酸液与固体不接触的情况下，用一胶塞将球形漏斗塞住，按前述方法由中间球体开口处加入。加入的固体试剂必须呈块状。

气体发生装置由一个滴液漏斗插到一个蒸馏瓶中组成(图4-11)。固体试剂(可以是小颗粒或粉末)置于蒸馏瓶中，酸液放在滴液漏斗中。需要气体时，打开滴液漏斗上的活塞，使酸液滴下与固体试剂反应便产生气体。不需要气体时，关闭活塞即可。气体发生装置适用于制取 Cl_2、HCl、SO_2 等气体。若反应缓慢可加热。

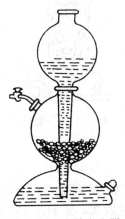
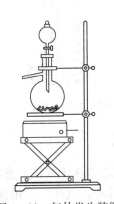

图4-10 启普发生器　　图4-11 气体发生装置

如只需制取少量气体，可用试管反应(图4-12)。此装置也可加热，但不能控制反应。

此外，还可以用加热分解固体的方法来制取气体，如加热分解 $KClO_3$ 制取氧气，如图4-13所示。

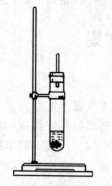
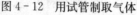

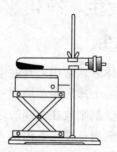

图 4-12　用试管制取气体　　　图 4-13　加热分解固体制取气体

4.4.2　气体的净化和干燥

　　上述方法制取的气体，常常混有酸雾、水汽和其他杂质，通常需要对气体进行净化和干燥。所用的吸收剂、干燥剂应根据气体的性质及气体中所含杂质的种类进行选择。通常酸雾可用 H_2O 除去；水汽可用浓 H_2SO_4 或无水 $CaCl_2$ 除去；其他杂质也应根据具体情况分别处理。例如，由 Zn 和 H_2SO_4 反应产生的 H_2，常含有少量 H_2S 和 H_3As 气体，可用 $KMnO_4$ 溶液和 $Pb(Ac)_2$ 溶液除去。

　　气体的净化和干燥通常在洗气瓶(图 4-14)和干燥塔(图 4-15)中进行。液体处理剂(如 H_2O、浓 H_2SO_4 等)盛于洗气瓶中，固体处理剂(如无水 $CaCl_2$、碱石灰等)置于干燥塔内。

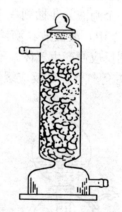

图 4-14　洗气瓶　　　　　　图 4-15　干燥塔

4.4.3　气体的收集

　　气体的收集方法主要取决于气体的密度及其在水中的溶解度，有以下几种：

　　(1)在水中溶解度很小的气体　可用排水集气法收集，如 H_2、O_2 等(图 4-16a)。

　　(2)易溶于水但密度小于空气的气体　可用瓶口向下的排气集气法收集，如 NH_3 等(图 4-16b)。

　　(3)易溶于水但密度大于空气的气体　可用瓶口向上的排气集气法收集，如 Cl_2、CO_2 等(图 4-16c)。

收集气体时，可借助真空系统先将容器抽空，再装入所需的气体。

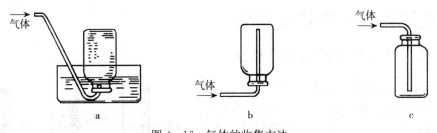

图 4-16 气体的收集方法
a. 排水集气法 b. 瓶口向下的排气集气法 c. 瓶口向上的排气集气法

4.5 称量

化学实验中常常要进行称量，配制溶液、投料反应、样品分析等都离不开称量，称量时使用的仪器是天平。称量方法有直接称量法、差减称量法和减量法，目前已普及电子天平（见 3.2.2），故本节以电子天平为例介绍称量的方法。

4.5.1 直接称量法

有些固体试样没有吸湿性，在空气中性质稳定，可用直接称量法称量。称量时，首先将称量容器（如表面皿或小烧杯）或称量纸放在天平托盘上，关上天平门，待显示平衡后，按去皮键（或清零键）（TARE 键）扣除皮重并显示零点。然后打开天平门，将试样放在容器中或称量纸上，天平再次平衡后显示屏上的读数即为试样的质量。如要求称取某一指定质量的试样，用药匙慢慢将试样加入已清零的容器或称量纸上，并观察屏幕。当达到所需质量时停止加样，关上天平门，数值稳定后（屏幕上出现单位"g"），即可记录所称取试样的净重。

4.5.2 减量法

有些试样易吸水、易氧化或易与 CO_2 反应，并且只要求称出一定的质量范围即可，不要求固定的数值，则可用减量法称量。首先在一个洁净干燥的称量瓶中装入适量试样[1]，用洁净的小纸条或塑料薄膜条套在称量瓶上[2]，将其轻轻放在天平托盘上，显示稳定后，按"TARE"键使显示为零。将称量瓶取出，在准备溶解试样的容器上方打开瓶盖，用瓶盖轻轻地敲击瓶的上部，使试样慢慢落入容器中，如图 4-17 所示。当倾出的试样接近所需质量时，慢慢地将瓶竖起，用瓶盖轻敲瓶口上部，使粘在瓶口的试样落入瓶中，盖好瓶盖。再将称量瓶放回天平托盘上称量，如果所示质量（不管"一"号）达到要求范围，即可记录称量结果。再按一下"TARE"键，又可称取第二份、第三份试样。如果未达到所需的质量范围，可再重复上述操作，直到倾出的试样质量达到要

图 4-17 将试样从称量瓶倾入容器中

---

① 如果试样曾经烘干，应放在干燥器中冷却到室温。
② 不可用手直接拿称量瓶，以免改变其质量。

求为止。若超出所需质量范围，则应重称。绝不允许将已倾入容器的试样倒回称量瓶。

4.6 液体体积的度量与滴定

4.6.1 量器简介和读数方法及校正

量器就是用来度量溶液体积的容量器皿，化学实验室中常用的量器有量筒、容量瓶、移液管、吸量管和滴定管等。它们在度量溶液时具有不同的用途和精度，应根据实验要求选用合适的量器。这类带刻度的容器，应采用相同的正确的读数方法，否则会造成系统误差。读数时，用拇指和食指拿住量器上部(大量筒、容量瓶可放于台面)使量器垂直，视线与量器内液面的弯月形最低点相

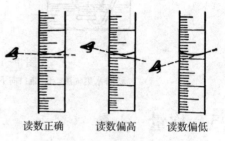

读数正确   读数偏高   读数偏低

图 4-18   量筒读数

切(偏高或偏低即俯视或仰视都会造成误差)，读出刻度，即为液体的体积，如图 4-18 所示。

度量仪器的实际容积与它所标示的往往不完全相符，我国生产的量器容积均以 20 ℃ 为标准温度标定，而使用时的温度往往很难恒定在 20 ℃，温度变化会使量器的容积发生改变。因此，在准确度要求较高的分析工作中，必须对量器进行校正，有称量校正和相对校正两种方法。

4.6.1.1 称量校正

量器的实际容积一般采用称量校正。其原理是称量量器中所容纳或所放出的水的质量，并根据该温度下水的密度计算出该量器在 20 ℃ 时的容积。由质量换算成容积时必须考虑温度对水的密度的影响、温度对玻璃量器胀缩的影响及空气浮力对称量的影响。综合考虑以上三个因素，可得到换算系数 f(附录 9)，再用式(4-1)即可算出某一温度下一定质量(m)的纯水在 20 ℃ 时所占的实际体积(V)。

$$V=fm \qquad\qquad (4-1)$$

(1)容量瓶的校正   用水洗净容量瓶，再用少量无水乙醇清洗内壁，倒挂在漏斗架上晾干。将 100 mL 容量瓶放在电子天平上，待天平平衡后，按"TARE"键去皮；加入与室温平衡的蒸馏水至刻度，用滤纸吸干瓶外及颈内壁刻度以上的水，盖好瓶塞，称其质量(准确到 0.01 g)，即为蒸馏水的质量 m。根据水温从附录 9 查出换算系数 f，就可用式(4-1)求出该容量瓶的实际容积。例如，校正 100 mL 容量瓶，在 15 ℃ 时称得所容纳的水的质量为 99.78 g，查表得 15 ℃ 时的综合换算系数为 1.002 07，由此算得该容量瓶在 20 ℃ 时的实际容积(V)为

$$V=1.002\ 07\times99.78=99.99(mL)$$

(2)移液管的校正   先将带磨口塞的小锥形瓶在天平上去皮，然后用待校正的移液管准确移取蒸馏水放入锥形瓶中，盖好塞子后再称其质量(准确到 0.01 g)，即为水的质量 m。根据水温和换算系数 f，计算出该移液管在该温度下的实际容积 V。

(3)滴定管的校正   在洁净的 50 mL 滴定管中装入蒸馏水至零刻度，然后放出一段 (10 mL)已称量的带磨口塞的锥形瓶中，称量；再放一段，再称量；直至放出 50 mL。由每段水的质量算出滴定管每段的实际容积，并算出校正值和总校正值。例如，某一滴定管的

校正结果如表4-1所示。以滴定管读数为横坐标、总校正值为纵坐标，绘制该滴定管的校正曲线。使用时，滴定管读数加上从曲线上查得的总校正值即为所用溶液的实际体积。

表4-1 某一滴定管的校正

(温度25℃，综合换算系数1.003 85)

滴定管读数	读数体积/mL	水的质量/g	实际体积/mL	校正值/mL	总校正值/mL
0.00	0.00	0.00	0.00	0.00	0.00
10.00	10.00	9.97	10.01	+0.01	+0.01
20.00	10.00	9.96	10.00	0.00	+0.01
30.00	10.00	9.95	9.99	-0.01	0.00
40.00	10.00	9.98	10.02	+0.02	+0.02
50.00	10.00	9.95	9.99	-0.01	+0.01

4.6.1.2 相对校正

有些量器(如容量瓶与移液管)在实际工作中常常是配合使用的，因此重要的是它们的相对关系的符合程度，这时可采用相对校正。以移液管和容量瓶的相对校正为例介绍校正方法。用20 mL移液管往洁净干燥的100 mL容量瓶中准确移入蒸馏水5次。观察瓶颈处水的弯月面最低点是否与刻度线相切。若相切，表明两者的容量符合；若不相切，则两者的容量不符合，需刻上新标记。经相对校正后的容量瓶与移液管便可配合使用(应贴上标签)。

4.6.2 量筒及其使用方法

量筒是量取液体的最常用的量器，有10 mL、50 mL、100 mL、500 mL、1 000 mL等数种，量筒的刻度自下而上增大，应根据实际需要选用。量取液体体积与量筒规格相差越大，准确度越小，量取已知体积的液体，应选择比已知体积稍大的量筒，否则会造成误差过大。如量取15 mL的液体，应选用容积为20 mL的量筒，不能选用容积为50 mL或100 mL的量筒。量筒不能用来配制、稀释溶液或进行化学反应；量取液体时应在室温下进行，绝不能加热或盛装热溶液，以免炸裂。

4.6.3 容量瓶及其使用方法

容量瓶是配制标准溶液或将溶液稀释到一定浓度时常用的仪器，瓶颈上有一刻度，一般表示20℃时盛装溶液的体积，常见的有10 mL、25 mL、50 mL、100 mL、250 mL、500 mL、1 000 mL等数种。

容量瓶的使用步骤如下：

(1)检查 使用容量瓶前应先检查是否漏水，方法是加入自来水至刻度附近，盖好瓶塞。一只手拿住瓶颈刻度以上部分，并用食指按住瓶塞，另一只手指尖托住瓶底边缘，如图4-19a所示，将瓶倒立2 min，如图4-19b所示。如不漏水，把塞子转180°，再倒立2 min，若仍不漏水，即可使用。(为避免打碎或调错塞子，使用前应用线将塞子系在瓶颈上)

(2)洗涤 按常规方法(参见4.1.1)将容量瓶洗涤干净，最后用蒸馏水或去离子水荡洗2～3次。

（3）配制溶液或稀释溶液　将准确称量好的试剂放入小烧杯中并用少量水溶解，然后将溶液沿玻璃棒倾入容量瓶中，如图 4-20 所示。溶液转移完后，再用少量水洗涤烧杯 3～4 次，同样倾入容量瓶中。最后往容量瓶中慢慢加水至约 3/4 容积时，将容量瓶轻轻摇动，初步混匀（注意不能倒立容量瓶），然后继续加水至接近刻度，再改用滴管逐滴加水至弯月面最低点与刻度线相切。盖上瓶塞，按上述方法将容量瓶倒立，使气泡全部上升至底部，再直立过来，使气泡全部上升至顶部，如此反复约 10 次，使溶液混匀。如稀释溶液，则可用移液管移取一定体积的浓溶液于容量瓶中，然后按上述方法加水至刻度，最后混匀。

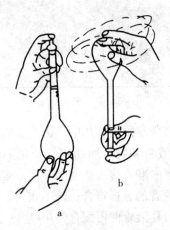

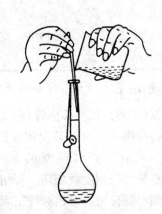

图 4-19　容量瓶的拿法　　　　图 4-20　将溶液从烧杯转移到容量瓶

⚠️注意：热溶液应冷却至室温后再转入容量瓶；容量瓶不宜长期保存溶液，如溶液需长期保存，则应转入试剂瓶中（转入前，必须用该溶液将洗净的试剂瓶再荡洗 3 次，以保证溶液浓度不变）；容量瓶用完后应立即洗净，并在瓶口与瓶塞间垫一小纸片，以防下次使用时塞子打不开。

4.6.4　移液管及其使用方法

移液管是准确移取一定体积溶液时常用的仪器。移液管有两种：一种是只有一个刻度，中间为玻璃球，在玻璃球上面标有指定温度下的体积，通常有 5 mL、10 mL、20 mL、25 mL、50 mL、100 mL 等数种，可移取整数体积的溶液，这种移液管叫单标移液管；另一种是标有分刻度的移液管，在管的上部标有指定温度下的总体积，通常有 1 mL、2 mL、5 mL、10 mL 等数种，可移取非整数体积的溶液，精确到小数点后 2 位，这种移液管叫刻度移液管，通常称为吸量管。吸量管有完全流出式和不完全流出式两种。完全流出式吸量管的刻度刻到管尖，上端最大，吸取溶液时吸到所需体积的刻度，然后全部放出。不完全流出式吸量管的刻度不刻到管尖，上端为零，吸取溶液时，从 0.00 开始，放到所需体积的刻度。

移液管的使用步骤如下：

（1）洗涤　用洗耳球将洗涤剂吸入管内，至总高度的 1/3 时，两手平持移液管并不断转动，使洗涤剂布满全管内壁，然后将洗涤剂放回原瓶，再依次用自来水、蒸馏水冲洗干净，用滤纸片将管尖内外的水吸干。

（2）用待取液润洗　移取溶液前，移液管还必须用少量待取液润洗 3 次，以防溶液浓度改变。润洗方法同上。但必须注意，溶液吸入后要立即封口，切勿使溶液回流；吸出的溶液一定要弃去，不能放回原瓶。

（3）移液　将润洗好的移液管插入溶液中（不能插得太浅，以免吸空使溶液进入洗耳球，也不能插得太深，以免吸起底部的沉渣），右手拇指与中指拿住移液管刻度线以上部位，左手拿洗耳球，先将球内空气挤出，再将洗耳球尖端插入移液管上口，慢慢放松，溶液便被吸入移液管，如图4-21a所示。当液面上升至刻度线以上时，拿开洗耳球并迅速用右手食指按住管口，将移液管提离液面，左手拿起容器并倾斜，使管尖靠在容器内壁上，然后微微松动食指，并用拇指和中指轻轻转动，使液面平稳下降，直至溶液弯月面最低点与刻度线相切。此时，立即按紧管口，使溶液不再流出，然后提起移液管，插入承接溶液的容器中，将容器倾斜，移液管垂直，使管尖紧贴在容器内壁上，松开食指让溶液自然流下，如图4-21b所示。流完后，等15 s并将移液管左右转动一下，再取出移液管。残留在管尖的溶液不可吹出，因为校准移液管体积时，不包括这部分溶液的体积。

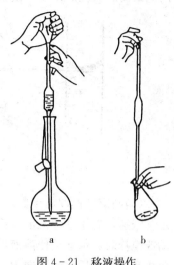

图4-21　移液操作
a. 吸取溶液　b. 放出溶液

吸量管的使用步骤同上，但有些吸量管上标有"吹"字，则在溶液全部流完后，还要将残留在管尖的溶液吹出。

4.6.5　滴定管与滴定操作

滴定管是滴定时准确度量溶液体积的仪器。常用的有25 mL和50 mL等规格，它们的最小刻度值为0.1 mL，可估读到0.01 mL。根据控制溶液流速的装置不同，滴定管可分为酸式和碱式两种，分别盛装酸性溶液和碱性溶液。随着聚四氟乙烯材料的广泛应用，目前使用的滴定管为酸碱通用型，即用耐酸耐碱的聚四氟乙烯材料制作滴定管的活塞。

滴定管的使用步骤如下：

（1）检漏　关闭活塞，用水充满滴定管，置于滴定管夹上2 min，观察有无水滴下，然后将活塞转180°，再检查。如无水漏下，则检验合格；如漏水，应重新调整。

（2）洗涤　滴定管的洗涤方法与移液管相同。依次用洗涤剂、自来水、蒸馏水洗涤，最后用待装溶液润洗内壁3次（每次约10 mL）。

（3）装液与赶气泡　将溶液直接倒入滴定管至零刻度以上（不得借助漏斗、烧杯、滴管等其他仪器，以防溶液浓度改变或引入杂质）。装入溶液后，要检查下端是否有气泡，如有应及时排出。方法：将滴定管倾斜30°，急速打开活塞，使溶液冲出并带走气泡。然后补加溶液至零刻度以上，最后调整液面至零刻度或略低于零的某一刻度。

（4）读数　读数前，滴定管应垂直静置1 min，使附在管壁上的溶液全部流下。读数时，下端应无气泡，嘴尖外不挂液滴。方法：取下滴定管，用拇指和食指捏住滴定管上方无刻度处，使滴定管保持垂直，视线与弯月面最低点处于同一水平面，如图4-22a所示。也可用读数卡使弯月面显得更清晰，将黑色的读数卡紧贴在滴定管背后弯月面下约1 mm处，使弯月面的反射层全部成为黑色，读取黑色弯月面的最低点，如图4-22b所示。有些滴定管背后衬一白板蓝线，溶液似乎形成两个弯月面并相交于蓝线上，读数时，应读取此交点对应的刻度，如图 4-22c 所示。若溶液颜色较深（如 $KMnO_4$ 溶液），弯月面不清晰，则读取液面两侧最高点对应的刻度。读数应准确至 0.01 mL。

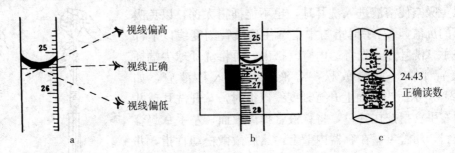

视线偏高
视线正确
视线偏低

24.43
正确读数

图 4-22 滴定管的读数

（5）滴定 读取始读数后，将滴定管尖嘴插入锥形瓶（或烧杯）口内约 1 cm。左手控制滴定管流速，右手拿起锥形瓶摇动（或持玻璃棒搅拌），如图 4-23 a 和 b 所示。必须注意，摇动或搅拌时，都必须使溶液单方向旋转，以免溶液溅出。滴定的操作要领：左手拇指在前，食指和中指在后，轻轻向内扣住活塞，并控制活塞的转动。手心不能碰到活塞以防将活塞顶出造成漏液，如图 4-23 c 所示。滴定时，双手要协调，不能只滴不摇或只摇不滴，同时眼睛要注视锥形瓶中溶液颜色的变化。滴定速度一般为开始时每秒 3~4 滴，切不可使溶液呈柱状流下，接近终点时，每加一滴或每加半滴摇匀一次（半滴的操作是使溶液在嘴尖悬而不滴，用锥形瓶内壁与嘴尖相碰，再用少量蒸馏水将其冲下），直到终点，读取终读数。终读数与始读数之差即为滴定液体积。做平行滴定时，每次都应从零或零附近刻度开始，这样可以减小滴定管刻度的系统误差。滴定完毕，要将滴定管中的剩余溶液倒掉并及时洗净滴定管。

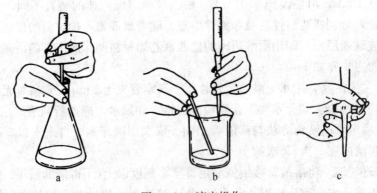

图 4-23 滴定操作
a. 锥形瓶中的滴定操作 b. 烧杯中的滴定操作 c. 滴定的操作要领

4.7 溶解、结晶与固液分离

4.7.1 固体的溶解

用溶剂溶解固体物质时，首先在研钵中将较大的颗粒研细，再称取所需质量的固体物质放入容器中，加入溶剂溶解。常用搅拌、加热等方法加速溶解。搅拌时，用玻璃棒在溶液中向同一方向轻轻旋转，速度不能太快，以防溶液溅出，玻璃棒不能触及器壁和底部，更不能用玻璃棒捣碎容器底部的固体。如需加热，应根据物质的热稳定性选用直接加热或热浴加热。

4.7.2 溶液的蒸发和结晶

为了使溶质从溶液中结晶出来，可加热溶液，使溶剂蒸发，溶液浓缩。当蒸发浓缩到一定程度后冷却就可析出晶体。晶体颗粒的大小与结晶的条件有关。一般溶液浓度大，冷却速度快，加以搅拌或摩擦器壁，则析出的晶体颗粒较小；反之，颗粒较大，尤其是通过加入小颗粒晶种①而析出的晶体颗粒更大。形成大颗粒晶体时，往往由于裹入母液或其他杂质而使其纯度不高；而快速生成的小颗粒晶体纯度较高。若溶液过饱和而不析出晶体，可用搅拌、摩擦器壁或投入晶种等办法形成结晶中心，使晶体析出。

4.7.3 重结晶

(1)重结晶的原理　重结晶是提纯物质的常用方法，满足以下条件的体系，可采用重结晶的方法进行分离提纯：①被提纯物与杂质在同一种溶剂中的溶解度有显著不同；②被提纯物的溶解度随温度变化较大，而杂质的溶解度随温度变化很小。其原理为：固体物质在溶剂中的溶解度随温度升高而增大，如果把固体物质溶解在热的溶剂中制成饱和或接近饱和的溶液，然后冷却至室温或室温以下，则溶解度下降，溶液过饱和，这时就会有晶体析出。利用溶剂对被提纯物质和杂质的溶解性不同使杂质在热过滤时被滤去(杂质在热溶剂中也不溶或溶解度很小)或冷却后仍留在母液中(杂质的量很少或在冷溶剂中溶解度也很大)而与晶体分离，从而达到提纯的目的。可见，重结晶的关键是选择好溶剂。作为重结晶溶剂，应具备以下条件：①不与被提纯物质起反应。②对被提纯物质，温度低时溶解度小，温度高时溶解度大。③对杂质的溶解度非常小(热过滤时滤去)或非常大(减压过滤时留在母液中)。④溶剂的沸点不宜过低或过高。过低则溶解度改变不大，不易操作；过高则晶体表面溶剂较多，不易除净。⑤溶剂价格低，毒性小，易回收，操作安全。

常用的重结晶溶剂见表 4-2。如果单一溶剂不符合要求，可以采用混合溶剂。混合溶剂通常由两种可互溶的溶剂组成，其中一种对被提纯物质溶解度较大，另一种则较小。常用的混合溶剂有乙醇-水、乙醇-乙醚、乙醇-丙酮、乙醚-石油醚、苯-石油醚等。

表 4-2　常用的重结晶溶剂

溶　剂	沸点/℃	凝固点/℃	相对密度	与水的混溶性*	易燃性**
水	100	0	1.00	+	○
甲醇	65.0	<0	0.791	+	+
95%乙醇	78.1	<0	0.804	+	++
冰醋酸	117.9	16.7	1.05	+	+

---

① 晶种可通过滴数滴溶液于表面皿上，然后放在冰上冷却而获得。

（续）

溶 剂	沸点/℃	凝固点/℃	相对密度	与水的混溶性*	易燃性**
丙酮	56.2	<0	0.790	+	+++
乙醚	34.5	<0	0.713	−	++++
石油醚	30～60	<0	0.64	−	++++
乙酸乙酯	77.1	<0	0.901	−	++
苯	80.1	5.5	0.879	−	++++
氯仿	61.7	<0	1.48	−	○
四氯化碳	76.5	<0	1.59	−	○

*"＋"表示可与水混溶，"－"表示不可与水混溶或难与水混溶。

**"＋"表示易燃，"＋"越多，易燃性越大；"○"表示不燃。

（2）重结晶的一般步骤

① 热溶液的制备：根据固体物质的溶解度加入一定量的选定溶剂，加热使其全部溶解，这需要加热到较高的温度并需要较长的时间，不可随意添加溶剂。溶剂用量太多会造成溶液冷却后晶体不能析出；溶剂用量太少，则会造成热过滤时，由于温度下降使溶液过饱和而在滤纸上析出晶体。这样都会影响回收率。为避免热过滤时析出晶体并考虑到加热时溶剂的挥发，一般溶剂的用量比需要量多 10%～15%。若加热时安装回流装置，则可避免溶剂的挥发，这样溶剂的用量比需要量多 3%～5%即可。

② 热溶液的过滤：趁热将溶液过滤以除去不溶性杂质。若趁热过滤会造成晶体在漏斗中析出，则应用热过滤装置(见 4.7.4.3)。如果没有不溶物，这一步可省去。

③ 冷却结晶：将滤液冷却，慢慢析出晶体。

④ 晶体与母液分离：结晶到一定程度后，进行减压过滤(见 4.7.4.3)，将晶体与母液分离。为了提高晶体的纯度，可再用少量溶剂洗涤晶体以除去析出的杂质。

⑤ 晶体的干燥：减压过滤后的晶体表面还会有少量溶剂，必须进行干燥。可根据晶体的性质采用不同的干燥方法。一般是把晶体置于表面皿上，用红外灯烘干或放入红外干燥箱、电热恒温干燥箱内烘干，也可以把晶体置于蒸发皿上加热烤干。含有结晶水的晶体不能用烘烤的方法干燥，以防失去结晶水，可把晶体铺在两层滤纸上，再盖上一张滤纸，用手轻轻按压，让晶体表面的溶剂被滤纸吸干，也可以用有机溶剂洗涤后晾干。受热易分解的晶体，可放入装有干燥剂的干燥器或真空干燥器中干燥。干燥后易吸潮或需长时间保持干燥的晶体，也应放入干燥器中存放。

干燥后的晶体，可称重，计算回收率，测熔点(见 4.8.2)以检验纯度。如果纯度不符合要求，应再次进行重结晶。

4.7.4 固液分离和沉淀的洗涤

4.7.4.1 倾泻法

当沉淀密度较大或晶体颗粒较大、静置后容易沉降到容器底部而聚集时，可用倾泻法分离，即小心地把沉淀上部的清液倾入另一容器中，而沉淀留在底部，如需洗涤沉淀，再加入少量洗涤液充分搅拌后静置，再倾去洗涤液，如此重复 3 次，即可把沉淀洗涤干净。

4.7.4.2   离心法

当沉淀的量很少或沉淀不易沉降聚集时，可用离心法分离。生成少量沉淀的反应，常在离心管中进行。离心管的下端呈锥形，便于沉淀的聚集和观察或进行离心沉降。离心管不能直接加热，只能在水浴中加热。为了使沉淀与溶液迅速有效地分离，可用离心机(图 4-24)对沉淀进行离心沉降。操作时将离心管放入离心机的管套中，并在它的对称位置上放入另一支装有相同质量水的离心管，使离心机保持平衡[①]。盖上盖子，接通电源，慢慢转动速度旋钮，逐步增大转速(绝不可猛力快速转动旋钮)。达到适当转速后，保持一定时间再逐步减慢转速直至自动停止转动(⚠注意：绝不可用手强制停转)。

图 4-24   离心机

一般晶形沉淀转速为 $1\,000\ r\cdot min^{-1}$，保持 $1\sim2\ min$；非晶形沉淀转速为 $2\,000\ r\cdot min^{-1}$，保持 $2\sim3\ min$。

4.7.4.3   过滤法

过滤是固液分离中最常用的方法。过滤时，沉淀留在过滤器上，溶液则通过过滤器漏入接收容器中。溶液的黏度、温度、过滤时的压力、过滤器孔隙的大小及沉淀的状态等都会影响过滤的速度。溶液的黏度越大，过滤越慢；热溶液比冷溶液容易过滤；减压过滤比常压过滤快。过滤器孔隙的大小要合适，太大时会使沉淀穿过而进入滤液，太小时又容易被沉淀堵塞，使过滤难以进行；沉淀呈胶态时，需加热破坏后才能过滤。总之，要综合考虑各种因素来选用不同的过滤方法。常用的方法有以下三种。

(1)常压过滤   常压过滤最为简便和常用，用玻璃漏斗和滤纸就可以进行。首先选择好滤纸，滤纸的分类和选用参见 2.3.2。一般过滤可用定性滤纸，在质量分析中，需将沉淀连同滤纸一起灼烧后称重，就必须用定量滤纸。另外，还要根据沉淀的性质选用不同类型的滤纸。如 $BaSO_4$ 等细晶形沉淀应选用慢速滤纸，$Fe(OH)_3$ 等胶态沉淀要选用快速滤纸，而 $ZnCO_3$ 等普通晶形沉淀则可选用中速滤纸。其次，要折叠和安放好滤纸。把滤纸对折再对折，暂不要折死，展开成圆锥体放入漏斗中，检查圆锥体与漏斗的吻合度。若不吻合，改变滤纸折叠角度使其吻合，然后把滤纸折死。将滤纸三层处的外面两层撕去一角，使其更紧贴漏斗，滤纸上沿应低于漏斗上沿 $0.5\sim1\ cm$，如图 4-25 所示。按住滤纸的三层处，用少量水将滤纸湿润，轻压滤纸赶去气泡，向漏斗中加水至滤纸上沿，使漏斗颈内形成水柱[②]。将漏斗置于漏斗架上，下面放一接收容器，并使容器内壁与漏斗出口尖处接触，使过滤时滤液沿容器内壁流下。

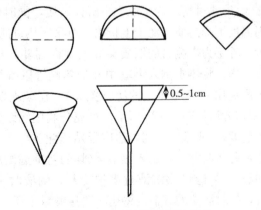

图 4-25   滤纸的折叠和安放

---

① 否则离心机开动后会震动甚至跳动，遇到这种情况应立即关闭离心机。

② 形成水柱可使过滤速度加快，若不能形成水柱，可能是滤纸未能贴紧漏斗或漏斗颈不干净，应重新处理。

过滤前，先将溶液静置，使沉淀全部下沉，上层为清液。过滤时，先转移清液，后转移沉淀。溶液应沿玻璃棒流入漏斗，玻璃棒下端靠近三层滤纸处，但不要碰到滤纸，液面应低于滤纸上沿 0.5 cm 以上，以防部分沉淀因毛细管作用而越过滤纸上沿。清液转移完毕后，往沉淀中加入少量洗涤剂，充分搅拌后静置，待沉淀全部下沉后，再按上述方法转移清液。如此重复 2~3 次，最后把沉淀全部转移到滤纸上。再对沉淀进行洗涤，直至洗涤干净[1]。沉淀的洗涤应遵循"少量多次"的原则，而选用洗涤液应根据沉淀的性质而定。对晶形沉淀，可用冷的稀沉淀剂洗涤，因为这时存在同离子效应，可有效减少沉淀的溶解；但如果沉淀剂难挥发，则不应选用，可改用蒸馏水或其他溶剂来洗涤。对非晶形沉淀，需用热的电解质溶液洗涤，以防止产生胶溶现象，多数采用易挥发的铵盐作洗涤剂。对溶解度较大的沉淀，可采用沉淀剂加有机溶剂来洗涤，以降低沉淀的溶解度。

(2)减压过滤　减压过滤也叫抽滤或吸滤，可大大缩短过滤时间，并能把沉淀抽得比较干爽。但它不适用于胶态沉淀和颗粒太细的沉淀。

减压过滤装置如图 4-26 所示。可用水泵或油泵进行减压(油泵效率更高)，其原理是利用泵把吸滤瓶中的空气抽出，使瓶内压力减小，在布氏漏斗的液面与吸滤瓶内造成压力差，从而大大加快过滤速度。安全瓶的作用是防止抽气管中的水(或油)倒吸入吸滤瓶。

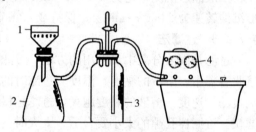

图 4-26　减压过滤装置
1. 布氏漏斗　2. 吸滤瓶　3. 安全瓶
4. 循环式真空泵

过滤前，先将直径略小于布氏漏斗内径且能覆盖漏斗全部小孔的圆形滤纸放入布氏漏斗中并润湿，按图 4-26 连接好装置[2]。打开真空泵开关使滤纸贴紧，再往漏斗内转移溶液。待溶液流完后，再转移沉淀。沉淀抽干后，拔掉橡皮管或打开安全瓶上的活塞，加入少量洗涤液，均匀润湿沉淀后再把沉淀抽干。抽滤结束时，应先拔掉橡皮管，再关电源[3]。用玻璃棒轻轻揭起滤纸边缘，取出滤纸和沉淀，并将沉淀轻轻敲落，滤液从吸滤瓶上口倾出。

(3)热过滤　为了滤去不溶性杂质，同时避免热溶液在过滤时因温度下降溶质在滤纸上析出，可采用热过滤。装置如图 4-27 所示，外层为带侧管的铜质夹套式保温漏斗，将玻璃漏斗放入保温漏斗内。将热水倒入夹套中并加热侧管以维持温度(如溶剂易燃，应避免用明火加热，过滤时关火)。在玻璃漏斗中放入折叠滤纸(制作方法如图 4-28 所示，可充分利用滤纸的有效面积以加快过滤速度)，滤纸向外的棱边应紧贴于漏斗壁上。安装好热过滤装置后，急速向漏斗内倒入热溶液(切勿对准滤纸底尖，因为该处易被冲破)。为避免热溶液过多被冷却，倒液时一般不要用玻璃棒引流，接收滤液的容器内壁也不要接触漏斗颈，且宜选用短颈漏斗。

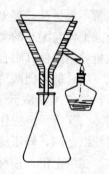

图 4-27　热过滤装置

---

①　洗涤后可检验滤液中的杂质，以保证沉淀洗涤干净。
②　布氏漏斗上的橡皮塞与吸滤瓶口必须紧密不漏气，漏斗下端斜口应正对吸滤瓶的抽气口。
③　先关电源，再拔掉橡皮管，会导致水倒吸入吸滤瓶。

折叠滤纸的制作方法：将圆形滤纸对折成半圆形，再对折成圆形的1/4，以1对4折出5，3对4折出6(图4-28a)；再以1对6折出7，3对5折出8(图4-28b)；再以3对6折出9，1对5折出10(图4-28c)；然后在1和10、10和5、5和7、7和4、4和8、8和6、6和9、9和3间各反向折叠，并稍稍压紧如同折扇(图4-28d在折纹集中的圆心处不可重压，否则该处最易破裂)；在1和3处各向内折叠一个小折面(图4-28e)；最后将滤纸打开后翻转(图4-28f)。

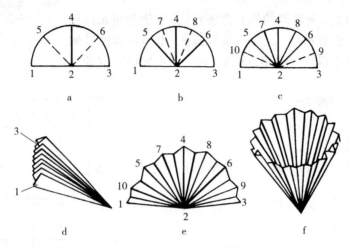

图4-28　折叠滤纸的制作方法

4.8　温度计和物质熔沸点的测定

4.8.1　温度计

4.8.1.1　温度计测温原理

　　温度是化学实验中重要的控制参数，与温度相关的物质的熔沸点则为物质的重要性质。温度的测定需要用到温度计。温度计是测温仪器的总称，可以用来准确地判断和测量温度，是以固体、液体、气体受温度的影响而热胀冷缩的现象为依据的。常见的水银温度计、煤油温度计、酒精温度计等玻璃管温度计是利用热胀冷缩的原理来实现温度的测量的。优点是结构简单，使用方便，测量精度相对较高，价格低廉；缺点是测量上下限和精度受玻璃质量与测温介质性质的限制，且不能远传，易碎。此外，还有气体温度计、电阻温度计、温差电偶温度计、辐射温度计和光测温度计、双金属温度计等类型的测温仪。热电偶温度计由两条不同金属连接着一个灵敏的电压计所组成，金属接点在不同的温度下会在金属的两端产生不同的电位差，电位差非常微小，需用灵敏的电压计测得。实验室用马弗炉就是用热电偶温度计测温的。

4.8.1.2　温度计的校正

　　温度计的毛细孔径不完全均匀，刻度也可能不十分准确，经长期使用后玻璃毛细管也会发生变形而导致刻度不准；温度计有全浸式和半浸式两种，全浸式温度计的刻度是在温度计的水银柱全部均匀受热的情况下刻出来的，但在测量时，往往是仅有部分水银柱受热，因而露出的水银柱温度就较全部受热时低。这些情况会导致温度计引起测量误差，在准确测量中都应予以校正。

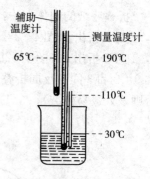

图 4-29　温度计外露校正

(1)温度计外露校正　全浸式温度计常采用水银柱露出部分的校正。方法如图 4-29 所示。将一支辅助温度计靠在测量温度计的露出部分，其水银球位于露出水银柱的中间，测量露出部分的平均温度，校正值 Δt 按下式计算：

$$\Delta t = 0.000\,16\,h(t_体 - t_环) \qquad (4-2)$$

式中：0.000 16 为水银对玻璃的相对膨胀系数；h 为露出水银柱的高度(以温度差值表示)；$t_体$ 为体系的温度(由测量温度计测出)；$t_环$ 为环境即水银柱露出部分的平均温度(由辅助温度计测出)。

校正后的真实温度为

$$t_真 = t_体 + \Delta t \qquad (4-3)$$

例如，测得熔点即 $t_体 = 190\ ℃$，浴液液面在温度计的 30 ℃ 处，则 $h = 190 - 30 = 160$，而 $t_环 = 65\ ℃$，则

$$\Delta t = 0.000\,16 \times 160 \times (190 - 65) = 3.2(℃)$$

故熔点的真实温度为

$$t_真 = 190 + 3.2 = 193.2(℃)$$

由此可见，体系的温度越高，校正值越大，在 300 ℃ 时，其校正值可达 10 ℃ 左右。

半浸式温度计在水银球上端不远处有一标志线，测量时只要将线下部分放入被测体系中，便无须进行露出部分的校正。

(2)温度计刻度校正　温度计刻度的校正，可选一支标准温度计与之比较，也可选数种纯净的有机化合物作为标准，作出校正曲线进行校正，这样校正的温度计，水银柱外露部分的误差可一并消除。

如采用标准温度计校正，可将标准温度计与待校正的温度计平行放在浴液中加热，使浴液缓慢均匀地升温，每隔 5 ℃ 分别记下两支温度计的读数并求出标准温度计与待校正温度计的温度差值 Δt。以待校正温度计的温度为纵坐标、Δt 为横坐标，画出校正曲线(图 4-30a)，这样，凡是由这支温度计测得的温度再加上该温度下的校正值 Δt，即为它的真实温度。

如采用纯净的有机化合物作为标准校正，可选数种已知熔点的纯净有机化合物，测定它们的熔点并算出已知熔点与测得熔点的差值 Δt，以测得的熔点为纵坐标、Δt 为横坐标，画出校正曲线(图 4-30b)。这

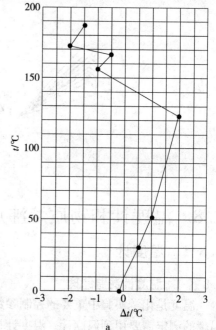

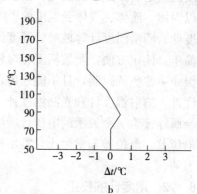

图 4-30　温度计刻度校正曲线
a. 以标准温度计校正
b. 以标准有机化合物校正

样，凡是由这支温度计测得的温度再加上该温度下的校正值 Δt，即为它的真实温度。经刻度校正的温度计均应贴上标签与其校正曲线配合使用。

一些标准有机化合物及其熔点如表 4-3 所示。

表 4-3　一些标准有机化合物及其熔点

化合物	熔点/℃	化合物	熔点/℃
水-冰	0	β-萘酚	123
α-萘胺	50	脲	132
二苯胺	53	苯脲	148
对二氯苯	53	二苯基羟基乙酸	150
对硝基苯甲酸乙酯	56	水杨酸	159
苯甲酸苯酯	70	氢醌	170
苯乙酸	76	对苯二酚	173
8-羟基喹啉	76	对甲苯脲	181
萘	80	琥珀酸	185
香草醛	82	3,5-二硝基苯甲酸	205
间二硝基苯	90	蒽	216
二苯乙二酮	95	对硝基苯甲酸	239
α-萘酚	96	对氯苯甲酸	239
邻苯二酚	104	酚酞	262
间苯二酚	112	蒽醌	286
乙酰苯胺	114	荧光素	315
苯甲酸	122	N,N-二乙酰联苯胺	317

零点的测定最好用蒸馏水和纯冰的混合物。在一支 15 cm×2.5 cm 的试管中加入 20 mL 蒸馏水，将试管浸入冰盐浴中冷至蒸馏水部分结冰，用玻璃棒搅动使之成为水-冰混合物。取出试管，将温度计插入水-冰混合物中，轻轻搅动，温度恒定后(2～3 min)读数。

4.8.2　熔点的测定

4.8.2.1　熔点测定的原理

熔点是晶体物质的固相与液相在压强为 101 325 Pa 时达成平衡时的温度。熔点测定是有机化合物研究的重要内容。纯净的固态有机化合物都有固定的熔点，并且一般都不超过 350 ℃。用简单的仪器就能测定。通常测定的熔点不是一个温度点，而是熔点范围(熔程)，即固态试样从开始熔化到完全熔化为液态的温度范围。纯净的有机化合物固液两相之间的变化非常敏锐，熔点范围很小，一般不超过1.0 ℃。当含有杂质时，熔点会降低，并且熔点范围扩大。因此，熔点的测定常用来鉴定固态有机化合物并作为该化合物纯度的一个指标。若两种试样具有相同或相近的熔点，要判别它们是否为同一化合物，可将它们混合后再测定，若熔点不变，则为同一化合物；若熔点降低，熔点范围增大，则为不同的化合物。

通常采用提勒管或熔点仪来测定物质的熔点，仪器简单，操作方便。3.5中已详细介绍了熔点仪的使用方法，本节介绍在提勒管(熔点测定管)中进行的毛细管法。该方法中采用浴液(加热液体)加热，常用的浴液有浓 H_2SO_4、液体石蜡、甘油和硅油等。根据加热温度的需要来选择浴液的种类。若温度低于140 ℃，最好用液体石蜡或甘油，药用液体石蜡加热到220 ℃仍不变色。若温度高于140 ℃，可用浓 H_2SO_4，但有机物掉入浓 H_2SO_4 中会变黑，妨碍对试样的观察，这时可加入少许 KNO_3 晶体，加热除去有机物使之脱色。温度超过250 ℃时，浓 H_2SO_4 会分解出 SO_3 而冒白烟，可加入少许 K_2SO_4 晶体，使之成为饱和溶液。⚠注意：热的浓 H_2SO_4 有极强的腐蚀性，因此，用浓 H_2SO_4 作浴液时，一定要小心加热，防止溅出伤人。同时，一定要戴护目镜。硅油加热到250 ℃时仍稳定透明，并且无腐蚀性，但硅油价格较高。

4.8.2.2　熔点测定的操作步骤

(1)在熔点管中填装试样　把少许干燥的试样放在洁净干燥的表面皿上，用玻璃棒研成粉末并聚成一堆。然后取一支直径1~2 mm、长度7~8 cm的熔点管[1]，将熔点管的开口端插入试样中，装入试样后，将开口端向上，把熔点管竖起来，在台面上轻轻顿几下，再取一根长30~40 cm的干燥玻璃管，垂直置于台面上，让熔点管自由下落，重复几次，使试样落到管的底部并且结实均匀[2]。试样在毛细管中的高度以2~3 mm为宜，若一次填装的试样不够，可重复装取。完成后，将沾在熔点管外面的粉末轻轻拭去，以免污染浴液。

(2)仪器的安装　取一支已校正的温度计，用小橡皮圈将熔点管套在温度计上[3]，使熔点管紧贴温度计，试样中部与水银球的中部处于同一水平位置，如图4-31所示。

将温度计套入有缺口的单孔软木塞或橡皮塞中，缺口应对准温度计的刻度以便于观察和读数(同时通过缺口使体系与大气相通)。然后将此套有熔点管的温度计插入装有浴液[4]的圆底烧瓶或提勒管中，调节位置使温度计的水银球高出圆底烧瓶底部1 cm或处于提勒管的两侧管中间，如图4-32所示。

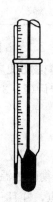
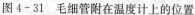

图4-31　毛细管附在温度计上的位置

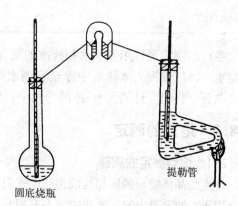

提勒管

圆底烧瓶

图4-32　测定熔点装置

---

①　熔点管已工业化生产，可批量采购。若实验室中没有现成的熔点管，可截取直径为1~2 mm、长度为7~8 cm的毛细管，将其一端放在火焰上烧熔，使之封闭，即成熔点管。

②　装入的试样不应有空隙，否则不易传热，影响测定结果。

③　橡皮圈应高出浴液液面，若用浓 H_2SO_4 作浴液，可用温度计下端蘸少许浓 H_2SO_4 滴在熔点管上端外壁上，即可使熔点管粘于温度计而免去橡皮圈。

④　浴液装到圆底烧瓶球部中间或提勒管高出上侧管处即可。

（3）测定熔点①　仪器安装无误后，即可开始加热。加热时，控制升温速度是准确测定熔点的关键。一般的升温程序是：开始时每分钟升温 5～6 ℃，熔点前 20 ℃时减为每分钟 1～2 ℃，接近熔点时再减为每分钟 0.3～0.5 ℃。当接近熔点时应特别注意熔点管中试样的变化，当试样开始塌落、湿润、出现小液滴时，表示开始熔化，立即记录温度。至试样全部熔化成为透明液体时，表示完全熔化，立即记录温度。开始熔化至完全熔化的温度范围即为试样的熔点范围。报告熔点的测定结果时，一定要写出这两个温度。另外，在加热过程中还应注意试样是否有萎缩、变色、发泡、升华、炭化等现象。

（4）测定结束　测定完毕，不能立即从浴液中取出温度计，而要等浴液自然冷却到 100 ℃以下再取出，以防水银柱断裂。

4.8.3　沸点的测定

4.8.3.1　沸点测定的原理

由于分子运动，液体的分子有从表面逸出的倾向，这种倾向随温度升高而增大。如果把液体置于密闭容器中，液体的分子连续不断地从表面逸出形成蒸气，同时蒸气分子也不断地回到液相中。当两种过程的速度相等时，液面上的蒸气达到饱和，它对液面所产生的压力称为饱和蒸气压，简称蒸气压。液体的蒸气压随温度升高而增大，当蒸气压增大到与外界大气压相等时，分子就从液体内部大量逸出，即液体沸腾，这时的温度称为液体的沸点。显然，沸点与外界压力有关，通常所说的沸点是，指在 101 325 Pa 下液体沸腾时的温度。纯的液态物质在一定的压力下都有一定的沸点，并且沸点范围（沸程）很小，通常不超过 2.0 ℃；当含有杂质时，沸点会降低，并且沸点范围增大。因此，沸点的测定常用来鉴定液态物质并作为该物质纯度的一个指标。但具有固定沸点的液态有机化合物不一定都是纯的，因为某些有机化合物常常可以与其他组分形成二元或三元共沸混合物，它们也有一定的沸点（表 4-4）。

表 4-4　几种常见的共沸混合物

组成（沸点/℃）		共沸混合物	
		沸点/℃	各组分质量分数/%
二元共沸混合物	水（100） 乙醇（78.5）	78.2	4.4 95.6
	乙醇（78.5） 苯（80.1）	67.8	32.4 67.6
	丙酮（56.2） 氯仿（61.7）	64.7	20.0 80.0
三元共沸混合物	水（100） 乙醇（78.5） 苯（80.1）	64.6	7.4 18.5 74.1
	水（100） 正丁醇（117.7） 乙酸丁酯（126.5）	90.1	29.0 8.0 63.0

① 当试样熔点未知时，应先做一次粗测，加热速度可稍快。知道大致熔点后，再另取熔点管填装试样，做精确测定。

4.8.3.2 沸点的测定方法

沸点的测定常用蒸馏法和沸点管法。

(1)蒸馏法 蒸馏法测定沸点的操作步骤与普通蒸馏相同(见 4.9.1),在蒸馏过程中,应始终保持温度计水银球上挂有被冷凝的液滴,这是气液两相达到平衡的标志,此时的温度才能代表馏出液的沸点。记录第一滴馏出液滴入接收瓶时的温度 t_1,并注意温度是否变化,当温度稳定不变时,即为试样的沸点。试样大部分蒸出时(剩 0.5~1 mL),记录温度 t_2。t_1~t_2 就是试样的沸点范围。

(2)沸点管法 沸点管由内外两管组成,内管是长 3~4 cm、内径 1~2 mm、一端封闭的毛细管,外管是长 7~8 cm、内径 4~5 mm、一端封闭的小玻璃管。在外管中加入 4~5 滴待测试样[1],将内管开口向下插入外管中,然后用小橡皮圈将其固定在温度计上并紧贴温度计,使样品部分位于温度计水银球中间,如图 4-33 所示。温度计通过有缺口的软木塞或橡皮塞插入提勒管中,使温度计的水银球位于两侧管中间[2],如图 4-34 所示。仪器安装好后开始加热[3]。由于毛细管内的气体受热膨胀,因而有小气泡缓慢逸出。当温度升到比沸点稍高时,逸出的气泡变得快速而连续,表明毛细管内样品的蒸气压超过了大气压,此时立即停止加热。随着温度的下降,蒸气压降低,气泡逸出的速度逐渐减慢,直到气泡不再逸出而液体要进入毛细管,即最后一个气泡要缩回毛细管内,这一瞬间,毛细管内蒸气压与外界压力正好相等,立即记录此时的温度,即为试样的沸点。重新缓慢加热,注意液体离开毛细管、开始快速鼓泡时的温度并立即记录,这两个温度就是试样的沸点范围。

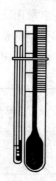

图 4-33 沸点管附在温度计上的位置

图 4-34 测定沸点的装置

4.9 蒸馏、分馏与旋转蒸发

蒸馏、分馏和旋转蒸发的原理都是利用加热使体系中液体混合物达到气液平衡,从而达到各组分分离提纯的目的。它们都需要使用一套相应的装置来进行,都包括蒸馏瓶、冷凝管和接收器三部分,不同的操作还有些特殊的仪器。在使用过程中首先要将仪器按照一定的顺序进行组装。以下介绍玻璃仪器安装时的基本方法,在后续各小节中补充介绍各自的特殊

---

[1] 待测试样不宜太少,以防加热时液体全部汽化。

[2] 浴液装到刚高出上侧管。

[3] 为了得到准确可靠的结果,加热速度不能过快,每种试样至少要测定 2 次。

性。仪器的安装顺序一般从左到右、从下而上。先将热源放置在左侧，蒸馏瓶用铁夹固定在热源上方(底部距离电炉表面 0.5～1 cm)；温度计插入瓶颈中央，其水银球的上缘应与蒸馏瓶(或分馏柱，或克氏蒸馏头)的支管下缘在同一水平线上；然后将冷凝管与蒸馏瓶(或分馏柱或克氏蒸馏头)的支管相连接，并调整冷凝管的角度和位置，使之与支管同轴并紧密接合，用铁夹固定好冷凝管；冷凝管后安装接液管，接液管下端应伸入接收瓶中。安装中要特别注意：①蒸馏瓶的大小应由所蒸馏的液体体积来决定，通常液体的体积应占蒸馏瓶容积的 1/3～2/3。②冷凝管中水应从下端进入、从上端流出，并且下端的进水口向下，上端的出水口向上，以保证套管中充满水。③铁夹的夹扣处应套上橡皮管，以免夹破仪器；各铁夹不应夹得太松或太紧，以夹住后稍用力尚能转动为宜。④整个装置要端正，无论从正面或侧面观察，装置中各仪器的轴线都是直线且共平面，所有的铁夹和铁架都应在仪器的后面。

4.9.1 普通蒸馏

4.9.1.1 基本原理

在密闭容器中，液体的饱和蒸气压只与温度有关，与液体和蒸气的绝对量无关。将液体加热至沸，使液体变为蒸气，然后使蒸气冷凝为液体，这个过程称为蒸馏。当液体混合物中各组分的沸点不同时，用蒸馏就可以将混合物中各组分分离。因此蒸馏是提纯液体物质的重要方法。

由于纯的液体物质在一定压力下都具有固定的沸点，因此蒸馏法还可用于测定液体物质的沸点，并检验其纯度。由于二元或三元共沸混合物也具有固定的沸点(表 4-4)，在气相中的组分含量与在液相中的一样，故蒸馏不能将它们分离。

4.9.1.2 蒸馏装置

蒸馏装置如图 4-35 所示，主要包括蒸馏瓶、冷凝管和接收器三部分。液体在蒸馏瓶内受热汽化，蒸气经支管进入直形冷凝管，被冷凝为液体后经接液管进入接收瓶，并与外界大气相通。

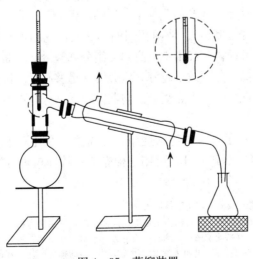

图 4-35　蒸馏装置

4.9.1.3 蒸馏操作

(1)加装原料 蒸馏装置安装好后，把待蒸馏的液体经长颈漏斗引入蒸馏瓶内[①]，如液体里有固体干燥剂或其他固体物质，应在漏斗上放滤纸或一小撮松软的棉花以滤去固体，然后加入 2～3 粒沸石[②]。

(2)安装温度计和检查气密性 完成加料和沸石后，按要求安装好温度计，通入冷却水，检查仪器的各部分连接，确保紧密接合，形成密闭体系。

(3)加热 先接通冷凝水，然后开电源加热。开始时加热速度可以快些，加热至沸腾时，大量蒸气上升，温度计读数也快速上升，这时应调节加热速度，使冷凝管流出液滴的速度为每秒 1～2 滴为宜。

(4)收集馏分和记录温度 记录第一滴馏出液滴入接收瓶时的温度，当温度升至所需范围并稳定时，更换另一接收瓶收集馏分并记录温度范围，即馏分的沸点范围。沸点范围越窄，馏分的纯度就越高，纯液体的沸程一般不超过 2 ℃。在蒸馏过程中，速度应保持平稳，温度计的水银球上应始终附有冷凝的液滴，以保持气液两相平衡。当温度上升至超过所需范围或蒸馏瓶中仅残留少量液体时，即可停止蒸馏。蒸馏完毕，移去热源，关闭冷凝水，然后按照与安装顺序相反的顺序拆卸装置。

⚠注意：蒸馏低沸点的易燃液体(如乙醚)时，附近禁止有明火，绝不能用灯火直接加热，也不能用正在灯火上加热的水浴加热，而应用预先热好的水浴，为了保持必需的温度，可以适时地添加热水。

4.9.2 分馏

4.9.2.1 基本原理

普通蒸馏适用于液体混合物中沸点相差较大的组分的分离。若沸点相差不大，则普通蒸馏就难以有效分离。这时，可采用分馏。分馏是利用分馏柱将多次汽化-冷凝过程在一次操作中完成。当液体混合物受热沸腾后，混合蒸气沿分馏柱上升，由于柱外空气的冷却作用，蒸气被冷凝，冷凝液在下降途中又与上升的蒸气接触，二者进行热交换，结果冷凝液中低沸点的组分又被汽化，高沸点的组分则继续呈液态下降，而蒸气中高沸点的组分被冷凝，低沸点的组分则继续呈气态上升。这样，上升的蒸气中，低沸点组分含量增多，而下降的冷凝液中，高沸点组分含量增多。如此经过多次气-液两相间的热交换，就相当于进行了多次普通蒸馏，以致低沸点组分蒸气不断上升而被蒸馏出来，高沸点组分则被冷凝不断下降流回烧瓶中，从而达到分离的目的。分馏柱越高，分离效果越好，当分馏柱足够高时，得到的几乎是纯净的低沸点组分，而留下的则几乎是纯净的高沸点组分。与蒸馏一样，分馏也不能分离共沸混合物。

4.9.2.2 分馏装置

分馏装置如图 4－36 所示，主要包括烧瓶、分馏柱、冷凝管和接收器四部分。为了减少柱内热量的散发，保持蒸气不断上升，可用石棉布或石棉绳包裹分馏柱。

① 漏斗的下端要低于蒸馏瓶的支管，以免液体流入支管。

② 把无上釉的瓷片敲碎即可作沸石。沸石的作用是防止液体暴沸，使沸腾保持平稳。当液体加热沸腾时，沸石能产生细小的气泡，形成沸腾中心。在持续沸腾中，沸石一直有效，一旦停止沸腾，沸石即失效。因此，若中途因故停止蒸馏，在再次蒸馏前，应补加新的沸石。如果加热前忘记加入沸石，应使液体冷却后补加，绝不能在液体沸腾或接近沸腾时补加，否则会引起剧烈的暴沸，使液体冲出瓶外，甚至造成着火事故。

4.9.2.3 分馏操作

分馏操作与蒸馏操作相似,将待分馏的液体加入烧瓶中,加入 2～3 粒沸石,安装好仪器,通冷却水,然后加热。液体沸腾后,蒸气慢慢上升。当蒸气到达柱顶后[①],调节加热温度,使蒸出液体的速度控制在每 2～3 秒 1 滴为宜。记录收集馏分的温度范围。待第一组分蒸完后,再渐渐升高温度并更换新的接收器收集第二组分。

要达到较好的分馏效果,必须注意以下几点:①分馏应缓慢进行,控制好馏出速度,尽量保持恒定;②要有一定量的冷凝液从分馏柱流回烧瓶中;③保持稳定的热源,尽量减少分馏柱温度的波动和热量散发。

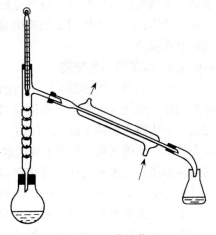

图 4 - 36 分馏装置

4.9.3 水蒸气蒸馏

4.9.3.1 基本原理

水蒸气蒸馏是将水蒸气通入不溶或难溶于水但有一定蒸气压的有机物中,使有机物在低于 100 ℃ 的温度下随水蒸气一起蒸馏出来的过程。

在不溶或难溶于水的物质中通入水蒸气,则组成该混合物的各组分都有一定的蒸气压,根据道尔顿(Dalton)分压定律,整个体系的总蒸气压等于各组分蒸气压之和,即

$$p_{总} = p_A + p_B \qquad (4-4)$$

式中: $p_{总}$ 为总蒸气压(Pa); p_A 为水的蒸气压(Pa); p_B 为不溶于水的物质的蒸气压(Pa)。

当总蒸气压等于外界大气压时,混合物开始沸腾,这时的温度即为混合物的沸点。显然,混合物的沸点比其中任一组分的沸点都要低。因此,常压下应用水蒸气蒸馏,能在低于 100 ℃ 的温度下将高沸点的组分与水一起蒸馏出来。馏出液中两组分的质量之比等于它们的分压与摩尔质量乘积之比,即

$$\frac{m_A}{m_B} = \frac{p_A M_A}{p_B M_B} \qquad (4-5)$$

虽然沸腾时水的蒸气压较高,但它的摩尔质量较小,因而可以分离蒸气压较低但摩尔质量较大的有机物。例如,溴苯的沸点是 135 ℃,与水不互溶,若进行水蒸气蒸馏,当加热到 95.5 ℃ 时,总蒸气压达到101 325 Pa,混合物开始沸腾,这时水的蒸气压为86 126 Pa,溴苯的蒸气压为15 199 Pa,水和溴苯的摩尔质量分别为 18 g·mol⁻¹ 和 157 g·mol⁻¹,代入上式有

$$\frac{m_A}{m_B} = \frac{86\,126 \times 18}{15\,199 \times 157} = 0.65$$

即每蒸出 0.65 g 水就能带出 1 g 溴苯。溴苯在馏出液中占 60.6%。因为溴苯略溶于水,所以这种计算只是近似的,实际上蒸出的水要多一些。

由上述原理可见,采用这种方法提纯的有机物应具备下列条件:①不溶或难溶于水;②在沸腾下不与水发生化学反应;③在 100 ℃ 左右时,具有一定的蒸气压(一般不小于1 333 Pa)。常用于下列几种情况的分离提纯:①某些高沸点有机物在达到沸点温度时容易被破坏,采用

---

① 可用手小心触摸柱顶,若烫手,表示蒸气已到达该处。

水蒸气蒸馏可在 100 ℃以下将其蒸出而使其免遭破坏；②混合物中含有大量树脂状杂质或不挥发性杂质；③从固体较多的反应混合物中分离出被吸附的液体产物；④从某些天然产物中提取有效成分。

4.9.3.2 水蒸气蒸馏装置

水蒸气蒸馏装置如图 4-37 所示，主要包括水蒸气发生器、蒸馏部分、冷凝部分和接收器四部分。水蒸气发生器一般用金属制成，通常也用短颈圆底烧瓶代替，瓶口配一个双孔橡皮塞。一孔插入长约 1 m、内径约 5 mm 的玻璃管(插到距瓶底 1 cm 处)作安全管以调节瓶内压力。另一孔插入内径约 8 mm 的水蒸气导出管，导出管与一个 T 形管相连。T 形管的另一端与蒸馏部分的水蒸气导入管相连，这段水蒸气导管应尽可能短些，以减少水蒸气的冷凝。T 形管的支管上套橡皮管，橡皮管上用螺旋夹夹住，用来除去水蒸气中冷凝下来的水，在装置发生不正常情况时，可使水蒸气发生器与大气相通。蒸馏部分通常是采用长颈圆底烧瓶，被蒸馏的液体量不能超过其容积的 1/3，将烧瓶斜放与台面成 45°，以防沸腾时液体溅起冲进冷凝管。瓶口也配一个双孔橡皮塞，一孔插入内径约 8 mm 的水蒸气导入管，使它正对瓶底中央，距瓶底 8～10 mm；另一孔插入内径约 8 mm 的馏出液导出管，导出管连接冷凝管，冷凝管再连接接液管，接液管下端应伸入接收瓶中，并与大气相通。

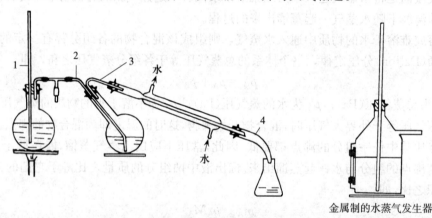

金属制的水蒸气发生器

图 4-37 水蒸气蒸馏装置

1. 安全管 2. 水蒸气导入管 3. 馏出液导出管 4. 接液管

4.9.3.3 水蒸气蒸馏操作

在水蒸气发生器中加入约 3/4 容积的水，并放入几粒沸石，检查整个装置不漏气后，旋松 T 形管下的螺旋夹。开始加热，沸腾后有大量水蒸气产生并从 T 形管的支管冲出，这时，旋紧螺旋夹，水蒸气便进入蒸馏部分，开始蒸馏。在蒸馏过程中，如果水蒸气冷凝较快而使烧瓶内液体量增加以至超过其容积的 2/3 或者蒸馏速度太慢，可隔石棉网小火加热圆底烧瓶，使馏出速度控制在每秒 2～3 滴为宜。同时，还应随时从 T 形管的支管放出冷凝下来的水，以防堵塞或过多的水进入蒸馏部分。

从水蒸气发生器安全管中水位的高低可以观察到整个水蒸气蒸馏装置是否畅通。若水位上升很高，说明有某一部分堵塞了，这时应立即旋松螺旋夹，然后移去热源，拆下装置进行检查[①]并处理。因此，在水蒸气蒸馏过程中，必须经常注意观察，安全管中水位应保持正常

---

① 一般多是水蒸气导入管被树脂状或焦油状物质堵塞。

状态，导管不能出现倒吸现象，蒸馏部分液体不得剧烈溅起。一旦发生不正常现象，都应立即旋松螺旋夹，移去热源，排除故障后才能继续蒸馏，以免发生危险。

当馏出液无明显油珠且澄清透明时，便可停止蒸馏。先旋松螺旋夹，然后移去热源，以免发生倒吸现象。

4.9.4　减压蒸馏

4.9.4.1　基本原理

在低于大气压下进行的蒸馏称为减压蒸馏。减压蒸馏特别适用于那些在常压蒸馏时未达到沸点温度就已分解、氧化或聚合的物质。

液体的沸点随外界压力的降低而降低，若降低容器内液体表面上的压力，即可使液体在较低的温度下沸腾而被蒸馏出来。减压蒸馏时物质的沸点与压力有关，一般高沸点的有机物，当压力降低到2 666 Pa时，其沸点将下降100％～120％。例如，苯甲醛的沸点为179 ℃，当压力降低到2 666 Pa时，其沸点下降到75 ℃。当减压蒸馏在1 333～3 333 Pa下进行时，大体上压力每相差133 Pa，沸点约相差1 ℃。进行减压蒸馏前，应预先粗略地估计出相应的沸点，以便选择合适的温度计。

4.9.4.2　减压蒸馏装置

减压蒸馏装置如图4-38所示，由蒸馏、抽气、测压三部分组成。

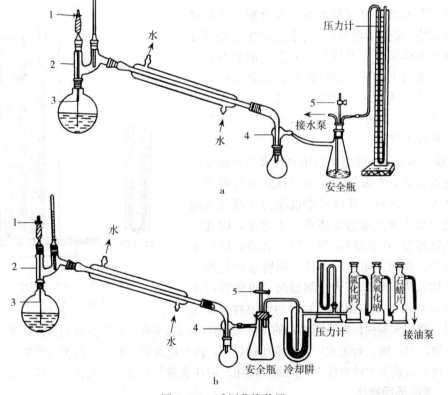

图4-38　减压蒸馏装置

a. 水泵减压　b. 油泵减压

1. 螺旋夹　2. 克氏蒸馏头　3. 毛细管　4. 真空接液管　5. 活塞

（1）蒸馏部分　蒸馏部分由圆底烧瓶、克氏蒸馏头、冷凝管和接收器组成。克氏蒸馏头与圆底烧瓶相连，带支管一侧的上口插温度计，另一上口插一根末端拉成毛细管的厚壁玻璃管，毛细管的下端要伸到离瓶底1~2 mm处。玻璃管上端套一带螺旋夹的橡皮管，在减压蒸馏时，调节螺旋夹，使极少量空气由毛细管进入烧瓶的液体中，冒出小气泡，成为沸腾中心，同时又起到一定的搅拌作用，防止液体暴沸，使沸腾保持平稳。这对减压蒸馏是非常重要的。接收器包括接液管和接收瓶，接液管带有支管，与抽气系统相连。若要收集不同的馏分而又不中断蒸馏，可用多头接液管（图4-39）。蒸馏时，根据沸程适时转动多头接液管，使不同的馏分流入指定的接收瓶中。接收瓶可用圆底烧瓶或厚壁试管等耐外压的容器，但不能用锥形瓶。

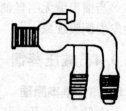

图4-39　多头接液管

（2）抽气部分　抽气系统包括减压泵及其保护装置。在实验室，减压泵可用水泵或油泵。在水压很大时，水泵可以把压力减至2 000~2 666 Pa，这对一般的减压蒸馏已经足够；油泵则可以把压力减至267~533 Pa。用水泵时，只需连接作安全瓶用的吸滤瓶，吸滤瓶的瓶口配三孔橡皮塞，一孔插入二通活塞，一孔连接水泵，一孔连接水银压力计。用油泵时，则需注意不使有机物、水及酸等的蒸气进入泵内。易挥发有机物的蒸气可以被泵内的油吸收，污染油并增加油的蒸气压，降低泵的真空效率；水蒸气凝结在泵内，使油乳化，也会降低泵的真空效率；酸气则会腐蚀泵的机件。为了保护油泵，必须在接收器和油泵之间依次安装安全瓶、冷却阱和几个吸收塔（又称干燥塔）。安全瓶的作用是通过二通活塞调节体系压力及放气，并防止油泵中的油倒吸，冷却阱对上述蒸气进行冷却，吸收塔通常设三个，一个装无水$CaCl_2$（或硅胶）以吸收水汽，一个装粒状NaOH（或钠石灰）以吸收酸气，一个装石蜡片以吸收烃类气体。

（3）测压部分　一般用水银压力计来测量减压蒸馏体系内的压力。水银压力计有开口式和封闭式两种，如图4-40所示。开口式水银压力计两臂水银柱高度之差即为大气压力与体系压力之差，因此体系内的实际压力（真空度）应为大气压力减去这一水银柱高度差。封闭式水银压力计，两臂水银柱高度之差即为体系内的实际压力。测量时，可将管后木座上的滑动标尺的零点调整到右臂的水银柱顶端线上，这时左臂的水银柱顶端线所指示的刻度即为体系的真空度。开口式压力计较笨重，读数方式也较麻烦，但准确。封闭式压力计则比较轻巧，读数也方便，但常常因为有残留空气而不够准确，需用开口式压力计来校正，因此，使用时应注意避免水或其他污物进入压力计中。

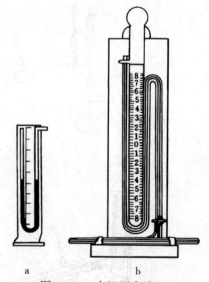

图4-40　水银压力计
a. 开口式　b. 封闭式

4.9.4.3　减压蒸馏操作

当蒸馏物中含有低沸点的物质时，应先用普通蒸馏将其除去，然后再进行减压蒸馏。在圆底烧瓶中加入待蒸馏的液体（不超过容积的1/2），安装好仪器后，旋紧毛细管上的螺旋夹，打开安全瓶上的二通活塞，然后开泵抽气。逐渐关闭二通活塞，从压力计上观察体系的真空度，如果是因为漏气而不能达到要求，应检查各接口是否紧密，必要时可用熔融的固体石蜡密封(密封要在解除真空后进行)。如果超过所需真空度，可小心旋转活塞，慢慢引入少量空气以调节真空度。调节毛细管上的螺旋夹使液体中有连续平稳的小气泡通过。开启冷却水，选择合适的热浴加热蒸馏，控制好浴温，使馏出速度控制在每秒1～2滴为宜。在整个蒸馏过程中都要密切注意温度计和压力计的读数变化并及时记录沸点、压力等有关数据。

蒸馏完毕，先移去热源，待冷却后再缓慢解除真空(防止水银冲破压力计的玻璃管)，使体系内外压力平衡后方可关闭油泵，以免油泵中的油倒吸入吸收塔内。

4.9.5　旋转蒸发

4.9.5.1　基本原理

在有机合成反应或用有机溶剂提取后，常常需要蒸除大量的溶剂。用普通蒸馏方法蒸除，不但耗时，而且由于长时间加热，有时会造成化合物的分解，而旋转蒸发则可以有效地解决这些问题。

旋转蒸发一方面利用真空泵抽真空，另一方面采用旋转的方式，使溶液在蒸发瓶内壁形成薄膜，增大蒸发面积，在减压下溶剂极易挥发，同时将旋转的蒸发瓶置于一定温度的水浴中，使瓶内溶剂迅速扩散蒸发，蒸气通过冷却器冷凝成液体收集于集液瓶中。

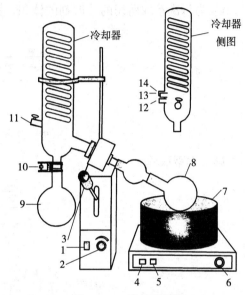

图4-41　旋转蒸发器

1. 旋转蒸发器主机电源　2. 转速调节旋钮　3. 升降柄
4. 恒温水槽电源　5. 指示灯　6. 温度调节旋钮
7. 恒温水浴　8. 蒸发瓶　9. 集液瓶　10. 固定夹　11. 放气阀
12. 真空泵接口　13. 冷却器进水口　14. 冷却器出水口

4.9.5.2　旋转蒸发装置

旋转蒸发在旋转蒸发器中进行，旋转蒸发器的结构如图4-41所示，主要由旋转蒸发系统(包括主机、蒸发瓶、冷却器、集液瓶等)、恒温水槽和真空泵三部分组成。

4.9.5.3　旋转蒸发操作

将仪器各部分固定并连接好。将欲蒸发的溶液放入蒸发瓶中，并确保不漏气，用升降柄调节蒸发瓶至合适高度。首先开启真空泵，关闭放气阀，抽气1～2 min；然后通冷却水，开启旋转蒸发器主机使蒸发瓶转动，并调节转速，一般开始时慢一些，然后逐渐加快；最后开启恒温水槽，并根据溶剂的沸点调节恒温水浴的温度。蒸发结束时，先停止加热，再减慢转速直至停止，然后打开放气阀，关闭真空泵，拆下蒸发瓶，关闭冷却水，回收集液瓶中的溶剂。

4.10　萃取

4.10.1　萃取的基本原理

萃取是提取或提纯物质的常用方法。其原理是利用溶质(待萃取物)在两种互不相溶的溶剂中的溶解度不同，使其从原溶剂中转移到另一种溶剂（萃取剂）中，从而与杂质分离。应用萃取可以从固体或液体中提取所需的物质，也可以从所需物质中洗去杂质，通常前者称为"抽提"，后者称为"洗涤"。

萃取效率的高低取决于分配定律，在一定温度和压力下，一种溶质分配在两种互不相溶的溶剂中的浓度之比为一常数，即

$$\frac{c_{A,质}}{c_{B,质}}=K \qquad\qquad (4-6)$$

式中：$c_{A,质}$ 是溶质在溶剂 A 中的质量浓度；$c_{B,质}$ 是溶质在溶剂 B 中的质量浓度；K 称为分配系数。利用分配定律可以计算萃取效率。

设 m_0 为溶质的总质量，V_A 为原溶剂的体积，m_1 为第一次萃取后溶质在原溶剂中的剩余量，V_B 为每次萃取所用的萃取剂的体积，则

$$\frac{c_{A,质}}{c_{B,质}}=\frac{\dfrac{m_1}{V_A}}{\dfrac{m_0-m_1}{V_B}}=K$$

即

$$m_1=m_0\frac{KV_A}{KV_A+V_B}$$

同理，第二次萃取后

$$\frac{\dfrac{m_2}{V_A}}{\dfrac{m_1-m_2}{V_B}}=K$$

即

$$m_2=m_1\frac{KV_A}{KV_A+V_B}=m_0\left(\frac{KV_A}{KV_A+V_B}\right)^2$$

因此，经 n 次萃取后

$$m_n=m_0\left(\frac{KV_A}{KV_A+V_B}\right)^n \qquad\qquad (4-7)$$

由式（4-7）可知，用一定量的溶剂进行萃取时，多次萃取比一次萃取的效率高。例如，15 ℃时，辛二酸在水和乙醚中的分配系数为 0.25，若 4 g 辛二酸溶于 50 mL 水中，用 50 mL 乙醚一次萃取，则萃取后，辛二酸在水中的剩余量为

$$m_1=4\times\frac{0.25\times50}{0.25\times50+50}=0.80(g)$$

萃取效率为 $\dfrac{4-0.80}{4}\times100\%=80\%$。

若 50 mL 乙醚分 2 次萃取，每次用 25 mL，则剩余量为

$$m_2=4\times\left(\frac{0.25\times50}{0.25\times50+25}\right)^2=0.44(g)$$

萃取效率为 $\dfrac{4-0.44}{4}\times100\%=89\%$。

若 50 mL 乙醚分 5 次萃取，每次用 10 mL，则剩余量为

$$m_5 = 4 \times \left(\frac{0.25 \times 50}{0.25 \times 50 + 10} \right)^5 = 0.21 (\text{g})$$

萃取效率为 $\frac{4-0.21}{4} \times 100\% = 95\%$。可见，对一定量的溶剂，萃取次数越多，萃取效率越高。

此外，萃取效率还与萃取剂的性质有关。作为萃取剂应满足纯度高、沸点低、毒性小、对待萃取物溶解度大、与原溶剂不互溶的要求。一般来说，难溶于水的物质用石油醚萃取，较易溶于水的物质用乙醚或苯萃取，易溶于水的物质用乙酸乙酯萃取。例如，用乙醚萃取水中的草酸效果较差，而用乙酸乙酯萃取效果较好。

萃取次数取决于分配系数，一般为 3～5 次，萃取后将各次萃取液合并并加入适当的干燥剂干燥，然后蒸去溶剂，所得物质可根据其性质再用蒸馏或重结晶等方法进一步提纯。

4.10.2　液-液萃取

液-液萃取用于从溶液中提取物质，常在分液漏斗中进行。选择容积较溶液体积大 1～2 倍的分液漏斗[①]。将分液漏斗放在固定的铁环中，关闭活塞。从上口依次加入待萃取溶液和萃取剂，盖好塞子。取下分液漏斗，向上倾斜，振荡以使液层充分接触，振荡时用右手手掌顶住塞子并握紧漏斗；左手握住活塞部分并用拇指顶紧活塞，以防活塞转动或脱落，如图 4-42 所示。开始时，每振荡几下就要打开活塞（朝无人处），使过量的蒸气逸出，称为"放

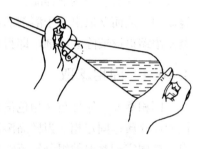

图 4-42　分液漏斗的振荡方法

气"[②]。如此重复放气至压力很小后，再剧烈振荡 2～3 min，然后将分液漏斗放回铁环中静置。待两层液体完全分开后，打开顶端的塞子，再缓慢旋开活塞，放出下层液体[③]，上层液体则由上口倒出[④]。

在液-液萃取中，有时会发生乳化现象，使两液相不能很清晰地分开，因而很难将它们完全分离。这时应根据乳化的原因，采取相应的措施来破坏乳化：若因溶液呈碱性而乳化，可加入少量稀 H_2SO_4 中和；若因两种溶剂（水和有机溶剂）能部分互溶而乳化，可加入少量电解质（如 NaCl），利用盐析作用破坏乳化；若因两液相的密度相差很小而乳化，可加入 NaCl，增大水相的密度；若因存在少量轻质沉淀而乳化，可较长时间静置或采用过滤等方法除去。此外，根据不同情况，还可以加入乙醇、磺化蓖麻油等破坏乳化的物质。

4.10.3　液-固萃取

液-固萃取用于从固体混合物中提取物质，是利用溶剂对样品中提取物和杂质的溶解度

---

①　分液漏斗使用前应先检漏，如漏液应在活塞处做涂油处理，若顶端的玻璃塞漏液，则不得涂油。

②　因为振荡时产生的蒸气压加上原来的蒸气压及空气，漏斗内的压力可能大大超出大气压，如果不及时放气，塞子就会被顶出，甚至造成事故。

③　尽可能分离干净，有时在两相间出现的一些絮状物也应同时放去。

④　上层液体切不可经活塞放出，以免被漏斗颈部的下层残液污染。

不同来达到分离提纯的目的。

从固体混合物中提取所需物质，最简单的方法是把固体混合物研细，放在容器中加入适当溶剂，用力振荡，然后用倾泻法或过滤法将提取液与残留的固体分开。若待提取物特别易溶，可把研细的固体混合物放在有滤纸的漏斗中，用溶剂洗涤。这样，待提取物就溶解在溶剂中而被过滤出来。如果待提取物不易溶，用洗涤过滤的方法要消耗大量的溶剂并花费很长的时间，这时常用索氏提取器来提取。索氏提取器由圆底烧瓶、抽提筒和球形冷凝管三部分组成，主要部分是抽提筒，它下接烧瓶、上接冷凝管，装置如图 4-43 所示。

索氏提取器利用溶剂的回流及虹吸原理，使固体混合物连续被纯的热溶剂萃取，因而大大减少了溶剂用量，缩短了提取时间。萃取前，应先将固体研细[①]，装入套袋[②]内，再将套袋置于抽提筒中，烧瓶内盛溶剂，溶剂受热沸腾后，其蒸气沿抽提筒侧管上升至冷凝管，被冷凝后滴入套袋中浸泡样品。当液面超过虹吸管时，即沿虹吸管流回

图 4-43　索氏提取器

烧瓶中，从而萃取出溶于溶剂的物质。溶剂如此循环，就能将待提取物富集于烧瓶内。最后蒸发浓缩提取液除去溶剂，即得产物。

4.10.4　固相萃取

固相萃取的原理与液相色谱相同，是色谱技术在样品净化、富集方面的应用。它用多孔性固体介质作固定相。当样品溶液流过时，某些组分被固定相萃取，另一些组分则随溶剂流出。被固定相萃取的组分经清洗后再用洗脱剂洗脱，从而达到分离提纯的目的。固相萃取具有速度快、溶剂用量少、回收率高、重现性好等优点，应用越来越广泛。

4.11　升华

4.11.1　升华的基本原理

升华是提纯固体物质的一种方法，适用于熔点温度以下仍然具有相当高（高于 2 660 Pa）蒸气压的固体物质。当固体物质有较高蒸气压时，往往可以加热而直接汽化，这个过程叫作升华，蒸气遇冷又直接冷凝成固体的过程叫作凝华。利用升华可以除去不挥发性的杂质，也可以分离不同挥发性的固体混合物。升华常可以得到比较纯的产物，但操作时间长，损失也较大。

4.11.2　常压升华

常压升华装置如图 4-44 所示。将研细的待升华物质均匀地放在蒸发皿中，蒸发皿上盖一张穿有许多小孔的滤纸。将漏斗倒扣在滤纸上，漏斗颈部塞一团疏松的脱脂棉或玻璃棉，以减少蒸气外逸（图 4-44a），隔石棉网或用沙浴、油浴等缓慢加热，控制温度低于物质的

---

① 　研细的目的是增大溶剂的浸泡面积。
② 　套袋是用滤纸做成的直径略小于抽提筒内径的纸筒，套袋的高度要超过虹吸管，装入样品的高度要低于虹吸管。

熔点，使其慢慢升华。蒸气通过滤纸孔上升，到达漏斗内壁，冷凝为晶体并附在漏斗内壁上或落在滤纸上。

较大量物质的升华，可在烧杯中进行。烧杯上放一个通冷却水的圆底烧瓶，使蒸气在烧瓶底部冷凝为晶体并附在烧瓶底部(图4-44b)。

在空气或惰性气体气流中进行升华的装置如图4-44c所示，当物质开始升华时，通入空气或惰性气体，带出升华物并在烧瓶内壁上冷凝为晶体。

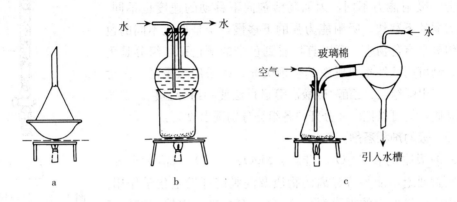

图4-44 常压升华装置

4.11.3 减压升华

有些物质在熔点温度以下蒸气压较低。例如，萘在熔点80℃时的蒸气压只有933 Pa，用常压升华不能得到满意的效果，则可采用减压升华。

减压升华装置如图4-45所示。将研细的固体物质放在吸滤管中，然后用套有冷凝指的橡皮塞严密地塞住吸滤管管口，用水泵或油泵抽气减压，通冷却水，将吸滤管浸在水浴或油浴中加热，使物质升华。升华结束后，慢慢使体系与大气相通，以免空气突然冲入把附在冷凝指上的晶体吹落。小心地取出冷凝指，收集产物。

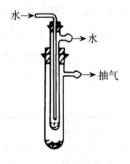

图4-45 减压升华装置

4.12 色谱

色谱又称层析，是分离、提纯和鉴定化合物的重要方法。开始时仅用于有色化合物，后来引入了显色方法，现在已广泛应用于无色化合物。色谱法的基本原理是利用混合物各组分在某一物质中的吸附或溶解(分配)性能的不同或其亲和性能的差异，使混合物随着流动的液体或气体(称为流动相)流过该种固定不动的固体或液体(称为固定相)，进行反复的吸附或分配，从而使各组分分离。根据操作条件的不同，色谱法可分为柱色谱、纸色谱、薄层色谱、气相色谱和高效液相色谱。后两种是大型仪器，参见3.11和3.12中介绍，本节只介绍前三种。

4. 12. 1　柱色谱法

4. 12. 1. 1　基本原理

柱色谱是吸附色谱，装置如图4-46所示，在色谱柱中装入经活化的多孔或粉状固体吸附剂，从柱顶加入样品溶液，当溶液流过时，各组分即被吸附在柱的上端，再从柱顶加入洗脱溶剂，由于各组分的吸附能力不同，因而随溶剂向下移动的速度也不同，吸附能力弱的下移快，吸附能力强的下移慢，于是形成不同的色带。若组分是有色物质，可以直接看到色带的颜色；若组分是无色物质，则可用紫外光照射使其呈现荧光，或采用碘熏法、高锰酸钾法、溴甲酚绿法、乙醇/硫酸法等显色法使各组分显色。继续用溶剂洗脱，就可以把已经分开的各组分分别洗出收集。

图4-46　柱色谱装置
1. 溶剂　2. 沙子
3. 吸附剂　4. 玻璃棉

4. 12. 1. 2　吸附剂和溶剂

常用的吸附剂有 Al_2O_3、硅胶、MgO、$CaCO_3$ 和活性炭等，选择的吸附剂绝不能与待分离的物质及洗脱溶剂发生化学作用。柱色谱中应用最广泛的吸附剂是 Al_2O_3，分酸性、中性和碱性三种。酸性 Al_2O_3 是用质量分数为 1% 的 HCl 浸泡后，再用蒸馏水洗至悬浮液 pH 为 4.0~4.5，用于分离酸性物质；中性 Al_2O_3 pH 为 7.5，用于分离中性物质（如醛、酮等）；碱性 Al_2O_3 pH 为 9.0~10.0，用于分离碱性物质（如生物碱、碳水化合物等）。

吸附剂的活性与其含水量有关，含水量越低，活性越高。Al_2O_3 的活性分五级，一般常用二级或三级。吸附剂活性与含水量的关系见表4-5。将 Al_2O_3 放在高温炉（350~400 ℃）内烘 3 h，即得一级 Al_2O_3；硅胶也可同样处理。

表4-5　吸附剂活性与含水量的关系

活　　性	一级	二级	三级	四级	五级
Al_2O_3 含水量/%	0	3	6	10	15
硅胶含水量/%	0	5	15	25	38

吸附能力与颗粒大小有关，颗粒越大，流速越快，但分离效果不好；颗粒越小，则分离效果越好，但流速太慢。Al_2O_3 的颗粒大小以通过 100~150 目筛孔为宜。化合物的吸附能力与其分子极性有关，分子极性越大，吸附能力越强；分子含极性较大的基团，其吸附能力也较强。Al_2O_3 对各类化合物的吸附能力按下列次序递增：

饱和烃＜不饱和烃＜醚、卤代物＜芳香族化合物＜醛、酮、酯＜醇、硫醇、胺＜酸、碱

溶剂的选择直接影响分离效果。选择溶剂时应考虑被分离物质的极性和溶解度以及吸附剂的活性等因素。先将样品溶解在非极性或极性很小的溶剂中，从柱顶加入，然后用极性稍大的溶剂使各组分在柱中形成色带，再用极性更大的溶剂或混合溶剂洗脱被吸附的物质。常用溶剂的洗脱能力按下列次序递增：

己烷＜环己烷＜四氯化碳＜三氯乙烯＜二硫化碳＜甲苯＜苯＜二氯甲烷＜氯仿＜乙醚＜乙酸乙酯＜丙酮＜丙醇＜乙醇＜甲醇＜水＜乙酸

4.12.1.3 操作步骤

色谱柱的大小要根据处理量和吸附剂的性质而定，一般色谱柱的直径为 0.5～10 cm，长度与直径之比为(10～40)∶1，吸附剂用量一般为待分离样品的 30～60 倍。

先将色谱柱洗净干燥，在柱底铺一层玻璃棉或脱脂棉，再铺一层 0.5～1 cm 厚的沙子，然后将吸附剂装入柱内。装柱方法有湿法和干法两种。湿法是先将溶剂倒入柱内至柱高的 3/4 处，再用适量溶剂将吸附剂调成糊状，慢慢倒入柱内，同时将下面的活塞打开，使溶剂流出(控制流速为每秒 1 滴)，吸附剂慢慢下沉。加完吸附剂后，继续让溶剂流出直至吸附剂不再下沉为止。干法是先将吸附剂装入柱内至柱高的 3/4 处，轻敲柱身使之紧密均匀，再加入溶剂使吸附剂全部润湿。无论用哪种方法装柱，都必须紧密均匀并排出空气，吸附剂不能有裂缝，否则将影响分离效果。一般来说，湿法比干法装得紧密均匀。

装好柱后，在吸附剂上面再盖一层 0.5～1 cm 厚的沙子，轻敲柱身使沙子水平。先用溶剂洗柱，再加入样品溶液，最后再用溶剂洗脱，分别收集各组分洗脱液，流速控制在每秒 1～2 滴。整个过程都要有溶剂覆盖吸附剂。

4.12.2 纸色谱法

4.12.2.1 基本原理

纸色谱是分配色谱，以特制的滤纸为载体，让样品溶液在滤纸上展开而达到分离的目的。纸色谱的溶剂由有机溶剂和水按一定比例组成，当有机溶剂与水部分互溶时，一相是以水饱和的有机溶剂相，另一相是以有机溶剂饱和的水相。因为滤纸纤维对水的亲和力较大，而对有机溶剂的亲和力较小，所以水相为固定相，有机溶剂相为流动相。将样品溶液点在滤纸的某一位置上，当溶剂沿滤纸流动经过该点时，即在固定相与流动相间发生分配作用，结果在固定相中溶解度较大的物质随溶剂移动的速度较慢，而在流动相中溶解度较大的物质随溶剂移动的速度较快，这样便能把混合物的各组分分开。纸色谱主要用于多官能团(如碳水化合物)或高极性有机化合物(如氨基酸)的微量(5～500 μg)定性分析，分离出的颜色斑点还可以用比色法定量。

4.12.2.2 展开剂

在纸色谱中作为流动相的有机溶剂称为展开剂。混合物的分离效果取决于展开剂，合适的展开剂有助于混合物的完全分离。展开剂应对被分离物质有适当的溶解度，溶解度太大，被分离物质会随展开剂跑到前沿，使斑点不规则；溶解度太小，被分离物质则会留在原点附近，使分离效果不好。选择展开剂的原则如下：

① 一般溶于水的化合物，以水作固定相，以与水能混合的有机溶剂(如醇类)作展开剂。

② 对难溶于水的极性化合物，以非水极性溶剂(如甲酰胺、N,N-二甲基甲酰胺等)作固定相，以不能与固定相结合的非极性溶剂(如环己烷、苯、四氯化碳等)作展开剂。

③ 对能溶于水的非极性化合物，以非极性溶剂(如液体石蜡)作固定相，以极性溶剂(如水、含水的醇、含水的酸等)作展开剂。

4.12.2.3 操作步骤

纸色谱常用的装置如图 4-47 所示。纸色谱在展开缸中进行，根据展开的需要可选用层析缸或标本瓶作为展开缸，上部装结合紧密的带玻璃钩的橡皮塞[1]，装入适量展开剂。选择厚薄均匀、平整无折痕的滤纸，将其切成长方形纸条(大小视混合物分离所需距离而定)，悬挂在展开剂蒸气中放置过夜。具体操作过程如下：

(1)点样　在滤纸一端2～3 cm处用铅笔[2]画一条起始线并标明点样位置(图4-48)，然后用毛细管垂直地将标准溶液和样品溶液点在该位置上，点的直径为2～3 mm。

图4-47　纸色谱装置
1.橡皮塞　2.玻璃钩　3.滤纸条
4.溶剂前沿　5.起点线　6.溶剂

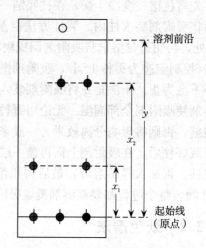

图4-48　纸色谱操作示意图

(2)展开　待溶剂挥发后[3]，把滤纸的另一端悬挂在玻璃钩上，置于展开缸中，使滤纸下端浸入展开剂中约1 cm[4]，展开剂由于毛细管作用沿滤纸上升，标准溶液和样品溶液中各组分随之展开。

(3)烘干　当展开剂前沿接近滤纸上端时，将滤纸取出并迅速画出前沿线，晾干。

(4)显色　若样品中各组分是有色的，在滤纸上就可以直接看到各种颜色的斑点；若组分本身无色，则可用显色剂喷雾使其显色。不同物质所用的显色剂是不同的，如氨基酸用茚三酮、有机酸用溴酚蓝、生物碱用碘蒸气等。此外还可用物理方法，如在紫外灯下观察荧光斑点等。

(5)测量计算　用铅笔直接在滤纸上画出斑点的位置和形状，最后计算各组分的比移值R_f。

$$R_f = \frac{x}{y} \tag{4-8}$$

式中：R_f为各组分的比移值；x为原点中心到斑点中心的距离，即溶质到达距离；y为原点中心至溶剂前沿的距离，即溶剂到达距离。

---

① 标本瓶通常配有带玻璃钩的玻璃盖，无须另外配橡皮塞和玻璃钩。
② 不能用钢笔或圆珠笔画线。
③ 可用红外灯烘以加速挥发。
④ 样品斑点必须在展开剂液面上，绝不能接触到展开剂。

比移值 R_f 与被分离物质的结构、固定相与流动相的性质、温度、滤纸质量等因素有关，当温度、滤纸质量、固定相与流动相都相同时，对一个指定化合物，其 R_f 就是一个常数，因而可作为定性分析的依据。但由于影响 R_f 的因素很多，实验值往往与文献值不完全相同，因此，在混合物鉴定时常采用标准样品在同一张滤纸上点样对照(图 4 - 48)，通过与标样比较可定性鉴定。当两种组分的 R_f 差($\Delta R_f = R_{f1} - R_{f2}$)大于 0.02 时，则两组分可分离。

4.12.3　薄层色谱法

4.12.3.1　基本原理

薄层色谱是一种微量、快速的色谱法，它兼有柱色谱和纸色谱的优点。将吸附剂均匀地涂在玻璃板上作固定相，经干燥、活化后点样，在展开剂(流动相)中展开。当展开剂沿薄层板上升时，混合物中易被固定相吸附的组分移动较慢，而难被固定相吸附的组分移动较快，利用各组分吸附能力和溶解能力的不同将各组分分开。薄层色谱不仅适用于微量样品($1\sim100~\mu g$)的分离，也适用于较大量样品(可达 $500~\mu g$)的精制，特别适用于挥发性较小或在较高温度下容易发生变化而不能用气相色谱分离的化合物。薄层色谱在灵敏、快速、准确等方面均比纸色谱优越。在显色方面，纸色谱所用的显色剂都可用于薄层色谱。此外，薄层色谱还可使用一些腐蚀性的显色剂，如浓 H_2SO_4、浓 HCl、浓 H_3PO_4 等，而纸色谱却不能用。但薄层色谱在操作上不如纸色谱简便，薄层板也不易保存。

4.12.3.2　吸附剂、黏合剂和展开剂

(1)吸附剂　薄层色谱常用的吸附剂有 Al_2O_3、硅胶等。硅胶是无定形多孔性物质，略具酸性，适用于酸性和中性化合物的分离或分析。薄层色谱用的硅胶主要有以下几种类型：硅胶 H(不含黏合剂和其他添加剂)、硅胶 G(含煅石膏作黏合剂)、硅胶 HF_{254}(含荧光物质，可在波长 254 nm 的紫外光下观察荧光)和硅胶 GF_{254}(含煅石膏和荧光物质)。薄层色谱用的 Al_2O_3 也可分为氧化铝 H、氧化铝 G、氧化铝 HF_{254} 及氧化铝 GF_{254}。

(2)黏合剂　黏合剂除煅石膏外，还可用淀粉、羧甲基纤维素钠等。加黏合剂的薄层板称为硬板，不加黏合剂的薄层板称为软板。

(3)展开剂　展开剂的选择主要根据样品的极性、溶解度和吸附剂的活性等因素来考虑。展开剂通常使用一种高极性和一种低极性溶剂组成的混合溶剂，高极性的溶剂有增加区分度的作用。展开剂的选择条件：①对分离组分有良好的溶解性；②可使组分间分离；③待测组分的 R_f 在 0.2～0.8，定量测定时 R_f 在 0.3～0.5；④不与待测组分或吸附剂发生化学反应；⑤沸点适中，黏度较小；⑥展开后组分斑点圆且集中。一般来说，弱极性溶剂体系的基本两相由正己烷和水组成，适用于生物碱、黄酮、萜类等的分离；中等极性的溶剂体系由氯仿和水基本两相组成，适用于蒽醌、香豆素以及一些极性较大的木质素和萜类的分离；强极性溶剂，由正丁醇和水组成，适用于极性很大的生物碱类化合物的分离。展开剂的选择要通过试验不断变换组成来达到最佳效果，上述体系都可以根据需要加入甲醇、乙醇、乙酸乙酯来调节溶剂体系的极性，以达到好的分离效果。对于在硅胶上易分解的物质，在展开剂里加少量三乙胺、氨水、吡啶等碱性物质来中和硅胶的酸性。

4.12.3.3 操作步骤

(1)薄层板的制备 薄层板一般用 10 cm×3 cm 的玻璃板,薄层涂布应均匀且厚度要一致[①]。薄层板分干板和湿板两种:干板一般用 Al_2O_3 作吸附剂,涂布时不加水;湿板则先将吸附剂与水一起调成糊状物(硅胶可加 2 倍水,Al_2O_3 则加 1 倍水),然后按下列方法涂布,制成薄层板。

① 平铺法:将洗净的几块玻璃板在涂布器中摆好,两边各夹一块比前者厚 0.25 mm 的玻璃板,将调好的糊状物倒入涂布器槽中,将涂布器自左向右推,即可将糊状物均匀地涂在玻璃板上,如图 4-49 所示。若无涂布器,也可用边缘光滑的不锈钢尺自左向右将糊状物刮开。

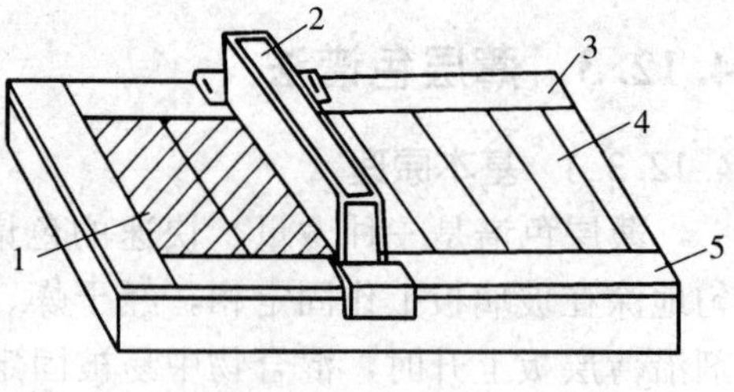

② 倾注法:将调好的糊状物倾在玻璃板上并用玻璃棒拨开,轻轻振荡,使其表面均匀光滑,然后放在水平的台面上晾干。

③ 浸渍法:将两块干净的玻璃板对齐紧贴在一起,浸入糊状物中,使玻璃板上布满一层均匀的吸附剂。然后取出分开,水平放置晾干。

图 4-49 薄层涂布器
1. 吸附剂薄层 2. 涂布器
3、5. 夹玻板 4. 玻璃板(10 cm×3 cm)

(2)薄层板的活化 将涂好的薄层板晾干后,放入烘箱内加热活化。硅胶板一般要慢慢升温,最后维持在 105～110 ℃活化 30 min。Al_2O_3 板在 150～160 ℃烘 4 h 可得活性三级板,在 200～220 ℃烘 4 h 可得活性二级板。薄层板的活性与含水量有关(表 4-5)。薄层板活化后,要放在干燥器中保存备用。

(3)点样 将距薄层板一端约 1 cm 处作为起点线,用内径为 1 mm 的毛细管吸取质量分数为 1‰的样品溶液,垂直地点在起点线上,点的直径一般不要超过 2 mm[②]。一块薄层板可以点多个样,但点之间要相距 1～1.5 cm。

(4)展开 薄层板的展开在层析缸中进行。层析缸中装入适量展开剂,为使展开剂蒸气充满全缸并很快达到平衡,可在层析缸内衬一张滤纸。将点好样的薄层板斜靠在层析缸内,展开剂浸至薄层板下端约 0.5 cm 高度,如图 4-50 所示,切勿使样品点浸入展开剂中。当展开剂上升到距薄层板顶端 1～1.5 cm 处,样品中各组分已明显分开时,取出薄层板,立即用铅笔画出展开剂前沿线。

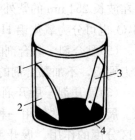

图 4-50 薄层色谱展开
1. 层析缸 2. 滤纸
3. 薄层板 4. 展开剂

(5)显色 展开剂挥发后,若样品中各组分是有颜色的,则可以直接看到各种颜色的斑点;若本身无色,则可用显色剂显色。对于含荧光物质的薄层板,可在紫外灯下观察。斑点显色后,应立即用铅笔标出各斑点的位置和形状。

(6)计算比移值 R_f 按式(4-8)计算各组分的 R_f 值。化合物的吸附能力与它的极性成正比,具有较大极性的化合物吸附能力较强,因而其 R_f 值较小。

---

① 厚度一般为 0.25 mm,若厚度不一致,展开时溶剂前沿不齐,色谱结果也不易重复。
② 样品用量太多,斑点过大,易造成交叉和拖尾现象;样品用量太少,有的组分有可能不易显出。

思考题

1. 玻璃仪器洗涤时应注意哪些事项?
2. 采用排水集气法收集气体时应考虑哪些因素?
3. 用电子分析天平进行减量法称量时,如何操作才能保证称量的准确性?
4. 容量瓶、移液管和滴定管应如何规范操作? 正确的读数方法是怎样的?
5. 主要的加热方法有哪些? 应如何选择合适的加热方式?
6. 重结晶的应用条件是什么? 如何进行重结晶操作?
7. 普通蒸馏、分馏、减压蒸馏在装置上有什么异同之处?
8. 水蒸气蒸馏的基本原理是什么? 被提纯的物质应具备哪些条件才能采用此法来纯化?
9. 如何使液-液萃取更彻底?
10. 纸色谱的分离原理是什么? 如何应用纸色谱分离组分?
11. 测定物质熔点的方法有哪些?
12. 校正滴定管时,每次放出的水是否一定要是整数?
13. 用常压升华的方法提纯少量固体物质应如何操作呢?

5 化学物质的制备、合成、分离与纯化实验

【概述】

　　化学物质的制备、合成、分离与纯化是一个非常广泛的领域，而且分离与纯化技术和制备方法也在不断发展。本章实验主要包括无机物和有机物的制备、合成、分离、纯化及天然有机物的提取、纯化与鉴定。其目的是通过实验使学生学到制得产物的分离和纯化及天然有机物的提取与纯化的一般方法，使学生更系统、规范和熟练地掌握化学实验的基本操作与实验技巧，提高实验技能；同时通过实验操作、现象观察，再经思考、总结、归纳，形成对化合物性质、结构等规律的认识，并使这些认识在实验中反复检验，得以升华，以此训练学生由实验提供的素材总结出系统的理论，为将来探索新的分子世界打下基础。

5.1 工业 $CuSO_4 \cdot 5H_2O$ 的提纯和结晶水测定

一、实验目的

(1)掌握结晶和重结晶提纯物质的原理和方法。

(2)了解加热脱水测定化合物结晶水的原理和方法。

(3)综合训练称量、加热、沙浴加热、溶解、沉淀、过滤、减压过滤、结晶、重结晶、洗涤、干燥等基本操作。

二、实验用品

(1)仪器　天平、红外加热炉(或电炉)、蒸发皿、表面皿、量筒、烧杯、漏斗、漏斗架(或铁架台)、减压过滤装置、沙浴装置、研钵、坩埚、坩埚钳、干燥器、温度计(300 ℃)。

(2)药品　1 mol·L^{-1} H_2SO_4、2 mol·L^{-1} $NH_3 \cdot H_2O$、0.5 mol·L^{-1} NaOH、质量分数为 3% 的 H_2O_2、质量分数为 95% 的乙醇。

(3)其他用品　工业 $CuSO_4 \cdot 5H_2O$、精密 pH 试纸、滤纸、冰。

三、实验原理

$CuSO_4 \cdot 5H_2O$ 俗称胆矾或蓝矾，是最常用的铜盐，广泛用于制备其他铜的化合物。在工业中采用浓 HNO_3 作氧化剂，直接将铜与 H_2SO_4 作用制备 $CuSO_4$。溶液中除生成 $CuSO_4$ 外，还有一定量的 $Cu(NO_3)_2$，另外，粗铜原料中往往混有少量铁及不溶性杂质，所以产品 $CuSO_4$ 中还会含有少量的 $FeSO_4$、$Fe_2(SO_4)_3$ 等可溶性杂质及一些不溶性杂质。不溶性杂质可过滤除去；$FeSO_4$ 可用 H_2O_2 氧化为 $Fe_2(SO_4)_3$，然后调节 pH = 4.0，使 Fe^{3+} 水解为

· 144 ·

$Fe(OH)_3$ 沉淀而过滤除去；由于 $Cu(NO_3)_2$ 在水中的溶解度比 $CuSO_4$ 的大得多（表 5-1），利用重结晶的方法，使它留在母液中而与 $CuSO_4$ 分离；最后将产品干燥即得纯的 $CuSO_4 \cdot 5H_2O$。

表 5-1　每 100 g 水中 $CuSO_4$ 和 $Cu(NO_3)_2$ 的溶解度（g）

	0 ℃	20 ℃	40 ℃	60 ℃	80 ℃
$CuSO_4 \cdot 5H_2O$	23.3	32.3	46.2	61.1	83.8
$Cu(NO_3)_2 \cdot 6H_2O$	81.8	125.1	—	—	—
$Cu(NO_3)_2 \cdot 3H_2O$			160.0	178.5	208.0

$CuSO_4 \cdot 5H_2O$ 是一种蓝色晶体，加热时随着温度升高逐步脱水。使用同步热重分析仪，通过所获得的热重分析曲线 TG 以及 DTG 曲线能够清楚地看到 $CuSO_4 \cdot 5H_2O$ 的脱水过程分为两个阶段：第一阶段 42~191 ℃，失去四个结晶水；第二阶段 216~288 ℃，失去最后一个结晶水，成为白色粉末状的无水 $CuSO_4$。当温度高于 650 ℃时，$CuSO_4$ 会分解为 CuO。本实验通过准确称量脱水前后样品的质量，便可计算出结晶水数目。

四、操作步骤

（1）$CuSO_4 \cdot 5H_2O$ 的提纯　称取 10 g 工业 $CuSO_4 \cdot 5H_2O$ 放在小烧杯中，加入 40 g 蒸馏水并加热，搅拌至基本溶解，加入 2 mL 质量分数为 3% 的 H_2O_2，继续加热，同时逐滴加入 2 mol·L^{-1} $NH_3 \cdot H_2O$（或 0.5 mol·L^{-1} NaOH），直到溶液 pH 为 4.0（用精密 pH 试纸检验）。继续加热片刻，至无小气泡冒出，除去过量的 H_2O_2，静置，使生成的 $Fe(OH)_3$ 沉降，趁热将溶液过滤入蒸发皿中，滴加 1 mol·L^{-1} H_2SO_4，调节 pH 至 1~2。然后在红外加热炉上加热，先大火快速蒸发浓缩，之后小火保持微微沸腾，不要搅拌，慢慢浓缩至液面出现一层结晶膜，即停止加热，冷却至室温，减压过滤（尽量抽干）得初步提纯的产品，称重。

将上述产品置于小烧杯中，按质量比为 1∶1.1 的比例加入蒸馏水，加热搅拌使产品全部溶解（加热到将近沸腾），然后取下小烧杯，放置在垫板上，冷却至室温，再将小烧杯置于冰水中继续冷却，使 $CuSO_4 \cdot 5H_2O$ 大部分析出，再次减压过滤，并用少量质量分数为 95% 的乙醇洗涤晶体，抽干即得重结晶产品，干燥后称重并计算回收率。

（2）$CuSO_4 \cdot 5H_2O$ 结晶水的测定　用一只干净并灼烧到恒重的坩埚准确称取 1.0~1.2 g 研细的 $CuSO_4 \cdot 5H_2O$（精确至 0.001 g），然后将坩埚放在沙浴中，3/4 埋入沙中，但不能触及沙浴盘底部，沙浴的操作见 4.2.2。慢慢加热，观察样品颜色的变化，把温度控制在 260~280 ℃范围内[①]，直到样品全部变为白色，即 $CuSO_4 \cdot 5H_2O$ 完全脱水。用坩埚钳将坩埚移入干燥器内，冷却至室温，用滤纸片将坩埚外面擦干净，称重。再将坩埚按上面的方法加热 10~15 min，冷却、称重。如果两次结果相差不大于 0.005 g，按本实验的要求即可认为已恒重；否则要重复以上操作，直到符合要求。

五、数据记录和处理

（1）工业 $CuSO_4 \cdot 5H_2O$ 的质量_____g；初步提纯后产品的质量_____g；

重结晶后产品的质量_____g；回收率_____%。

（2）坩埚重_____g　　坩埚加 $CuSO_4 \cdot 5H_2O$ 质量_____g

---

① 温度过高时 $CuSO_4$ 会分解。

    $CuSO_4 \cdot 5H_2O$ 质量_____ g   坩埚加无水 $CuSO_4$ 质量_____ g

无水 $CuSO_4$ 质量_____ g   结晶水质量_____ g

$n(CuSO_4)$_____ mol $n(H_2O)$_____ mol

$$1 \text{ mol } CuSO_4 \text{ 所含的结晶水数目} = \frac{n(H_2O)}{n(CuSO_4)} = \underline{\qquad}$$

$$相对误差 = \frac{实验值 - 理论值}{理论值} \times 100\% = \underline{\qquad}$$

（3）根据上述数据讨论：①提纯产物回收率偏低还是偏高，分析原因；②实验所得 $CuSO_4 \cdot 5H_2O$ 结晶水数目与理论值比较，分析导致误差的可能因素。

六、思考题

（1）粗硫酸铜溶液中杂质 Fe^{2+} 为什么要先氧化为 Fe^{3+} 再除去？

（2）除 Fe^{3+} 时，为什么要调节到 $pH \approx 4$ 左右？pH 太低或太高有什么影响？

（3）测定硫酸铜结晶水时，为什么使用沙浴加热？并将温度控制在 $260 \sim 280$ ℃范围？

（4）加热后的坩埚能否未冷却至室温就称量？坩埚冷却时为什么要放在干燥器内？

5.2　氢氧化铁溶胶的制备与纯化

一、实验目的

（1）了解胶体分散体系的特点与特性。

（2）掌握溶胶的制备和纯化方法。

二、实验用品

（1）仪器　烧杯、量筒、锥形瓶、玻璃棒、试管、激光笔或手电筒。

（2）药品　$0.2 \text{ mol} \cdot L^{-1} FeCl_3$、质量分数为 5% 的火棉胶液、$0.05 \text{ mol} \cdot L^{-1} AgNO_3$、$0.1 \text{ mol} \cdot L^{-1} KSCN$。

三、实验原理

胶体分散体系是分散粒子直径为 $1 \sim 100$ nm 的分散体系，包括溶液和高分子化合物溶液。溶胶的制备方法有分散法和凝聚法两种。本实验用凝聚法，通过化学反应制备 $Fe(OH)_3$ 溶胶。

$$FeCl_3（稀溶液）+ 3H_2O \xrightarrow{\text{煮沸}} Fe(OH)_3（溶胶）+ 3HCl$$

这样制备的溶胶往往含有过多的电解质或其他杂质而影响它的稳定性，因此需要对溶胶进行纯化。纯化的方法是渗析，即将欲纯化的溶胶装于半透膜袋内，然后浸入水中。因为半透膜（如火棉胶）只允许离子、分子透过而溶胶粒子不能透过，所以随着渗析的进行，溶胶里的电解质及其他杂质的浓度迅速降低，不断更换膜外的水，最终就能使溶胶纯化。

四、操作步骤

（1）制作火棉胶半透膜袋　取 250 mL 锥形瓶洗净烘干后，倒入 10 mL 质量分数为 5% 的火棉胶液[①]，然后小心转动瓶子，使其在瓶壁上形成一均匀薄层。倒出多余的火棉胶液，将瓶子倒置于铁环上，让剩余的火棉胶液流尽，同时让乙醚蒸发掉，至嗅不到乙醚的气味。当

---

① 火棉胶是硝化纤维素的乙醇乙醚溶液，极易燃，使用时必须远离明火，并保持室内通风良好。

用手轻轻触摸火棉胶，不粘手时，在瓶内加满蒸馏水，溶去膜内剩余的乙醇。10 min 后，倒出蒸馏水，在瓶口处剥离一部分火棉胶膜，然后在膜与瓶壁之间注入蒸馏水，使火棉胶膜脱离瓶壁。轻轻取出完整的火棉胶膜[①]，将火棉胶膜袋保存在蒸馏水中。

(2)$Fe(OH)_3$ 溶胶的制备　将 50 mL 蒸馏水盛于 100 mL 小烧杯中煮沸，然后边搅拌边慢慢滴加 4 mL 0.2 mol·L^{-1} $FeCl_3$，继续煮沸和搅拌 1 min，即生成红色的 $Fe(OH)_3$ 溶胶。

(3)$Fe(OH)_3$ 溶胶的纯化　将制得的 $Fe(OH)_3$ 溶胶装入火棉胶半透膜袋中，用线拴住袋口，置于 1 000 mL 烧杯中。在烧杯中加入 750 mL 蒸馏水，稍加热使水温保持在 60～70 ℃，进行热渗析。每半小时换一次水，并用干净的胶头滴管取出 1 mL 渗析水，检验其中的 Cl^- 和 Fe^{3+}[②]，直到检不出 Cl^- 和 Fe^{3+} 为止。

(4)$Fe(OH)_3$ 溶胶的检验　利用胶体的丁达尔效应，用激光笔或者手电筒照射样品，观察光线能否穿过，如果能形成光路并且穿过样品，说明生成了 $Fe(OH)_3$ 溶胶；如果不能在样品中形成光路，则样品可能是 $FeCl_3$ 或 $Fe(OH)_3$ 悬浊液。

五、思考题

(1)把 $FeCl_3$ 溶液加到冷水中，能否得到 $Fe(OH)_3$ 溶胶？为什么？

(2)使溶胶聚沉的因素有哪些？应如何避免？

(3)溶胶有什么用途？溶胶纯化的目的是什么？

5.3　工业氯化钠的提纯及检验

一、实验目的

(1)了解盐类溶解度知识和沉淀溶解平衡原理的应用，学习中间控制检验方法。

(2)练习和掌握离心、减压过滤、蒸发浓缩、无机盐的干燥和滴定等基本操作。

(3)学习天平的使用和目视比浊法进行限量分析。

二、实验用品

(1)仪器　电子台秤、红外加热炉、烘箱、烧杯、滴管、玻璃棒、玻璃漏斗、离心管、离心机、蒸发皿、分析天平、滴定管、比色管、锥形瓶、酸度计、减压过滤装置。

(2)药品　工业氯化钠、0.5 mol·L^{-1} $BaCl_2$、0.5 mol·L^{-1} Na_2CO_3、2 mol·L^{-1} HCl、质量分数为 1% 的淀粉、0.1 mol·L^{-1} $AgNO_3$ 标准溶液、质量分数为 0.5% 的荧光黄指示剂、质量分数 20% 的 HCl、0.2 g·L^{-1} K_2SO_4 乙醇溶液、250 g·L^{-1} $BaCl_2$。

(3)其他用品　pH 试纸。

三、实验原理

氯化钠是实验室中常用的试剂，是以工业氯化钠为原料进行提纯的。一般工业氯化钠中含有泥沙等不溶性杂质及 SO_4^{2-}、Ca^{2+}、Mg^{2+} 和 K^+ 等可溶性杂质。NaCl 的溶解度随温度的变化很小(表 5-2)，不能用重结晶方法来提纯，而需用化学方法处理，使可溶性杂质都转化成难溶物，过滤除去。利用稍过量的 $BaCl_2$ 与工业氯化钠中的 SO_4^{2-} 反应转化为难溶的 $BaSO_4$；再加 Na_2CO_3 与 Ca^{2+}、Mg^{2+} 及过量的 Ba^{2+} 生成碳酸盐沉淀，过量的 Na_2CO_3 会使

---

① 若膜上有漏洞，用玻璃棒蘸少许火棉胶液轻轻接触漏洞，将漏洞补好。

② 分别用 0.05 mol·L^{-1} $AgNO_3$ 和 0.1 mol·L^{-1} KSCN 进行检验。

产品呈碱性，将沉淀过滤后加盐酸除去过量的 CO_3^{2-}，有关化学反应式如下：

$$Ba^{2+} + SO_4^{2-} =\!=\!= BaSO_4 \downarrow$$

$$Ca^{2+} + CO_3^{2-} =\!=\!= CaCO_3 \downarrow$$

$$2Mg^{2+} + 2OH^- + CO_3^{2-} =\!=\!= Mg_2(OH)_2CO_3 \downarrow$$

$$Ba^{2+} + CO_3^{2-} =\!=\!= BaCO_3 \downarrow$$

$$CO_3^{2-} + 2H^+ =\!=\!= CO_2 \uparrow + H_2O$$

由于工业氯化钠来源不同，所含杂质的含量不同，因而沉淀剂 $BaCl_2$ 和 Na_2CO_3 的最少用量也不同，应通过中间控制检验方法来确定最少用量，即在加入一定量的沉淀剂后，取出少量溶液，离心后，再滴加沉淀剂，若无浑浊产生，说明沉淀完全，若溶液变浑，则需再加适量的沉淀剂，并将溶液煮沸。如此操作，反复检验、处理，直至沉淀完全为止。

至于用沉淀剂不能除去的其他可溶性杂质(如 K^+)，在最后的浓缩结晶过程中，绝大部分仍留在母液内，而与氯化钠晶体分开；少量多余盐酸，在干燥氯化钠时，以氯化氢形式逸出。

表 5 - 2　NaCl 的溶解度(100 g 水中，g)

温度/℃	0	10	20	30	40	50	60	70	80	90	100
溶解度	35.7	35.8	36.0	36.3	36.6	37.0	37.3	37.8	38.4	39.0	39.8

提纯后的氯化钠需经检验，符合相应标准才能作为试剂使用。根据《化学试剂　氯化钠》(GB/T 1266—2006)，试剂级 NaCl 的技术条件如表 5 - 3 所列。

表 5 - 3　NaCl 的规格

规　格	优级纯(一级)	分析纯(二级)	化学纯(三级)
$w(NaCl)/\%$	≥99.8	≥99.5	≥99.5
pH(50 g·L^{-1}, 25 ℃)	5.0～8.0	5.0～8.0	5.0～8.0
$w(SO_4^{2-})/\%$	0.001	0.002	0.005

常用目视比浊法①分析确定 SO_4^{2-} 的含量。产品检验按 GB/T 619 的规定进行取样验收，测定中所需要的标准滴定溶液、杂质测定用标准液、制剂和制品按 GB/T 601、GB/T 602、GB/T 603 的规定制备。

四、操作步骤

(1)溶盐　用烧杯称取 20 g 工业氯化钠，加水 60 mL，加热搅拌使其溶解，溶液中的少量不溶性杂质留待下一步过滤时一并滤去。

(2)化学处理

① 除去 SO_4^{2-}：将工业氯化钠溶液加热至沸，用小火维持微沸。边搅拌边逐滴加入

---

①　比浊法又称浊度测定法，是通过测量透过悬浮质点介质的光强度来确定悬浮物质浓度的方法，这是一种光散射测量技术。当光束通过一含有悬浮质点的介质时，悬浮质点对光的散射作用和选择性的吸收，使透射光的强度减弱。在比浊法中，透光度和悬浮物质浓度的关系类似于朗伯-比尔定律。

$0.5\ mol \cdot L^{-1}$ $BaCl_2$ 溶液，至无可见白色沉淀生成，采用中间控制检验法，将溶液中全部 SO_4^{2-} 都变成 $BaSO_4$ 沉淀。记录所用 $BaCl_2$ 溶液的量。因 $BaCl_2$ 的用量随工业氯化钠来源不同而异，应通过中间控制检验方法来确定最少用量[①]。沉淀完全后，趁热常压过滤[②]。

② 除去 Ca^{2+}、Mg^{2+}、Ba^{2+}：将滤液加热至沸，用小火维持微沸。边搅拌边逐滴加入 $0.5\ mol \cdot L^{-1}$ Na_2CO_3 溶液，至 Ca^{2+}、Mg^{2+}、Ba^{2+} 转变为难溶的碳酸盐或碱式碳酸盐沉淀。确证 Ca^{2+}、Mg^{2+}、Ba^{2+} 已沉淀完全后，进行第二次常压过滤(用蒸发皿接收滤液)。记录 Na_2CO_3 溶液的用量。

⚠注意：在上述两步加热微沸过程中应随时补充蒸馏水，以免 NaCl 析出。

③ 除去多余的 CO_3^{2-}：往滤液中滴加 $2\ mol \cdot L^{-1}$ HCl，搅匀，使溶液的 pH=3～4，记录所用盐酸的体积。

(3)蒸发、干燥

① 蒸发：将蒸发皿置于红外加热炉上，加热蒸发，当液面出现晶膜时，改用小火并不断搅拌，避免溶液溅出。蒸发过程应保持溶液 pH 值约为 6，应随时检查溶液的 pH 值，若 pH 值过高，可加 1～2 滴 $2\ mol \cdot L^{-1}$ HCl 调节。当溶液蒸发至稀糊状(切勿蒸干)时停止加热。冷却后，减压过滤，尽量将 NaCl 晶体抽干。

② 干燥：将 NaCl 晶体放入有柄蒸发皿中，用小火烘炒，期间应不断用玻璃棒翻动，以防结块。待无水蒸气逸出后，再大火烘炒数分钟。得到的 NaCl 晶体应是洁白和松散的。将样品置于干燥器中冷却至室温，称重，计算收率。

(4)产品检验

① 氯化钠含量的测定：用减量法称取 0.2 g 于 130 ℃干燥恒重的样品(精确至 0.1 mg)。在 250 mL 锥形瓶中溶于 70 mL 水，加 10 mL 质量分数为 1% 的淀粉溶液，在避光条件下用 $0.1\ mol \cdot L^{-1}$ $AgNO_3$ 标准溶液滴定，接近终点时，加 3 滴质量分数为 0.5% 的荧光黄指示液，继续滴定至乳液呈粉红色。用式(5-1)计算 NaCl 质量分数 ω：

$$w(NaCl)=\frac{\dfrac{V}{1\,000}\times c \times 58.44}{m}\times 100\% \qquad (5-1)$$

式中：V 为硝酸银标准溶液的用量(mL)；c 为硝酸银标准溶液的浓度(mol·L^{-1})；m 为样品质量(g)；58.44 为 NaCl 的摩尔质量(g·mol^{-1})。

② 水溶液 pH：在小烧杯中称取 5 g 样品(精确至 0.01 g)，溶于 100 mL 无 CO_2 的水中，用酸度计测定，pH 应在 5.0～8.0。

③ 用比浊法检验 SO_4^{2-} 的含量：称取 1 g 样品(精确至 0.1 mg)于 25 mL 比色管中，加 10 mL 蒸馏水使其溶解，再加 0.5 mL 质量分数为 20% 的 HCl 酸化试液。将 0.25 mL K_2SO_4

---

① $BaCl_2$ 的最少用量的中间控制检验方法为：取两支离心管，各加入 2 mL 溶液。离心沉淀后，沿其中一支离心管的管壁滴入 3 滴 $BaCl_2$ 溶液，另一支留作对比。如无浑浊产生，说明 SO_4^{2-} 已沉淀完全；若溶液变浑，需要再往烧杯中加适量的 $BaCl_2$ 溶液，并将溶液煮沸。如此操作，反复检验、处理，直至 SO_4^{2-} 沉淀完全为止。检验未加其他药品，观察后可倒回原溶液中。

② 过滤时，不溶性杂质及 $BaSO_4$ 沉淀尽量不要倒入漏斗中。

乙醇溶液与 1 mL BaCl$_2$ 溶液混合（晶种液），放置 1 min 后，加到上述已酸化的试液中，加蒸馏水稀释至刻度，摇匀，放置 5 min，与标准比浊溶液[①]进行比浊。根据溶液产生浑浊的程度，确定产品中 SO$_4^{2-}$ 杂质含量所达到的等级。

五、数据记录和处理

(1) 工业 NaCl 的质量_____g。

(2) 0.5 mol·L^{-1} BaCl$_2$ 溶液的最少用量_____mL；

0.5 mol·L^{-1} Na$_2$CO$_3$ 溶液的最少用量_____mL；

除去多余 CO$_3^{2-}$ 所用 2 mol·L^{-1} HCl 的体积_____mL。

(3) NaCl 晶体的质量_____g；收率_____%；性状：_____。

(4) NaCl 质量分数 w 为_____%；NaCl 水溶液的 pH＝_____。

(5) 比浊法测得 SO$_4^{2-}$ 杂质的含量为_____，折合产品中 SO$_4^{2-}$ 的质量分数为_____%；NaCl 达到的等级为_____。

六、思考题

(1) 溶盐的水量过多或过少有何影响？

(2) 为什么选用 BaCl$_2$、Na$_2$CO$_3$ 作沉淀剂？除去 CO$_3^{2-}$ 为什么用盐酸而不用其他强酸？

(3) 为什么先加 BaCl$_2$ 后加 Na$_2$CO$_3$？为什么要将 BaSO$_4$ 过滤掉才加 Na$_2$CO$_3$？什么情况下 BaSO$_4$ 可能转化为 BaCO$_3$？

(4) 为什么往工业氯化钠溶液中加 BaCl$_2$ 和 Na$_2$CO$_3$ 后，均要加热至沸？

(5) 如果产品的溶液呈碱性，加入 BaCl$_2$ 后有白色浑浊，此 NaCl 可能有哪些杂质？如何证明哪些杂质确实存在？

(6) 什么情况下会造成产品收率过高？

5.4 硫代硫酸钠的制备及检验

一、实验目的

(1) 了解实验室制备二氧化硫的方法及气体吸收装置的配备。

(2) 训练无机化合物制备过程的基本操作。

(3) 学习硫代硫酸钠的制备原理和方法以及检验方法。

二、实验用品

(1) 仪器 滴液漏斗、蒸馏瓶、锥形瓶、电磁搅拌器、蒸发皿、减压过滤装置。

(2) 药品 浓 H$_2$SO$_4$、Na$_2$SO$_3$、2 mol·L^{-1} NaOH、Na$_2$S、Na$_2$CO$_3$、2 mol·L^{-1} HCl、溴水、碘水、0.1 mol·L^{-1} AgNO$_3$。

三、实验原理

硫代硫酸钠，又名大苏打、海波，是常见的硫代硫酸盐，化学式为 Na$_2$S$_2$O$_3$，为无色、透明的结晶或结晶性细粒；临床上用于氰化物、腈类、砷、铋、碘、汞、铅等中毒治疗，以

---

① 标准比浊溶液的制备是根据不同级别的试剂取相应数量的硫酸盐(SO$_4^{2-}$)标准溶液(优级纯 0.01 mg SO$_4^{2-}$、分析纯 0.02 mg SO$_4^{2-}$ 和化学纯 0.05 mg SO$_4^{2-}$)，与样品同时同样处理。标准比浊溶液实验室已配好，比浊时搅匀即可。比浊后，计算产品中 SO$_4^{2-}$ 的质量分数。

及治疗皮肤瘙痒症、慢性皮炎、慢性荨麻疹、药疹、疥疮、癣症等。

制备硫代硫酸钠的方法有多种，本实验是将 Na_2S 与 Na_2CO_3 按一定比例配成溶液再通入二氧化硫气体至饱和，反应方程式如下：

$$Na_2CO_3 + SO_2 = Na_2SO_3 + CO_2\uparrow$$

$$2Na_2S + 3SO_2 = 2Na_2SO_3 + 3S\downarrow$$

$$Na_2SO_3 + S = Na_2S_2O_3$$

总反应式为

$$2Na_2S + 4SO_2 + Na_2CO_3 = 3Na_2S_2O_3 + CO_2\uparrow$$

其中的 SO_2 气体用浓 H_2SO_4 与 Na_2SO_3 反应来制备，反应方程式为：

$$Na_2SO_3 + H_2SO_4 = Na_2SO_4 + H_2O + SO_2\uparrow$$

在溶液中制备得到产品 $Na_2S_2O_3 \cdot 5H_2O$，于 $40\sim45$ ℃熔化，100 ℃失去 5 个结晶水成为 $Na_2S_2O_3$。

四、操作步骤

(1)硫代硫酸钠的制备　按图 5-1 安装制备硫代硫酸钠的装置。

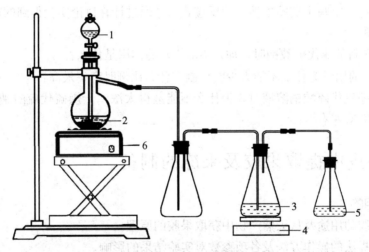

图 5-1　$Na_2S_2O_3$ 制备装置

1. 浓 H_2SO_4　2. Na_2SO_3　3. $Na_2CO_3 - Na_2S + H_2O$
4. 电磁搅拌器　5. NaOH 溶液　6. 红外加热炉

① 往滴液漏斗、蒸馏瓶中分别加入比理论量稍多些的浓 H_2SO_4、Na_2SO_3 固体，反应生成过量的 SO_2 气体。在吸收瓶 5 中加入 2 mol·L^{-1} NaOH 溶液，以吸收多余的 SO_2 气体。

② 称取 15 g 提纯的 Na_2S 和 10.6 g Na_2CO_3 于反应器 3 中，加入 150 mL 蒸馏水，开动电磁搅拌器，搅拌使其溶解。

③ 待反应器中原料完全溶解后，慢慢打开滴液漏斗的活塞，以每13秒1滴的速度将浓硫酸滴入烧瓶中，观察所产生的 SO_2 气体与 Na_2S、Na_2CO_3 作用情况。大约 40 min 溶液透明，说明生成的 S 反应完全(pH 不得小于7)，停止反应。过滤所得硫代硫酸钠溶液，并转移到蒸发皿中，蒸发浓缩到溶液体积约为 1/4 后，冷却，结晶，抽滤，晶体在 40 ℃以下干燥 $40\sim60$ min，称重，按 Na_2S 投料量计算产率。

（2）硫代硫酸钠的定性检验

① 遇酸分解：$S_2O_3^{2-}$ 遇酸分解析出硫的性质可用来检验 $S_2O_3^{2-}$。取 2～3 粒 $Na_2S_2O_3 \cdot 5H_2O$ 晶体，溶于少量水中，再加几滴 $2\ mol \cdot L^{-1}$ HCl，观察现象。

② 还原性：配制 $0.5\ mol \cdot L^{-1}$ $Na_2S_2O_3$ 溶液，分别取 1 mL 溴水和碘水于试管中，滴入 $0.5\ mol \cdot L^{-1}$ $Na_2S_2O_3$ 溶液至颜色消失。

③ $S_2O_3^{2-}$ 的特征反应：在试管中加入 10 滴（约 0.5 mL）$0.1\ mol \cdot L^{-1}$ $AgNO_3$ 溶液，再加几滴 $0.5\ mol \cdot L^{-1}$ $Na_2S_2O_3$ 溶液，仔细观察沉淀颜色变化，先产生白色 $Ag_2S_2O_3$ 沉淀，沉淀很快由白变黄变棕，最后变黑，这是 $S_2O_3^{2-}$ 的特征反应。

五、数据记录和处理

（1）$Na_2S_2O_3$ 制备参数

	H_2SO_4 体积/mL	Na_2SO_4 质量/g	Na_2S 质量/g	Na_2CO_3 质量/g	$Na_2S_2O_3$ 质量/g	产率/%
理论值						
测量值						

（2）分析讨论　①写出实验中涉及的反应式；②通过计算讨论实验得到的产率。

六、思考题

（1）用 Na_2S 制备硫代硫酸钠时，加入 Na_2CO_3 的作用是什么？

（2）Na_2CO_3 的用量为什么不能太少？控制在什么比例时产率最高？

（3）蒸发浓缩硫代硫酸钠溶液时，为什么不能蒸得太浓？干燥硫代硫酸钠晶体的温度为什么要控制在 40 ℃ 左右？

5.5　从果皮中提取果胶及果冻的制备

一、实验目的

（1）了解果胶的用途及从天然产物中获取果胶的原理。

（2）掌握酸提法的操作方法及各项参数对实验结果的影响。

（3）了解果冻的制备方法。

二、实验用品

（1）仪器　烧杯、玻璃漏斗、减压过滤装置。

（2）药品　$6\ mol \cdot L^{-1}$ HCl、活性炭、质量分数为 95% 的乙醇、卡拉胶、柠檬酸、柠檬酸钠、蔗糖。

（3）其他用品　果皮①、纱布。

三、实验原理

果胶是一种多糖类高分子化合物，广泛存在于水果和蔬菜中，主要存在于细胞壁间隙中，把纤维素、半纤维素结合在一起，成为细胞壁的组成成分，如苹果中果胶含量为 0.7%～1.5%（湿品计），在蔬菜中以南瓜含量最多，为 7%～17%。果胶的基本结构是以 α-1,4-苷

---

①　果皮可选用新鲜的柑橘皮、苹果皮或梨皮等。

键连接的半乳糖醛酸，其中部分羧基被甲酯化，其余的羧基与 K^+、Na^+、NH_4^+ 结合成盐。果胶主要以不溶于水的原果胶形式存于植物中，可采用酸提法提取。当用酸从植物中提取果胶时，原果胶被酸水解形成水溶性果胶。而水解后的果胶不溶于乙醇，在提取液中加入乙醇时，可使果胶沉淀下来而与其他杂质分离。果胶作为一种食品添加剂或配料广泛应用于食品工业中，主要起到胶凝、增稠、改善质构、乳化和稳定的作用。本实验采用酸提法从果皮中提取果胶，并制备成果冻。

四、操作步骤

（1）果胶的提取 称取新鲜柑橘皮碎粒 10 g，放入 200 mL 烧杯中加 60 mL 水，再加入 2 mL 6 mol·L^{-1} HCl，加热至沸，在搅拌下维持沸腾 20～30 min，趁热用纱布过滤，绞取滤液至小烧杯中，加入少量活性炭于 80 ℃加热 20 min 进行脱色和除异味，趁热抽滤，得到淡黄色滤液。将滤液转移至 100 mL 烧杯中，加入质量分数为 95% 的乙醇，加入乙醇的量约为原体积的 1.3 倍，使酒精浓度为 50%～60%，出现胶状果胶沉淀，静置 10 min。用纱布挤压过滤胶状沉淀得到果胶，用 95% 乙醇洗涤 2 次，在 60～70 ℃烘干，即得果胶固体。称重，计算果胶产率。

（2）柠檬味果冻的制备 将 0.2 g 果胶干品浸泡在 20 mL 水中，软化后边搅拌边慢慢加热至果胶全部溶化。加入 0.3 g 卡拉胶、0.1 g 柠檬酸、0.1 g 柠檬酸钠和 5 g 蔗糖，搅拌加热至沸，继续熬煮 5 min，冷却后即成果冻。

五、数据记录和处理

（1）果皮碎粒质量＿＿＿＿＿g；果胶质量＿＿＿＿＿g；果胶产率＿＿＿＿＿%。

（2）讨论：①实验条件对果胶产率的影响；②说明果冻配方中各物质的用途及对产品性状的影响。

六、思考题

（1）为什么要用乙醇洗涤果胶沉淀？

（2）如何制得无色透明的果胶？

（3）果皮加酸煮沸提取果胶时，通常煮沸 30 min 即可，煮沸时间太长或太短有什么影响？

5.6 从茶叶中提取咖啡因

一、实验目的

（1）了解从天然植物中提取生物碱的原理和方法。

（2）练习用索氏提取器进行液-固萃取的操作以及用蒸馏、升华方法分离提纯固体有机化合物的操作。

二、实验用品

（1）仪器 索氏提取器（配 250 mL 圆底烧瓶）、蒸馏装置、红外加热炉、蒸发皿、漏斗、研钵。

（2）药品 质量分数为 95% 的乙醇、生石灰。

（3）其他用品 茶叶、滤纸、大头针、棉花、棉线。

三、实验原理

茶叶中含有多种生物碱(如咖啡因、茶碱和可可豆碱等)和非生物碱成分(如单宁酸、色素、纤维素、蛋白质等),其中咖啡因含量为 1%~5%。咖啡因是杂环化合物嘌呤的衍生物,其结构如下:

$$H_3C-N \quad N-CH_3$$

1,3,7-三甲基-2,6-二氧嘌呤

咖啡因具有刺激心脏、兴奋大脑神经和利尿等作用,主要用作中枢神经兴奋药,也是复方阿司匹林(A. P. C)等药物的组分之一。现代制药工业多用合成方法来制得咖啡因。

本实验是利用适当的溶剂在索氏提取器中对茶叶进行连续抽提,通过液-固萃取、回流、浓缩后得到带结晶水的粗咖啡因,其中还含有一些其他生物碱及杂质,可通过升华进一步提纯。含结晶水的咖啡因为白色针状结晶,味苦,呈弱碱性,能溶于水、乙醇、丙酮、氯仿等,在 100 ℃时失去结晶水并开始升华,120 ℃时升华相当显著,178 ℃以上升华很快。无水咖啡因的熔点为 238 ℃。

四、操作步骤

(1)制作索氏提取器的滤纸筒 准备好索氏提取器各部件,裁剪滤纸,卷成大小合适的滤纸筒,既要紧贴提取管内壁又要能方便取放,滤纸筒高度不能超过虹吸管高度。要防止茶叶末漏出而堵塞虹吸管和保证回流液均匀浸透被萃取物。

(2)抽提 称取茶叶末 10 g,装入索氏提取器的滤纸筒内。在圆底烧瓶中加入约 120 mL 质量分数为 95% 的乙醇,加入试剂量至少能装满提取器底部至虹吸管顶部这段内管的容积。然后投入 1~2 粒沸石,按图 5-2 所示安装好抽提装置,用水浴加热回流,连续抽提 1~2 h,当提取液颜色很淡时,即可停止提取。待冷凝液刚刚虹吸下去时,立即停止加热。

(3)蒸馏与干燥 将抽提装置改装成蒸馏装置,补加 1~2 粒沸石,回收大部分乙醇。将残液倒入蒸发皿中,加入 4 g 生石灰粉[①],用蒸气浴蒸干。最后将蒸发皿移至红外加热炉面板上,小火焙烧翻炒,翻动时,不断将附于皿上的固体拨下,并轻轻研碎。使水分完全除去[②],焙烧结束后,冷却,擦去沾在边上的粉末,以免升华

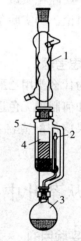

图 5-2 索氏提取器
1. 冷凝管 2. 虹吸管 3. 圆底烧瓶
4. 滤纸筒 5. 萃取器

---

① 生石灰起中和作用,以除去单宁酸等酸性杂质。

② 若有水分存在,将会在下一步升华开始时出现水珠而带来不便,若遇此情况,则用滤纸迅速擦干漏斗内的水珠并继续焙烧片刻后再升华。

时污染产物。

（4）升华　在蒸发皿上盖一张扎有许多小孔的滤纸，再取一个合适的玻璃漏斗，颈上塞少许棉花，罩在蒸发皿上，如图 5-3 所示，安装好升华装置，在红外加热炉上小心加热升华。当纸上出现白色针状结晶时，要适当控制加热功率，尽可能使升华速度放慢，提高结晶纯度。当出现棕色烟雾时，升华完毕，停止加热。冷却后，揭开漏斗和滤纸，仔细刮下附在滤纸上及器皿周围的咖啡因结晶，残渣经搅和捣碎后，用较大的火焰再加热升华一次，合并两次升华收集的咖啡因，称重。

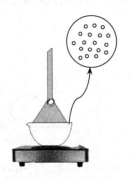

图 5-3　升华装置

⚠注意：在萃取回流充分的情况下，升华操作是实验成败的关键。在升华过程中，始终要严格控制加热温度。温度太高，会使被烘物炭化，并带出一些有色物质，污染产品。进行再升华时，加热温度也应严格控制，否则会使被烘物大量冒烟，导致产物不纯和损失。

五、数据记录

（1）茶叶质量＿＿＿＿＿g；粗咖啡因质量＿＿＿＿＿g；产率＿＿＿＿＿％。

纯咖啡因性状描述：＿＿＿＿＿＿＿＿＿＿＿＿＿＿＿＿＿＿＿＿＿＿＿。

（2）根据实验过程分析影响咖啡因产率及品质的因素并讨论各因素对结果的影响。

六、思考题

（1）可否利用回流装置直接回流提取？利用索氏提取器进行液-固萃取有何优点？

（2）升华操作的原理是什么？操作中应主要注意什么问题？

（3）用于升华的混合物为什么要预先烘干并研碎？

（4）蒸发皿上为什么要盖一张带小孔的滤纸？漏斗颈部为什么要塞一团疏松的棉花？

5.7　从槐花米中提取芦丁

一、实验目的

（1）学习从天然产物中提取芦丁的原理和方法。

（2）学习纸色谱检验芦丁的原理和方法。

（3）掌握抽滤、热抽滤和重结晶操作。

二、实验用品

（1）仪器　烧杯、玻璃棒、减压过滤装置、表面皿、毛细管、色谱缸、紫外灯、烘箱。

（2）药品　石灰乳、6 mol·L^{-1} HCl、质量分数为 95％的乙醇、饱和芦丁标准品乙醇溶液、饱和槲皮素标准品乙醇溶液、展开剂［乙酸乙酯-甲酸-水（体积比 6∶1∶3）］、显色剂（质量分数为 2％的 AlCl$_3$）。

（3）其他用品　槐花米、色谱用滤纸（中速、20 cm×7 cm）、铅笔和直尺（自备）。

三、实验原理

芦丁又称芸香苷，是黄酮苷类物质，其结构如下，广泛存在于植物中，其中槐花米中的含量高达 12％～16％。芦丁有调节毛细血管壁渗透性的作用，临床上用作毛细血管止血药和作为高血压症的辅助治疗药物。

槲皮素-3-O-葡萄糖-O-鼠李糖(芦丁)　　　　　　槲皮素

芦丁是淡黄色细小针状结晶，常含三分子结晶水，熔点为 174～178 ℃，无水物的熔点为188 ℃，在 214～215 ℃发泡分解。芦丁在冷水中的溶解度最小，与冷水的溶解质量比为1:10 000，沸水为 1:200；冷乙醇为1:650，沸乙醇为 1:60；易溶于碱性水溶液，难溶于酸性水溶液，几乎不溶于苯、乙醚、氯仿等溶剂。芦丁是糖苷类化合物，其糖苷键在酸性条件下可水解产生对应的苷元——槲皮素，它属于黄酮类。

本实验采用碱溶酸提法从槐花米中提取芦丁，即利用芦丁易溶于碱性水溶液，酸化后又析出的性质进行提取，再利用它在冷水中和热水中溶解度相差较大的特性进行重结晶纯化。

芦丁在酸性和加热的条件下水解为槲皮素。可通过纸色谱分离实验来检验提取出来的芦丁是否水解为槲皮素。在实验中以色谱用滤纸作为载体，滤纸上吸着的水作为固定相，乙酸乙酯与甲酸作为流动相进行展开，利用样品点中各成分在固定相和流动相中的分配差异实现相互分离。纸色谱法详见 4.12.2。从结构式可以看出，芦丁的极性大于槲皮素，所以槲皮素在流动相中的溶解度比芦丁大，在展开的过程中槲皮素随流动相移动的速度较快，因此槲皮素和芦丁可以分离。通过计算样品点的比移值，与标准品的比移值进行比较，确定所获产品的成分与纯度。

四、操作步骤

(1)芦丁的提取　取 10 g 槐花米，在研钵中研成粗粉状，置于 250 mL 烧杯中，加入约100 mL 水，煮沸，边搅拌边缓缓加入石灰乳[①]至 pH＝8～9[②]，保持 pH 恒定下微沸 20～30 min，趁热抽滤，滤渣再加 50 mL 水，同上法再煎一次，趁热抽滤。合并滤液，在 60～70 ℃下用 6 mol·L^{-1} HCl 调至 pH＝4～5[③]，放置使沉淀完全。抽滤，沉淀用少量蒸馏水洗涤，抽干，沉淀连滤纸一起置于表面皿，70～80 ℃烘干，称重，得粗芦丁。

(2)芦丁的精制　将粗芦丁置于 500 mL 烧杯中，按照质量比为 1:200 的量加入蒸馏水，加热煮沸，趁热抽滤。滤液静置，充分冷却，析出芦丁晶体，抽滤，产品用蒸馏水洗涤1～2 次，70～80 ℃烘干，称重，得芦丁精品。

(3)芦丁和槲皮素的纸色谱检验　取少量芦丁产品溶于 95%的乙醇中制成饱和溶液，用

---

① 槐花米中含有大量果胶、黏液等水溶性杂质，用石灰乳或石灰水而不用其他碱性水溶液提取，可使上述含羧基的杂质生成钙盐沉淀，不致溶出，有利于产品的纯化处理。

② 在用酸碱法进行提取纯化时，应注意所用碱浓度不宜过高，以免在强碱性条件下，尤其加热时破坏黄酮母核。

③ 加酸酸化时，酸性也不宜过强，以免生成锌盐，致使析出的芦丁又重新溶解，降低产品的收率。

芦丁标准品乙醇饱和溶液和槲皮素标准品乙醇饱和溶液做对照实验，展开剂为乙酸乙酯-甲酸-水(体积比 6∶1∶3)，显色剂为 $AlCl_3$ 溶液。具体步骤参照 4.12.2。

五、数据记录和处理

(1)槐花米质量_____g；粗芦丁质量_____g；产率_____%。

精制芦丁质量_____g；精制率_____%；精制后产率_____%。

(2)根据纸色谱结果，分析产物中的成分，讨论芦丁的纯度。

(3)根据实验过程和数据结果分析影响芦丁产率的主要因素，并讨论提高产率的方法。

六、思考题

(1)用石灰乳作为碱提取液有何优点？

(2)在碱溶、酸溶过程中 pH 分别调至多少？

(3)芦丁酸水解生成槲皮素的机理是什么？

5.8 八角茴香油的提取及其官能团的定性检验

一、实验目的

(1)学习挥发油的提取、分离的原理和方法。

(2)掌握水蒸气蒸馏、萃取等实验的原理及技术。

二、实验用品

(1)仪器　圆底烧瓶、恒压式分液漏斗、球形冷凝管、水蒸气蒸馏装置、梨形烧瓶、简单蒸馏装置(配真空尾接管和标准口 100 mL 锥形瓶作接收器)、分液漏斗、具塞锥形瓶、研钵、玻璃棒。

(2)药品　二氯甲烷、无水 Na_2SO_4、浓硫酸、质量分数为 3% 的溴的四氯化碳溶液、质量分数为 1% 的 $KMnO_4$。

(3)其他用品　八角茴香(市售大茴香经粉碎后备用)。

三、实验原理

许多植物具有独特的芳香气味，植物的这种香气均由其中所含挥发油所致。挥发油，又称精油或香精油，是一类具有芳香气味的液体的总称。由于它们令人愉快的、特征性的香味，常被用作香料或食品调味剂，有些还被用于医药方面。

挥发油一般含有数十种到数百种化学物质。最常见的是萜类物质，还有芳香族化合物、脂肪族化合物及其他化合物。挥发油不溶于水，易溶于各种有机溶剂，如石油醚、乙醚、二硫化碳、油脂等。在高浓度乙醇中能全部溶解，在低浓度乙醇中只能部分溶解。挥发油的沸点一般介于 70~300 ℃，能随水蒸气蒸馏。

八角茴香果实是日常用的食品香料，其中所含香精油称为八角茴香油，含量为 4%~5%。八角茴香油为无色或浅黄色液体，有茴香气味。溶于乙醇、乙醚、二氯甲烷和氯仿等。其主要成分是茴香醚(茴香脑)，占 90% 以上，其中反式茴香醚为主，顺式茴香醚极少；此外，还含有胡椒酚甲基醚(异茴香醚)、茴香醛、柠檬烯和少量的 α-蒎烯、香叶烯、芳樟醇、4-萜品醇、4-异丙基卓酚酮等化合物。

CH=CHCH₃

OCH₃
茴香醚(茴香脑)

CH₂CH=CH₂

OCH₃
胡椒酚甲基醚(异茴香醚)

本实验以八角茴香粉为原料，利用水蒸气蒸馏法进行提取，然后经萃取分离，蒸去溶剂后即可获得八角茴香油。可通过比旋光度测定、折射率测定、官能团鉴别、气相色谱法分析进行鉴别。

四、操作步骤

(1)挥发油的提取　称取 15 g 八角茴香粉末于 250 mL 圆底烧瓶中，加入 150 mL 水，同时装好水蒸气蒸馏装置(图 5-4)，用小火加热至沸，进行水蒸气蒸馏。蒸馏至不再有油珠产生为止(恒压式分液漏斗中收集到的蒸馏液约 70 mL)。将蒸馏液移入 125 mL 分液漏斗中，用二氯甲烷分 3 次萃取馏出液，每次 10 mL[①]。合并萃取液于事先干燥放冷的 50 mL 具塞锥形瓶内，加入适量无水 Na_2SO_4 干燥，振摇至液体澄清透明为止。将干燥后的二氯甲烷萃取液滤入已称重的、干燥的 50 mL 梨形烧瓶内，水浴加热蒸馏回收二氯甲烷。⚠注意：在真空尾接管的支管接橡胶管通入通风橱或下水道内，防止二氯甲烷溢出引起中毒和火灾。当大部分溶剂基本蒸完后改用减压蒸馏除净残余的二氯甲烷。梨形烧瓶内所生成的少量浅黄色油状物即为八角茴香油。称重，计算得率。

图 5-4　简易水蒸气
蒸馏装置

(2)鉴别

① 物理常数测定：d_4^{20} 0.980～0.990，n_D^{20} 1.553～1.558。

② 八角茴香油不饱和官能团的定性检验：取 2 支试管，一支加入 1 mL 质量分数为 3% 的溴的四氯化碳溶液，另一支加入 1 mL 质量分数为 1% 的 $KMnO_4$ 溶液和 5 滴浓硫酸。分别滴入 3 滴八角茴香油，振摇，观察试管内溶液的变化。

③ 气相色谱或气-质联用分析：以茴香醚标准品为对照，用气相色谱仪或气-质联用仪分析产品组成和含量。

五、数据记录和处理

(1)八角茴香粉质量_____g；梨形烧瓶质量_____g；梨形烧瓶＋八角茴香油质量_____g；八角茴香油质量_____g；产率_____%。

(2)记录官能团鉴别实验中的现象并解释。

六、思考题

(1)水蒸气蒸馏还有其他装置及操作方法吗？与本实验方法比较各有何优缺点？

(2)实验中如何回收处理二氯甲烷？

---

① 二氯甲烷密度比水大，提取液在下层。

5.9 三草酸合铁(Ⅲ)酸钾的制备及配离子电荷的测定

一、实验目的

(1)了解三草酸合铁(Ⅲ)酸钾和硫酸亚铁铵的性质及其制备方法。

(2)探究配位平衡的影响因素及配离子的相对稳定性,并掌握用离子交换法测定配合物电荷的方法。

(3)综合训练无机制备中有关投料、产率的计算及溶解、蒸发、浓缩、结晶、过滤、滴定、离子交换技术等基本操作。

二、实验用品

(1)仪器 烧杯、锥形瓶、表面皿、电子天平、白色点滴板、减压过滤装置、色谱柱(40 cm×2 cm)、分析天平、滴定管、称量瓶、容量瓶、温度计(373 K)、水浴锅。

(2)药品 铁屑、$(NH_4)_2SO_4$、质量分数为 10% 的 Na_2CO_3、3 mol·L^{-1} H_2SO_4、质量分数为 95% 的乙醇、饱和 $K_2C_2O_4$ 溶液、质量分数为 3% 的 H_2O_2、$K_3Fe(CN)_6$ 溶液、饱和 $H_2C_2O_4$ 溶液、国产 717 型苯乙烯强碱性阴离子交换树脂、1 mol·L^{-1} NaCl、质量分数为 5% 的 $K_2C_2O_4$ 溶液、0.1 mol·L^{-1} $AgNO_3$ 标准溶液、3 mol·L^{-1} $HClO_4$、3 mol·L^{-1} HCl。

(3)其他用品 滤纸。

三、实验原理

(1)三草酸合铁(Ⅲ)酸钾的制备原理 三草酸合铁(Ⅲ)酸钾 $K_3[Fe(C_2O_4)_3]\cdot3H_2O$ 是一种绿色的单斜晶体,是制备负载型活性铁催化剂的主要原料。溶于水而不溶于乙醇,受光照易分解。本实验制备纯的三草酸合铁(Ⅲ)酸钾晶体,首先用硫酸亚铁铵与草酸反应制备出草酸亚铁:

$$(NH_4)_2Fe(SO_4)_2\cdot6H_2O+H_2C_2O_4 = FeC_2O_4\cdot2H_2O\downarrow+(NH_4)_2SO_4+H_2SO_4+4H_2O$$

草酸亚铁在草酸钾和草酸共存时,可被过氧化氢氧化为三草酸合铁的配合物:

$$2FeC_2O_4\cdot2H_2O+H_2O_2+3K_2C_2O_4+H_2C_2O_4 = 2K_3[Fe(C_2O_4)_3]\cdot3H_2O$$

加入乙醇后,便析出三草酸合铁(Ⅲ)酸钾晶体。

(2)硫酸亚铁铵的制备原理 硫酸亚铁铵又称摩尔盐,是浅绿色单斜晶体。它在空气中比一般亚铁盐稳定,不易被氧化,溶于水但不溶于乙醇。由硫酸铵、硫酸亚铁和硫酸亚铁铵在水中的溶解度数据(表 5-4)可知,在 0～60 ℃的温度范围内,硫酸亚铁铵在水中的溶解度比其他组分的溶解度都小,因此很容易从浓的 $FeSO_4$ 和 $(NH_4)_2SO_4$ 混合溶液中制得结晶的摩尔盐。

表 5-4 硫酸铵、硫酸亚铁、硫酸亚铁铵在不同温度下的溶解度(100 g H_2O 中,g)

温度/℃	0	20	40	50	60	70	80	100
硫酸铵	70.6	75.4	81.0	—	88.0	—	95.0	103.8
硫酸亚铁	28.8	48.0	73.3	—	100.7	—	79.9	57.8
硫酸亚铁铵	12.5	21.0	33.0	40.0	44.6	52	—	—

本实验是先将金属铁屑溶于稀硫酸制得硫酸亚铁溶液,然后加入等物质的量的硫酸铵混合,加热浓缩,冷至室温,便析出硫酸亚铁铵复盐,即可用来制备三草酸合铁(Ⅲ)酸钾。

$$Fe + H_2SO_4 \rightleftharpoons FeSO_4 + H_2 \uparrow$$
$$FeSO_4 + (NH_4)_2SO_4 + 6H_2O \rightleftharpoons (NH_4)_2SO_4 \cdot FeSO_4 \cdot 6H_2O$$

(3)离子交换法测定三草酸合铁(Ⅲ)配离子电荷的原理　三草酸合铁(Ⅲ)酸根离子的电荷数可用阴离子交换法测定。将三草酸合铁(Ⅲ)酸钾溶液，通过阴离子交换树脂 $R_4N^+Cl^-$ 的交换柱，溶液中的配离子 X^{z-} 与阴离子树脂上的 Cl^- 进行交换：

$$zR_4N^+Cl^- + X^{z-} \rightleftharpoons (R_4N^+)_zX^{z-} + zCl^-$$

收集交换出来的含 Cl^- 的溶液，用硝酸银标准溶液滴定(莫尔法)，测定氯离子的含量，即可由式(5-2)得到配离子的电荷数 z：

$$z = \frac{Cl^- \text{的物质的量}}{\text{配合物的物质的量}} = \frac{n(Cl^-)}{n\{K_3[Fe(C_2O_4)_3] \cdot 3H_2O\}} \qquad (5-2)$$

四、操作步骤

(1)硫酸亚铁铵的制备

① 硫酸亚铁的制备：称取 4.2 g 铁屑，放于 50 mL 锥形瓶内，加入 20 mL 质量分数为 10% 的 Na_2CO_3 溶液，缓缓加热约 10 min，以除去铁屑上的油污，用倾泻法倒掉碱液，并用水洗净铁屑，把水倒掉[①]。往盛有铁屑的锥形瓶中加入约25 mL 3 mol·L^{-1} H_2SO_4 溶液，在通风橱中以 80 ℃水浴加热，应经常取出锥形瓶摇荡并适当补充水分，以保持溶液原有体积，避免硫酸亚铁析出。直至反应体系中气泡冒出速度很慢为止。再加入 1 mL 3 mol·L^{-1} H_2SO_4，以免 Fe^{2+} 水解和氧化。趁热过滤，滤液转移入 200 mL 烧杯中。将未反应的残渣洗净，收集在一起，用滤纸吸干后称量，算出已反应的铁量。

② 硫酸亚铁铵的制备：按作用 1 g 铁需 2.3 g $(NH_4)_2SO_4$ 的比例进行反应，称取 $(NH_4)_2SO_4$，参照它的溶解度数据，取适量水配成饱和溶液，加到 $FeSO_4$ 溶液(即前一步的滤液)中，混合均匀后，浓缩至表面刚刚出现晶膜为止。冷至室温后，抽滤，用少量乙醇洗涤晶体两次。取出晶体放在表面皿上，晾干，称重，得硫酸亚铁铵晶体。观察和描述产品的颜色和形状。

(2)三草酸合铁(Ⅲ)酸钾的制备

① 草酸亚铁的制备：称取自制的硫酸亚铁铵晶体 5.0 g，加数滴 3 mol·L^{-1} H_2SO_4，再加入 15 mL 蒸馏水，加热溶解后徐徐加入 25 mL 饱和 $H_2C_2O_4$ 溶液，加热至沸，同时不断搅拌，以免暴沸。维持微沸约 4 min 后停止加热，取少量清液于试管中，煮沸，如果还有沉淀产生则表明反应不完全，还需加热；当证实反应基本完全后，将溶液静置，待黄色草酸亚铁晶体充分沉降后，用倾泻法弃去上层清液，用总量 30 mL 的热蒸馏水分 3 次用倾泻法洗涤，弃去上层清液。

② 三草酸合铁(Ⅲ)酸钾的制备：在上述沉淀中加入 10 mL 饱和 $K_2C_2O_4$ 溶液，水浴加热至 40 ℃左右，恒温，边搅拌边用滴管慢慢加入 20 mL 质量分数为 3% 的 H_2O_2，此时，将生成三草酸合铁(Ⅲ)酸钾，同时还有 $Fe(OH)_3$ 沉淀生成。加完 H_2O_2 并证实 Fe(Ⅱ)已氧化完全后[②]，将溶液加热至沸。加热过程要充分搅拌，并分两次加入 8 mL 饱和 $H_2C_2O_4$ 溶液

---

① 用水洗至少 3 次，直至无碱性，即近中性，否则残留碱要耗去加入的硫酸，致使反应过程中酸度不够。若用干净的铁屑可省去这一步。

② 可取一滴所得悬浊液于白色点滴板凹穴中，加一滴 $K_3Fe(CN)_6$ 溶液，若出现蓝色，说明还有Fe(Ⅱ)，需再加入 H_2O_2，直至检验不到 Fe(Ⅱ)。

（第一次加 5 mL，第二次慢慢加入 3 mL）。趁热过滤[①]，滤液中加入 10 mL 质量分数为 95% 的乙醇，温热溶液使析出的晶体再溶解后，用表面皿盖好烧杯，避光静置过夜。自然冷却，待三草酸合铁(Ⅲ)酸钾晶体完全析出后抽滤，称重，计算产率。

（3）用离子交换法测定三草酸合铁(Ⅲ)配离子的电荷

① 树脂的处理与装柱：将市售的国产 717 型苯乙烯强碱性阴离子交换树脂用水多洗几次，除去可溶性杂质，再用蒸馏水浸泡 24 h，使其充分膨胀，然后用 5 倍于树脂体积的 1 mol·L⁻¹ 氯化钠溶液交替处理，最后再用蒸馏水洗涤数次。将处理过的树脂和蒸馏水一起慢慢地装入色谱柱中，树脂高度约为 20 cm，在树脂中间不能有气泡和空隙，以免影响交换效率，水面一定要高出树脂面。放入一小团玻璃丝，以防止注入溶液时将树脂冲起。用蒸馏水淋洗树脂柱，直至用硝酸银溶液检验只出现很轻微浑浊时（留作后面淋洗终点的对照物），再使水面下降至树脂面以上 0.5 cm 左右处，旋紧活塞。

② 交换：准确称取 1 g（准至 1 mg）左右三草酸合铁(Ⅲ)酸钾，用 10～15 mL 蒸馏水溶解，全部转移入交换柱，打开活塞，控制以 3 mL·min⁻¹ 的速度流出，用100 mL 容量瓶收集流出液，当柱中液面下降到离树脂 0.5 cm 左右时，用约 5 mL 蒸馏水洗涤小烧杯并转入交换柱，重复 2～3 次后再用滴管吸取蒸馏水洗涤交换柱上部管壁上残留的溶液，使样品溶液尽量全部流过树脂柱。待容量瓶收集到 60～70 mL 流出液时，可检查流出液，直至仅出现很轻微的浑浊，并与最初的蒸馏水淋洗液比较，相差无几时即可停止淋洗，关闭活塞。用蒸馏水稀释容量瓶内溶液至刻度，摇匀，作滴定用。

准确吸取 25.00 mL 淋洗液于 250 mL 锥形瓶内，加入 1 mL 质量分数为 5% 的 $K_2C_2O_4$ 溶液，用 0.1 mol·L⁻¹ $AgNO_3$ 标准溶液滴定至终点，记录数据。重复 1～2 次。用式(5-2) 计算配阴离子的电荷数（取最接近的整数）。

③ 树脂的再生：每次测完，可用 1 mol·L⁻¹ NaCl 溶液淋洗树脂柱，直到流出液酸化后检不出 Fe^{3+} 为止。然后再用 3 mol·L⁻¹ $HClO_4$ 溶液淋洗，将树脂吸附的阴离子洗脱下来。最后再用 30 mL 3 mol·L⁻¹ HCl 溶液淋洗，使树脂转为 Cl^- 型，树脂便可继续使用。

五、数据记录和处理

（1）硫酸亚铁铵的制备

称取铁屑质量_____g；未反应残渣质量_____g；已反应铁的质量_____g。

称取$(NH_4)_2SO_4$ 质量_____g；得到硫酸亚铁铵的质量_____g。

（2）三草酸合铁(Ⅲ)酸钾的制备

称取硫酸亚铁铵的质量_____g；得到三草酸合铁(Ⅲ)酸钾的质量_____g。

（3）三草酸合铁(Ⅲ)配离子电荷的测定

项目		次数		
		1	2	3
淋洗液体积/mL		25.00	25.00	25.00
$V(AgNO_3)$/mL	终读数			
	始读数			
	用　量			

---

① 若 Fe(Ⅱ)未氧化完全，则后一步加入再多的 $H_2C_2O_4$ 溶液都不能使溶液完全变透明，即不能完全转化为 $K_3Fe(C_2O_4)_3$ 溶液，而仍会产生难溶的 FeC_2O_4，此时应采取趁热过滤，或往沉淀上再加 H_2O_2 等补救措施。

(4)根据实验过程和数据：①计算硫酸亚铁铵的理论产量，并与实验进行对比；②分析影响配合物稳定性的因素，并讨论实验操作的方法；③计算三草酸合铁（Ⅲ）酸钾的产率（提示：考虑应根据哪种试剂的用量计算产率）；④计算 z 值及相对平均偏差，并讨论滴定操作中影响 z 值的因素。

六、思考题

(1)实验中采取了什么措施防止 Fe^{2+} 被氧化？

(2)在铁与硫酸反应、蒸发浓缩溶液时，为什么采用水浴加热？

(3)为什么在制备硫酸亚铁铵中要采取"快速结晶"的方法（即蒸发浓缩至表面有晶膜和强制冷却）？怎样才能得到较大的晶体？可用实验验证你的想法。若蒸发浓缩过头会有什么后果？

(4)用过氧化氢作氧化剂有何优越之处？加入过氧化氢溶液的速度过慢或过快各有何缺点？

(5)在制备三草酸合铁（Ⅲ）酸钾的最后一步能否用蒸干溶液的方法来提高产率？

(6)能否直接用 Fe^{3+} 制备 $K_3[Fe(C_2O_4)_3]$？还有哪些更好的制备方法？

(7)三草酸合铁（Ⅲ）酸钾见光易分解，应如何保存？

(8)如果交换后的流出速度过快，对实验结果有何影响？

5.10 乙酸乙酯的合成及纯度测定

一、实验目的

(1)了解乙酸乙酯的制备方法与操作。

(2)掌握蒸馏、萃取的原理与操作。

(3)学习用折射仪测定乙酸乙酯纯度的方法。

二、实验用品

(1)仪器 三口烧瓶、温度计（200 ℃）、滴液漏斗、蒸馏头、玻璃塞、直形冷凝管、接液管、锥形瓶、碘量瓶、分液漏斗、红外加热炉、折射仪。

(2)药品 冰醋酸（相对密度为 1.049 2）、无水乙醇、浓 H_2SO_4、饱和 Na_2CO_3 溶液、饱和 $CaCl_2$ 溶液、饱和食盐水、无水 $MgSO_4$。

三、实验原理

(1)合成 纯乙酸乙酯沸点 77 ℃，d_4^{20} 0.900 6，n_D^{20} 1.372 4。纯净的乙酸乙酯是无色透明具有强烈果香气味的液体，具有优异的溶解性、快干性，是一种非常重要的有机化工原料和极好的工业溶剂。

国内工业生产乙酸乙酯的主要工艺路线是直接酯化法，在浓硫酸催化下，乙酸和乙醇反应生成乙酸乙酯：

$$CH_3COOH + CH_3CH_2OH \underset{110 \sim 120\,℃}{\overset{H_2SO_4}{\rightleftharpoons}} CH_3COOC_2H_5 + H_2O$$

酯化反应是可逆反应。为了提高酯的产率，本实验采用乙醇过量以及不断把反应中产生的水和酯蒸出的方法，使平衡向正反应方向移动。在工业生产中，一般采用过量的乙酸，以使乙醇转化完全，目的是避免由于乙醇与水和乙酸乙酯形成二元或三元恒沸物而难以分离（表 5-5）。

表 5-5 乙酸乙酯与水或乙醇形成的二元和三元恒沸混合物的组成及沸点

恒沸混合物	沸点/℃	组成/%		
		乙酸乙酯	乙醇	水
乙酸乙酯-乙醇-水 三元恒沸物	70.2	82.6	8.4	9.0
乙酸乙酯-水 二元恒沸物	70.4	91.9	—	8.1
乙酸乙酯-乙醇 二元恒沸物	72.8	69.0	31.0	—

(2)提纯　蒸馏得到的粗酯含有乙酸、乙醇和水，可用饱和 Na_2CO_3 中和除去乙酸，用饱和食盐水洗去 Na_2CO_3，再用饱和 $CaCl_2$ 溶液洗去乙醇，用干燥剂除水。最后蒸馏除去表5-5中可能存在的恒沸物，得到纯度较高的产物。

Ca^{2+} 与乙醇形成 $[Ca(CH_3CH_2OH)_n]^{2+}$，类似于水合离子。为了使乙醇尽可能地除去，用饱和 $CaCl_2$ 溶液洗去乙醇的步骤振荡要充分。此外，用干燥剂除水也要充分，否则蒸馏时会有较多的前馏分，损失较多的乙酸乙酯。

(3)折射率测定　光线自一种透明介质进入另一种透明介质时，产生折射现象，折射率就是光线在空气中传播的速度与在其他物质中传播速度之比值。折射率是物质的重要物理常数，许多纯物质都有一定的折射率，如果物质中含有杂质，则折射率会发生变化，出现偏差，杂质越多，偏差越大。折射仪的工作原理见3.6。

四、操作步骤

(1)乙酸乙酯的合成　在 250 mL 三口烧瓶中加入 15 mL 乙醇，边摇动边慢慢加入15 mL浓 H_2SO_4，混合均匀后，加入几粒沸石，一侧口插入温度计到液面下，另一侧口连接蒸馏装置，中间口安装滴液漏斗，并插入液面下，用碘量瓶接收馏出液(图5-5)。

仪器装好后，在滴液漏斗中装入 20 mL 乙醇和 20 mL 冰醋酸，摇动使混合均匀。打开滴液漏斗，放入约 5 mL 混合液于三口烧瓶中，用红外加热炉加热到115～125 ℃，打开滴液漏斗，控制滴加速度大约每秒 1 滴，并维持反应温度

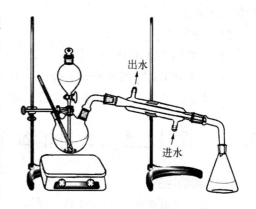

图5-5　乙酸乙酯的合成装置

在 115～125 ℃。注意：三口烧瓶与加热炉之间保持 1～2 cm 距离。滴加完毕，保持同样温度，继续加热蒸馏直至无液体馏出为止，得到粗乙酸乙酯。

(2)乙酸乙酯的提纯　将碘量瓶中的粗乙酸乙酯倒入小烧杯中，边搅拌边慢慢滴加饱和 Na_2CO_3 溶液至无 CO_2 气体逸出为止，用石蕊试纸检验酯层，若酯层仍呈酸性，继续滴加饱和 Na_2CO_3 溶液，直至呈中性。将溶液移入分液漏斗，振荡使中和反应完全，静置后分去水层。加入等体积[1]饱和食盐水，振荡，静置后分去水层。再用等体积饱和 $CaCl_2$ 溶液洗涤两

---

① 在分液漏斗只装有乙酸乙酯产品时，在分液漏斗外壁标记乙酸乙酯的高度，再倒入洗涤液时水层在下层，当高度达到标记位置时，即为加入等体积洗涤液。

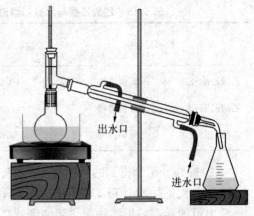

次，振荡要充分，时间要长，每次均分去下层水层。从分液漏斗上口将乙酸乙酯倒入干燥的小锥形瓶内，加入适量无水 MgSO₄ 干燥，放置约 30 min，其间要间歇摇动锥形瓶。

将干燥好的乙酸乙酯用倾析法倒入干燥的 50 mL 蒸馏烧瓶中，安装蒸馏装置(图 5-6)，水浴加热进行蒸馏，分别收集 73 ℃前的馏分(前馏分)和 73~80 ℃的馏分(产品)[①]。称重，计算产率。

出水口

进水口

图 5-6 蒸馏装置

(3) 折射率测定　数显折射仪的详细介绍请参阅 3.6。主要操作步骤：开机，同时按"校零""读数"键，电子面板上出现"R1"，滴入蒸馏水到测量池中，按"校零"键校正。校正结束擦干蒸馏水，然后在测量池中滴入乙酸乙酯样品，按"读数"键，记录折射率和温度值。实验结束，清洁仪器。

五、数据记录和处理
(1)乙酸乙酯的理论产量_____g；乙酸乙酯粗产品质量_____g；前馏分的质量_____g；产品的质量_____g；乙酸乙酯的折射率_____。

(2)根据实验过程和数据：①计算粗乙酸乙酯的产率、提纯后乙酸乙酯的产率；②对产率和折射率做出评价，并分析影响乙酸乙酯产率和折射率的因素；③讨论乙醇过量或者乙酸过量的优缺点。

六、思考题
(1)能否用浓 NaOH 溶液代替饱和 Na₂CO₃ 溶液来洗涤粗乙酸乙酯？
(2)用饱和 CaCl₂ 溶液能除去什么？此前为什么先要用饱和食盐水洗涤？可否用水代替？
(3)本实验若控温不当，温度过高，将可能使哪些副产物含量增加？

5.11　香料乙酸异戊酯的绿色合成

一、实验目的
(1)熟练掌握酯的合成、分离、提纯方法及蒸馏、萃取的原理与操作。
(2)通过与传统合成方法的对比，了解"绿色化学"的概念，唤醒和提高环保意识。

二、实验用品
(1)仪器　圆底烧瓶、温度计(100 ℃)、分液漏斗、具塞锥形瓶、蒸馏装置(配 50 mL 圆底烧瓶)。

(2)药品　异戊醇、乙酸酐、饱和 Na₂CO₃ 溶液、饱和 CaCl₂ 溶液、饱和 NaCl、无水 MgSO₄。

三、实验原理
乙酸异戊酯具有香蕉香味，存在于苹果、香蕉等果实中，在工业上主要作为食用香料和溶剂使用，是一种用途广泛的有机化工产品。一般以浓硫酸为催化剂，由乙酸和异戊醇直接

[①]　若蒸馏前不把乙酸乙酯中的乙醇和水除去，就会有较多的前馏分。若在此温度范围内产品不多，可重新进行洗涤、干燥处理，再蒸馏。

酯化而得到，虽然硫酸的反应活性较高且价廉，但对设备腐蚀严重、反应时间长、副反应多、产率低、产品纯度低、后处理过程复杂及污染环境。已有文献报道采用有机酸、杂多酸、阳离子交换树脂、季铵盐等催化剂来合成乙酸异戊酯。本实验采用乙酸酐与异戊醇在不加催化剂条件下直接合成乙酸异戊酯的方法，具有不污染环境、副反应少、反应时间短、产品纯度高、收率高等优点，以实现"绿色化"合成的目的。反应式为：

$$(CH_3CO)_2O+(CH_3)_2CHCH_2CH_2OH \underset{}{\overset{85\,℃}{\rightleftharpoons}} CH_3COOCH_2CH_2CH(CH_3)_2+CH_3COOH$$

在不用任何催化剂的条件下，乙酸酐作为酰化试剂制得的乙酸异戊酯产率较高，主要有两个原因：一方面，乙酸酐比乙酸具有更高的反应活性；另一方面，反应生成的乙酸对酯化反应具有一定的催化作用，从而提高了反应速率和产品的产率。

四、操作步骤

在 150 mL 圆底烧瓶中加入 22.0 mL(0.20 mol)异戊醇和 22.8 mL(0.24 mol)乙酸酐，85 ℃水浴反应 1.5 h。冷却反应液，将反应液倒入分液漏斗中，静置分去水层，有机层用饱和 Na_2CO_3 溶液中和至不再有二氧化碳气体逸出，使有机相为中性。分去水层后，有机相分别用 15 mL 饱和 NaCl 溶液、15 mL 饱和 $CaCl_2$ 溶液各洗涤一次，再用无水 $MgSO_4$ 干燥至溶液澄清；蒸馏，收集 139~143 ℃馏分，称重、计算产率。

纯乙酸异戊酯是具有香蕉香味的无色透明液体，沸点 142.5 ℃，d_4^{15} 0.878，n_D^{20} 1.4054。可采用折射仪检测产品纯度。

五、数据记录和处理

(1)乙酸异戊酯的质量_____g；产率_____％；产品乙酸异戊酯的折射率_____。

(2)讨论有机层分别用饱和 Na_2CO_3、饱和 NaCl、饱和 $CaCl_2$ 洗涤除杂的原因和除杂种类，评价产品的产率和纯度。

六、思考题

(1)在不用任何催化剂的条件下，用乙酸酐为酰化试剂得到的乙酸异戊酯产率较高，可达 94.8％，试分析其原因。

(2)与 5.10 乙酸乙酯的制备方法相比较，简述本实验方法制备酯的优点。

5.12 苯甲酸的合成及检验

一、实验目的

(1)了解苯甲酸合成的原理和方法。

(2)了解固体有机化合物的分离提纯方法。

(3)掌握回流、重结晶、测熔点等操作。

二、实验用品

(1)仪器 圆底烧瓶、球形冷凝管、减压过滤装置、烧杯、熔点仪或提勒管测熔点装置。

(2)药品 甲苯、$KMnO_4$、6 mol·L^{-1} HCl、饱和 $NaHSO_3$ 溶液。

(3)其他用品 刚果红试纸。

三、实验原理

苯甲酸俗称安息香酸，因最初由安息香胶干馏制取而得名。苯甲酸及其钠盐是食品的重要防腐剂，在酸性条件下，对酵母和霉菌有抑制作用；苯甲酸对微生物有剧毒，但其钠盐的毒性却显著下降。苯甲酸及其钠盐对人体无毒害，苯甲酸进入机体后，大部分在 9～15 h 内与甘氨酸作用生成马尿酸随尿液排出。苯甲酸除了主要用于制备苯甲酸钠防腐剂外，还用于制造增塑剂、聚酯聚合用引发剂、香料等，甚至还可用作钢铁设备的防锈剂。

苯甲酸属于芳香族羧酸，而芳香族羧酸通常用芳香烃的氧化来制备。芳香烃的苯环比较稳定，难以氧化，而环上具有 $\alpha - H$ 的支链不论长短，在强氧化剂作用下，最后都变成羧基。本实验即是用甲苯氧化制备苯甲酸，反应式如下：

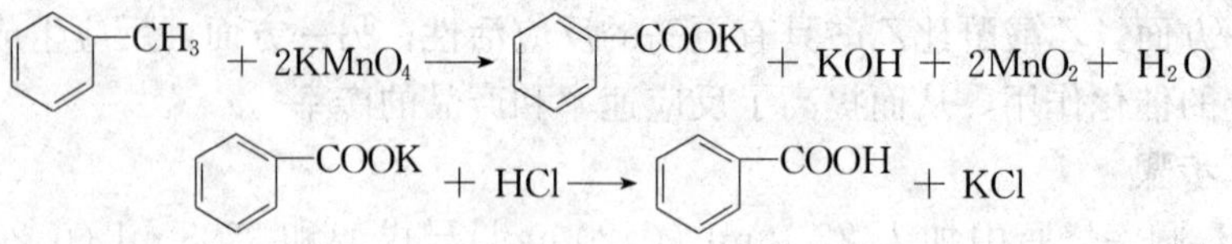

$$\text{C}_6\text{H}_5\text{—CH}_3 + 2KMnO_4 \longrightarrow \text{C}_6\text{H}_5\text{—COOK} + KOH + 2MnO_2 + H_2O$$

$$\text{C}_6\text{H}_5\text{—COOK} + HCl \longrightarrow \text{C}_6\text{H}_5\text{—COOH} + KCl$$

四、操作步骤

在 250 mL 圆底烧瓶中加入 2.7 mL 甲苯（0.025 mol）、8.7 g $KMnO_4$（0.055 mol）、120 mL 水及 1～2 粒沸石，装上回流冷凝管，加热至沸，并间歇摇动烧瓶，回流反应 1 h[①]（图 5-7）。

将反应混合物趁热减压过滤[②]，并用少量热水洗涤滤渣。合并滤液和洗涤液，加入适量的饱和 $NaHSO_3$ 溶液使紫红色褪去。用冰水浴冷却。然后用 6 mol·L^{-1} HCl 酸化，直到刚果红试纸变蓝，苯甲酸全部析出为止。抽滤，用少量冷水洗涤结晶体，用滤纸挤压尽量吸干水分，转移到表面皿上用蒸汽浴干燥，得苯甲酸粗品。

粗苯甲酸可用热水进行重结晶[③]。烘干产品，得苯甲酸精品。称重、计算产率，测熔点。

本实验采用测熔点的方法来检验产品的纯度，测定熔点的方法详见 4.8.2。纯苯甲酸为无色针状晶体，熔点 122.4 ℃，易升华。

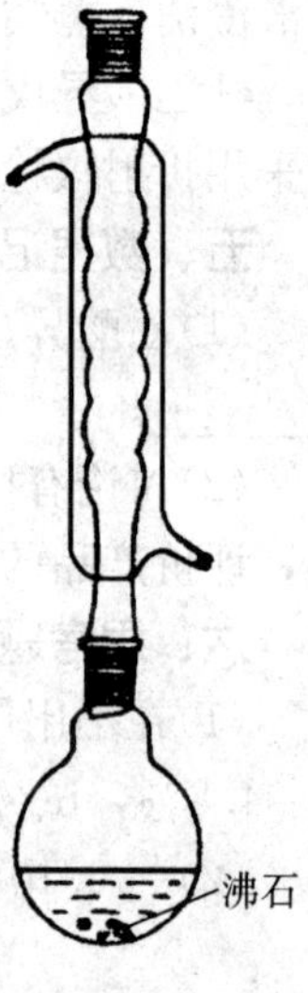

五、数据记录

(1)甲苯用量_____ mL；$KMnO_4$ 用量_____ g。

苯甲酸粗产品质量_____ g；苯甲酸精品质量_____ g；产率_____%。

图 5-7　回流装置

苯甲酸精品的熔点_____ ℃。

(2)根据实验过程和数据对苯甲酸的产率进行评价并讨论在氧化反应中影响苯甲酸产量的主要因素及其对产率的影响结果。

六、思考题

(1)停止反应后为什么要趁热过滤？若滤液呈紫红色，为什么要加 $NaHSO_3$？

(2)还可以用什么方法来制备苯甲酸？

---

① 反应至甲苯层几乎消失，回流液不再出现油珠需 4～5 h。

② 滤液若呈紫红色，可加入适量的饱和 $NaHSO_3$ 溶液使紫红色褪去，使之成为无色透明溶液。若有沉淀则重新过滤。

③ 苯甲酸在 100 mL 水中的溶解度：0 ℃，0.17 g；20 ℃，0.29 g；50 ℃，0.78 g；80 ℃，2.71 g；90 ℃，4.09 g；100 ℃，5.88 g。

(3)精制苯甲酸除了用重结晶方法外，还可以用什么方法？

附：苯甲酸合成的微型操作步骤

(1)往 10 mL 圆底烧瓶中加入 0.6 g KMnO₄，再用 1 mL 吸量管吸取 0.2 mL 甲苯加入其中，最后加 7 mL 水，装上回流冷凝管，加热至微沸，并时加摇荡。继续回流，直至甲苯层消失，回流液中无明显油珠为止。

(2)将反应混合物趁热过滤，并用少量热水洗涤滤渣。合并滤液与洗涤液，加入适量饱和 NaHSO₃ 溶液使紫红色褪去，成为无色透明的溶液。然后在冰水浴中冷却，用 6 mol·L⁻¹ HCl 酸化，直至刚果红试纸变蓝，使晶体完全析出。

(3)将析出的苯甲酸用微型漏斗抽滤，并用少量冷水洗涤，抽干、晾干，得苯甲酸产品。

5.13 甲基叔丁基醚的合成

一、实验目的

(1)了解醚的制备方法及甲基叔丁基醚的制备原理与方法。

(2)学习分馏的原理和实验操作。

(3)熟练掌握液体有机化合物的分离提纯方法。

二、实验用品

(1)仪器 圆底烧瓶、分馏柱、蒸馏头、温度计(100 ℃)、直形冷凝管、真空尾接管和接收瓶(锥形瓶)、分液漏斗、具塞锥形瓶、蒸馏装置(配 50 mL 圆底烧瓶)。

(2)药品 叔丁醇、甲醇、质量分数为 15% H₂SO₄、质量分数为 10% Na₂SO₃、无水 Na₂CO₃。

(3)其他用品 橡皮管、沸石。

三、实验原理

铅尘是大气中对人体危害较大的一种污染物，由于其性质稳定，不易降解，一旦进入人体就会积累滞留，破坏机体组织。铅尘污染物主要来源于汽车排放的尾气。为了减少大气中的铅尘污染，世界上许多发达国家都在推行使用无铅汽油。所谓汽油无铅化，就是在汽油中用甲基叔丁基醚代替四乙基铅作为增强汽车抗震性能的抗震剂。甲基叔丁基醚具有优良的抗震性，对环境无污染，是良好的无铅汽油抗震剂。

甲基叔丁基醚是一种混合醚，在实验室制备中既可用威廉森制醚法，也可用硫酸脱水法制得。由于酸的催化作用，叔丁醇很容易形成较稳定的碳正离子，继而与甲醇作用生成混合醚，反应机理如下：

本实验采用硫酸脱水法合成甲基叔丁基醚：

$$CH_3-\underset{\underset{CH_3}{|}}{\overset{\overset{CH_3}{|}}{C}}-OH+CH_3OH \xrightarrow{15\%H_2SO_4} CH_3-\underset{\underset{CH_3}{|}}{\overset{\overset{CH_3}{|}}{C}}-OCH_3$$

四、操作步骤

在 250 mL 圆底烧瓶上安装分馏柱,顶端装上温度计,在其支管处依序安装直形冷凝管、真空尾接管和接收瓶。真空尾接管的支管连接橡皮管并导入水槽,接收瓶置于冰浴中(装置如图 5-8 所示)。

将 70 mL 质量分数为 15% 的 H_2SO_4、16 mL(12.8 g,0.4 mol)甲醇和 19 mL(14.8 g,0.2 mol)叔丁醇加入圆底烧瓶中,振摇使之混合均匀①,投入几颗沸石,小火加热。收集49~53 ℃的馏分。

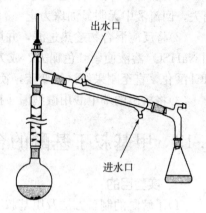

图 5-8　甲基叔丁基醚的合成装置

将收集液转入分液漏斗,依次用水、质量分数为 10% 的 Na_2SO_3 溶液和水洗涤,以除去醚层中的醇和可能存在的过氧化物。除净醇后,醚层清澈透明。然后将产品转入小锥形瓶中,用无水 Na_2CO_3 进行干燥;蒸馏,收集 53~56 ℃的馏分。称量、计算产率,测定物理常数以检验产品纯度。

甲基叔丁基醚为无色透明液体,沸点 55~56 ℃,$n_D^{20}1.369\,0$,$d_4^{20}0.740\,0$。

五、数据记录和处理

(1)甲醇的用量_____mL;叔丁醇的用量_____mL。

甲基叔丁基醚产品质量_____g;产率_____%。

(2)根据实验过程和数据结果对甲基叔丁基醚的产率做出评价,并分析影响产率的因素及其影响后果。

六、思考题

(1)制备混合醚通常采用威廉森合成法,为什么本实验可以用硫酸催化脱水法制备混合醚——甲基叔丁基醚?

(2)为什么要以稀硫酸作催化剂?如果采用浓硫酸会使反应产生什么后果?

(3)反应过程中,为何要严格控制馏出温度,馏出速度过快或馏出温度过高,会对反应产生什么影响?

5.14　乙酰水杨酸的合成及检验

一、实验目的

(1)了解羧酸衍生物醇解生成酯的一般原理和方法。

(2)掌握乙酰水杨酸的制备原理及实验技巧。

---

① 叔丁醇熔点为 25.5 ℃,沸点为 82.5 ℃,有少量水存在时呈液态。如果室温较低,加料困难时,可以加入少量水,使之液化后再加料。

(3)了解固体有机化合物的分离提纯方法，熟练掌握水浴加热、重结晶、测熔点等操作。

二、实验用品

(1)仪器　锥形瓶、减压过滤装置、水银温度计(100 ℃)、烧杯、表面皿。

(2)药品　水杨酸、乙酸酐、饱和 $NaHCO_3$、质量分数为 1％ 的 $FeCl_3$、浓 H_2SO_4、3 mol·L^{-1} HCl、质量分数为 40％ 的乙醇。

三、实验原理

乙酰水杨酸药品名称为"阿司匹林"，经近百年的临床应用，证明阿司匹林具有抗炎、解热、镇痛的作用，用来缓解风湿痛、流感、发烧等症状，近年还发现阿司匹林能够抑制血小板聚集，作为抗凝剂被广泛用于预防心脑血管栓塞。乙酰水杨酸是水杨酸的衍生物，本实验采用水杨酸与乙酸酐作用来制备乙酰水杨酸。水杨酸是同时具有酚羟基和羧基的双官能团化合物，羟基和羧基都可以发生酯化反应，当与乙酸酐作用时就可以得到乙酰水杨酸。

$$\text{（苯环）}\begin{matrix}-COOH\\-OH\end{matrix} + (CH_3CO)_2O \xrightarrow{H_2SO_4} \text{（苯环）}\begin{matrix}-COOH\\-OCOCH_3\end{matrix} + CH_3COOH$$

在生成阿司匹林的这个反应中，因为水杨酸本身具有的两个官能团都可以酯化，还可形成少量的高分子聚合物(特别在较高温时)，从而造成产物不纯。使乙酰水杨酸变成钠盐，利用高聚物及羧基被酯化的产物不溶于水的特点可除去这部分杂质。反应进行的程度可以用三氯化铁进行检测，$FeCl_3$ 与水杨酸分子中的酚羟基反应，形成深紫色的溶液，表明水杨酸未完全反应；而纯净的乙酰水杨酸不会产生紫色。

乙酰水杨酸为白色晶体，熔点为 136 ℃。

四、操作步骤

(1)产品合成　用称量纸称量 3 g(0.022 mol)干燥的水杨酸，小心倒入 50 mL 干燥锥形瓶里，加入 5 mL(0.053 mol)新蒸的乙酸酐[①]。将锥形瓶置于 50 ℃ 水浴中，逐滴加入 4 滴浓 H_2SO_4，每加 1 滴充分摇动，使水杨酸全部溶解。如果溶解不完，再滴入浓 H_2SO_4。升温，保持水浴温度在 70 ℃ 左右 20 min，摇动锥形瓶使乙酰化反应尽可能完全。取出锥形瓶，稍冷后在不断搅拌下倒入 50 mL 冷水中，继续搅拌至大量晶体析出。冰水浴冷却 10 min，抽滤，用少量冰水洗涤两次[②]，得到乙酰水杨酸粗产品。

(2)产品纯化　将粗产品放入 150 mL 烧杯中，边搅拌边加入 25 mL 饱和 $NaHCO_3$ 溶液，加完后继续搅拌数分钟，至无 CO_2 气泡产生为止。抽滤除去高聚物，将滤液倾入盛有13 mL 3 mol·L^{-1} HCl 的烧杯中，即有乙酰水杨酸晶体析出。搅拌，冰水浴冷却 10 min，使晶体完全析出后抽滤，将晶体移至表面皿上，干燥，称重，计算产率。

(3)产品检测　产品中的杂质可用质量分数为 1％ 的 $FeCl_3$ 检验[③]。为得到更纯的产品，可用质量分数为 40％ 的乙醇进行重结晶[④]。再测定熔点[⑤]及检验杂质。

---

① 乙酸酐须新蒸，收集 139～140 ℃ 的馏分。

② 在产物冷却结晶时，可同时用小烧杯装少量蒸馏水放在冰水混合物中冷却，用来洗涤产品。

③ 取少量结晶于白色点滴板中，加入质量分数为 95％ 的乙醇溶解，再加 1 滴质量分数为 1％ 的 $FeCl_3$ 溶液，溶液呈紫色，说明产品不纯净，含有水杨酸。

④ 重结晶操作见 4.7.3。重结晶时，溶解过程温度不宜超过 70 ℃，亦不应加热过久，以免乙酰水杨酸分解。

⑤ 测定熔点的操作见 3.5 和 4.8.2。乙酰水杨酸易受热分解，因此熔点不是很明显，它的分解温度为 128～135 ℃。测定熔点时，可先将浴液加热至 120 ℃ 左右，然后放入样品测定。

五、数据记录和处理

(1)水杨酸的用量_____g；乙酸酐的用量_____mL。

乙酰水杨酸产品的质量_____g；产率_____%；FeCl₃检验结果_____色。

(2)根据实验过程和数据：①评价产品的产率和纯度；②分析影响产率和纯度的因素，并讨论提高产率和纯度的策略。

六、思考题

(1)投料时为什么反应器及水杨酸须是干燥的？乙酸酐须是新蒸的？

(2)水杨酸乙酰化时，加入浓硫酸的目的是什么，浓硫酸加入过快、过多会有什么后果？

(3)为什么反应时须保持瓶内温度为 70 ℃左右而不宜过高？否则会有何后果？

附：乙酰水杨酸合成的微型操作步骤

(1)在 3 mL 圆底烧瓶中放入 0.12 g 干燥的水杨酸，用 1 mL 吸量管加入 0.2 mL 新蒸的乙酸酐，用毛细滴管滴加 1 滴浓硫酸。装上冷凝管和装有无水氯化钙的干燥管，放入搅拌磁子，水浴加热并用电磁搅拌器进行搅拌。维持水温 70 ℃左右，回流约 15 min。

(2)将回流产物趁热倒入 10 mL 冷水中，得白色沉淀。用冰水浴冷却，使沉淀完全。抽滤，用少量冷水洗涤沉淀，抽干、晾干，得乙酰水杨酸产品。

(3)粗产品可用乙醇-水进行重结晶。

5.15 邻、对硝基苯酚的合成与分离

一、实验目的

(1)了解邻、对硝基苯酚的合成、分离、提纯原理与操作。

(2)熟悉水蒸气蒸馏原理及操作。

二、实验用品

(1)仪器 长颈圆底烧瓶、烧杯、滴液漏斗、水蒸气蒸馏装置。

(2)药品 浓 H₂SO₄、NaNO₃、苯酚、浓 HCl、活性炭、质量分数为 2% 的 HCl。

三、实验原理

硝基苯酚常用于制造药物、染料、指示剂、感光材料以及精细化学品的中间体。分为邻、间、对三种异构体，均为无色至微黄色晶体，有芳香气味。本实验在室温下将苯酚进行硝基化得到硝基苯酚，化学反应方程式如下：

苯酚硝化后得到的产物是邻硝基苯酚和对硝基苯酚的混合物。由于邻硝基苯酚通过分子内的氢键能形成螯环：

其沸点为 214～216 ℃，比对位的沸点(279 ℃)要低，同时在沸水中的溶解度比对位的小得多，易随水蒸气挥发，因此可借水蒸气蒸馏将两种异构物分开。

四、操作步骤

在 500 mL 圆底烧瓶中加入 60 mL 水，再慢慢加入 21 mL 浓 H_2SO_4 及 23 g $NaNO_3$[①]，将烧瓶置于冰水浴中冷却。在小烧杯中称取 14.1 g 苯酚[②]，并加入 4 mL 水，温热搅拌至溶，冷却后倒入滴液漏斗中。在振摇下从滴液漏斗往烧瓶中逐滴加入苯酚水溶液，保持反应温度在 15～20 ℃[③]。滴加完后，放置 0.5 h，并时加振荡，使反应完全。此时得到黑色焦油状物质，用冰水冷却，使油状物凝成固体。小心倾去酸液，油层再用水以倾泻法洗涤数次[④]，尽量洗去剩余的酸液。将油层进行水蒸气蒸馏，直至冷凝管无黄色油滴馏出为止[⑤]。馏液冷却后，粗邻硝基苯酚迅速凝成黄色固体，抽滤收集后，干燥、称重并测其熔点。再用乙醇-水混合溶剂[⑥]重结晶，收集，称量，产量为 4～4.5 g(产率为 19％～22％)。

在水蒸气蒸馏后的残液中，加水至总体积约为 150 mL，再加入 10 mL 浓 HCl 和 1 g 活性炭，加热煮沸 10 min，趁热过滤。滤液再用活性炭脱色一次。将两次脱色后的滤液冷却，使粗对硝基苯酚立即析出。抽滤收集 5～6 g，用质量分数为 2％的 HCl 重结晶，收集，称重，产量约为 3.5～4 g(产率为 17％～19％)。

纯的邻硝基苯酚为亮黄色针状晶体，其熔点为 45.3～45.7 ℃；对硝基苯酚为无色针状晶体，其熔点为 114.9～115.6 ℃。

五、数据记录和处理

(1)苯酚的用量_____g；浓 H_2SO_4 的用量_____mL；$NaNO_3$ 的用量_____g。

邻硝基苯酚粗产品质量_____g；纯净邻硝基苯酚质量_____g；邻硝基苯酚的产率_____％。

对硝基苯酚粗产品质量_____g；纯净对硝基苯酚质量_____g；对硝基苯酚的产率_____％。

---

① 硝化试剂除用硝酸钠(钾)与硫酸的混合物外，也可用稀硝酸。前者可减少苯酚被氧化的可能性，增加收率。

② 苯酚室温时为固态(熔点 41 ℃)，可用温水浴温热熔化，加水可降低苯酚的熔点，使呈液态，有利于反应。苯酚对皮肤有较大的腐蚀性，如不慎弄到皮肤上，应立即用肥皂和水冲洗，最后用少许乙醇擦洗至不再有苯酚味。

③ 由于苯酚与酸不互溶，故须不断振荡使其充分接触，达到反应完全，同时可防止局部过热现象。反应温度超过 20 ℃时，硝基苯酚可继续硝化或被氧化，使产量降低。若温度较低，则对硝基苯酚所占比例有所增加。

④ 最好将反应瓶放入冰水浴中冷却，则油状物凝成黑色固体，并有黄色针状晶体析出，这样洗涤较方便。若有酸液残余，则在水蒸气蒸馏过程中，由于温度升高，而使硝基苯酚进一步硝化或氧化。

⑤ 水蒸气蒸馏时，往往由于邻硝基苯酚的晶体析出而堵塞冷凝管。此时必须调节冷凝水，让热的蒸气通过使其熔化，然后再慢慢开大水流，以免热的蒸气使邻硝基苯酚伴随逸出。

⑥ 先将粗邻硝基苯酚溶于热的乙醇(40～45 ℃)中，过滤后，滴入温水至出现浑浊。然后在温水浴(40～45 ℃)中温热或滴入少量乙醇至清，冷却后即析出亮黄色针状的邻硝基苯酚。

(2)根据实验过程和数据：①评价产品的产率和纯度；②分析影响硝化反应的因素及对实验结果的影响；③讨论本实验可能出现的副反应以及减少这些副反应发生的策略。

六、思考题

(1)在重结晶邻硝基苯酚时，为什么温热后常易出现油状物？如何使它消失？后来在滴加水时，也常会析出油状物，应如何避免？

(2)为什么在纯化固体产物时，总是先用其他方法除去副产物、原料和杂质后，再进行重结晶来提纯？反应完成后直接用重结晶来提纯行吗？为什么？

5.16 甲基橙的合成及检验

一、实验目的
(1)掌握由重氮化、偶合反应制备甲基橙的原理和方法。
(2)掌握重结晶的操作。

二、实验用品
(1)仪器 烧杯、玻璃棒、温度计(100 ℃)、试管、减压过滤装置。
(2)药品 对氨基苯磺酸、N,N-二甲基苯胺、$NaNO_2$、$NaOH$溶液(质量分数分别为1%、5%、10%)、浓 HCl、冰醋酸、$NaCl$、尿素。
(3)其他用品 刚果红试纸、石蕊试纸、淀粉-KI试纸。

三、实验原理
甲基橙又称"金莲橙-D"，化学名称为对二甲氨基偶氮苯磺酸钠，广泛应用于生产和科学实验中，常用作酸碱指示剂和生物染料。

甲基橙的制备大体分为重氮化和偶合两大步骤，先由对氨基苯磺酸钠与亚硝酸钠反应得到重氮盐，再与 N,N-二甲基苯胺的醋酸盐在弱酸性介质中偶合得到。偶合首先得到的是红色的酸性甲基橙，称为酸性黄。加碱后，酸性黄转变为橙黄色的钠盐，即甲基橙。反应式如下：

(1)重氮化

$$H_2N\!-\!\!\!\bigcirc\!\!\!-SO_3H + NaOH \longrightarrow H_2N\!-\!\!\!\bigcirc\!\!\!-SO_3Na + H_2O$$

$$H_2N\!-\!\!\!\bigcirc\!\!\!-SO_3Na \xrightarrow[0\sim5\,℃]{NaNO_2/HCl} HO_3S\!-\!\!\!\bigcirc\!\!\!-N_2^+Cl^-$$

(2)偶合

$$HO_3S\!-\!\!\!\bigcirc\!\!\!-N_2^+Cl^- \xrightarrow[HAc]{C_6H_5N(CH_3)_2} \left[HO_3S\!-\!\!\!\bigcirc\!\!\!-N\!=\!N\!-\!\!\!\bigcirc\!\!\!-NH(CH_3)_2\right]^+ Ac^-$$

$$\downarrow NaOH \qquad 酸性黄$$

$$NaO_3S\!-\!\!\!\bigcirc\!\!\!-N\!=\!N\!-\!\!\!\bigcirc\!\!\!-NH(CH_3)_2$$

甲基橙

四、操作步骤
(1)重氮盐的制备 在 100 mL 烧杯中放入 2.1 g(0.01 mol)粉状对氨基苯磺酸晶体，加入 10 mL 质量分数为 5% 的 NaOH 溶液，在玻璃棒搅拌下，温热使之溶解①，使红色石蕊试纸变蓝。冷至室温后，加入 0.8 g(0.01 mol)NaNO$_2$，使其溶解，在另一烧杯中加入 3 mL 浓 HCl 和 10 mL 冰水，均置于冰盐浴中冷却至 5 ℃ 以下。

边搅拌边将对氨基苯磺酸钠与 NaNO$_2$ 的混合液慢慢滴加入冰盐浴的 HCl 溶液中②，全程控制温度在 5 ℃ 以下③，用刚果红试纸检验，始终保持反应液为酸性。

滴加完后，将反应混合物在冰盐浴中放置 15 min，以保证反应全部完成。用淀粉-KI 试纸检验溶液中是否有过量的 HNO$_2$④。

(2)偶合反应　取一支试管，加入 1.3 mL(1.2 g、0.01 mol)N,N-二甲基苯胺和 1 mL 冰醋酸，振荡使之混合。在不断搅拌下将此溶液慢慢加到上述冰盐浴的重氮盐溶液中，加完后继续搅拌 15 min，使偶合反应进行完全，得到红色的酸性甲基橙，即酸性黄。

边搅拌边在上述溶液中慢慢加入 15 mL 质量分数为 10% 的 NaOH 溶液，直至反应液变为橙色⑤，此时可能有呈细粒状甲基橙沉淀析出。将反应物在热水浴上温热 5 min，使沉淀完全溶解后，先自然冷却至室温，再冰盐浴冷却，使甲基橙结晶析出完全。抽滤，晶体依次用水、乙醇、乙醚洗涤⑥，压干。

若要制得纯度较高的产品，可用质量分数为 1% 的 NaOH 沸水液进行重结晶⑦，则得到橙色小叶片状晶体。称重，计算产率。

(3)检验　溶解少许产品于水中，先加几滴稀 HCl，然后用 NaOH 溶液中和，观察并记录溶液颜色变化。

纯甲基橙是橙黄色片状晶体，没有明确熔点。甲基橙的变色范围：pH 3.1～4.4，pH<3.1 为红色，pH>4.4 为黄色，pH 3.1～4.4 为橙色。

五、数据记录和处理

(1)对氨基苯磺酸的用量_____g；甲基橙产品的质量_____g；产率_____%。

(2)分析在制备甲基橙的过程中，影响产品产率的因素及产生的后果。

六、思考题

(1)对氨基苯磺酸重氮化时，为什么要先加碱把它变为钠盐？为什么要用稍微过量的碱液？

(2)重氮盐中若有过量 HNO$_2$ 未经除去就进行偶合反应，对实验结果有什么影响？

---

①　对氨基苯磺酸是两性化合物，但其酸性比碱性强，故能与碱作用而生成盐，这时溶液应呈碱性(用石蕊试纸检验)，否则需补加 1～2 mL 氢氧化钠溶液。

②　对氨基苯磺酸的重氮盐在此时往往析出，这是因为重氮盐在水中可电离，形成内盐，在低温下难溶于水而形成细小的晶体析出。

③　重氮盐不稳定，5 ℃ 以上易分解、水解。

④　若淀粉-KI 试纸变蓝，则表明亚硝酸过量，可加入少量尿素使其分解。

⑤　若反应物中尚存 N,N-二甲基苯胺的乙酸盐，在加入氢氧化钠后，就有 N,N-二甲基苯胺析出，影响产物的纯度。而且甲基橙在空气中受光的照射，颜色很快变深，所以一般得到紫红色粗产物。

⑥　用乙醇、乙醚洗涤的目的是使产品迅速干燥。

⑦　重结晶操作应迅速，否则产物在高温的碱性环境中颜色加深。

6 滴定分析和重量分析实验

【概述】

滴定分析又叫容量分析，是化学分析方法的重要分支。其方法是在准确度量体积的被测溶液中滴加已知准确浓度的试剂溶液（称为标准溶液或滴定剂），该标准溶液与被测物按化学计量关系完全反应，滴加标准溶液至与被测物反应完全为止，根据标准溶液的浓度和体积，求出被测物的含量。标准溶液是通过滴定管逐滴加到被测物溶液中去的，这个过程叫滴定。反应按计量关系完全反应时，会出现明显的特征，则立即停止滴定，此时叫化学计量点。许多滴定分析反应到达化学计量点时，并无显著可视变化，所以通常用合适的指示剂来确定反应的化学计量点。指示剂颜色转变即为滴定终点，简称终点。化学计量点是根据化学反应的量的关系求出的理论值，而终点是滴定时确定的实验值。两者并不一定恰好相同，由此而引起的误差叫作滴定误差，合适的指示剂有助于减小滴定误差而获得准确的分析结果。因此，用于滴定分析的滴定反应，应符合以下几个条件：①反应必须定量地完成；②反应能够迅速地完成（有时需采用水溶加热或加催化剂等方法来加速反应）；③有简单可靠的办法来确定化学计量点。为满足上述要求，可采用直接滴定法、返滴定法、置换滴定法和间接滴定法等四种滴定方式。

滴定分析主要用来测定成分含量在1%以上的物质，具有操作简便快速、使用仪器简单等特点，因此在工农业生产和科学实验中广泛地应用。根据标准溶液和被测物反应的类型不同，可以分为酸碱滴定法、沉淀滴定法、配位滴定法和氧化还原滴定法四类。

重量分析一般是将被测组分与试样中的其他组分分离后，转化为一定的称量形式，然后用称重方法测定该组分的含量。由于直接用分析天平称量而获得分析结果，不需要标准试样或基准物质进行比较，因此只要分析方法可靠、操作细心，称量误差一般都很小，对于常量组分的测定，通常能得到准确的分析结果，相对误差为0.1%～0.2%。但是，该分析法操作烦琐、耗时较长，不适用于微量和痕量组分的测定。目前，主要应用于硅、硫、磷、钨、钼、镍、锆、铪、铌、钽等常量元素的精确分析。根据分离方法的不同，重量分析一般分为沉淀法、气化法和电解法三类。沉淀法是重量分析中的主要方法，通过加入适当的沉淀剂，使被测组分以适当的微溶化合物沉淀形式沉淀出来，再将沉淀过滤、洗涤、烘干或灼烧成适当的"称量形式"称重，计算其含量。气化法一般是通过加热或其他方法使试样中的被测组分挥发逸出，然后根据试样质量的减轻计算该组分的含量；或者当该组分逸出时，用合适的吸收剂将其吸收，再根据吸收剂质量的增加计算该组分的含量。电解法是利用电解原理，使金属离子在电极上析出，然后称重，求得其含量。沉淀形式与称量形式可以相同，也可以不同。沉淀形式应符合以下几点要求：①溶解度必须很小；②易于过滤和洗涤；③要纯净；④易于转化为称量形式。称量形式应满足以下几点要求：①必须有确定的化学组成；②化学性质十分稳定；③摩尔质量较大。

6.1 酸碱溶液的配制及比较滴定

一、实验目的

(1)学习和掌握酸碱溶液的配制。

(2)练习滴定分析的基本操作和掌握正确判断滴定终点的方法。

二、实验用品

(1)仪器　碱酸通用滴定管、锥形瓶、烧杯、量筒。

(2)药品　$6\ mol \cdot L^{-1}$ HCl、质量分数 50% 的 NaOH 溶液、甲基红指示剂[①]、酚酞指示剂[②]。

三、实验原理

酸碱滴定中常用 HCl 和 NaOH 溶液作为滴定剂，由于浓 HCl 易挥发，NaOH 易吸收空气中的水分和二氧化碳，故此无法直接配制准确浓度的滴定剂，只能先配制近似浓度的溶液，然后用基准物质标定其浓度。

强酸 HCl 与强碱 NaOH 溶液的滴定反应，其突跃范围 pH 为 4.0～10.0，在这一范围中可采用甲基橙(变色范围 pH 3.1～4.4)、甲基红(变色范围 pH 4.4～6.2)、酚酞(变色范围 pH 8.0～10.0)等指示剂来指示终点。指示剂变色的方向应该是从浅色到深色，因此不同的滴定程序所选用的指示剂是不同的，例如，HCl 滴定 NaOH 用甲基红作指示剂，滴定终点时溶液的颜色由黄变橙；NaOH 滴定 HCl 则用酚酞作指示剂，滴定终点时溶液由无色变为微红色。正确判断滴定终点是确保滴定分析准确度的关键环节，因此，在滴定快到终点时要采用滴加半滴溶液的操作[③]。

一定浓度的 HCl 和 NaOH 溶液相互滴定时所消耗的体积之比应是一定的，改变被滴定溶液的体积，终点时与所消耗的滴定剂体积之比基本上是一恒定值，借此可以检验滴定操作技术及判断终点的能力。本实验是以酸碱滴定法中酸碱标准溶液的配制和测量滴定剂体积消耗为例，来练习滴定分析的基本操作，其中滴定管的使用与滴定操作要点参见 4.6.5。

四、操作步骤

(1)配制 600 mL 0.1 mol·L⁻¹ NaOH 溶液　用洁净的量筒量取 3.3 mL 质量分数为 50% 的 NaOH 溶液(约 19 mol·L⁻¹)于细口瓶中，加入 600 mL 蒸馏水，盖好橡皮塞，摇匀，贴上标签，备用。

(2)配制 200 mL 0.1 mol·L⁻¹ HCl 溶液　计算出配制该溶液所需 6 mol·L⁻¹ HCl 的量，根据计算结果量取所需的 HCl 溶液，加入已盛有 200 mL 蒸馏水的 250 mL 烧杯中，搅匀，备用。

---

① 1 g 甲基红用 95% 的乙醇溶解，然后用该乙醇定容至 1 000 mL。
② 1 g 酚酞用 95% 的乙醇溶解，然后用该乙醇定容至 1 000 mL。
③ 半滴操作要点：使溶液在嘴尖悬而不滴，用锥形瓶内壁与嘴尖相碰，再用少量蒸馏水冲洗锥形瓶壁将其冲下。

(3)滴定管的检漏和洗涤 首先对滴定管进行检漏。在不漏液的情况下，先用蒸馏水洗3次，再用待装滴定剂洗3次，每次用量为5～10 mL。

(4)练习滴定终点的判断 在两支滴定管中分别装满 NaOH 溶液和 HCl 溶液，并赶尽管尖内的气泡。先由滴定管放出 2～3 mL HCl 溶液至 250 mL 锥形瓶中，加入 10 mL 蒸馏水和 1 滴酚酞指示剂，摇匀，用另一支滴定管中的 NaOH 溶液滴定至溶液呈微红色，即为终点；再由滴定管放入几滴 HCl 溶液，用 NaOH 溶液滴定至终点，反复几次，直至较熟练地掌握终点的判断。用同样的方法练习 HCl 溶液滴定 NaOH 溶液的终点判断，用甲基红作指示剂，滴定终点为由黄变橙。

(5)酸碱溶液的比较滴定 在两支滴定管中分别添加酸、碱溶液至零刻度附近[①]，并准确读出和记录始读数[②]。放出约 20 mL HCl 溶液至锥形瓶中(读数精确至 0.01 mL)，加入 2 滴酚酞指示剂，用 NaOH 溶液滴定至溶液呈微红色[③]，0.5 min 不褪色即为终点，准确记录终读数。重复上述操作 3 次。或放出约 20 mL NaOH 溶液至锥形瓶中(读数精确至 0.01 mL)，加入 2 滴甲基红指示剂，用 HCl 溶液滴定至溶液呈橙色，准确记录始读数和终读数。重复上述操作 3 次。

以上两种滴定方式任选一种。

五、数据记录与处理和分析讨论

(1)参照表 6-1 的格式记录和处理实验数据。

表 6-1 HCl 溶液与 NaOH 溶液的比较滴定

项　目		次　数		
		1	2	3
指　示　剂				
$V(HCl)/mL$	终读数			
	始读数			
	用　量			
$V(NaOH)/mL$	终读数			
	始读数			
	用　量			
$V(HCl)/V(NaOH)$				
平均值 $V(HCl)/V(NaOH)$				

(2)参照以下建议，对结果进行分析讨论。

① 计算实验的相对平均偏差。

② 分析实验中引起实验误差的因素有哪些，提出消除误差的方法。

六、思考题

(1)为什么 NaOH 滴定 HCl 要选用酚酞作指示剂、HCl 滴定 NaOH 要选用甲基红作指示剂？

(2)滴定管管尖内有气泡时，将对滴定结果产生什么影响？如何赶走气泡？

(3)能否在滴定管架上读取滴定管的读数？说明理由。

---

①　每次滴定前，建议把滴定管中溶液添加至零刻度附近作为始读数。

②　读数时一定要采用正确的读数方式，不能将滴定管固定在滴定管架上读数，读数方法参见 4.6.5。

③　在滴定过程中，开始时的滴定速度可以快些(但滴出液也不能成线状)，在接近终点时一定要慢，必须滴一滴，摇几下，观察颜色后再滴入，必要时要控制滴加半滴。

6.2 甲醛法测定铵盐含氮量

一、实验目的

(1)学习 NaOH 溶液的标定方法，掌握甲醛法测定铵盐中含氮量的原理和方法。

(2)掌握分析天平的操作技能，能熟练使用分析天平进行减量法称量。

二、实验用品

(1)仪器 分析天平、滴定管、锥形瓶、容量瓶、移液管。

(2)药品 $0.1\ mol \cdot L^{-1}$ NaOH 溶液、邻苯二甲酸氢钾(A. R.)、酚酞指示剂[①]、甲基红指示剂、体积分数为 20% 的中性甲醛溶液[②]、铵盐试样。

三、实验原理

铵盐作为氮肥和复合肥的主要成分，氮含量是重要指标。铵盐中的 NH_4^+ 的酸性太弱($K_a^{\ominus} = 5.6 \times 10^{-10}$)，无法用 NaOH 标准溶液直接滴定，因为强碱滴定弱酸的条件是 $c_0 \cdot K_a^{\ominus} \geqslant 10^{-8}$。因此，将铵盐与甲醛作用，定量生成$(CH_2)_6N_4H^+$(六次甲基四胺盐)和 H^+，再用 NaOH 标准溶液直接滴定$(CH_2)_6N_4H^+$($K_a^{\ominus} = 7.1 \times 10^{-6}$)和 H^+。滴定生成的$(CH_2)_6N_4$(六次甲基四胺)是弱碱($K_b^{\ominus} = 1.4 \times 10^{-9}$)，终点时溶液为弱碱性，选用酚酞作指示剂。

$$4NH_4^+ + 6HCHO = (CH_2)_6N_4H^+ + 3H^+ + 6H_2O$$

$$(CH_2)_6N_4H^+ + 3H^+ + 4OH^- = (CH_2)_6N_4 + 4H_2O$$

最后利用 NaOH 标准溶液的浓度和消耗的体积即可计算出铵盐的含氮量。

NaOH 标准溶液需标定准确浓度。常用的基准物质为纯草酸($H_2C_2O_4 \cdot 2H_2O$)或邻苯二甲酸氢钾($KHC_8H_4O_4$)。它们与 NaOH 的反应如下：

$$H_2C_2O_4 + 2NaOH = Na_2C_2O_4 + 2H_2O$$

本实验采用邻苯二甲酸氢钾($KHC_8H_4O_4$)为基准物质标定 NaOH 标准溶液的浓度，选用酚酞作指示剂，记录 NaOH 标准溶液的体积后，可用式(6-1)计算出 NaOH 溶液的浓度。

$$c(NaOH) = \frac{m(KHC_8H_4O_4) \times 1\ 000}{V(NaOH) \cdot M(KHC_8H_4O_4)} \qquad (6-1)$$

四、操作步骤

(1)$0.1\ mol \cdot L^{-1}$ NaOH 溶液的配制和标定 首先配制 $0.1\ mol \cdot L^{-1}$ NaOH 溶液(配制方法参见 6.1)。用减量法准确称取邻苯二甲酸氢钾 3 份，每份重 $0.4 \sim 0.6\ g$(精确至 $0.1\ mg$)，分别放入 250 mL 锥形瓶中，各加入 30 mL 无 CO_2 的蒸馏水，摇动锥形瓶至完全溶解[③]，加 2 滴酚酞指示剂，用待标定的 NaOH 溶液滴定至溶液呈微红色，并且 0.5 min 不褪色即为终

---

① 酚酞指示剂和甲基红指示剂的配制方法同 6.1。

② 中性甲醛溶液：甲醛中常含有微量的酸，应预先中和处理。取原瓶装甲醛上层清液于烧杯中，加蒸馏水稀释 1 倍，加入 2 滴酚酞指示剂，用 NaOH 溶液滴定至甲醛溶液呈现微红色。

③ 邻苯二甲酸氢钾溶解完全后才能开始滴定。若溶解速度太慢，可用手包围容量瓶捂热，加速溶解；不可用玻璃棒搅拌和捣碎。

点。记录消耗的 NaOH 溶液的体积，按式(6-1)计算其准确浓度。3 次滴定的结果，要求相对平均偏差不超过 0.2%。

（2）铵盐试样中氮含量的测定　用减量法准确称取铵盐试样 0.7~1.0 g(精确至 0.1 mg)放入小烧杯中，加入 30 mL 蒸馏水溶解，然后转入 100 mL 容量瓶中，用少量蒸馏水洗涤烧杯 2~3 次，一并转入容量瓶中，再加蒸馏水至容量瓶上的刻度，摇匀。

用移液管吸取上述试液 20.00 mL 放入 250 mL 锥形瓶中，加 1 滴甲基红指示剂，若溶液呈黄色[①]，加入 5 mL 体积分数为 20% 的中性甲醛溶液，充分摇匀。放置 5 min 后，加入 2 滴酚酞指示剂，用 NaOH 标准溶液滴定至微红色，0.5 min 不褪色即为终点。记录所消耗的 NaOH 标准溶液的体积。平行测定 3 次，按式(6-2)计算铵盐中氮的质量分数 $w(N)$，并求出相对平均偏差。

$$w(N)=\frac{c(NaOH)V(NaOH)M(N)}{\frac{1}{5}\times m(试样)\times 1\,000}\times 100\% \qquad (6-2)$$

五、数据记录与处理和分析讨论

（1）参照表 6-2 和表 6-3 记录和处理实验数据。

表 6-2　0.1 mol·L⁻¹ NaOH 溶液的标定

项　目		次　数		
		1	2	3
$m(KHC_8H_4O_4)$/g				
$V(NaOH)$/mL	终读数			
	始读数			
	用　量			
$c(NaOH)$/(mol·L⁻¹)				
平均值 $c(NaOH)$/(mol·L⁻¹)				
偏差				
平均偏差				
相对平均偏差				

表 6-3　铵盐中氮含量的测定

项　目		次　数		
		1	2	3
$c(NaOH)$/(mol·L⁻¹)				
铵盐试样量/g				
$V(NaOH)$/mL	终读数			
	始读数			
	用　量			
$w(N)$				
$w(N)$平均值				
相对平均偏差				

---

① 若溶液呈黄色，表明溶液中不含游离酸；若呈红色，表明试样中含有游离酸，需用 NaOH 溶液中和滴定至红色刚变为黄色。

(2)参照以下建议，对结果进行分析讨论。

① 根据以上相对平均偏差的结果，讨论造成偏差的原因和消除方法。

② 根据计算所得含氮量的结果，预测铵盐试样的种类(常见无机盐)。

六、思考题

(1)为什么不能用直接配制法来配制 NaOH 标准溶液？

(2)为什么称取邻苯二甲酸氢钾的范围在 0.4～0.6 g？

(3)NH_4Cl 或 NH_4HCO_3 的含氮量能否用甲醛法来测定？

(4)能否用 NaOH 标准溶液直接滴定$(NH_4)_2SO_4$ 溶液？

(5)为什么铵盐溶液要用移液管吸取？

6.3 食用醋中总酸量的测定

一、实验目的

(1)了解强碱滴定弱酸时指示剂的选择方法。

(2)掌握食用醋中总酸量测量的原理和方法。

二、实验用品

(1)仪器 滴定管、移液管、锥形瓶、容量瓶。

(2)药品 0.100 0 mol·L^{-1} NaOH 标准溶液、质量分数为 0.1% 的酚酞指示剂[①]。

(3)其他用品 食用醋(白醋或陈醋)。

三、实验原理

食用醋的主要成分是乙酸(俗称醋酸)，此外还有少量其他弱酸，如乳酸等。用 NaOH 标准溶液滴定时，凡是 $K_a^\ominus > 10^{-7}$ 的弱酸，均可被滴定，故测出的是总酸量，计算结果是以含量最多的乙酸表示。乙酸($K_a^\ominus = 1.8 \times 10^{-5}$)和其他有机弱酸与 NaOH 的滴定反应为

$$NaOH + CH_3COOH = CH_3COONa + H_2O$$
$$nNaOH + H_nA(有机酸) = Na_nA + nH_2O$$

化学计量点时 pH 在 8.7 左右，通常选用酚酞作指示剂。

食用醋中含 3%～5% HAc，浓度较大，可适当稀释后再滴定。如果食醋颜色较深，可用中性活性炭脱色后滴定。经稀释或活性炭脱色后，颜色仍明显时，则终点无法判断。

四、操作步骤

用移液管吸取 10.00 mL 食用醋原液移入 100 mL 容量瓶中，用经煮沸除去 CO_2 的蒸馏水稀释到刻度，摇匀。

用 25 mL 移液管平行移取已稀释的食用醋 3 份，分别放入 250 mL 锥形瓶中，各加 2 滴酚酞指示剂，摇匀。用 NaOH 标准溶液滴定至溶液呈浅粉红色，0.5 min 内不褪色即为终点。记录 NaOH 标准溶液消耗的体积。

五、数据记录与处理和分析讨论

(1)参考表 6-2 设计实验数据记录与处理的表格，根据 NaOH 标准溶液的浓度和滴定时耗去的体积(V)，按式(6-3)计算食用醋的总酸量 $\rho(HAc)$(单位为 g·L^{-1})。

---

① 1 g 酚酞用 95% 的乙醇溶解，然后用该乙醇定容至 1 000 mL。

$$\rho(\text{HAc}) = \frac{c(\text{NaOH}) \cdot V(\text{NaOH}) \cdot M(\text{HAc})}{10.00 \times \frac{25.00}{100.00}} \quad (6-3)$$

(2)计算相对平均偏差，并分析产生偏差的原因和消除对策。

六、思考题

(1)测定食用醋含量时，所用的蒸馏水不能含 CO_2，为什么？

(2)测定食用醋含量时，能否用甲基橙作指示剂？

6.4　混合碱中各组分含量的测定

一、实验目的

(1)掌握 HCl 标定的原理和方法。

(2)掌握利用双指示剂法测定混合碱的组成及含量的原理和方法。

(3)了解混合指示剂的作用及其优点。

二、实验用品

(1)仪器　分析天平、滴定管、移液管、容量瓶、锥形瓶、烧杯。

(2)药品　浓盐酸、无水 Na_2CO_3 基准物质[①]、酚酞指示剂、甲基橙指示剂。

(3)其他用品　混合碱试样。

三、实验原理

混合碱是 Na_2CO_3 与 NaOH 或 $NaHCO_3$ 与 Na_2CO_3 的混合物。欲测定同一份试样中各组分的含量，可用 HCl 标准溶液滴定，根据滴定过程中 pH 变化的情况，选用酚酞和甲基橙为指示剂，常称之为"双指示剂法"。此法简便快速，在生产实际中应用广泛。

若混合碱是由 Na_2CO_3 和 NaOH 组成，第一化学计量点时，反应如下：

$$HCl + NaOH === NaCl + H_2O$$
$$HCl + Na_2CO_3 === NaHCO_3 + H_2O$$

以酚酞为指示剂(pH 变色范围为 8.0～10.0)，用 HCl 标准溶液滴定至溶液由红色恰好变为无色，设此时所消耗的 HCl 标准溶液的体积为 V_1(mL)。

第二化学计量点的反应为

$$HCl + NaHCO_3 === NaCl + CO_2 \uparrow + H_2O$$

以甲基橙为指示剂(pH 变色范围为 3.1～4.4)，用 HCl 标准溶液滴定至溶液由黄色变为橙色，消耗的 HCl 标准溶液的体积为 V_2(mL)。

当 $V_1 > V_2$ 时，试样为 Na_2CO_3 与 NaOH 的混合物，中和 Na_2CO_3 所消耗的 HCl 标准溶液为 $2V_2$(mL)，中和 NaOH 时消耗的 HCl 量应为 (V_1-V_2)(mL)。据此可求得混合碱中 Na_2CO_3 和 NaOH 的含量。

$$w(\text{NaOH}) = \frac{(V_1-V_2)c(\text{HCl})M(\text{NaOH}) \times 10^{-3}}{m(\text{试样})} \times 100\% \quad (6-4)$$

$$w(\text{Na}_2\text{CO}_3) = \frac{V_2 c(\text{HCl})M(\text{Na}_2\text{CO}_3) \times 10^{-3}}{m(\text{试样})} \times 100\% \quad (6-5)$$

---

① 无水 Na_2CO_3 基准物质：置于烘箱内，在 180 ℃下干燥 2～3 h 后置于干燥器中冷却。

当 $V_1 < V_2$ 时，试样为 Na_2CO_3 与 $NaHCO_3$ 的混合物，此时中和 Na_2CO_3 所消耗的 HCl 标准溶液的体积为 $2V_1$(mL)，中和 $NaHCO_3$ 所消耗的 HCl 标准溶液的体积为 $(V_2 - V_1)$(mL)。据此可求得混合碱中 Na_2CO_3 与 $NaHCO_3$ 的含量。

$$w(NaHCO_3) = \frac{(V_2 - V_1)c(HCl)M(NaHCO_3) \times 10^{-3}}{m(\text{试样})} \times 100\% \qquad (6-6)$$

$$w(Na_2CO_3) = \frac{V_1 c(HCl)M(Na_2CO_3) \times 10^{-3}}{m(\text{试样})} \times 100\% \qquad (6-7)$$

双指示剂法中，一般是先用酚酞，后用甲基橙指示剂。由于以酚酞作指示剂时从微红色到无色的变化不敏锐，因此也常选用甲酚红-百里酚蓝混合指示剂。甲酚红的变色范围为 6.7(黄)~8.4(红)，百里酚蓝的变色范围为 8.0(黄)~9.6(蓝)，混合后的变色点是 8.3，酸色为黄色，碱色为紫色，混合指示剂变色敏锐。用 HCl 标准溶液滴定时试液由紫色变为粉红色，即为终点。

四、操作步骤

(1)$0.1\ mol \cdot L^{-1}$ HCl 溶液的配制和标定　首先配制 $0.1\ mol \cdot L^{-1}$ HCl 溶液(配制方法参见 6.1)。然后用减量法准确称取 $0.15 \sim 0.20\ g$ 无水 Na_2CO_3 3 份(精确至 0.1 mg)，分别放入 250 mL 锥形瓶中，用 25 mL 水溶解后，加入 2 滴甲基橙指示剂，用 HCl 溶液滴定至溶液由黄色变橙色，即为终点。平行测定 3 次。根据 Na_2CO_3 的质量和滴定时消耗 HCl 的体积，按式(6-8)计算 HCl 溶液的准确浓度及相对平均偏差。

$$c(HCl) = \frac{2m(Na_2CO_3) \times 1\,000}{V(HCl)M(Na_2CO_3)} \qquad (6-8)$$

(2)混合碱的测定　准确称取 $1.8 \sim 2.2\ g$ 混合碱[①]试样置于小烧杯中，加水使之溶解后，定量转入 250 mL 容量瓶中，用水稀释至刻度，充分摇匀。

准确吸取 25.00 mL 上述试液置于 250 mL 锥形瓶中，加入 2 滴酚酞指示剂，用 HCl 标准溶液滴定至溶液由红色恰好褪为无色，记下所消耗 HCl 标准溶液的体积 V_1，再加入 2 滴甲基橙指示剂，继续用 HCl 标准溶液滴定[②]至溶液由黄色恰好变为橙色，所消耗 HCl 溶液的体积记为 V_2。平行测定 3 次。根据所消耗的 HCl 标准溶液的体积 V_1 与 V_2，判断试样的组成，选择式(6-4)至式(6-7)计算各组分的质量分数 w 及相对平均偏差。

五、数据记录与处理和分析讨论

(1)参考表 6-2 设计实验数据记录与处理的表格，并据此记录和处理数据。

(2)对所记录数据和处理所得结果进行合理的分析和讨论，判断混合碱的组成。

六、思考题

(1)测定混合碱中总碱度，应选用何种指示剂？

(2)标定 HCl 的基准物质无水 Na_2CO_3 如保存不当，吸收了水分，对标定 HCl 溶液浓度有何影响？

(3)测定混合碱，接近第一化学计量点时，若滴定速度太快，锥形瓶摇动不够，致使滴定液 HCl 局部过浓，会对测定造成什么影响？为什么？

---

①　若混合碱是固体样品，应尽可能均匀。

②　滴定到达第二化学计量点时，由于易形成 CO_2 过饱和溶液，会分解出少量 H^+，使溶液的酸度稍有增大，终点出现过早，因此终点附近应剧烈摇动溶液。

(4)采用双指示剂法测定混合碱，在同一份溶液中测定，试判断下列 5 种情况下，混合碱中存在的成分是什么。

(A)$V_1=0$；(B)$V_2=0$；(C)$V_1>V_2$；(D)$V_1<V_2$；(E)$V_1=V_2$。

6.5　沉淀滴定法测定酱油中的氯化钠含量

一、实验目的

(1)掌握 $AgNO_3$ 标准溶液和 NH_4SCN 标准溶液的配制和标定方法。

(2)学习利用沉淀滴定法测定酱油中氯化钠含量的方法。

(3)掌握佛尔哈德法的原理与条件。

二、实验用品

(1)仪器　分析天平、滴定管、锥形瓶、移液管、容量瓶、吸量管。

(2)药品　$AgNO_3$(A. P.)、NaCl(G. R.)[①]、K_2CrO_4 指示剂[②]、NH_4SCN(A. P.)、体积分数 50% 的 HNO_3[③]、$FeNH_4(SO_4)_2$ 指示剂[④]、硝基苯(A. R.)。

(3)其他用品　酱油。

三、实验原理

酱油是人们常用的食品佐料，其成分除了水和氯化钠外，还有蛋白质、氨基酸、有机酸、糖类等。

测定酱油中的氯化钠含量可采用佛尔哈德法(也叫作铁铵矾指示剂法)中的返滴定法。在含有一定量氯化钠的酱油中，加入过量的 $AgNO_3$ 标准溶液，试液中有白色的氯化银沉淀生成。用铁铵矾作指示剂，用硫氰酸铵标准溶液滴定剩余的 $AgNO_3$。反应方程式如下：

$$Cl^-+Ag^+(过量)\Longrightarrow AgCl\downarrow+Ag^+(剩余)$$
$$Ag^+(剩余)+SCN^-\Longrightarrow AgSCN\downarrow$$
$$Fe^{3+}+SCN^-\Longrightarrow[Fe(SCN)]^{2+}(红)$$

由于 AgSCN 比 $[Fe(SCN)]^{2+}$ 稳定，滴定时首先析出 AgSCN 沉淀。计量点后，稍过量的 SCN^- 与 Fe^{3+} 生成红色配离子 $[Fe(SCN)]^{2+}$，指示滴定终点。

$AgNO_3$ 标准溶液需要用 NaCl 基准物进行标定。在中性或弱碱性溶液中，以 K_2CrO_4 为指示剂，用 $AgNO_3$ 标准溶液直接滴定试液中的 Cl^-，过量的 $AgNO_3$ 与 K_2CrO_4 生成砖红色沉淀以指示终点，其反应如下：

$$2Ag^++CrO_4^{2-}\Longrightarrow Ag_2CrO_4\downarrow(砖红色)$$

由于 AgCl 的溶解度小于 Ag_2CrO_4，故在滴定过程中，首先析出 AgCl 沉淀。当 AgCl 定量沉淀后，过量的 Ag^+ 即与 CrO_4^{2-} 生成砖红色的 Ag_2CrO_4 沉淀，它与白色的 AgCl 沉淀混在一起使溶液略呈橙红色即为终点。

---

① NaCl 基准试剂：将 NaCl 在 500~600 ℃高温炉中灼烧 30 min 后，置于干燥器中冷却。也可将 NaCl 置于带盖瓷坩埚中，加热，并不断搅拌，待爆炸声停止后，继续加热 15 min，将坩埚放入干燥器中冷却后备用。

② 称取 5 g 铬酸钾溶于少量蒸馏水中，加入少量硝酸银溶液使之出现微红色，摇匀后放置 12 h 后，过滤并移入 100 mL 容量瓶中，稀释至刻度。

③ 若含有氮的氧化物而呈黄色，应煮沸驱除氮化物。

④ 质量分数 10%，100 mL 内含 25 mL 6 mol·L^{-1} HNO_3。

四、操作步骤

(1)0.1 mol·L^{-1} AgNO$_3$溶液的配制和标定 称取 4.2 g 左右 AgNO$_3$于小烧杯中,加入少量不含 Cl$^-$的蒸馏水微热溶解,稀释至 250 mL,转移至棕色试剂瓶中,摇匀,于暗处保存。

准确称取 1.2～1.6 g NaCl 基准物质于小烧杯中,用蒸馏水溶解后转入 250 mL 容量瓶中稀释至刻度,摇匀。用移液管移取 25.00 mL NaCl 溶液于 250 mL 锥形瓶中,加入 25 mL 蒸馏水和 1 mL 质量分数为 5% 的 K$_2$CrO$_4$溶液,在不断摇动下用 AgNO$_3$溶液滴定至呈现砖红色,即为终点。平行测定 3 份。根据称量的 NaCl 的质量和所消耗的 AgNO$_3$溶液的体积,按式(6-9)计算 AgNO$_3$标准溶液的浓度。

$$c(AgNO_3)=\frac{\frac{1}{10}\times m(NaCl)\times 1\ 000}{M(NaCl)V(AgNO_3)} \tag{6-9}$$

(2)0.1 mol·L^{-1} NH$_4$SCN 标准溶液的配制和标定 称取 1.9 g 左右 NH$_4$SCN,用水溶解后,稀释至 500 mL,转移到试剂瓶中摇匀。用移液管移取 25.00 mL AgNO$_3$标准溶液于 250 mL 锥形瓶中,加入 5 mL 体积分数 50% 的 HNO$_3$溶液,加入 1 mL 铁铵矾指示剂,用 NH$_4$SCN 溶液滴定。滴定时,剧烈振荡溶液,当滴至溶液颜色为稳定的淡红色时,即为终点。平行测定 3 份,记录所消耗的 NH$_4$SCN 溶液的体积,按式(6-10)计算 NH$_4$SCN 标准溶液的浓度。

$$c(NH_4SCN)=\frac{c(AgNO_3)V(AgNO_3)}{V(NH_4SCN)} \tag{6-10}$$

(3)试样分析 移取 5.00 mL 酱油于 250 mL 容量瓶中,加水至刻度摇匀。吸取 25.00 mL 酱油稀释液于 250 mL 锥形瓶中,加水 50 mL,混匀。加入 5 mL 体积分数为 50% 的 HNO$_3$溶液、25.00 mL 0.1 mol·L^{-1}的 AgNO$_3$标准溶液和 5 mL 硝基苯,用橡皮塞塞住锥形瓶的瓶口,振荡 0.5～1 min。加入 5 mL 质量分数为 10% 的 FeNH$_4$(SO$_4$)$_2$溶液,用 0.1 mol·L^{-1}的 NH$_4$SCN 标准溶液滴定至刚好呈现血红色,即为终点。平行测定 3 份,记录 NH$_4$SCN 标准溶液的用量,按式(6-11)计算酱油中氯化钠含量,以 1 L 酱油中含有氯化钠的质量(g)来表示。

$$氯化钠含量(g·L^{-1})=\frac{[c(AgNO_3)\times 25.00-c(NH_4SCN)V(NH_4SCN)]M(NaCl)}{\frac{1}{10}V(试样)}$$

$$\tag{6-11}$$

⚠注意:①银是贵金属,实验后的 AgCl 沉淀必须回收,实验后余下的 AgNO$_3$溶液应倒入指定的收集容器中。②实验结束后,盛装 AgNO$_3$溶液的滴定管应先用蒸馏水冲洗 2～3 次,再用自来水冲洗,以免产生 AgCl 沉淀而难以洗净。

五、数据记录与处理和分析讨论

(1)参考表 6-2 和表 6-3 设计实验数据记录与处理的表格,并据此记录和处理数据。

(2)对所记录数据和处理所得结果进行合理的分析和讨论,根据合理膳食结构的构成,给出每日酱油用量的建议。

六、思考题

(1)在标定 AgNO$_3$时,滴定前为何要加一定体积的水?

(2)在试样分析时，可否用 HCl 或 H_2SO_4 调节酸度？为什么？

(3)试液加入 $AgNO_3$ 溶液和 5 mL 硝基苯后，要振荡 0.5～1 min，其作用是什么？

6.6 配位滴定法测定天然水中的钙、镁含量

一、实验目的

(1)学习 EDTA 标准溶液的配制方法。

(2)学习和掌握配位滴定法测定水的硬度的原理和方法。

二、实验用品

(1)仪器 分析天平、滴定管、容量瓶、移液管、锥形瓶。

(2)药品 氨性缓冲溶液[①]、$CaCO_3$[②]、铬黑 T 指示剂（EBT）[③]、钙指示剂[④]、乙二胺四乙酸二钠（EDTA）、Mg - EDTA 溶液[⑤]、质量分数为 10％的 NaOH、6 mol·L^{-1} HCl、质量分数为 20％的三乙醇胺水溶液。

三、实验原理

含有钙盐、镁盐较多的水叫作硬水。水的硬度测定可分为钙镁硬度测定和总硬度测定。水的硬度大小是以钙、镁总量折算成 CaO 或 $CaCO_3$ 的量来衡量的。我国常用的表示方法之一是以每升水中含 10 mg CaO 为硬度 1 度，写为 1°。水质分类是：0°～4°为很软的水，4°～8°为软水，8°～16°为中等硬水，16°～30°为硬水，30°以上为很硬的水。我国生活用水卫生标准中，规定总硬度（以 $CaCO_3$ 计）不得超过 450 mg·L^{-1}。

水的硬度可采用配位滴定法并结合酸效应和沉淀分离的原理测定水中钙、镁的含量来确定。在溶液的 pH＝10 时，EDTA 与 Ca^{2+}、Mg^{2+} 结合时均有较高的表观稳定常数，能定量地生成稳定的配合物，以 EBT 为指示剂，可测定水中钙、镁的总量。在 pH＝12 时，Mg^{2+} 能和 OH^- 形成 $Mg(OH)_2$ 沉淀而与 Ca^{2+} 分离，这样，EDTA 单独与 Ca^{2+} 生成稳定配合物，以钙指示剂为指示剂，可测得水中 Ca^{2+} 的含量，据此，可求出 Mg^{2+} 的含量。在精确测定时，天然水中会存在少量的干扰离子，Al^{3+}、Fe^{3+} 等干扰离子可用三乙醇胺掩蔽，少量的 Cu^{2+}、Pb^{2+}、Zn^{2+} 等可用 KCN、Na_2S 或巯基乙酸等掩蔽。

本实验用 $CaCO_3$ 基准物标定 EDTA 标准溶液的准确浓度，采用 EBT 作指示剂，也可采用 K - B 指示剂[⑥]。

---

① 将 54 g NH_4Cl 溶于适量蒸馏水中，加入 410 mL 浓氨水，用蒸馏水稀释至 1 L，pH＝10；或 NH_3 - NH_4Cl 缓冲溶液：取 20 g NH_4Cl 溶于少量水中，加入 100 mL 浓氨水，加水稀释至 1 000 mL，pH＝10。

② 选用基准试剂或优级纯试剂，在 110 ℃干燥 2 h。

③ 1 g 铬黑 T 与 100 g NaCl 混合、研细，存放于干燥器中。

④ 0.5 g 钙指示剂与 100 g NaCl 混合、研细，存放于干燥器中。

⑤ Mg - EDTA 溶液的配制：称取 2.44 g $MgCl_2$·$6H_2O$ 和 4.44 g Na_2H_2Y·$2H_2O$ 溶于 200 mL 蒸馏水中，加入 20 mL 氨性缓冲溶液及适量铬黑 T，此时应显紫红色（如呈蓝色，应加入少量 $MgCl_2$·$6H_2O$ 至显紫红色），再滴加 0.01 mol·L^{-1} EDTA溶液至溶液颜色刚好变为蓝色，然后用蒸馏水稀释至 1 L。

⑥ 用 $CaCO_3$ 基准物标定 EDTA，也可采用 K - B 指示剂，此时终点颜色由紫红色变成蓝绿色。K - B 指示剂对 Ca^{2+} 的显色灵敏度高于铬黑 T，可在 pH＝10 时用于测定 Ca^{2+}、Mg^{2+} 总量，也可在 pH＝12.5 时单独测定 Ca^{2+} 量。K - B 指示剂的配制方法为：称取 1 g 酸性铬蓝 K、2 g 萘酚绿 B 和 40 g KCl，研细混匀，装入小广口瓶中，置于干燥器中备用。

四、操作步骤

(1)EDTA 溶液的配制和标定　称取 1.8 g EDTA，溶于 500 mL 蒸馏水中，得到浓度约为 0.01 mol·L⁻¹ 的 EDTA 溶液。用减量法准确称取 0.08～0.10 g CaCO₃ 于 250 mL 烧杯中，先用少量水润湿，盖上表面皿，缓慢加入 3～5 mL 6 mol·L⁻¹ HCl，小火加热至完全溶解。随后将溶液完全转入 100 mL 容量瓶中，用水稀释至刻度，摇匀。

准确吸取 20.00 mL Ca²⁺ 溶液 3 份于 250 mL 锥形瓶，各加入 1.5 mL Mg-EDTA 溶液、8.5 mL 氨性缓冲溶液[①]和少许 EBT(约 0.1 g)，立即用 EDTA 溶液滴定至溶液由紫红色变为纯蓝色，即为终点，记录 EDTA 的用量，按式(6-12)计算其准确浓度。

$$c(\text{EDTA})=\frac{m(\text{CaCO}_3)\times\frac{1}{5}\times1\,000}{V(\text{EDTA})M(\text{CaCO}_3)} \tag{6-12}$$

(2)水样分析

① 总硬度测定：准确吸取 100.00 mL 水样 3 份，分别放入 250 mL 锥形瓶中，各加入 3 mL 质量分数为 20% 的三乙醇胺[②]，摇匀后加入 10 mL 氨性缓冲溶液与约 0.1 g 的 EBT，摇匀，用 EDTA 标准溶液滴定至溶液颜色由酒红色变成纯蓝色，即为终点。记录 EDTA 的用量，用式(6-13)计算水的总硬度，以 CaCO₃ 含量(mg·L⁻¹)表示。

$$水的总硬度=\frac{c(\text{EDTA})V(\text{EDTA})M(\text{CaCO}_3)}{100.0}\times1\,000 \tag{6-13}$$

② 钙含量测定：准确吸取 100.0 mL 水样 3 份于锥形瓶中，各加入 5 mL 质量分数为 10% 的 NaOH 溶液和约 0.1 g 的钙指示剂，摇匀，用 EDTA 标准溶液滴定至溶液颜色由酒红色变成纯蓝色，即为终点。记录 EDTA 的用量，分别计算水中钙、镁的含量，以 1 L 水中含有钙的质量(Ca mg·L⁻¹)和镁的质量(Mg mg·L⁻¹)来表示。

五、数据记录与处理和分析讨论

(1)参考表 6-2 设计实验数据记录与处理的表格，并据此记录和处理数据。

(2)推导出计算钙、镁含量的公式，并根据计算结果确定所测定水样的硬度和等级。

(3)对所记录数据和处理所得结果进行合理的分析和讨论。

六、思考题

(1)为什么配位滴定中要用缓冲溶液？本实验为什么要分别采用两种缓冲溶液？

(2)标定 EDTA 溶液时，为什么要加入 Mg-EDTA 溶液？

(3)如何计算钙、镁含量？

6.7　重铬酸钾法测定亚铁盐中的铁

一、实验目的

掌握重铬酸钾法测定亚铁盐中铁含量的原理和操作方法。

---

①　铬黑 T 与 Mg²⁺ 的显色灵敏度高于与 Ca²⁺ 的显色灵敏度，当水样中钙含量很高而镁含量很低时，往往得不到敏锐的终点。因此须在缓冲溶液中加入一定量的 Mg-EDTA 盐，利用置换滴定法的原理来增加体系中 Mg²⁺ 含量，使终点变色敏锐。

②　水样中若含有干扰离子，可加入三乙醇胺、KCN、Na₂S 等进行掩蔽。所测水样是否要加三乙醇胺等，应通过检验水样中 Fe³⁺、Al³⁺ 的含量来决定。若水样含 Fe³⁺ 超过 10 mg·L⁻¹ 时，掩蔽有困难，需要用纯水稀释到含 Fe³⁺ 不超过 7 mg·L⁻¹。

二、实验用品

(1)仪器　分析天平、滴定管、容量瓶、移液管、锥形瓶。

(2)药品　待测亚铁盐溶液[①]、$K_2Cr_2O_7$[②]、9 mol·L^{-1} H_2SO_4、邻二氮菲-亚铁指示剂[③]。

三、实验原理

重铬酸钾($K_2Cr_2O_7$)是常用的氧化剂之一,在农业中,重铬酸钾法常应用在测定土壤中铁含量和有机物含量。它在酸性溶液中具有较高的电极电势($\varphi^{\ominus} = 1.33$ V),且性质稳定,可作为滴定的基准物质,方便测定。在酸性溶液中,能与亚铁离子发生氧化还原反应。

$$Cr_2O_7^{2-} + 6Fe^{2+} + 14H^+ === 2Cr^{3+} + 6Fe^{3+} + 7H_2O$$

该反应的滴定终点电位在 0.86～1.06 V。滴定中常选用二苯胺磺酸钠或邻二氮菲-亚铁作为指示剂。本实验在 1 mol·L^{-1}强酸性溶液中进行,选用邻二氮菲-亚铁作为指示剂,其变色电位为 1.06 V,终点突跃范围为 1.00～1.12 V,落在滴定的突跃范围内。

四、操作步骤

(1)$K_2Cr_2O_7$ 标准溶液的配制　准确称取 $K_2Cr_2O_7$ 基准试剂约 0.5 g(精确至 0.1 mg),用 100 mL 容量瓶定容,摇匀,备用。按式(6-14)计算 $K_2Cr_2O_7$ 的准确浓度。

$$c(K_2Cr_2O_7) = \frac{m(K_2Cr_2O_7)}{M(K_2Cr_2O_7)} \times \frac{1\,000}{100.0} \tag{6-14}$$

(2)亚铁盐中铁含量的测定　用移液管吸取 20.00 mL $K_2Cr_2O_7$ 溶液放入250 mL锥形瓶中,加入 20 mL 蒸馏水、8 mL 9 mol·L^{-1} H_2SO_4 和 2 滴邻二氮菲-亚铁指示剂。将待测的亚铁盐溶液装入滴定管中,滴定 $K_2Cr_2O_7$ 溶液。在滴定过程中,$K_2Cr_2O_7$ 溶液的黄色逐渐褪去,当溶液的颜色由绿色变成茶红色时,即为终点,记录亚铁盐的浓度与用量。平行测定 3 份。根据亚铁盐溶液的浓度与用量,按式(6-15)计算铁的质量分数 $w(Fe)$ 以及相对平均偏差。

$$w(Fe) = \frac{6 \times c(K_2Cr_2O_7)V(K_2Cr_2O_7)M(Fe)}{V(亚铁盐) \times 30.00} \times 100\% \tag{6-15}$$

五、数据记录与处理和分析讨论

(1)参考表 6-2 设计实验数据记录与处理的表格,并据此记录和处理数据。

(2)根据实验结果推断亚铁盐的种类,并结合实验方法和具体操作分析造成测定偏差的因素及消除方法。

六、思考题

(1)如果以 $K_2Cr_2O_7$ 标准溶液滴定亚铁盐溶液,能否采用邻二氮菲-亚铁作为指示剂?为什么?应该选用何种指示剂?

(2)Fe^{3+} 的含量,可以用本实验的方法测定吗?

(3)为什么本实验的终点颜色是从绿色变为茶红色?

(4)本实验可否用盐酸作为酸性介质?为什么?

---

① 配制成 30.00 g·L^{-1}的水溶液。

② 选用基准试剂,于 140 ℃干燥 2 h,置于干燥器中备用。

③ 准确称取 1.485 g 邻二氮菲(A. R.)和 0.695 g 硫酸亚铁(A. R.),溶于 100 mL 蒸馏水中,移入试剂瓶中保存。

6.8 高锰酸钾法测定过氧化氢

一、实验目的

(1)掌握 $KMnO_4$ 标准溶液的配制方法。

(2)掌握高锰酸钾法测定 H_2O_2 含量的原理与操作。

二、实验用品

(1)仪器　分析天平、滴定管、容量瓶、移液管、锥形瓶、吸量管。

(2)药品　待测 H_2O_2 溶液[①]、$KMnO_4$(A. R.)、$Na_2C_2O_4$[②]、$3\ mol \cdot L^{-1}\ H_2SO_4$。

三、实验原理

在工业上常利用 H_2O_2 的氧化性漂白毛、丝织物，以除去氯气；医药上常用作消毒剂和杀菌剂；纯 H_2O_2 用作火箭燃料的氧化剂。由于 H_2O_2 有着广泛的应用，故常需要测定它的含量。

$KMnO_4$ 在酸性溶液中可以氧化 H_2O_2，生成游离的氧和水，其反应为

$$2MnO_4^- + 5H_2O_2 + 6H^+ =\!=\!= 2Mn^{2+} + 5O_2 + 8H_2O$$

该反应在常温下便可较快进行，且反应得十分完全，因此可用来测定 H_2O_2 的含量。

用高锰酸钾法测定物质含量时的一个显著特点，就是不用另加指示剂，其本身的紫红色即可用来指示终点。$KMnO_4$ 滴定稍微过量一点，其颜色就不能褪去，即说明已经到了滴定终点。

但是高锰酸钾一般不易获得纯品，试剂纯度为 $99\%\sim99.5\%$，其中含有 MnO_2 等杂质，而蒸馏水中又常有微量有机物质，这些都会加快 $KMnO_4$ 的分解，所以 $KMnO_4$ 标准溶液不能直接配制，需用间接法配制。先配制近似浓度的溶液，放置一段时间后过滤，再用基准物质标定滤液，以确定 $KMnO_4$ 溶液的准确浓度。常用草酸钠($Na_2C_2O_4$)作为基准物，它在强酸性溶液中与 $KMnO_4$ 的反应如下：

$$2MnO_4^- + 5C_2O_4^{2-} + 16H^+ =\!=\!= 2Mn^{2+} + 10CO_2 + 8H_2O$$

这个反应常常在热溶液中进行，以加快反应速率。因为 Mn^{2+} 可以作为该反应的催化剂，因此滴定开始时，滴定速度要慢些，待反应生成足够多的 Mn^{2+} 之后，才可以加快滴定速度。

若 H_2O_2 试样系工业产品，因产品中常加入少量具有还原性的乙酰苯胺、尿素等有机物作稳定剂，若用高锰酸钾法测定，则误差较大。遇此情况，可采用碘量法测定。利用 H_2O_2 和 KI 作用而析出 I_2，然后再用 $S_2O_3^{2-}$ 溶液滴定，其反应为

$$H_2O_2 + 2H^+ + 2I^- =\!=\!= 2H_2O + I_2$$

$$I_2 + 2S_2O_3^{2-} =\!=\!= S_4O_6^{2-} + 2I^-$$

四、操作步骤

(1)$KMnO_4$ 溶液的配制和标定　称取约 1 g $KMnO_4$ 放入大烧杯中，加入 300 mL 蒸馏水，加热并搅拌，盖上表面皿，在近沸时保持 10 min。冷却后，用微孔玻璃漏斗过滤[③]，滤

---

①　待测液为体积分数约 3% 的 H_2O_2 溶液，用市售 30% H_2O_2 稀释 10 倍而成，储存在棕色试剂瓶中。

②　选用基准试剂，于 105 ℃ 干燥 2 h 后备用。

③　如果要求不很高，可以在放置几天后，用倾泻法倒出上层清液使用。

液移入小口棕色试剂瓶中，塞好瓶塞，贴上标签，保存于阴凉的地方备用。

准确称取 3 份 0.13～0.20 g 的 $Na_2C_2O_4$，分别放入 250 mL 锥形瓶中，加入 30 mL 蒸馏水溶解，再加入 10 mL 3 mol·L^{-1} H_2SO_4，加热[①]至液面上可见到水雾，约70～80 ℃，趁热用 $KMnO_4$ 溶液滴定。开始滴定时要慢，待红色褪去后再滴加。随着反应速率的加快，可以逐渐加快滴定速度，最后小心滴定至溶液呈现微红色并保持 0.5 min 不褪色即为终点。记录 $KMnO_4$ 的用量，用式(6-16)计算 $KMnO_4$ 的准确浓度以及相对平均偏差。

$$c(KMnO_4) = \frac{\frac{2}{5} \times m(Na_2C_2O_4) \times 1\,000}{M(Na_2C_2O_4)V(KMnO_4)} \qquad (6-16)$$

(2)H_2O_2 含量的测定　用吸量管吸取 5.00 mL 体积分数约 3% 的 H_2O_2 放入 100 mL 容量瓶中，定容。用移液管吸取 20.00 mL H_2O_2 溶液于 250 mL 锥形瓶中，加入 30 mL 蒸馏水和 10 mL 3 mol·L^{-1} H_2SO_4，摇匀，用 $KMnO_4$ 标准溶液滴定[②]至溶液呈微红色，至 0.5 min 不褪色为终点，记录 $KMnO_4$ 的用量。平行测定两次，$KMnO_4$ 用量相差不应大于 0.1 mL。按式(6-17)计算原始试液中 H_2O_2 的质量浓度(g·L^{-1})。

$$\rho(H_2O_2) = \frac{\frac{5}{2} \times c(KMnO_4)V(KMnO_4)M(H_2O_2) \times 10^{-3}}{\frac{20.00}{100.0} \times 5.00} \times 1\,000 \quad (6-17)$$

五、数据记录与处理和分析讨论

(1)参考表 6-2 和表 6-3 设计实验数据记录与处理的表格，并据此记录和处理数据。

(2)结合实验方法和具体操作分析造成测定误差的因素及消除方法。

六、思考题

(1)$KMnO_4$ 溶液能否用定量滤纸过滤？为什么？

(2)为什么要用 H_2SO_4 作为酸性介质？用 HCl 或 HNO_3 可以吗？

(3)在滴定过程中，如果出现棕色沉淀，这是什么物质？是什么原因引起的？

(4)用 $KMnO_4$ 法测定 H_2O_2 含量时，能否在加热条件下滴定？为什么？

6.9　补钙制剂中钙含量的测定

一、实验目的

(1)掌握用高锰酸钾法测定钙的原理和方法。

(2)了解沉淀分离的基本要求与操作。

(3)了解间接滴定法的原理和方法。

二、实验用品

(1)仪器　分析天平、滴定管、烧杯、漏斗、红外加热炉。

---

① 在室温条件下，$KMnO_4$ 与 $C_2O_4^{2-}$ 之间的反应速率缓慢，故加热可以提高反应速率。但温度不能太高，若温度超过 85 ℃，则有部分 $H_2C_2O_4$ 分解：$H_2C_2O_4 \Longrightarrow H_2O + CO_2\uparrow + CO\uparrow$。

② 与标定 $KMnO_4$ 溶液一样，Mn^{2+} 能在反应中起催化作用，因此刚开始滴定时速度要慢，待生成 Mn^{2+} 后，反应速率加快，再按常速滴定。在滴定过程中，$KMnO_4$ 溶液应直接滴到待测溶液中，任何溅在内壁或加入半滴时留在内壁上的 $KMnO_4$ 溶液均应立即吹洗下来，否则会因分解而析出 MnO_2，影响结果。

(2)药品　KMnO$_4$标准溶液[①]、0.05 mol·L^{-1} (NH$_4$)$_2$C$_2$O$_4$、7 mol·L^{-1} NH$_3$·H$_2$O、6 mol·L^{-1} HCl、1 mol·L^{-1} H$_2$SO$_4$、0.1 mol·L^{-1} AgNO$_3$、甲基橙指示剂。

(3)其他用品　补钙制剂试样。

三、实验原理

某些补钙制剂的主要成分是 CaCO$_3$，此外还含有一定量的淀粉等物质。用高锰酸钾法测定补钙制剂中的钙，先要溶解补钙制剂，再将其中的钙以 CaC$_2$O$_4$ 的形式沉淀下来。沉淀经过滤洗净后，用稀硫酸溶液将其溶解，最后用 KMnO$_4$ 标准溶液滴定释放出来的 H$_2$C$_2$O$_4$。根据消耗的 KMnO$_4$ 溶液的量，计算钙的含量。有关反应如下：

$$CaCO_3 + 2H^+ \overline{} Ca^{2+} + CO_2 \uparrow + H_2O$$

$$Ca^{2+} + C_2O_4^{2-} \overline{} CaC_2O_4 \downarrow$$

$$CaC_2O_4 + 2H^+ \overline{} H_2C_2O_4 + Ca^{2+}$$

$$5H_2C_2O_4 + 2MnO_4^- + 6H^+ \overline{} 2Mn^{2+} + 10CO_2 \uparrow + 8H_2O$$

除碱金属离子外，多种金属离子可能干扰测定，因此当有较大量的干扰离子存在时，应预先对其进行分离或将其掩蔽。

四、操作步骤

准确称取 0.10～0.20 g 研细并烘干的补钙制剂试样 2 份，分别置于 2 个 250 mL 烧杯中，加入适量蒸馏水，盖上表面皿(稍留缝隙)，边缓慢滴加 10 mL 6 mol·L^{-1} HCl 溶液，边轻轻摇动烧杯。待无气泡逸出后，用小火加热至微沸。稍冷后向溶液中加入 2～3 滴甲基橙指示剂，再滴加 7 mol·L^{-1} NH$_3$·H$_2$O 至溶液的颜色由红色变为黄色。趁热逐滴加入 0.05 mol·L^{-1} (NH$_4$)$_2$C$_2$O$_4$ 溶液约 50 mL，混匀，在水浴中陈化 30 min。冷却后以倾泻法过滤，将烧杯中的沉淀用蒸馏水洗涤数次后，转入装好滤纸的漏斗中，继续洗涤沉淀至不含 Cl$^-$ 为止[②]，将带有沉淀的滤纸铺在原烧杯的内壁上，用 50 mL 1 mol·L^{-1} H$_2$SO$_4$ 溶液将沉淀由滤纸上洗入烧杯中，接着用洗瓶冲洗 2 次，加入蒸馏水使总体积约为 100 mL。加热至 70～80 ℃，用 KMnO$_4$ 标准溶液滴定至溶液呈淡红色，再将滤纸搅入溶液中，若溶液褪色，则继续滴定，直至最终出现淡红色，且 0.5 min 内不褪色即为终点。平行测定 2 次，记录 KMnO$_4$ 标准溶液的用量，按式(6-18)计算补钙制剂中钙的质量分数 w(Ca)。

$$w(\text{Ca}) = \frac{\frac{5}{2}c(\text{KMnO}_4)V(\text{KMnO}_4)M(\text{Ca}) \times 10^{-3}}{m(\text{试样})} \times 100\% \qquad (6-18)$$

五、数据记录与处理和分析讨论

(1)参考表 6-2 和表 6-3 设计实验数据记录与处理的表格，并据此记录和处理数据。

(2)结合实验方法和具体操作分析造成测定误差的因素及消除方法。

六、思考题

(1)以 (NH$_4$)$_2$C$_2$O$_4$ 沉淀钙时，pH 应控制为多少？为什么？

(2)加入 (NH$_4$)$_2$C$_2$O$_4$ 时，为什么要在热溶液中逐滴加入？

(3)洗涤 CaC$_2$O$_4$ 沉淀时，为什么要洗至沉淀中不含 Cl$^-$？

---

① 配制和标定的方法见 6.8。
② 用小试管接洗涤液在 HNO$_3$ 介质中用 0.1 mol·L^{-1} AgNO$_3$ 溶液检验不到白色沉淀。

(4)为什么要用硫酸溶解沉淀物？用硝酸和盐酸可以吗？

6.10　碘量法测定胆矾中的铜含量

一、实验目的
(1)掌握 $Na_2S_2O_3$ 溶液的配制和标定方法。

(2)理解碘量法的原理，熟悉碘量法测定铜的操作。

二、实验用品
(1)仪器　分析天平、滴定管、容量瓶、移液管、碘量瓶。

(2)药品　胆矾($CuSO_4 \cdot 5H_2O$)(C. P.)、$Na_2S_2O_3 \cdot 5H_2O$(A. R.)、$KBrO_3$(基准试剂)、质量分数为 10% 的 KSCN、质量分数为 20% 的 KI、3 mol·L^{-1} H_2SO_4、质量分数为 20% 的 NH_4HF_2、质量分数为 10% 的 NH_4SCN、质量分数为 0.5% 的淀粉溶液[①]。

三、实验原理
碘量法是化学分析中应用较广的一种氧化还原滴定法，在农业生产中经常也会用到，如配制波尔多液的胆矾($CuSO_4 \cdot 5H_2O$)，可采用碘量法测定其铜的含量。由于 Cu^{2+} 可以被 I^- 还原为 CuI，同时析出等量的 I_2(在过量的 I^- 存在下以 I_3^- 形式存在)，反应产生的 I_2 用 $Na_2S_2O_3$ 标准溶液滴定，其反应如下：

$$2Cu^{2+} + 4I^- === 2CuI\downarrow + I_2$$

$$I_2 + 2S_2O_3^{2-} === S_4O_6^{2-} + 2I^-$$

根据所消耗的 $Na_2S_2O_3$ 的量，可以计算出胆矾中铜的含量。在反应中，I^- 不仅是还原剂，也是 Cu^+ 的沉淀剂，它能使溶液中 Cu^+ 浓度大大降低，而使 Cu^{2+} 被定量还原。同时 I^- 还是 I_2 的配位剂，因生成 I_3^- 配合物而增大 I_2 的溶解度，以避免 I_2 挥发。

$Na_2S_2O_3$ 常含有 Na_2SO_4、Na_2SO_3、S 等少量杂质，还易潮解和风化，故配制 $Na_2S_2O_3$ 标准溶液时须采用间接法，即先配制近似浓度，再用 $KBrO_3$ 或 $K_2Cr_2O_7$ 等基准物质标定。它们在酸性介质中先与过量的 KI 反应，再用待标定的 $Na_2S_2O_3$ 溶液滴定反应析出的碘。

$$BrO_3^- + 6I^- + 6H^+ === Br^- + 3I_2 + 3H_2O$$

$$Cr_2O_7^{2-} + 6I^- + 14H^+ === 2Cr^{3+} + 3I_2 + 7H_2O$$

四、操作步骤
(1)0.1 mol·L^{-1} $Na_2S_2O_3$ 溶液的配制和标定　称取 7.5 g $Na_2S_2O_3$ 晶体于烧杯中，加入新煮沸并冷却了的蒸馏水，搅拌溶解，再加入约 0.03 g Na_2CO_3，稀释至 300 mL，装入棕色小口瓶中，在阴凉处保存 7~10 d 后再标定[②]。

[①] 称取 0.5 g 可溶性淀粉，用少量水搅匀后，加入 100 mL 沸水，搅匀，如需久置，则加入少量的 HgI_2 或硼酸作防腐剂。

[②] $Na_2S_2O_3$ 溶液易受微生物以及 O_2 与 CO_2 的作用而分解，因此需要使用新煮沸的冷蒸馏水来配制，再加入少量 Na_2CO_3 或 HgI_2 杀菌剂，以抑制或防止微生物的作用。配制好的溶液储存于棕色试剂瓶中避光保存，放置 7~10 d 待其浓度稳定后再标定。

准确称取 $0.28\sim0.42$ g(精确至 0.1 mg)已烘干的 $KBrO_3$ 放入小烧杯中，用少量蒸馏水溶解后，移入 100 mL 容量瓶中定容。准确吸取 20.00 mL $KBrO_3$ 溶液于碘量瓶中[①]，继续加入 5 mL 质量分数为 20% 的 KI 溶液和 10 mL 3 mol·L^{-1} H_2SO_4，充分混合后于暗处放置 5 min。然后加入 50 mL 蒸馏水稀释，以待标定的 $Na_2S_2O_3$ 溶液滴定至极淡的黄色，再加入 5 mL 淀粉指示剂[②]，此时溶液呈蓝色，继续滴定至溶液的蓝色刚好完全消失即为滴定终点，记录用去的 $Na_2S_2O_3$ 溶液的体积。平行滴定 3 次，用式(6-19)计算 $Na_2S_2O_3$ 溶液的准确浓度。

$$c(Na_2S_2O_3) = \frac{6 \times m(KBrO_3) \times \frac{20.00}{100.0} \times 1\,000}{M(KBrO_3)V(Na_2S_2O_3)} \qquad (6-19)$$

(2)样品测定　准确称取 $0.5\sim0.7$ g 胆矾，放入 250 mL 锥形瓶中，加入 2 mL 3 mol·L^{-1} H_2SO_4 和 50 mL 蒸馏水，溶解后再加入 10 mL 质量分数为 20% 的 NH_4HF_2[③] 和 5 mL 质量分数为 20% 的 KI[④]，摇匀后立即用 $Na_2S_2O_3$ 标准溶液慢滴[⑤]至浅黄色。加入 5 mL 淀粉指示剂，小心慢滴到极浅的蓝色，再加入 10 mL 质量分数为 10% 的 $KSCN$[⑥]，摇匀后继续小心滴定至溶液的蓝色刚好消失时即为滴定终点，记录 $Na_2S_2O_3$ 标准溶液的用量。平行测定 3 次。按式(6-20)计算样品中铜的质量分数 $w(Cu)$ 及相对平均偏差。

$$\omega(Cu) = \frac{c(Na_2S_2O_3) \cdot V(Na_2S_2O_3) \cdot M(Cu) \times 10^{-3}}{m(胆矾)} \times 100\% \qquad (6-20)$$

五、数据记录与处理和分析讨论
(1)参考表 6-2 设计实验数据记录与处理的表格，并据此记录和处理数据。
(2)结合实验方法和具体操作分析造成测定误差的因素及消除方法。

六、思考题
(1)为什么所配制的 $Na_2S_2O_3$ 溶液要放置一段时间后再标定？
(2)在 $Na_2S_2O_3$ 溶液中加入 Na_2CO_3 溶液的作用是什么？
(3)测定铜的含量时，不加 $KSCN$ 行吗？为什么？

6.11　葡萄糖制品中葡萄糖含量的测定

一、实验目的
(1)掌握碘量法测定葡萄糖含量的原理和操作方法。
(2)熟悉碘价态变化的条件及其在测定葡萄糖时的应用。

二、实验用品
(1)仪器　分析天平、滴定管、容量瓶、移液管、锥形瓶/碘量瓶。

---

① 若无碘量瓶，可用锥形瓶代替，但随后的操作，要用表面皿或小烧杯盖好，以减少 I_2 的挥发。
② 为了避免淀粉溶液的凝聚，减少淀粉对 I_2 的吸附，必须在临近滴定终点时才加入淀粉指示剂，使滴定终点更为敏锐。
③ 加入 NH_4HF_2 溶液是为了控制 pH 不大于 4，以防止 Cu^{2+} 的水解；同时 NH_4HF_2 中的 F^- 能与 Fe^{3+} 形成铁氟配合物，作为掩蔽剂以避免样品中存在的 Fe^{3+} 的干扰。
④ KI 必须过量，使生成 CuI 沉淀的反应更完全，并使 I_2 形成 I_3^-，增大 I_2 的溶解性，提高滴定的准确度。
⑤ 刚开始滴定时，因溶液中 I_2 的浓度很大，因此不能剧烈振荡溶液，以防止 I_2 挥发。
⑥ 因为 CuI 沉淀会强烈地吸附 I_2，从而引起大的误差，所以通常在接近滴定终点时加入硫氰酸盐，使 CuI 转化为溶解度更小的 CuSCN 沉淀，它基本上不吸附 I_2，使滴定终点变得敏锐。

（2）药品　$Na_2S_2O_3 \cdot 5H_2O$(A. R.)、I_2(A. R.)、KI(A. R.)、$6 \ mol \cdot L^{-1} \ HCl$、$0.1 \ mol \cdot L^{-1}$ $NaOH$、$K_2Cr_2O_7$[①]、质量分数为 0.5% 的淀粉溶液[②]。

（3）其他用品　固体葡萄糖制剂。

三、实验原理

有机物中的一些官能团能直接氧化 I^- 或还原 I_2，或者通过取代、加成等反应后能与碘定量反应，这些有机物都可以采用直接或间接碘量法进行测定。本实验以葡萄糖制品中葡萄糖含量测定为例，介绍间接碘量法在有机物分析中的应用。

I_2 在 NaOH 溶液中能与其反应生成次碘酸钠（NaIO），NaIO 能将葡萄糖分子中的醛基定量地氧化成羧基，其反应如下：

$$I_2 + 2OH^- \Longrightarrow IO^- + I^- + H_2O$$

$$CH_2OH(CHOH)_4CHO + IO^- + OH^- \Longrightarrow CH_2OH(CHOH)_4COO^- + I^- + H_2O$$

未与葡萄糖作用的 NaIO 在碱性溶液中发生歧化反应：

$$3IO^- \Longrightarrow IO_3^- + 2I^-$$

将溶液酸化时，$NaIO_3$ 可与 I^- 作用生成 I_2 析出：

$$IO_3^- + 5I^- + 6H^+ \Longrightarrow 3I_2 + 3H_2O$$

因此，最后用 $Na_2S_2O_3$ 标准溶液滴定析出的 I_2，便可以计算出葡萄糖的含量。

$$I_2 + 2S_2O_3^{2-} \Longrightarrow S_4O_6^{2-} + 2I^-$$

从上述各反应式中可以看出，1 mol I_2 产生 1 mol IO^-，而 1 mol IO^- 可与 1 mol 葡萄糖作用，因此 1 mol 葡萄糖消耗 1 mol I_2。在实验中加入 I_2 的总量里扣除掉与 $S_2O_3^{2-}$ 作用的 I_2 量，即为葡萄糖所消耗的 I_2 量，也即为葡萄糖的量。

四、操作步骤

（1）$0.05 \ mol \cdot L^{-1} \ Na_2S_2O_3$ 标准溶液的配制与标定　参照 6.10 的方法配制 $Na_2S_2O_3$ 标准溶液并标定其准确浓度。

（2）$0.025 \ mol \cdot L^{-1} \ I_2$ 溶液的配制　称取 7 g KI 于小烧杯中，加入 20 mL 蒸馏水和 2 g I_2，充分搅拌使 I_2 完全溶解[③]，然后全部转移至棕色小口瓶中，加蒸馏水稀释至 300 mL，混匀，备用。

（3）测定 $Na_2S_2O_3$ 与 I_2 的体积比　用移液管准确移取 20.00 mL I_2 溶液于 250 mL 锥形瓶中，加入 50 mL 蒸馏水，用 $Na_2S_2O_3$ 标准溶液滴定至浅黄色，加入 2 mL 淀粉指示剂，继续滴定至溶液蓝色刚好消失即为终点。平行滴定 2～3 次，记录 $Na_2S_2O_3$ 标准溶液的用量，按式（6-21）计算每毫升 I_2 溶液相当于多少毫升 $Na_2S_2O_3$ 溶液。

$$T(Na_2S_2O_3/I_2) = \frac{V(Na_2S_2O_3)}{V(I_2)} \qquad (6-21)$$

（4）葡萄糖含量的测定　准确称取 0.5～0.7 g 固体葡萄糖制剂于小烧杯中，加少量蒸馏水溶解后，定量转入 100 mL 容量瓶中定容，摇匀。用移液管吸取 20.00 mL 固体葡萄糖制

---

①　选用基准试剂或优级纯，在 140 ℃干燥 2 h，存于干燥器中，1 周内有效。

②　称取 0.5 g 可溶性淀粉，用少量水搅匀后，加入 100 mL 沸水，搅匀，如需久置，则加入少量的 HgI_2 或硼酸作防腐剂。

③　配制 I_2 溶液时，一定要待固体 I_2 完全溶解后再转入棕色小口瓶中。做完实验后，剩余的 I_2 溶液要回收。

剂试样溶液于 250 mL 锥形瓶中,准确加入 50.00 mL I_2 溶液,在摇动下缓慢滴加 0.1 mol·L⁻¹ NaOH 溶液①,直至溶液变为浅黄色。盖上表面皿,放置 15 min。然后加入 2 mL 6 mol·L⁻¹ HCl,立即用 $Na_2S_2O_3$ 标准溶液滴定至浅黄色,再加入 2 mL 淀粉指示剂,继续滴定至溶液蓝色刚好消失即为终点。平行滴定 3 份,记录 $Na_2S_2O_3$ 标准溶液的用量。按式(6-22)计算试样中葡萄糖的质量分数 w(葡萄糖)以及相对平均偏差。($C_6H_{12}O_6·H_2O$ 的摩尔质量为 198.2 g·mol⁻¹)

$$w(\text{葡萄糖}) = \frac{\frac{1}{2} \times c(Na_2S_2O_3)[40.00 \times T(Na_2S_2O_3/I_2) - V(Na_2S_2O_3)]M(C_6H_{12}O_6·H_2O) \times 10^{-3}}{m(\text{试样}) \times \frac{20.00}{100.0}} \times 100\%$$

$$(6-22)$$

五、数据记录与处理和分析讨论

(1)参考表 6-2 设计实验数据记录与处理的表格,并据此记录和处理数据。

(2)结合实验方法和具体操作分析造成测定误差的因素及消除方法。

六、思考题

(1)配制 I_2 溶液时为什么要加入过量的 KI?

(2)本次实验的数据处理,是否需要 I_2 溶液的准确浓度值?为什么?

6.12 重量法测定钾肥的含钾量

一、实验目的

(1)学习生成晶形沉淀的方法并掌握重量法分析的基本操作。

(2)学习微孔玻璃坩埚的使用与洗涤方法。

二、实验用品

(1)仪器 分析天平、烘箱、$P_{16}(G_4)$ 玻璃坩埚、干燥器、容量瓶、移液管、减压过滤装置、坩埚钳。

(2)药品 质量分数为 2% 的四苯硼酸钠[$NaB(C_6H_5)_4$]、2 mol·L⁻¹ HAc、质量分数为 0.02% 的 $NaB(C_6H_5)_4$ 洗涤液。

(3)其他用品 钾肥。

三、实验原理

农用含钾肥料常需要测定钾的含量,以保证科学施肥。我国对钾肥中钾含量的测定以四苯硼酸钾[$KB(C_6H_5)_4$]重量法应用最广,该方法测定结果准确,但耗时较长。

沉淀重量法中所用到的沉淀剂必须与被测离子作用完全,所形成的难溶电解质的 $K_{sp}^{\ominus}$ 很小,而沉淀的颗粒较大,才能获得高准确度的测定结果。通常在弱碱性介质中,以 $NaB(C_6H_5)_4$ 溶液为沉淀剂沉淀试样溶液中的钾离子,生成白色的 $KB(C_6H_5)_4$ 沉淀;也可以在酸性与较稀的溶液中缓慢地加入过量的沉淀剂,以降低过饱和度并沉淀完全,获得颗粒较大、纯净的结晶沉淀。

---

① 滴加 NaOH 溶液的速度要慢,否则过量的 IO⁻ 还来不及与葡萄糖反应就歧化成不具氧化性的 IO_3^-,导致葡萄糖氧化不完全。

本实验采用酸性条件下沉淀重量法测定钾肥中含钾量：将含 K^+ 试液用 HAc 酸化，在不断搅拌下缓缓滴加 $NaB(C_6H_5)_4$ 稀溶液，将 K^+ 沉淀为 $KB(C_6H_5)_4$：

$$K^+ + B(C_6H_5)_4^- \Longrightarrow KB(C_6H_5)_4 \downarrow$$

沉淀物经陈化、过滤、洗涤、干燥等步骤处理后，称重，即可求得钾的含量。

四、操作步骤

(1)玻璃坩埚恒重　将 P_{16} 玻璃坩埚置于烘箱中在 120 ℃下干燥至恒重[①]，得玻璃坩埚的质量 $m_1(g)$。

(2)试液的制备　准确称取钾肥试样 1 g(精确至 0.1 mg)，记为 m_0，放入小烧杯中，加少量蒸馏水溶解，于 100 mL 容量瓶中定容，摇匀。用移液管吸取试液 20.00 mL 置于另一 100 mL 容量瓶中，用蒸馏水稀释至刻度，摇匀，此时 K^+ 含量为 10~15 mg[②]。

(3)沉淀的制备　用吸量管移取试液 10.00 mL 置于 250 mL 烧杯中，加入 15 mL 蒸馏水和 3 mL 2 mol·L^{-1} HAc 溶液。在不断搅拌下，逐滴加入质量分数为 2% 的 $NaB(C_6H_5)_4$ 至沉淀完全，并过量几滴。放置 15 min 后，经 P_{16} 玻璃坩埚抽滤后，用 10 mL 质量分数为 0.02% 的 $NaB(C_6H_5)_4$ 洗涤液洗涤沉淀 5 次，每次用量 2 mL。抽干，再用水洗净坩埚外部。

(4)沉淀恒重　将装有沉淀的坩埚置于烘箱中，在 120 ℃的温度下干燥 1 h，取出后放入干燥器中冷却 30 min，称重；再次放入烘箱中，在 120 ℃的温度下干燥 30 min，冷却称量，如此反复，直至恒重，得玻璃坩埚与 $KB(C_6H_5)_4$ 沉淀的质量 m_2。

五、数据记录与处理和分析讨论

(1)设计实验数据记录与处理的表格，按式(6-23)计算试样中钾的质量分数。

$$w(K) = \frac{(m_2 - m_1) \times \dfrac{M(K)}{M[KB(C_6H_5)_4]}}{m_0 \times \dfrac{1}{5} \times \dfrac{1}{10}} \times 100\% \qquad (6-23)$$

(2)查阅国家标准，讨论实验中所用钾肥的等级。

六、思考题

(1)重量分析法最显著的优点是什么？

(2)为获得高准确度的测定结果，应采取哪些措施？

(3)本次实验的数据处理，是否需要 $NaB(C_6H_5)_4$ 溶液的准确浓度值？为什么？

6.13　重量法测定土壤中硫酸根离子含量

一、实验目的

(1)掌握重量法测定土壤中 SO_4^{2-} 含量[③]的原理和方法。

(2)了解晶形沉淀的沉淀条件和沉淀方法。

(3)学习巩固沉淀的过滤、洗涤，沉淀的定量转移和灼烧的操作技术。

---

① 两次称量之差小于 0.3 mg。

② K 含量处于合适范围内，可提高重量法结果的准确性，若钾肥中钾含量不同导致试液的钾含量过高或过低，应适当调整稀释倍数。

③ 本方法适用于 SO_4^{2-} 含量高的土样测定，含量低的土样须采用其他方法。

二、实验用品

（1）仪器　分析天平、马弗炉、移液管、烧杯、广口塑料瓶、瓷坩埚、电炉、淀帚。

（2）药品　2 mol·L⁻¹ HCl、质量分数为 10% 的 BaCl₂、0.1 mol·L⁻¹ AgNO₃。

（3）其他用品　土壤①、定量滤纸（慢速或中速）。

三、实验原理

土壤中常含有 SO_4^{2-}、CO_3^{2-}、PO_4^{3-}、HPO_4^{2-} 等离子，对于土质研究、肥料综合、土壤保持等都有重要的影响，因此土壤中 SO_4^{2-} 的监测是农业领域的重要指标。常用 $BaSO_4$ 重量法测定。将土壤样品与水按一定比例混合，经过振荡过滤后，将土壤中 SO_4^{2-} 提取到溶液中，加入 $BaCl_2$ 沉淀剂使 SO_4^{2-} 沉淀为 $BaSO_4$，经过陈化、过滤、洗涤、烘干、炭化、灰化和灼烧后，以 $BaSO_4$ 形式称量，即可求出 SO_4^{2-} 的含量。

由于土壤中还存在其他酸根离子，因此 Ba^{2+} 可生成一系列微溶化合物，如 $BaCO_3$、BaC_2O_4、$BaCrO_4$、$BaHPO_4$、$BaSO_4$ 等，其中以 $BaSO_4$ 溶解度最小。在 100 mL 溶液中，100 ℃ 时溶解 0.4 mg，25 ℃ 时仅溶解 0.25 mg。为得到纯净而颗粒粗大的 $BaSO_4$ 晶形沉淀，一般是在 0.05 mol·L⁻¹ HCl 溶液中，在加热近沸的条件下进行沉淀。在酸性条件下，还能防止 $BaCO_3$、$Ba_3(PO_4)_2$ 及 $Ba(OH)_2$ 沉淀的生成，排除土壤中 CO_3^{2-}、PO_4^{3-}、HPO_4^{2-} 等离子的干扰。

$BaSO_4$ 重量法还广泛应用于试样中 Ba^{2+} 含量的测定。其测定方法原理相同，但沉淀剂是稀 H_2SO_4。

四、操作步骤

（1）瓷坩埚恒重　将两个瓷坩埚洗净、擦干（或晾干），在 800 ℃ 左右的马弗炉中灼烧 30 min，取出稍冷片刻，转入干燥器中冷却至室温②，称量。再次灼烧 20 min（800 ℃ 左右），取出、冷却、称量。如此重复操作直至恒重为止③，得瓷坩埚质量 m_1(g)。

（2）试液的制备　准确称取 100.0 g 土壤样品，放于大口塑料瓶中，加入 500 mL 去离子水，用橡皮塞塞紧振荡 3 min，立即抽气过滤，清液储藏于 500 mL 试剂瓶中，备用。

移取 50.00 mL 备用液 2 份，分别置于 250 mL 烧杯中，在水浴上加热至干，加 5 mL 2 mol·L⁻¹ HCl 处理残渣再蒸干，并继续加热 1~2 h，用 2 mL 2 mol·L⁻¹ HCl 和 30 mL 热去离子水洗涤，用中速（或慢速）定量滤纸过滤并用热去离子水洗涤残渣数次，弃去沉淀物（SiO_2）。

（3）沉淀的制备　滤液在烧杯中蒸发至 30~40 mL，边搅拌边滴加质量分数为 10% 的 $BaCl_2$ 溶液，此时有白色沉淀出现，待沉淀下沉后，向上清液中滴加 10% $BaCl_2$ 溶液，若无沉淀生成，则表示已沉淀完全，再多加 2~3 mL 10% $BaCl_2$ 溶液，在水浴上继续加热 30 min，取下烧杯静置 2 h，用慢速（或中速）定量滤纸过滤，烧杯中的沉淀用热水洗 2~3 次，用淀帚全部转移到滤纸上，再用水洗涤沉淀至无 Cl⁻ 为止④。将附有沉淀的滤纸折成包，放入已灼烧恒量的瓷坩埚中，先在电炉上烘干、炭化和灰化至呈灰白色，再放入 800 ℃ 左右

---

①　取回的土壤先风干，然后通过 18 号筛，封口保存，备用。

②　过热的坩埚立即放入干燥器内，导致空气骤热而迅速膨胀，可能将干燥器盖冲落，应稍冷却后放入；在冷却过程中，干燥器内气压降低，使盖子不易打开。因此，放入热坩埚后，稍微将盖子错开一条细缝，稍候片刻，再盖严盖子。

③　两次称量之差小于 0.3 mg。

④　检验方法：取滤液 2 mL，加入 0.1 mol·L⁻¹ AgNO₃ 溶液 2 滴，不浑浊即无 Cl⁻。

的马弗炉中灼烧 30 min，取出在干燥器内冷却至室温，称量。第二次灼烧 15～20 min，冷却、称量，如此反复操作，直至恒重，得瓷坩埚与硫酸钡沉淀质量 $m_2(g)$。

(4)空白试验　用相同试剂和滤纸做同样处理，测得空白质量 $m_3(g)$。

五、数据记录与处理和分析讨论

(1)设计实验数据记录与处理的表格，根据记录的数据，按式(6-24)计算出土样中 SO_4^{2-} 的质量分数。

$$w(SO_4^{2-}) = (m_2 - m_1 - m_3) \times \frac{M(SO_4^{2-})}{M(BaSO_4)} \times \frac{500.0}{50.00} \times \frac{1\,000}{100} \qquad (6-24)$$

(2)查阅国家标准，对土壤质量做出评价。

六、思考题

(1)沉淀完毕后，为什么要"陈化"后再过滤？

(2)烘干、灰化滤纸和灼烧沉淀时，应注意什么？

(3)什么是恒重？为什么空坩埚也要恒重？

(4)测定土壤中的 SO_4^{2-}，为什么要做空白试验？

7 化学常数测定实验

【概述】

　　化学常数测定实验是基础化学实验的重要组成部分。它综合运用了化学研究领域中重要的实验方法、实验技术、基本研究工具以及数学运算方法等。

　　通过本章实验将帮助学生掌握化学常数测定的基本方法和技能；培养学生查阅文献、独立思考、观察记录和动手操作的能力；以及正确处理实验数据和分析实验结果的能力；有助于求实、求真的科学素养的培养和优良品德的建立。

7.1　排水集气法测定金属镁的摩尔质量

一、实验目的

(1)掌握排水集气法测定金属镁摩尔质量的原理与方法。

(2)掌握排水集气的操作技术。

(3)掌握理想气体状态方程和分压定律的应用。

二、实验用品

(1)仪器　50 mL 量气筒(附有出水孔的软木塞)、玻璃缸、分析天平、气压计、温度计(0～100 ℃)、试管夹。

(2)药品　镁条、4 mol·L^{-1} HCl。

(3)其他用品　铜丝、砂纸、称量纸。

三、实验原理

单质的摩尔质量是物质的重要基本参数，本实验以镁为例介绍用排水集气法测定金属摩尔质量的方法。活泼金属镁能从稀盐酸溶液中定量置换出氢气，反应方程式为

$$Mg + 2HCl \longrightarrow MgCl_2 + H_2(g)$$

显然，反应中生成的 H_2 的物质的量 $n(H_2)$，等于单质 Mg 消耗的物质的量 $n(Mg)$。

$$n(H_2) = n(Mg) = \frac{m(Mg)}{M(Mg)} \tag{7-1}$$

同时根据理想气体状态方程 $pV = nRT$，有

$$n(H_2) = \frac{p(H_2)V(H_2)}{RT} \tag{7-2}$$

整理式(7-1)和式(7-2)，得

$$M(\mathrm{Mg}) = \frac{RTm(\mathrm{Mg})}{p(\mathrm{H_2})V(\mathrm{H_2})} \qquad (7-3)$$

式中：R 为摩尔气体常数，$R = 8.314\ \mathrm{J \cdot K^{-1} \cdot mol^{-1}}$。

由于实验采用的是排水集气法，因此收集到的气体实际上是氢气与水蒸气的混合气体，根据分压定律可知：

$$p(\mathrm{H_2}) = p - p(\mathrm{H_2O}) \qquad (7-4)$$

将式(7-4)代入式(7-3)，得

$$M(\mathrm{Mg}) = \frac{RTm(\mathrm{Mg})}{[p - p(\mathrm{H_2O})] \cdot V(\mathrm{H_2})} \qquad (7-5)$$

式中：p 为氢气与水蒸气的混合气体的总压，在读取混合气体体积时，将量气筒内的液面与筒外液面保持在同一水平面上，此时混合气体的总压等于外界实际大气压，可由气压计读出；$p(\mathrm{H_2O})$ 为水的饱和蒸气压，只与温度有关，从本书附录3中查得实验温度下水的饱和蒸气压。

本实验中准确称取一定质量的金属镁，使之与过量的稀盐酸反应，在一定的温度、压力条件下，用排水集气法测出气体的体积，即可根据式(7-5)计算出镁的摩尔质量。

四、操作步骤

(1)用砂纸将镁条打磨光亮，除去表面的黑色氧化膜。用分析天平准确称取三份镁条，每份质量为 0.025~0.035 g。

(2)玻璃缸中注入约 4/5 容积的自来水。将软木塞放入水中浸泡片刻，赶走所附着的空气。

(3)取一份镁条轻轻折叠后(注意：不能折断)，用铜丝缠好，固定在软木塞上。

(4)往量气筒中加入 10 mL 4 mol·L⁻¹ HCl，再沿筒壁缓慢加入蒸馏水至满①。将附有镁条的软木塞塞住量气筒②，如图 7-1 所示。

(5)迅速将量气筒倒置于玻璃缸中，反应过程中软木塞要始终完全浸入水中。待镁条完全反应后，轻轻敲击量气筒的下端，使气泡全部上升，然后在水下移去软木塞。用试管夹夹住量气筒的上部，上下移动量气筒③，使筒内的溶液浓度与玻璃缸内溶液浓度相同。静置片刻，当筒内温度与室温一致时，使筒内液面与缸内液面保持在同一水平面上，准确读取量气筒内气体的体积 V(精确到 0.01 mL)。

(6)用另外两份镁条重复操作步骤(3)~(5)。

五、数据记录和处理

(1)将实验数据及数据处理结果填入下表。

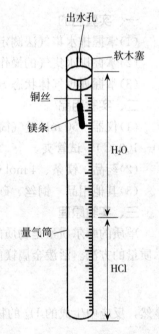

图 7-1 排水集气的反应装置

标注：出水孔、软木塞、铜丝、镁条、H_2O、量气筒、HCl

---

① 注意尽量减少盐酸和水相混溶。

② 量气筒加满蒸馏水时，要使量气筒筒口的液面为凸液面，塞软木塞时才能尽量避免空气混入量气筒内。

③ 注意量气筒不能离开玻璃缸液面。

室温 $T=$_____℃，大气压 $p=$_____Pa。

测量次数	$m(Mg)/g$	$V(H_2)/m^3$	$p(H_2O)/Pa$	$p(H_2)/Pa$	$M(Mg)/(g \cdot mol^{-1})$	$\overline{M}(Mg)/(g \cdot mol^{-1})$
1						
2						
3						

(2)将实验值 $\overline{M}(Mg)$ 与理论值 $M(Mg)=24.305\ g \cdot mol^{-1}$ 比较，计算相对误差。

(3)分析本实验中产生误差的原因及消除方法。

六、思考题

(1)盐酸的浓度和用量是否应准确测定和准确量取？为什么？

(2)为何称量镁条的质量范围为 $0.025 \sim 0.035\ g$？过多或过少会导致什么结果？

(3)在镁与稀盐酸反应作用完毕后，为什么要使筒内外溶液的浓度一致，且要等筒内气体冷却到室温方可读数？

(4)在读取筒内氢气体积时，为什么要使筒内液面与缸内液面保持在同一水平面上？

7.2 量热法测定氯化铵的生成焓

一、实验目的

(1)利用简易量热计测定氯化铵的生成焓，加深对盖斯定律的认识。

(2)掌握量热计常数的化学标定法及简易的量热技术。

二、实验用品

(1)仪器 保温杯、1/10 温度计($0 \sim 50\ ℃$)、环状搅拌棒、秒表、量筒、电子台秤。

(2)药品 $1.0\ mol \cdot L^{-1}$ NaOH、$1.0\ mol \cdot L^{-1}$ HCl、$1.5\ mol \cdot L^{-1}$ HCl、$1.5\ mol \cdot L^{-1}$ NH$_3 \cdot$H$_2$O、NH$_4$Cl[①](A.R.)。

三、实验原理

化合物的标准摩尔生成焓是指在标准状态下由稳定单质生成 1 mol 化合物时反应的焓变。由实验直接测定生成焓常常较困难，一般可以通过测定有关反应热间接求得。本实验就是分别测定氨水和盐酸的中和反应热和氯化铵固体的溶解热，然后利用氨水和盐酸的标准生成焓，通过盖斯定律计算而求得氯化铵固体的标准生成焓。

$$NH_3(aq)+HCl(aq) \longrightarrow NH_4Cl(aq) \qquad\qquad \Delta_r H_m^{\ominus}{}_{中和}$$

$$NH_4Cl(s) \longrightarrow NH_4Cl(aq) \qquad\qquad \Delta_r H_m^{\ominus}{}_{溶解}$$

$\Delta_f H_m^{\ominus}(NH_4Cl,\ s)=\Delta_r H_m^{\ominus}{}_{中和}+\Delta_f H_m^{\ominus}(HCl,\ aq)+\Delta_f H_m^{\ominus}(NH_3,\ aq)-\Delta_r H_m^{\ominus}{}_{溶解}$

中和热与溶解热可采用简易量热计来测量。简易量热计的基本原理是能量守恒定律。当反应在量热计中进行时，反应放出或吸收的热量将使量热计及反应系统温度升高或降低。即

$$Q_p=(c_{计} \cdot m_{计}+c_{系统} \cdot m_{系统})\Delta T \qquad\qquad (7-6)$$

式中：c 为比热容；m 为质量。若不考虑反应系统热容的差别，且每次测定时反应系统的质

---

① NH$_4$Cl 固体用分析纯，事先干燥，备用。

量相同，则式(7-6)中($c_计 \cdot m_计 + c_系统 \cdot m_系统$)为一定值。上式可改写为

$$Q_p = K\Delta T$$

或

$$\Delta_r H_m^{\ominus} = -\frac{K\Delta T}{n} \qquad (7-7)$$

式中：$\Delta_r H_m^{\ominus}$ 为反应的摩尔焓变($kJ \cdot mol^{-1}$)；n 为反应物的物质的量(mol)；K 为量热计系统的热容量，即系统温度升高 1K 时所需的热量，又称量热计常数。

测定量热计常数 K 通常有两种方法：化学标定法和电热标定法。本实验采用化学标定法，即利用盐酸和氢氧化钠水溶液在量热计中反应，测定系统温度的改变值 ΔT，然后查出其中和反应热 $\Delta_r H_m^{\ominus}$，代入式(7-7)即可求出量热计常数 K。

$$HCl + NaOH \longrightarrow NaCl + H_2O$$

$$\Delta_r H_m^{\ominus} = -57.3 \, kJ \cdot mol^{-1}$$

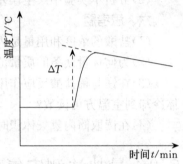

由于反应后的温度需要经过一段时间才能升到最高值，而实验所用的简易量热计不是严格的绝热系统，在这段时间，量热计不可避免地会与周围环境发生热交换。为了校正由此带来的温度偏差，需用图解法确定系统温度变化的最大值，即以测得的温度为纵坐标，时间为横坐标绘图，按虚线外推到开始混合的时间($t=0$)，求出温度变化最大值(ΔT)，这个外推的 ΔT 值能较客观地反映出由反应热所引起的真实温度变化，如图7-2所示。

图7-2　温度-时间关系图

四、操作步骤

(1)量热计热容量的测定　简易量热计装置如图7-3所示。量取 50 mL 1.0 mol·L^{-1} NaOH 溶液于保温杯中，盖好杯盖并搅拌，至温度基本不变。量取 50 mL 1.0 mol·L^{-1} HCl 溶液于150 mL 烧杯中，用同一支1/10温度计测量酸的温度，至酸碱温度基本一致，才能开始实验[①]。实验开始每隔 30 s 记录一次 NaOH 溶液的温度，并于第 5 分钟打开杯盖，把酸一次加入保温杯中，立即盖好杯盖并搅拌。继续记录温度和时间，直到温度上升至最高点后继续观察 5 min。

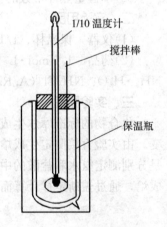

(2)$NH_3 \cdot H_2O$ 与 HCl 中和热的测定　洗净保温杯，以 1.5 mol·L^{-1} $NH_3 \cdot H_2O$ 代替 1.0 mol·L^{-1} NaOH，1.5 mol·L^{-1} HCl 代替 1.0 mol·L^{-1} HCl 重复上述实验。

图7-3　简易量热计

(3)NH_4Cl 溶解热的测定　再次洗净保温杯，加入 100 mL 蒸馏水，搅拌使系统温度趋于稳定后记录时间-温度数据(30 s 记一次)，于第 5 分钟加入 4.0 g NH_4Cl 固体，立即盖好杯盖并搅拌(可适当摇荡保温杯加速 NH_4Cl 溶解)。继续记录时间-温度数据 10 min。

五、数据记录和处理

(1)数据记录

---

① 若不一致，可用手温热或用水冷却。

室温_____℃。

1.0 mol·L^{-1} NaOH _____ mL，1.0 mol·L^{-1} HCl _____ mL；

1.5 mol·L^{-1} NH_3·H_2O _____ mL，1.5 mol·L^{-1} HCl _____ mL；

固体 NH_4Cl _____ g，蒸馏水_____ mL。

NaOH+HCl		NH_3·H_2O+HCl		$NH_4Cl(s)$+水	
t/min	T/℃	t/min	T/℃	t/min	T/℃

(2)作温度-时间图，按图 7-2 用外推法求各次测定的 ΔT。

(3)计算量热计热容量 K、中和热 $\Delta_r H_m^{\ominus}$中和 和溶解热 $\Delta_r H_m^{\ominus}$溶解。

(4)已知 $NH_3(aq)$ 和 $HCl(aq)$ 的标准摩尔生成焓分别为 −80.29 kJ·mol^{-1} 和 −167.16 kJ·mol^{-1}，根据盖斯定律计算 $NH_4Cl(s)$ 的标准摩尔生成焓 $\Delta_f H_m^{\ominus}(NH_4Cl，s)$，查出氯化铵标准摩尔生成焓，计算实验误差，分析本实验中产生误差的原因及消除方法。

六、思考题

(1)如果实验中有少量 HCl 溶液或 $NH_4Cl(s)$ 黏附在量热计器壁上，对实验结果有何影响？

(2)测定时，若酸和碱的温度不一致，对实验结果有何影响？

(3)若 $NH_4Cl(s)$ 溶解得很慢，对实验结果有何影响？

7.3 醋酸溶液 pH 和醋酸离解常数的测定

一、实验目的

(1)掌握用酸度计和目视比色法测定溶液 pH 的原理与方法。

(2)掌握酸度计和比色管的使用方法。

(3)掌握通过 pH 计算离解度和离解常数的方法，理解稀释定律和同离子效应。

二、实验用品

(1)仪器 酸度计、复合电极、比色管、吸量管、移液管、聚四氟乙烯滴定管、烧杯、量筒、锥形瓶、容量瓶、洗耳球。

(2)药品 0.2 mol·L^{-1} Na_2HPO_4、0.2 mol·L^{-1} 柠檬酸、0.1 mol·L^{-1} HAc、0.1 mol·L^{-1} NaAc、二甲基黄指示剂[①]、pH4.0 标准缓冲溶液、pH6.86 标准缓冲溶液、冰醋酸、NaOH、邻苯二甲酸氢钾、酚酞指示剂。

三、实验原理

醋酸是弱电解质，在水溶液中存在以下离解平衡：

---

① 0.1 g 二甲基黄溶于 100 mL 质量分数为 90%的乙醇中。

$$HAc \Longrightarrow H^+ + Ac^-$$

起始浓度 $\qquad\qquad\qquad c_0$

平衡浓度 $\qquad\qquad\qquad c(HAc) \quad c(H^+) \quad c(Ac^-)$

醋酸的离解度

$$\alpha = \frac{c(H^+)}{c_0} \times 100\% = \frac{c(Ac^-)}{c_0} \times 100\% \qquad (7-8)$$

即 $\qquad\qquad c(H^+) = c(Ac^-) = c_0\alpha, \quad c(HAc) = c_0 - c_0\alpha = c_0(1-\alpha)$

则醋酸的离解平衡常数 $K_a^\ominus$ 与醋酸的起始浓度 $c_0(mol \cdot L^{-1})$ 及离解度 α 有以下关系：

$$K_a^\ominus = \frac{\dfrac{c(H^+)}{c^\ominus} \cdot \dfrac{c(Ac^-)}{c^\ominus}}{\dfrac{c(HAc)}{c^\ominus}} = \frac{(c_0\alpha)^2}{c^\ominus c_0(1-\alpha)} = \frac{c_0\alpha^2}{c^\ominus(1-\alpha)} \qquad (7-9)$$

式中：$c^\ominus = 1 \, mol \cdot L^{-1}$，为标准浓度。

当 $\alpha < 5\%$ 时，

$$K_a^\ominus \approx \frac{c^2(H^+)}{c^\ominus c_0} \qquad (7-10)$$

通过测算出醋酸溶液的起始浓度 c_0 和平衡后的 $c(H^+)$，即可计算出 $K_a^\ominus$ 值。本实验采用酸度计和目视比色法测量一系列不同浓度的醋酸溶液的 pH，然后由 $pH = -\lg c(H^+)$ 求得 $c(H^+)$，从而求出与 c_0 相对应的 α 值和离解常数 $K_a^\ominus$。在弱酸溶液中加入其弱酸盐，会产生同离子效应并组成缓冲溶液。

酸度计的原理和使用方法详见 3.3 节，本节简要介绍目视比色法。用眼睛观察、比较溶液颜色深度以确定被测物质含量的方法称为目视比色法。常用的目视比色法是标准系列法，即在一套形状、大小相同的比色管中分别加入不同量的标准溶液，再各加入等量的其他试剂及显色剂后，稀释到相同体积，形成一套标准色阶。根据光吸收定律，在其他条件一定时，有色溶液浓度越大，对光的吸收程度也越大，溶液的颜色就越深。将一定量的被测试液放在另一比色管中，在同样条件下进行显色并稀释到相同体积，然后从管口垂直向下观察，与标准液进行仔细比较。若试液与标准系列中某溶液的颜色深度相同，则试液浓度就与该标准溶液的浓度相同。若试液的颜色深度介于某相邻两个标准溶液之间，则试液浓度就介于该相邻两个标准溶液浓度之间。本实验中配制一系列标准缓冲溶液，用指示剂的颜色变化来测定醋酸溶液的 pH。

四、操作步骤

(1)酸度法测定醋酸的离解常数

① 0.1 mol·L^{-1} NaOH 标准溶液的配制与标定：参见 6.1 和 6.2。

② 0.1 mol·L^{-1} HAc 溶液浓度的测定：计算配制 200 mL 0.1 mol·L^{-1} HAc 溶液所需冰醋酸的量，用量筒量取并倒入烧杯中，用少量蒸馏水洗涤量筒，洗液并入烧杯中，再加蒸馏水稀释至 200 mL，搅拌均匀，备用。在 50 mL 滴定管中装入已标定的 0.1 mol·L^{-1} NaOH 标准溶液。用移液管准确移取待测定的 HAc 溶液 20.00 mL 3 份，分别放入 3 只 250 mL 锥形瓶中，各加入 2 滴酚酞指示剂。用 NaOH 标准溶液滴定至淡红色且半分钟内不褪色，记录 NaOH 用量。

③ 定容：用吸量管分别移取 2.50 mL、5.00 mL、10.00 mL、20.00 mL 已测得浓度的

HAc 溶液，分别放入 4 个 100 mL 容量瓶中，用蒸馏水稀释至刻度，摇匀。

④ 标定酸度计：酸度计使用前首先要标定，步骤参见 3.3 或仪器使用说明书。

⑤ 测定 HAc 溶液的 pH：将以上 4 种不同浓度的 HAc 溶液分别倒入 4 只干燥的 50 mL 烧杯中，按由稀到浓顺序用酸度计测其 pH，记录数据和室温。

⑥ 测定 HAc‑NaAc 缓冲溶液的 pH：将 $0.1\ mol\cdot L^{-1}$ HAc 和 $0.1\ mol\cdot L^{-1}$ NaAc 等体积混合，搅拌均匀后测定 pH，记录数据。

（2）目视比色法测定醋酸溶液 pH 及醋酸的离解常数

① 配制一系列标准缓冲溶液：用 10 mL 吸量管准确吸取下列溶液，分别放入 6 支洗净的 25 mL 比色管中（编号为 1～6），然后各加入 1 滴二甲基黄指示剂，用蒸馏水稀释到 25 mL，摇匀，即得到一套标准色阶。标准缓冲溶液的配制方法及对应的 pH 见表 7‑1。

表 7‑1　标准缓冲溶液的配制方法及对应的 pH

编号	$0.2\ mol\cdot L^{-1}\ Na_2HPO_4$ 体积/mL	$0.2\ mol\cdot L^{-1}$ 柠檬酸体积/mL	pH
1	5.14	9.93	3.00
2	6.18	9.41	3.20
3	7.13	8.94	3.40
4	8.05	8.48	3.60
5	8.88	8.06	3.80
6	9.64	7.68	4.00

② 醋酸溶液 pH 的测定：取 3 支 25 mL 比色管（编号为 7～9），分别加入 12.50 mL、6.25 mL、1.25 mL $0.1\ mol\cdot L^{-1}$ HAc 溶液及 2 滴二甲基黄指示剂，用蒸馏水稀释至 25 mL，摇匀，与标准色阶进行比色，测出各醋酸溶液的 pH。同时用酸度计测其 pH，与目视比色法的结果进行比较。

③ 同离子效应：取 1 支 25 mL 比色管（编号为 10），加入 12.50 mL $0.1\ mol\cdot L^{-1}$ HAc 溶液和 1.50 mL $0.1\ mol\cdot L^{-1}$ NaAc 及 2 滴二甲基黄指示剂，用蒸馏水稀释至 25 mL，摇匀，与标准色阶进行比色，得出该溶液的 pH。同时用酸度计测其 pH，与目视比色法的结果进行比较。

五、数据记录和处理

（1）酸度法测定醋酸 pH 的数据记录和处理

① $0.1\ mol\cdot L^{-1}$ 醋酸溶液浓度的标定：

NaOH 标准溶液的浓度/$(mol\cdot L^{-1})$				
平行滴定份数		1	2	3
移取 HAc 溶液的体积/mL		20.00	20.00	20.00
消耗 NaOH 溶液的体积/mL				
HAc 溶液的浓度/$(mol\cdot L^{-1})$	测定值			
	平均值			
	相对平均偏差			

② 醋酸溶液 pH 的测定：

溶液编号	$\dfrac{c_0}{\text{mol}\cdot\text{L}^{-1}}$	pH	$\dfrac{c(\text{H}^+)}{\text{mol}\cdot\text{L}^{-1}}$	α	离解常数 $K_a^{\ominus}$		
					测定值	平均值	相对平均偏差
1							
2							
3							
4							

③ 缓冲溶液 pH _____。

④ 根据相关数据，分析在一定温度下，醋酸溶液浓度 c_0 的变化对 α 和 $K_a^{\ominus}$ 的影响，并将 $K_a^{\ominus}$ 的平均值与理论值 $K_a^{\ominus}=1.8\times10^{-5}$ 比较，分析误差产生的原因和消除方法。总结根据缓冲溶液的数值所得到的结论。

（2）目视比色法测定醋酸 pH 的数据记录和处理

编号	$\dfrac{c_0}{\text{mol}\cdot\text{L}^{-1}}$	对应于标准溶液		酸度计测量值	$\dfrac{c(\text{H}^+)}{\text{mol}\cdot\text{L}^{-1}}$	α	$K_a^{\ominus}$		
		编号	pH	pH			测定值	平均值	相对平均偏差
7									
8									
9									
10									

根据表格数据分析误差产生的原因和消除方法，并讨论同离子效应。

六、思考题

（1）改变 HAc 溶液的浓度或温度，离解度和离解常数有无变化？若有变化，会有怎样的变化？

（2）"离解度越大，酸度越大。"这句话正确吗？为什么？

（3）若所用 HAc 溶液极稀，公式 $K_a^{\ominus}\approx\dfrac{c^2(\text{H}^+)}{c^{\ominus}c_0}$ 是否还适用？

（4）使用比色管应注意什么问题？如何挑选一套合格的比色管？

7.4 离子交换法测定氯化铅的溶度积常数

一、实验目的

（1）了解离子交换树脂的使用方法。

（2）掌握用离子交换法测定难溶电解质的溶解度和溶度积常数的原理和方法。

二、实验用品

（1）仪器　通用滴定管、离子交换柱、移液管、温度计（0～100 ℃）。

（2）药品　饱和 $PbCl_2$、0.050 0 mol·L^{-1} NaOH 标准溶液、5‰ $AgNO_3$ 溶液、强酸型离子交换树脂[①]、酚酞指示剂。

---

① 本实验中采用聚苯乙烯磺酸型树脂，15～50 目。

(3)其他用品 玻璃纤维、pH 试纸。

三、实验原理

常用的离子交换树脂是人工合成的固态球状高分子聚合物,含有活性基团,并能与一些物质的离子进行选择性的离子交换反应。具有酸性交换基团(—SO_3H、—$COOH$)、能和阳离子进行交换的叫阳离子交换树脂;具有碱性交换基团(—NH_3Cl)、能和阴离子进行交换的叫阴离子交换树脂。

最常用的聚苯乙烯磺酸型树脂是一种强酸性阳离子交换树脂。这种树脂出厂时一般是 Na^+ 型,即活性基团为—SO_3Na,如用 H^+ 把 Na^+ 交换下来,即得 H^+ 型树脂。当 H^+ 型阳离子交换树脂与一定量的饱和 $PbCl_2$ 溶液充分接触后,将发生下列反应且反应完全。交换出来的 HCl,可用已知浓度的 $NaOH$ 标准溶液滴定。

$$2R—SO_3H + PbCl_2 \Longrightarrow (R—SO_3)_2Pb + 2HCl$$

设 $c(NaOH)$ 为 $NaOH$ 的物质的量浓度,$V(NaOH)$ 为滴定时所用去的 $NaOH$ 的体积,$V(PbCl_2)$ 为所量取的 $PbCl_2$ 饱和溶液的体积,即可算出 $PbCl_2$ 饱和溶液的浓度,从而算出 $PbCl_2$ 的溶解度。

因为

$$n(OH^-) = n(H^+) = 2n(Pb^{2+})$$

所以

$$c(Pb^{2+}) = \frac{1}{2} \times \frac{c(NaOH) \cdot V(NaOH)}{V(Pb^{2+})}$$

$$PbCl_2(s) \Longrightarrow Pb^{2+} + 2Cl^-$$

$$c(Cl^-) = 2c(Pb^{2+})$$

故

$$K_{sp}^{\ominus}(PbCl_2) = c(Pb^{2+}) \cdot c^2(Cl^-) = 4c^3(Pb^{2+}) \qquad (7-11)$$

四、操作步骤

(1)装柱 将 15 g 已处理好的树脂[①]填入离子交换柱中[②]。用蒸馏水淋洗交换柱,至淋洗液 pH 为 6~7,且不含氯离子为止[③]。保持树脂在水中,备用。

(2)交换和洗涤 用移液管准确量取 20 mL $PbCl_2$ 饱和溶液,放入离子交换柱中。控制交换柱流出液的速度为每分钟 20~30 滴,不宜太快。用洗净的锥形瓶承接流出液。待 $PbCl_2$ 饱和溶液差不多完全流进树脂层时,用约 50 mL 蒸馏水分批淋洗离子交换树脂,以保证所有被交换出的 H^+ 被淋洗出来,流出液一并接在锥形瓶中[④]。在交换[⑤]和淋洗过程中,注意勿使流出液损失。

(3)滴定 以酚酞为指示剂,用 0.050 0 mol·L^{-1} NaOH 标准溶液滴定锥形瓶中的收集液,准确记录 NaOH 溶液的用量。

---

① 树脂的预处理:首先用清水对树脂进行清洗,直到出水清澈,没有杂质为止。然后使用浓度为 4%~5%的盐酸和氢氧化钠分别浸泡树脂 2~4 h,再使用清水清洗树脂,直至出水接近中性,将这个过程重复 2~3 次,每次酸碱用量为树脂体积的 2 倍。后一次浸泡树脂使用的溶液,应根据树脂的阴阳来决定,阴树脂需要使用氢氧化钠浸泡,而阳树脂使用盐酸浸泡。然后将溶液排放,用清水清洗直至树脂 pH 为 7 即可。

② 注意,离子交换树脂应尽可能填得紧密,不应留有气泡,若有气泡,可加入少量蒸馏水,使液面高出树脂,并用玻璃棒搅动树脂,以便赶走气泡。

③ 用质量分数为 5%的 $AgNO_3$ 溶液检验。

④ 此时流出液 pH 应为 6~7,用 pH 试纸检验。

⑤ 在离子交换操作过程中,应自始至终注意液面不得低于离子交换树脂层,否则气泡会浸入树脂层。这是本实验的关键操作之一。

五、数据记录和处理

（1）数据记录

室温_____℃

$PbCl_2$ 饱和溶液的用量 $V(PbCl_2)$_____mL

NaOH 标准溶液的浓度 $c(NaOH)$_____$mol \cdot L^{-1}$

NaOH 标准溶液的用量 $V(NaOH)$_____mL

（2）计算在测定温度下 $PbCl_2$ 的溶解度和溶度积。将结果与标准溶度积比较，计算误差，并讨论产生误差的原因及消除办法。

六、附注

（1）$PbCl_2$ 饱和溶液的配制（供实验准备室用）　将过量 $PbCl_2$（A. R.）溶于经煮沸除去 CO_2 的蒸馏水中，经充分搅动和放置，使溶液达到平衡。在使用前测量并记录饱和溶液的温度，并用定量滤纸过滤（所用的漏斗和容器必须是干燥的）。

（2）$PbCl_2$ 溶解度参考数据

温度/℃	0	15	25	35
溶解度/$(mol \cdot L^{-1})$	2.42×10^{-2}	3.26×10^{-2}	3.74×10^{-2}	4.73×10^{-2}

七、思考题

（1）在进行离子交换操作中，为什么要控制一定的流出速度？交换树脂层内为什么不允许有气泡存在？应如何避免？

（2）为什么要将溶液淋洗流出液合并在 $PbCl_2$ 交换流出液的锥形瓶中？

7.5　电位法测定电池电动势及浓度对电极电势的影响

一、实验目的

（1）理解并掌握原电池、电极电势的概念。

（2）了解使用酸度计测定电池电动势和电极电势的方法，理解浓度的改变对电极电势的影响。

二、实验用品

（1）仪器　酸度计、复合电极、电子台秤、烧杯、小 U 形管。

（2）药品　$CuSO_4$、$ZnSO_4$、锌片、铜片、浓 $NH_3 \cdot H_2O$、饱和 Na_2S 溶液、KCl。

（3）其他用品　导线、棉花。

三、实验原理

原电池由两个电极（半电池）组成，电池电动势 E 等于正负两电极的电极电势之差。若是双液电池，要用盐桥消除其液体接界电势。即

$$E = \varphi_+ - \varphi_-$$

电池电动势要用对消法来测量，其原理是在待测电池上并联一个大小相等、方向相反的外加电势差，这样待测电池中没有电流通过，外加电动势的大小即等于待测电池的电动势。酸度计就是利用对消法的原理设计的测量溶液酸度和电池电动势的一种仪器。具体使用方法请参阅 3.3。

本实验利用酸度计测定铜-锌原电池的电动势，并讨论电极溶液浓度对电池电动势的影响。将锌电极与铜电极组成原电池，其电池符号为

$$(-)Zn(s)|ZnSO_4(c_1)\|CuSO_4(c_2)|Cu(s)(+)$$

电池反应 $$Zn+Cu^{2+}=\!=\!=Zn^{2+}+Cu$$

铜-锌原电池的电池电动势(E)为

$$E=\varphi_{Cu^{2+}/Cu}-\varphi_{Zn^{2+}/Zn}$$

根据能斯特方程可得

$$E=E^{\ominus}-\frac{0.059\text{ V}}{2}\lg\frac{c(Zn^{2+})}{c(Cu^{2+})} \qquad (7-12)$$

式中：$E^{\ominus}$ 为铜-锌原电池的标准电动势(V)；$c(Zn^{2+})$ 和 $c(Cu^{2+})$ 分别为锌电极和铜电极的溶液浓度。

由式(7-12)可见，改变 Cu^{2+}、Zn^{2+} 的浓度，会改变电池的电动势。在 Zn 电极中不断加入浓氨水，由于配离子 $[Zn(NH_3)_4]^{2+}$ 不断生成，$c(Zn^{2+})$ 将不断减小，则电池电动势 E 将不断增大。同理，在 Cu 电极中不断加入 Na_2S，由于 CuS 沉淀的不断生成，$c(Cu^{2+})$ 将不断减小，则原电池电动势将不断减小。

四、操作步骤

(1)配制溶液

① 0.1 mol·L^{-1} ZnSO 溶液：称取 1.4 g ZnSO$_4$·$7H_2O$，加入 50 mL 蒸馏水溶解。

② 0.1 mol·L^{-1} CuSO 溶液：称取 1.3 g CuSO$_4$·$5H_2O$，加入 50 mL 蒸馏水溶解。

③ 饱和 KCl 溶液：把 KCl 固体加入适量蒸馏水中，溶解成饱和溶液，备用。

(2)制备电极

① 锌电极 Zn(s)|ZnSO$_4$(0.1 mol·L^{-1})：取 2 条锌片，用细砂纸将锌片表面打磨光滑，去除表面的氧化层，用自来水冲洗锌片后再用蒸馏水淋洗，最后用滤纸吸干水分。将处理好的锌片分别放入两个已加有 25 mL 0.1 mol·L^{-1} ZnSO 溶液的小烧杯中。

② 铜电极 Cu(s)|CuSO$_4$(0.1 mol·L^{-1})：取 2 条铜片，用细砂纸将铜片表面打磨光滑，去除表面的氧化层，用自来水冲洗铜片后再用蒸馏水淋洗，最后用滤纸吸干水分。将处理好的铜片分别放入两个已加有 25 mL 0.1 mol·L^{-1} CuSO$_4$ 溶液的小烧杯中。

(3)制备盐桥 将饱和 KCl 溶液小心地倒入小 U 形管中并灌满，U 形管内不能有气泡，两端用棉花塞住。

(4)组成原电池并测定电动势 将锌电极溶液和铜电极溶液用盐桥连通起来。再用导线将铜电极和锌电极分别连接到酸度计的正极与负极上，装配成铜-锌原电池，如图 7-4 所示。测定其电动势 E。

(5)浓度对电极电势的影响

① 在原电池 A 的负极 ZnSO$_4$ 溶液中，逐滴加入 4 mL 浓 NH_3·H_2O，先有白色沉淀生成，然后沉淀溶解，最后溶液无

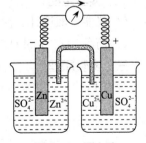

图 7-4 原电池

色。此时可观察到电池电动势增大，每加入 1 mL(约 20 滴)浓 NH_3·H_2O，记录一次 E 值读数。再在正极 CuSO$_4$ 溶液中，逐滴加入 4 mL 饱和 Na_2S 溶液，有大量黑色沉淀生成，此时可观察到电池电动势减小，同样每加入 1 mL(约 20 滴)饱和 Na_2S，记录一次 E 值读数。

② 在原电池 B 的正极 $CuSO_4$ 溶液中，逐滴加入 4 mL 饱和 Na_2S 溶液直至有大量黑色沉淀生成，每加入 1 mL(约 20 滴)饱和 Na_2S 溶液，记录一次 E 值读数，观察电池电动势的变化。再在负极 $ZnSO_4$ 溶液中，逐滴加入 4 mL 浓 $NH_3 \cdot H_2O$，每加入 1 mL(约 20 滴)浓 $NH_3 \cdot H_2O$，记录一次 E 值读数，观察电池电动势的变化。

五、数据记录和处理

将实验数据整理填入下表，并讨论浓度对电极电势的影响。

Cu - Zn 原电池电池电动势：A. _____ V；B. _____ V。

滴加溶液量/mL	电池电动势/V			
	原电池 A		原电池 B	
	负极中加入浓 $NH_3 \cdot H_2O$	正极中加入饱和 Na_2S	正极中加入饱和 Na_2S	负极中加入浓 $NH_3 \cdot H_2O$
1				
2				
3				
4				

根据上表作电动势变化曲线图，分析电极中的离子浓度对电极电势及原电池电动势的影响，讨论两个原电池最终平衡电动势值的大小。

六、思考题

(1)为什么用酸度计可以测定电池电动势？
(2)为什么浓度改变能使电池电动势增大或减小？

7.6 电位法测定二乙二胺合铁(Ⅱ)配离子的稳定常数

一、实验目的

(1)了解电位法测定稳定常数的原理，熟练掌握能斯特公式的计算。
(2)测定二乙二胺合铁(Ⅱ)配离子的稳定常数。

二、实验用品

(1)仪器　酸度计、饱和甘汞电极、银电极、烧杯、吸量管。
(2)药品　$0.1\ mol \cdot L^{-1}\ FeSO_4$ 溶液、$7\ mol \cdot L^{-1}$ 乙二胺溶液。

三、实验原理

含有 Fe^{2+}、乙二胺(en)的溶液中，存在着下列平衡：

$$Fe^{2+} + 2en \Longleftrightarrow Fe(en)_2^{2+}$$

$$K_{稳}^{\ominus} = \frac{c[Fe(en)_2^{2+}]}{c(Fe^{2+}) \cdot c(en)^2}$$

两边取对数得 $\qquad lgc(Fe^{2+}) = -2lgc(en) + lgc[Fe(en)_2^{2+}] - lgK_{稳}^{\ominus}$ $\qquad$ (7-13)

在装有 Fe^{2+} 和乙二胺(en)的混合水溶液的烧杯中插入饱和甘汞电极和银电极，电极与酸度计相连，两电极间的电位差为 E。

$$E = \varphi(Fe^{2+}/Fe) - \varphi(Hg_2Cl_2/Hg)$$

$$=\varphi^{\ominus}(Fe^{2+}/Fe)+\frac{0.059}{2}\lg c(Fe^{2+})-\varphi^{\ominus}(Hg_2Cl_2/Hg)$$

代入 $\varphi^{\ominus}(Fe^{2+}/Fe)=-0.440$ V 和 $\varphi^{\ominus}(Hg_2Cl_2/Hg)=0.241$ V

则
$$E=-0.681+\frac{0.059}{2}\lg c(Fe^{2+}) \tag{7-14}$$

测定两电极间的电位差 E，通过式(7-14)可求得不同乙二胺溶液浓度时的 $\lg c(Fe^{2+})$。若使 $Fe(en)_2^{2+}$ 的浓度基本保持恒定，则根据式(7-13)，由 $\lg c(Fe^{2+})$ 对 $\lg c(en)$ 作图可得一直线，由直线截距 $\lg c[Fe(en)_2^{2+}]-\lg K_{稳}^{\ominus}$ 可求得 $K_{稳}^{\ominus}$。

四、操作步骤

(1)在一只干净的 250 mL 烧杯中，加入 96.00 mL 蒸馏水，再加入 2.00 mL 已知准确浓度(7 mol·L^{-1})的乙二胺溶液和 2.00 mL 已知准确浓度(0.1 mol·L^{-1})的 $FeSO_4$ 溶液。

(2)向烧杯中插入饱和甘汞电极和银电极，并把它们分别与酸度计的甘汞电极接线柱和玻璃电极插口相接。用酸度计的"mV"挡，在搅拌下测定两电极间的电位差 E。

(3)向烧杯中再加入 1.00 mL 乙二胺溶液(此时累计加入的乙二胺溶液为 3.00 mL)，并测定相应的 E。

(4)再继续向烧杯中加 1.00 mL 乙二胺溶液，使每次累计加入乙二胺溶液的体积分别为 4.00 mL、5.00 mL、7.00 mL、10.00 mL，并测定相应的 E。

五、数据记录和处理

测定次数	1	2	3	4	5	6
加入 en 的累计体积/mL	2.00	3.00	4.00	5.00	7.00	10.00
E/V						
$c(en)/(mol·L^{-1})$						
$\lg c(en)$						
$\lg c(Fe^{2+})$						

由于实验中，总体积变化不大，$c[Fe(en)_2^{2+}]$ 可认为是一个定值，并等于 $\dfrac{V(FeSO_4)·c(FeSO_4)}{(V_1+V_6)/2}$，其中，$V(FeSO_4)$、$c(FeSO_4)$ 分别为加入 $FeSO_4$ 溶液的体积和浓度，V_1、V_6 分别为第一次和第六次测定 E 时的总体积。以 $\lg c(Fe^{2+})$ 对 $\lg c(en)$ 作图，由直线的截距求出 $K_{稳}^{\ominus}$，并与 $K_{稳}^{\ominus}$ 理论值比较，计算相对误差，分析原因。

六、思考题

(1)为什么测定电位差就能计算配离子的稳定常数？

(2)银电极在此装置中起什么作用？能否改用其他电极？

8 仪器分析实验

【概述】

仪器分析是在化学分析基础上发展起来的分析方法。它是根据被测物质的某些物理性质（如光学性质）或物理化学性质（通过化学反应才能显示出来的物理性质，如电化学性质）使用特殊仪器进行分析工作，故称为仪器分析。比较常用的仪器分析法有光学分析法、电化学分析法、分离分析法及其他分析方法等。光学分析法是利用物质所发射的辐射或辐射与物质的相互作用而进行分析的一类方法；电化学分析法是根据溶液的电化学性质进行分析的方法；而分离分析法则是在测量各组分的某种性质前需要对样品中各组分加以分离的方法；此外还有利用物质的热性质、核化学性质、图像特征等进行分析的方法。每一种分析法还包括许多具体方法，按方法原理分类见图 8-1。

与经典的化学分析法相比，仪器分析法重现性好、灵敏度高、分析速度快、进样量少（有些方法可不破坏样品），而且可做微量分析。但仪器分析常用已知组成的标准物质进行对照，而且在进入仪器前样品必须满足一定的形态，因此标准物质的获得和样品的预处理以及价格昂贵等使其应用受

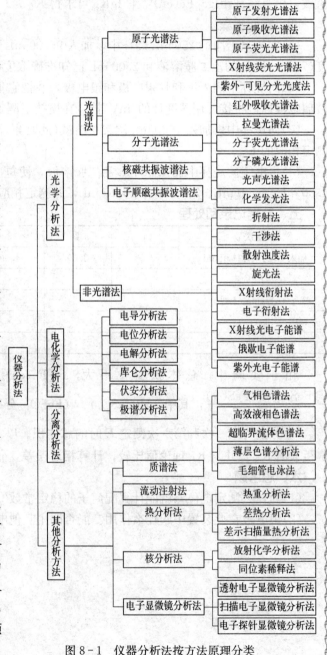

图 8-1　仪器分析法按方法原理分类

到限制。

近年来，电子技术、计算机技术、激光、生物技术、光导纤维、功能材料、等离子体、微波技术以及数学统计和信息论等技术、新材料和新方法越来越多地应用在仪器分析中，新的仪器分析法不断涌现，已有的仪器分析法不断完善更新，甚至经典的化学分析法也在不断仪器化。因此，作为化学实验中不可缺少的仪器分析方法正朝着痕量分析、超痕量分析、动态分析、现场分析、在线分析、遥测(如深海和星际分析)、非侵入分析(或无损分析)及活体分析等方向发展。

作为基础仪器分析实验，这里简单介绍10个经典的仪器分析实验。

8.1 电位滴定法连续测定混合液中的氯和碘

一、实验目的

(1)了解电位滴定的原理和测定方法。

(2)掌握电位滴定法测定离子浓度的一般原理。

二、实验用品

(1)仪器 酸度计、银电极[①]、双液接饱和甘汞电极[②]、磁力搅拌器、滴定管、移液管、容量瓶。

(2)药品 $Ba(NO_3)_2$、$6\ mol \cdot L^{-1}\ HNO_3$、$0.1\ mol \cdot L^{-1}\ AgNO_3$ 标准溶液[③]。

(3)其他用品 试样溶液[④]。

三、实验原理

滴定分析法常用指示剂的颜色变化来确定滴定终点。然而，对于滴定突跃较小、溶液浑浊或有色、非水滴定等情况，用指示剂确定终点比较困难。电位滴定法则不受上述情况的影响，它是根据滴定体系的电位突跃来确定滴定终点，而且可以连续滴定和自动滴定，电位滴定结果准确度较高。

电位滴定是将指示电极浸入被测溶液中组成一个化学电池，用滴定管缓慢加入滴定剂并不断搅拌，通过电位计或酸度计测其电位值。

开始滴定时，随着滴定剂的加入，化学反应连续发生，被测离子浓度相应发生变化，指示电极的电位与被测离子浓度有相应的关系，因而指示电极的电位也相应发生变化。在化学计量点附近离子浓度发生突跃，引起指示电极电位发生突跃。达到化学计量点后，电极电位变化渐小，所以根据电极电位变化的突跃可确定滴定终点。但是，电极电位变化突跃不像指

---

① 银电极使用前需用细砂纸轻轻打磨，用水洗净，再用滤纸擦干。

② 双液接甘汞电极的外套管盐桥使用饱和 KNO_3 溶液。

③ $0.1\ mol \cdot L^{-1}\ AgNO_3$ 标准溶液的配制和标定：溶解 $8.5\ g\ AgNO_3$ 于 $500\ mL$ 不含 Cl^- 的蒸馏水中，将溶液转入棕色试剂瓶中放于暗处保存。准确称取 $1.461\ g$ 基准 $NaCl$，置于小烧杯中，用蒸馏水溶解后转入 $250\ mL$ 容量瓶中，加水稀释至刻度，摇匀。准确移取 $25.00\ mL\ NaCl$ 标准溶液于锥形瓶中，加 $25\ mL$ 水、$1\ mL$ 质量分数为 15% 的 K_2CrO_4，在不断摇动下，用 $AgNO_3$ 溶液滴定至呈现砖红色即为终点。根据 $NaCl$ 标准溶液的浓度和滴定所消耗 $AgNO_3$ 体积，计算 $AgNO_3$ 浓度。

④ 待测试样中含 Cl^- 和 I^- 分别为 $0.05\ mol \cdot L^{-1}$ 左右。

示剂颜色变化那样直观，它要求在化学计量点附近一小滴一小滴去滴加滴定剂。每加一小滴都要记录一次电位值，通过绘图法确定终点。在电位滴定中，滴定终点的确定方法通常有三种，见图8-2。

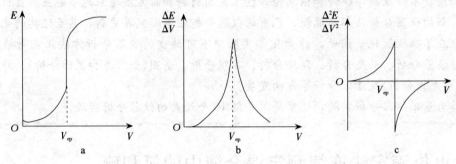

图8-2　电位滴定终点的确定

a. E-V 曲线　b. $\dfrac{\Delta E}{\Delta V}$-$V$ 曲线　c. $\dfrac{\Delta^2 E}{\Delta V^2}$-$V$ 曲线

（1）E-V 曲线法　根据 E-V 曲线的拐点确定终点。

（2）$\dfrac{\Delta E}{\Delta V}$-$V$ 曲线法　取 E-V 曲线的一阶近似微商曲线，根据该曲线的极大值点确定终点。

（3）$\dfrac{\Delta^2 E}{\Delta V^2}$-$V$ 曲线法　取 E-V 曲线的二阶近似微商曲线 $\left[\dfrac{\Delta^2 E}{\Delta V^2}=\dfrac{\left(\dfrac{\Delta E}{\Delta V}\right)_2-\left(\dfrac{\Delta E}{\Delta V}\right)_1}{\Delta V}\right]$，根据曲线与横轴的交点（即 $\dfrac{\Delta^2 E}{\Delta V^2}=0$）确定终点。

上述方法中，前两种方法均需仔细描点作图，较烦琐，结果也不太准确。通常采用第三种方法，既可作图画出，也可用数学计算直接求出结果，准确可靠，具体计算方法如下例所示。

某电位滴定中终点附近得到的 V 和 E 实验数据，及计算的一阶微商 $\left(\dfrac{\Delta E}{\Delta V}\right)$ 和二阶微商 $\left(\dfrac{\Delta^2 E}{\Delta V^2}\right)$ 列于表8-1中。

表8-1　电位滴定中 V 和 E 实验数据记录及计算结果

V/mL	E/mV	ΔE	ΔV	$\dfrac{\Delta E}{\Delta V}$	$\dfrac{\Delta^2 E}{\Delta V^2}$
24.10	183				
		11	0.10	110	
24.20	194				+2 800
		39	0.10	390	
24.30	233				+4 400
		83	0.10	830	
24.40	316				−5 900
		24	0.10	240	
24.50	340				−1 300
		11	0.10	110	
24.60	351				

在化学计量点前后，二阶微商与滴定剂体积的关系如图8-3所示。

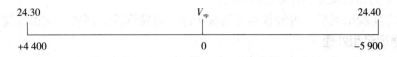

图8-3 二阶微商与滴定剂体积的关系

所以

$$\frac{V_{ep}-24.30}{24.40-24.30}=\frac{4\ 400}{4\ 400+5\ 900}$$

$$V_{ep}=24.34(mL)$$

则被滴定物质的浓度 c 为

$$c=\frac{滴定剂浓度 \times V_{ep}}{被滴物体积}（物质的量为 1：1 的反应）$$

因此，用 $0.100\ 0\ mol \cdot L^{-1}$ 滴定剂滴定 $20.00\ mL$ 溶液时，测得被滴定物的浓度为 $0.121\ 7\ mol \cdot L^{-1}$。

电位滴定法能应用于各类滴定分析，特别是沉淀滴定。当滴定剂与数种离子生成沉淀的溶度积差别相当大时，可以连续滴定而不需预先分离，本实验中 AgI 和 AgCl 的 $K_{sp}^{\ominus}$ 在 298K 时分别为 8.3×10^{-17} 和 1.8×10^{-10}，故可以连续滴定。将银电极和双液接饱和甘汞电极插入混合试液中，用 $AgNO_3$ 标准溶液滴定，Ag^+ 首先与 I^- 反应生成 AgI 沉淀，再与 Cl^- 反应生成 AgCl 沉淀。每种离子反应完成时，溶液的电位分别有一个明显的电位突跃，故在滴定曲线中有两个电位突跃，可以分别确定两个化学计量点。根据各个终点所用滴定剂体积可分别求出试液中碘和氯的浓度。

四、操作步骤

（1）开机、预热和校准 酸度计通电预热10 min后，按仪器使用说明校准仪器[①]。

（2）组装滴定装置 按图8-4安装仪器。用移液管移取 $20.00\ mL$ 含 Cl^-、I^- 的试样溶液放入 $100\ mL$ 烧杯中，再加约 $30\ mL$ 水、12 滴 $6\ mol \cdot L^{-1}$ HNO_3 和约 $0.5\ g\ Ba(NO_3)_2$ 固体[②]，放于磁力搅拌器上，放入搅拌子，然后将清洗干净的银电极和参比电极插入溶液。滴定管应装在烧杯上方适当位置，便于滴定操作。

（3）滴定 开动搅拌器，溶液应稳定而缓慢地转动。开始时每次加入滴定剂 $1.0\ mL$，待电位稳定后，读取其值和相应滴定剂体积并记录在表格中。随着电位差的增大，减少每次加入滴定剂的量。当电位差迅速变化（即接近滴定终点）时，每次加入 $0.1\ mL$ 滴定剂。第一终点过后，电位读

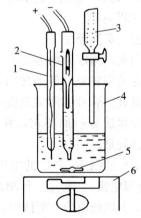

图8-4 滴定池结构
1. 银电极 2. 双液接饱和甘汞电极
3. 滴定管 4. 滴定池（100 mL烧杯）
5. 搅拌子 6. 磁力搅拌器

---

① 当电位变化需调换正负 mV 挡时，需对仪器换挡、调校。

② 将未知液用 HNO_3 酸化并加入强电解质 $Ba(NO_3)_2$ 后，可消除沉淀被电极吸附的影响，提高测定的准确度。

数变化变缓，应增大每次加入滴定剂的量，接近第二终点时，按前述操作进行。平行测定两次[1]，滴定结果的相对偏差在1%以内即可。

(4)结束　实验结束后，拆卸仪器并清洗干净。要特别注意回收卤化银沉淀[2]。

五、数据记录和处理

(1)按表8-1格式记录和处理数据，用二阶微商法确定终点V_{ep}。

(2)计算混合试样中Cl^-和I^-的含量。

六、思考题

(1)若是滴定Cl^-、Br^-和I^-，能否用指示剂法确定3个化学计量点？为什么？

(2)滴定Cl^-时，化学计量点的电位是多少？

(3)说明在滴定试液中加入HNO_3和$Ba(NO_3)_2$的作用。

(4)如果待测试液中含氨，将对滴定产生什么样的影响？

8.2　离子选择性电极法测定水中的氟

一、实验目的

(1)了解离子选择性电极的主要特征及总离子强度调节缓冲液的意义和作用。

(2)掌握离子选择性电极法测定的原理、方法及操作技术，并用该方法测定自来水中氟离子浓度。

二、实验用品

(1)仪器　酸度计、氟离子选择性电极、磁力搅拌器、饱和甘汞电极、容量瓶、吸量管、烧杯。

(2)药品　总离子强度缓冲溶液[3]、$0.100\ mol \cdot L^{-1}$ NaF标准溶液[4]。

三、实验原理

目前，测定氟的方法有比色法和电位法。前者的测定范围较宽，但干扰因素多，往往要对试样进行预处理。后者的测定范围虽然不如前者宽，但已能满足水质分析的要求，并且操作简单，干扰少，不需预处理。

电位法测F^-含量的电极是氟离子选择性电极（简称氟电极）。它是一种单晶膜电极，基于薄膜的

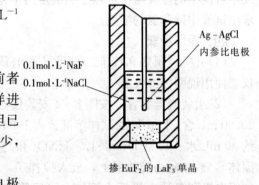

0.1mol·L⁻¹NaF

0.1mol·L⁻¹NaCl

Ag-AgCl
内参比电极

掺EuF_2的LaF_3单晶

图8-5　氟电极示意图

特性，其电极电位对溶液中F^-有选择性响应。氟电极的结构见图8-5。

---

① 每次测定的电极、烧杯和搅拌子都要洗净。

② 银的回收。向被滴试液中加少许固体NaCl，使溶液中过量的Ag^+沉淀完全后，过滤卤化银沉淀，用纯Fe(或纯Zn)粉将卤化银还原成银，用HCl洗去过量还原剂后，再用纯水将Ag粉洗净。银粉用HNO_3溶解，制备成$AgNO_3$。

③ 总离子强度缓冲溶液(total ionic strength adjustment buffer, TISAB)：取102 g KNO_3、83 g NaAc和32 g柠檬酸钾放入1 L烧杯中。再加入14 mL冰醋酸，用600 mL去离子水溶解，溶液的pH应为5.0～5.5，如超出此范围，则应加NaOH或HAc调节，调好后加去离子水至总体积1 L。

④ $0.100\ mol \cdot L^{-1}$ NaF标准溶液：将NaF在120 ℃烘干2 h以上，称取2.100 g放入500 mL烧杯中，加入100 mL TISAB溶液和300 mL去离子水溶解后转移至500 mL容量瓶中，用去离子水稀释至刻度，摇匀，保存于聚乙烯塑料瓶中备用。

在 298 K 时,氟电极的能斯特响应区间在 pF＝1～6。测定时以饱和甘汞电极作为参比电极组成如下电池:

$$(-)Ag|AgCl\begin{vmatrix} NaF(0.1\ mol \cdot L^{-1}) \\ NaCl(0.1\ mol \cdot L^{-1}) \end{vmatrix}LaF_3\ 单晶|含氟试液(a_{F^-})\parallel KCl(饱和),Hg_2Cl_2|Hg(+)$$

$$\longleftarrow\text{氟电极}\longrightarrow|\longleftarrow\text{试液}\longrightarrow|\longleftarrow\text{饱和甘汞电极}\longrightarrow$$

电池的电动势为

$$E=\varphi_{甘汞}-\varphi_{氟} \tag{8-1}$$

$$\varphi_{氟}=\varphi_{氟}^{\ominus}-\frac{RT}{F}\ln a_{F^-}=\varphi_{氟}^{\ominus}-\frac{RT}{F}\ln(\gamma_{F^-}\cdot c_{F^-}) \tag{8-2}$$

在一定的实验条件(如溶液的离子强度、温度等)下,饱和甘汞电极的电极电位 $\varphi_{甘汞}$ 和活度系数 γ_{F^-} 可作常数处理。对于给定的氟电极,在一定温度下 $\varphi_{氟}^{\ominus}$ 是常数,故式(8-1)可写成

$$E=K+\frac{RT}{F}\ln c_{F^-}=K-\frac{2.303RT}{F}pF \tag{8-3}$$

式中: K 为常数; R 为摩尔气体常数(8.314J $\cdot$ mol^{-1} $\cdot$ K^{-1}); T 为热力学温度(K); F 为法拉第常数(96 485 C $\cdot$ mol^{-1})。从式(8-3)中可见,电动势 E 与 $\ln c_{F^-}$ 呈线性关系,标准曲线法(也称工作曲线法)就是依据该线性关系来确定试液中 F$^-$ 浓度的方法。

在应用氟电极时需要考虑以下三个问题:

(1)试液 pH 的影响。试液的 pH 对氟电极的电位响应有影响,pH＝5～6 是氟电极使用的最佳 pH 范围。在低 pH 溶液中,会形成 HF、HF$_2^-$ 等型体,而它们在氟电极上没有响应,因此,降低了 a_{F^-}。pH 高时,OH$^-$ 浓度增大,导致 OH$^-$ 在氟电极上与 F$^-$ 产生竞争响应,同时 OH$^-$ 能与 LaF$_3$ 晶体膜产生如下反应:

$$LaF_3+3OH^-\longrightarrow La(OH)_3+3F^-$$

从而干扰电位响应,因此测定需要在 pH＝5～6 的缓冲溶液中进行,常用的缓冲溶液是HAc-NaAc。

(2)为了使测定过程中 F$^-$ 的活度系数、液接电位保持恒定,试液要维持一定的离子强度。控制试液的离子强度的常用方法是在试液中加入一定浓度的惰性电解质,如 KNO$_3$、NaCl、KClO$_4$ 等。

(3)氟电极的选择性较好,但能与 F$^-$ 形成配合物的阳离子如 Al(Ⅲ)、Fe(Ⅲ)、Th(Ⅳ)等以及能与 La(Ⅲ)形成配合物的阴离子对测定有不同程度的干扰。为了消除金属离子的干扰,可加入掩蔽剂如柠檬酸钾、EDTA 等。

综合考虑上述因素,本实验用氟电极测定饮用水中的氟含量时使用 TISAB 来控制氟电极的最佳使用条件,其组分为 KNO$_3$、HAc-NaAc 和柠檬酸钾。另外,在使用氟电极时须注意:①氟电极使用前须用去离子水浸泡 1～2 h,以使电极平衡。测得其在去离子水中的电极电位达到由电极生产厂标明的本底值方可使用。如浸泡后达不到平衡,很可能是漏水或单晶片表面沾污,须重新装配或做相应洗涤,如有油污可用丙酮洗净。②测量时单晶薄膜上不可附有气泡,以免干扰读数。③F$^-$ 浓度为 10^{-6} mol $\cdot$ L^{-1} 时,氟电极的响应时间小于等于5 min,溶液越稀,响应时间越长。实际测量时,以恒定、缓慢的速度不断搅拌,做周期性测量,直到观察到稳定的电位值。

四、操作步骤

(1)仪器的安装 按酸度计的安装及使用说明调节酸度计。装上氟电极和饱和甘汞电极。测量池的安装如图 8-6 所示。

(2)标准溶液系列的配制 取 5 个 50 mL 容量瓶，在第一个容量瓶中加入 10 mL TISAB 溶液，其余的每个加 9 mL TISAB 溶液。用 5 mL 吸量管吸取 5.00 mL 0.100 mol·L^{-1} NaF 标准溶液放入第一个容量瓶中，加去离子水至刻度，摇匀即为 1.0×10^{-2} mol·L^{-1} F^{-} 溶液。$10^{-3} \sim 10^{-6}$ mol·L^{-1} F^{-} 溶液逐一稀释配制。

(3)标准曲线的绘制 将步骤(2)所配好的溶液分别倒入干燥的 50 mL 烧杯中，放入磁搅拌子，插入氟电极和饱和甘汞电极，磁力搅拌器搅拌 3~4 min 后按下读数开关，读取并记录电位值。测量的顺序是由稀至浓，这样在转换溶液时不必用水洗电极，用滤纸吸干附着在电极上的溶液即可。以测得的电位值(mV)为纵坐标，以 pF 值(或 lgc_{F^-})为横坐标，在半对数坐标纸上绘出标准曲线。

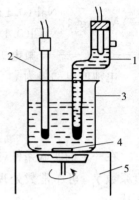

图 8-6 测量池
1. 饱和甘汞电极 2. 氟电极
3. 烧杯 4. 搅拌子
5. 磁力搅拌器

(4)水样中氟离子质量浓度的测定 在 50 mL 容量瓶中加入 10 mL TISAB 溶液，再用待测水样稀释至刻度，摇匀，即为待测试样溶液。用去离子水洗净氟电极，使其在纯水中的电位值与起始的本底值相近。

将上述待测试样溶液倒入 50 mL 烧杯中，插入电极，测定并记录其电位值。

五、数据记录和处理

(1)设计数据记录表格，并记录相关数据。

(2)根据电位值绘制标准曲线，并在标准曲线上读出待测试样溶液的 c_{F^-} 值。

(3)计算自来水中氟的质量浓度(以 mg·L^{-1} 为单位表示)。

六、思考题

(1)TISAB 溶液的组成是什么？它们在测量中的作用是什么？

(2)氟电极在使用时应注意哪些问题？

8.3 恒电流库仑滴定法测定维生素 C

一、实验目的

(1)学习掌握库仑滴定法的基本原理，学会恒电流库仑仪的使用技术。

(2)掌握恒电流库仑滴定法测定维生素 C 的实验方法。

二、实验用品

(1)仪器 KLT-1 型通用库仑仪、磁力搅拌器、库仑池、研钵、烧杯、容量瓶、量筒、移液管。

(2)药品 1:1 硝酸、2 mol·L^{-1} KI、0.1 mol·L^{-1} HCl、0.1 mol·L^{-1} NaCl。

(3)其他用品 维生素 C 药片。

三、实验原理

维生素 C 又名抗坏血酸，是生命中不可缺少的物质。缺乏维生素 C 可导致坏血病和免疫力低下等多种疾病，其含量高低常作为某些疾病诊断及营养分析的重要指标，因此维生素 C 的定量分析在食品、医药等领域具有重要意义。目前测定维生素 C 含量的方法众多，有经典的碘量法、库仑法、伏安法、色谱法，还有化学修饰电极法。本实验采用库仑滴定法测定日常服用的维生素 C 片剂中维生素 C 的含量。

库仑滴定法是电化学分析法的一个重要分支，是建立在控制电流电解过程基础上的一种相当准确而灵敏的分析方法，可用于微量分析及痕量物质的测定。滴定所需的滴定剂由恒电流电解在试液内部产生。库仑滴定终点可借助指示剂、电位法、电流法等方法指示。由于被测物质与电解产生的滴定剂等量作用，如果电极反应的电流效率为 100%，则滴定剂与所消耗电量成正比。按法拉第定律算出反应中滴定剂消耗的量，从而计算出被测物质的含量。

本实验用双铂片电极在恒定电流下进行电解，在铂阳极上 KI 中的 I^- 可以被氧化成 I_2。

阳极 $2I^- \longrightarrow I_2 + 2e$

阴极 $2H^+ + 2e \longrightarrow H_2 \uparrow$

I_2 作为氧化剂，可以氧化溶液中的维生素 C，使维生素 C 被氧化成为脱氢抗坏血酸，化学反应式为

维生素 C   脱氢抗坏血酸

滴定中所消耗 I_2 的量，可以通过电解析出 I_2 所消耗的电量 Q 来计算，电量 Q 等于电解时恒定电流 $I(A)$ 和电解时间 $t(s)$ 的乘积，即

$$Q = I \cdot t$$

本实验中，电量可以从 KLT-1 型通用库仑仪的数码显示器上直接读出，则维生素 C 的质量可由式(8-4)求得：

$$m = \frac{I \cdot t \cdot M}{96\,500n} = \frac{Q \cdot M}{96\,500n} \tag{8-4}$$

式中：M 为维生素 C 的相对分子质量 176；n 为维生素 C 的电子转移数($n=2$)；当 Q 的量纲为毫库仑时，m 的量纲为毫克。

维生素 C 的还原性较强，在水溶液中易被溶解氧所氧化，但在酸性 NaCl 溶液中较稳定。放置 8 h 的偏差为 0.5%~0.6%。如所用的蒸馏水预先用 N_2 除氧，效果更好。水中溶解的氧也可以将 I^- 氧化为 I_2，从而使结果偏低。在准确度要求较高的滴定中，需要采取通 N_2 的除氧措施。为了避免阴极上产生的 H_2 的还原作用，应当采用隔离装置。此外，化学试剂中如果存在其他微量的还原性物质，也会对测定结果造成干扰。因此，在正式测定前应先以少量试样加入电解质中进行预电解，以消除杂质的影响。

滴定终点可以用淀粉的方法指示，即产生过量的碘时，含有淀粉的溶液出现蓝色。也可

用电流上升的方法(死停法)指示终点,即过量的微量碘在铂指示电极上发生还原反应,出现电流的突跃。

四、操作步骤

(1)试液配制　取 5 片维生素 C 片剂,用研钵研碎。准确称取 0.1 g 粉状试样(精确至 0.1 mg)于小烧杯中,用 5 mL 0.1 mol·L^{-1} HCl 提取并转入 50 mL 容量瓶中,以 0.1 mol·L^{-1} NaCl 溶液洗涤烧杯数次(一并转入容量瓶中,再用 NaCl 溶液)稀释至刻度。振荡 5 min 左右,放置,澄清备用,即为待测维生素 C 试液。

(2)测量

① 将铂电极浸入 1∶1 硝酸溶液中(浸没电极即可),5～10 min 后取出,用蒸馏水吹洗干净,用滤纸吸掉水珠。

② 连接通用库仑仪,开启电源开关,预热约 20 min。

③ 试液、电解液去溶解氧、去干扰物质等预处理。

④ 取 4 mL 2 mol·L^{-1} KI 和 8 mL 0.1 mol·L^{-1} HCl 放入电解池中,加入蒸馏水稀释至约 80 mL,即为电解液[①],将电极系统装在电解池上[②],取少部分上液作为铂丝电极内充液注入砂心隔离的玻璃管内,并使液面高于库仑池内的液面。放入磁搅拌子,将电解池放在磁力搅拌器上,启动搅拌器,接好指示电极连线[③]。

⑤ "量程选择"置 5mA,"工作/停止"开关置工作状态,按下 电流 和 上升 按键开关(终点指示选择电流上升法),再同时按下 极化电位 和 启动 按键,微安表指针应小于 20,如果较大,调节"补偿极化电位"旋钮,使其达到要求,弹起 极化电位 按键。

⑥ 在库仑池中滴入约 2 滴待测维生素 C 试液,按 电解 按钮,指示灯灭,开始电解,数码显示器上开始记录电量(mC)。终点指示灯亮,停止电解。弹起 启动 按键,显示器数码自动消除,这一步为预电解,起校正终点的作用。

⑦ 准确移取 0.5 mL 含维生素 C 的试液,置于上述电解池中,按下 启动 按键,按 电解 按钮开始电解,终点指示灯亮,终点到。记录电解电量(mC)。

⑧ 弹起 启动 按键。

重复上述⑥～⑧步骤再测定 2 次,记录 3 个电解电量(mC)。

五、数据记录和处理

(1)设计表格计算上述实验的数据。

(2)根据几次测量的结果,算出电解电量(mC)的平均值,并按法拉第定律计算水样中的维生素 C 含量。

(3)根据式(8-5)计算维生素 C 片剂中维生素 C 的质量分数 w(维生素 C):

$$w(维生素 C)=\frac{m_{测}}{m_{样}}\times100\%　　　　　　　(8-5)$$

---

① 电解液以一次使用为宜,多次反复加入试液,会产生较大误差。

② 注意铂片要完全浸入试液中。

③ 注意工作电极、辅助电极的预处理。电极的极性切勿接错,若接错必须仔细清洗电极,保护管内应放溴化钾溶液,使铂电极浸没。

(4)计算每一药片含维生素 C 的量。

六、思考题

(1)恒电流库仑滴定必须满足的基本条件是什么？

(2)库仑滴定的误差主要来源于哪些方面？

8.4　分光光度法测定植物组织总铁量

一、实验目的

(1)了解分光光度计的主要构造，并掌握其正确的使用方法。

(2)掌握绘制吸收曲线和标准曲线的方法，正确选择测定波长以及相关测定条件。

(3)掌握邻二氮菲分光光度法测定铁的原理和方法。

二、实验用品

(1)仪器　分光光度计、1 cm 比色皿、酸度计(或用精密 pH 试纸代替)、比色管、吸量管、容量瓶。

(2)药品　铁标准溶液[①]、质量分数 10% 的盐酸羟胺($NH_2OH \cdot HCl$)溶液[②]、质量分数 0.20% 的邻二氮菲溶液[③]、1.0 mol·L^{-1} NaAc、0.10 mol·L^{-1} NaOH、0.1 mol·L^{-1} HCl、6 mol·L^{-1} HCl。

三、实验原理

在紫外-可见光区电磁辐射的作用下，多原子分子的价电子发生跃迁，从而产生分子的吸收光谱。各种物质的分子都有其特征的吸收光谱，以此来获得定性的信息。而在选定波长下测量吸光度 A 与物质浓度 c 的关系，可对物质进行定量测定。分光光度法测定的理论依据是朗伯-比尔定律，即

$$A = -\lg T = \lg \frac{I_0}{I} = Kcl \qquad (8-6)$$

式中：T 为透光率；I_0 为入射光强度；I 为透射光强度；l 为吸收池厚度；c 为浓度；K 为吸光系数。当入射光波长 λ 及吸收池厚度 l 一定时，在一定的浓度范围内，有色物质的吸光度 A 与该物质的浓度 c 成正比。

用分光光度法测定物质的含量，一般采用标准曲线法，即配制一系列浓度由小到大的标准溶液，在规定条件下依次测量各标准溶液的吸光度。以溶液的浓度 c 为横坐标、吸光度 A 为纵坐标，绘制标准曲线。标准曲线一般要配制 3~5 个浓度递增的标准溶液，测出的吸光度至少有 3 个点在一条直线上。作图时，要选择合适的坐标分度，使直线斜率约为 1，坐标分度值要等距标示，并且应使测量数据的有效数字位数与坐标纸的读数精度相符合。

测定未知样时，操作条件应与制作标准曲线时的条件相同，根据测得的吸光度值从标准曲线上查出相应的浓度值，就可计算出试样中被测物的含量。通常应以试剂空白溶液为参比溶液，调校仪器的吸光度零点，即 100% 透光率。

---

① 铁标准溶液：准确称取 0.345 g 分析纯硫酸铁铵[$NH_4Fe(SO_4)_2 \cdot 12H_2O$]置于烧杯中，加入 60 mL 6 mol·$L^{-1}$ HCl 和少量水，溶解后用蒸馏水定容至 1 L，其浓度为 40.0 $\mu g \cdot mL^{-1}$。

② 盐酸羟胺($NH_2OH \cdot HCl$)溶液需新鲜配制，两周内有效。

③ 邻二氮菲溶液配制时应先用少量乙醇溶解，再用水稀释(避光保存，两周内有效，若出现红色则不能使用)。

在测定物质的含量时，通常要经过取样、显色及测量等步骤。显色反应受多种因素的影响，为了使被测离子全部转变为有色化合物，且有稳定的吸收，应当通过实验确定合适的测量波长、显色剂用量、显色时间、显色温度、溶液酸度及加入试剂的顺序等。对一个完善的分析方法，还必须考虑干扰离子的影响及排除方法，参比溶液的选择以及被测成分符合比尔定律的浓度范围等因素。测量条件的选择主要应注意以下几点：①一般情况下，应选择被测物质的最大吸收波长的光为入射光；②应通过实验确定显色剂的合适用量；③选择酸度时，可以在不同 pH 缓冲溶液中加入等量的被测离子和显色剂，测其吸光度，作 $A - pH$ 曲线，在曲线上选择合适的 pH 范围，以测定值稳定且数值较大为宜；④有色配合物的颜色应当稳定足够长的时间；⑤当被测试液中有其他干扰组分共存时，必须采取措施排除干扰。

本实验通过对邻二氮菲与 Fe^{2+} 反应的几个基本条件实验，研究分光光度法测定条件的选择，最后对样品植物组织总铁量进行测定。

邻二氮菲也叫邻菲啰啉（o - phenanthroline，$C_{12}H_8N_2$）是测定微量铁（Ⅱ）的高灵敏度显色剂。在 pH＝2～9 的溶液中，邻二氮菲与 Fe^{2+} 生成稳定的橙红色配合物。

20 ℃时，该配合物的 $\lg K_{稳}＝21.3$，在 508 nm 处有最大吸收，摩尔吸光系数 $\varepsilon_{508}＝1.1×10^4\ L \cdot mol^{-1} \cdot cm^{-1}$。在 pH＝2～9 时，颜色深度与酸度无关，且在有还原剂存在的条件下，颜色深度可保持数月不变。实验证明，相当于 Fe^{2+} 含量 40 倍的 Sn^{2+}、Al^{3+}、Ca^{2+}、Mg^{2+}、Zn^{2+}、SiO_3^{2-} 和 20 倍的 Cr^{2+}、Mn^{2+}、VO_3^-、PO_4^{3-} 及 5 倍的 Co^{2+}、Cu^{2+} 等均不干扰测定，因此该法被广泛应用。当铁浓度在 5.0 mg·L^{-1} 以内时，吸光度与 Fe^{2+} 浓度呈直线关系。

Fe^{3+} 与邻二氮菲能生成 1∶3 淡蓝色配合物，$\lg K_{稳}＝14.1$，因此在将 Fe^{2+} 显色前应预先用盐酸羟胺、抗坏血酸、对苯二酚等还原性物质将全部的 Fe^{3+} 还原为 Fe^{2+}，以测定总铁量。

$$2Fe^{3+} + 2NH_2OH \cdot HCl \xrightarrow{pH<3} 2Fe^{2+} + N_2 \uparrow + 2H_2O + 4H^+ + 2Cl^-$$

四、操作步骤

（1）绘制吸收曲线并选择测量波长　移取 2.00 mL 标准铁溶液于 25 mL 比色管中，加 0.5 mL 盐酸羟胺溶液，摇匀，放置 2 min 后，加入 1.00 mL 邻二氮菲溶液和 2.0 mL NaAc 溶液①，并用水稀释至刻度，摇匀。在分光光度计上，以蒸馏水为参比在 440～560 nm 波长范围内每隔 10 nm 测量一次吸光度②，其中在 500～520 nm 波长范围内每隔 5 nm 测一次。在

---

① 加入 NaAc 是为了调节溶液的酸度在 pH＝4～5，使显色处于适宜的 pH 范围之内。酸度过高时，反应进行缓慢而色浅；酸度过低时，Fe^{2+} 水解。

② 进行波长条件测试时，每更换一次测定波长，均需重新用参比溶液调节透光率至 100% 后，再测定溶液的吸光度。

坐标纸上以波长为横坐标、吸光度为纵坐标绘出吸收曲线，如图 8-7 所示。从吸收曲线上确定进行测定的适宜波长。

(2)显色剂浓度的影响 按表 8-2 所示在 7 支 25 mL 比色管中分别加入铁标准溶液和盐酸羟胺溶液，混匀，放置 2 min。再分别加入邻二氮菲溶液，然后加入 NaAc 溶液，用水稀释至刻度，摇匀。以蒸馏水为参比，在选定波长下测定吸光度，绘制吸光度-显色剂用量曲线，并确定以后的实验中邻二氮菲溶液的用量。

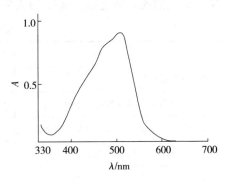

图 8-7 邻二氮菲-铁(Ⅱ)的吸收曲线

表 8-2 吸光度-显色剂用量关系

加入试剂	1	2	3	4	5	6	7
铁标准溶液体积/mL				2.00			
盐酸羟胺溶液体积/mL				0.5			
邻二氮菲溶液体积/mL	0.20	0.40	0.60	0.80	1.00	1.50	2.00
$1.0 \; mol \cdot L^{-1}$ NaAc 体积/mL				2.0			
蒸馏水				稀释至 25 mL			
吸光度 A							

(3)溶液 pH 的影响 按表 8-3 所示在 8 支比色管中加入相应试剂，在加邻二氮菲前，应摇匀放置 2 min。加完试剂后，摇匀，放置 15 min。以蒸馏水为参比，在选定波长下测定吸光度，并测定相应溶液的 pH①。最后绘出 A-pH 曲线，确定测定的适宜 pH 范围。

表 8-3 吸光度-pH 关系

加入试剂	1	2	3	4	5	6	7	8
铁标准溶液体积/mL				2.00				
盐酸羟胺溶液体积/mL				0.5				
邻二氮菲溶液体积/mL				1.00				
$0.10 \; mol \cdot L^{-1}$ NaOH 体积②/mL	0	5.0	5.5	6.0	12.0	12.8	13.2	18.0
蒸馏水				稀释至 25 mL				
吸光度 A								
pH								

(4)标准曲线的绘制 按表 8-4 配制系列铁标准溶液，加入盐酸羟胺后需摇匀，放置 2 min，再进行下一步操作，以空白液为参比③，在选定波长下测定各溶液的吸光度。在坐标

① 若用酸度计测定 pH，需将吸收池中的溶液倒回比色管中，以保证有足够溶液用于测 pH。

② 在测定溶液酸度影响时，NaOH 的加入量，应使各溶液 pH 从小于 2 开始逐渐增加至 12 以上。如 NaOH 的加入量不合适，可以酌情调整其加入量到上述要求。

③ 试剂中往往含有极微量的铁，因此在绘制标准曲线时，以空白液作为参比。而进行条件试验的目的是比较某种条件对吸光度大小的影响，所以可以直接用蒸馏水作参比。

纸上以铁的质量浓度($\mu g \cdot mL^{-1}$)为横坐标、吸光度为纵坐标绘制标准曲线。

表 8-4 标准曲线的测定

项 目	1	2	3	4	5	空白
铁标准溶液体积/mL	0.50	1.00	1.50	2.00	2.50	0.00
质量分数为 10% 的盐酸羟胺体积/mL			0.5			
质量分数为 0.20% 的邻二氮菲体积/mL			1.00			
1.0 mol·L⁻¹ NaAc 体积/mL			2.0			
蒸馏水			稀释至 25 mL			
吸光度 A						0
铁标准溶液质量浓度/($\mu g \cdot mL^{-1}$)						0.00

(5)植物样品的测定

① 灰分液的制备:将植物组织烘干灰化,取干灰 0.5 g 左右(准确称至 0.001 g)置于小烧杯中,加入 10 mL 6 mol·L⁻¹ HCl,使灰分溶解,再加入 30 mL 0.1 mol·L⁻¹ HCl,搅匀,抽滤,再用适量 0.1 mol·L⁻¹ HCl 洗涤烧杯和滤纸,合并滤液和洗液,最后用蒸馏水定容至 500 mL。

② 测定:在 2 支洁净的 25 mL 比色管中,分别加入 1.00 mL 灰分液和蒸馏水。再各加入 0.5 mL 盐酸羟胺,混匀,放置 2 min 后,各加入 1.00 mL 邻二氮菲溶液和 2.0 mL NaAc 溶液,用水稀释至刻度,摇匀。以试剂空白为参比,在选定波长下测定试液的吸光度 A,利用标准曲线计算植物组织每克灰分中铁的含量。

五、数据记录和处理

(1)将数据记录在表 8-2~表 8-4 中,并设计表格记录植物样品测定的数据。

(2)确定吸光度测定的波长、显色剂的用量、适宜的 pH 范围。

(3)利用标准曲线读出测试液的浓度,计算植物组织每克灰分中铁的含量(μg)。

六、思考题

(1)邻二氮菲分光光度法测定铁的适宜条件是什么?

(2)测量吸光度时,为什么要用参比液?选择参比液的原则是什么?

(3)实验中加入盐酸羟胺和 NaAc 的作用是什么?能否用 NaOH 代替 NaAc?

(4)根据测试数据计算邻二氮菲亚铁溶液在 λ_{max} 处的摩尔吸光系数 ε。

8.5 分光光度法测定试液中的亚硝酸盐

一、实验目的

(1)进一步熟练掌握分光光度计的结构和使用方法。

(2)掌握比色法测定试液中亚硝酸盐的原理和方法。

二、实验用品

(1)仪器 分光光度计、容量瓶(或带塞比色管)、移液管、量筒、烧杯、试剂瓶。

(2)药品 质量分数 0.4% 的对氨基苯磺酸溶液[①]、质量分数 0.2% 的盐酸萘乙二胺溶液[②]、5 $\mu g \cdot mL^{-1}$ $NaNO_2$ 溶液[③]。

三、实验原理

亚硝酸盐主要指亚硝酸钠。亚硝酸钠为白色至淡黄色粉末或颗粒状，味微咸，易溶于水。外观及滋味都与食盐相似，并在工业、建筑业中广为使用，也常作为食品添加剂限量使用，使肉类制品中肉色鲜美。当人摄入大量亚硝酸盐后可使血红蛋白失去携氧能力，引起中毒。食入 0.3~0.5 g 的亚硝酸盐即可引起中毒甚至死亡。此外，硝酸盐广泛存在于自然界中，在食物和水中都含有一定数量的硝酸盐，而硝酸盐在细菌硝基还原酶的作用下，可转变为亚硝酸盐，后者在一定条件下，可形成具有强致癌作用的亚硝胺类化合物，诱发消化系统癌变。亚硝酸盐浓度越高，可能产生亚硝胺量就越多。由亚硝酸盐引起食物中毒的机率较高，因此，测定亚硝酸盐的含量是食品安全检测中非常重要的项目。

分光光度法是测定亚硝酸盐含量的常用方法之一。样品经沉淀分离蛋白质、除去脂肪后，在弱酸性条件下，亚硝酸盐与对氨基苯磺酸发生重氮化反应，生成重氮化合物，再与盐酸萘乙二胺偶合，形成紫红色的染料，其颜色的深浅与亚硝酸盐的含量成正比，在最大吸收波长 538 nm 处测定吸光度，亚硝酸盐的浓度与吸光度在一定浓度范围内服从朗伯-比尔定律(测定原理见实验 8.4)，通过标准曲线法可以计算出样品中亚硝酸盐的含量。反应如下：

$$NO_2^- + 2H^+ + H_2N\text{—}\bigcirc\text{—}SO_3H \xrightarrow{\text{重氮化}} N\equiv N^+\text{—}\bigcirc\text{—}SO_3H + 2H_2O$$

$$N\equiv N^+\text{—}\bigcirc\text{—}SO_3H + \bigcirc\text{—}NHCH_2CH_2NH_2 \cdot HCl$$

$$\xrightarrow{\text{偶合}} HO_3S\text{—}\bigcirc\text{—}N\equiv N\text{—}\bigcirc\text{—}NHCH_2CH_2NH_2 \cdot HCl$$

紫红色

本实验以预处理水样为待测试液，通过分光光度法测定水样中亚硝酸盐的含量。

四、操作步骤

(1)配制标准系列 吸取 0.00 mL、0.40 mL、0.80 mL、1.20 mL、1.60 mL、2.00 mL $NaNO_2$ 标准使用液(相当于 0 μg、2 μg、4 μg、6 μg、8 μg、10 μg $NaNO_2$)，分别置于 25 mL 容量瓶(或带塞比色管)中，分别加入 2 mL 对氨基苯磺酸溶液，混匀，静置 3~5 min 后各加入 1 mL 盐酸萘乙二胺溶液，加去离子水至刻度，混匀，静置 15 min，即可测定。

(2)绘制标准曲线 以试剂空白作参比调节零点，用 1 cm 比色皿，将所配制的标准系列在 538 nm 处依次测定吸光度，绘制标准曲线。

---

① 称取 0.4 g 对氨基苯磺酸，溶于 100 mL 20% 盐酸中，置棕色瓶中混匀，避光保存。

② 称取 0.2 g 盐酸萘乙二胺，溶解于 100 mL 水中，混匀后，置棕色瓶中，避光保存。

③ 先准确称取 0.100 0 g 于硅胶干燥器中干燥 24 h 的亚硝酸钠，加水溶解，移入 500 mL 容量瓶中，加水稀释至刻度，混匀，配制成 200 $\mu g \cdot mL^{-1}$ $NaNO_2$ 溶液。临用前，吸取上述 200 $\mu g \cdot mL^{-1}$ $NaNO_2$ 标准溶液 5.00 mL，置于 200 mL 容量瓶中，加水稀释至刻度，摇匀。

(3)测定　吸取 10.0 mL 待测试液于 25 mL 容量瓶（或带塞比色管）中，与标准系列一样加入显色剂，即为测定用试样，显色后与标准系列一起进行测定，并在标准曲线上查出相应的亚硝酸盐的质量（μg），计算试液中亚硝酸盐的含量（mg·L^{-1}）

五、数据记录和处理

(1)按下表记录并处理数据，绘制出标准曲线并在标准曲线上查出测定用试液中亚硝酸盐的质量（μg）。

编　　号	1(参比)	2	3	4	5	6	样品
亚硝酸盐质量/μg							
吸光度 A							

(2)计算待测试样中亚硝酸盐含量 X（mg·L^{-1}）。

$$X = \frac{c_x}{V} = \frac{c_x}{10.00} \tag{8-7}$$

式中：X 为待测试液中亚硝酸盐的含量（mg·L^{-1}）；c_x 为测定样品溶液中亚硝酸盐的质量（μg）（从标准工作曲线中得出）。

计算结果保留两位有效数字。

六、附注

(1)盐酸萘乙二胺有致癌的作用，使用时注意安全。

(2)显色后稳定性与室温有关，一般显色温度为 15～30 ℃时，在 20～30 分钟内测量为好。

七、思考题

(1)本实验哪些试剂应准确加入？哪些不必严格准确加入？为什么？

(2)影响测定结果准确度的因素有哪些？

8.6　紫外分光光度法同时测定维生素 C 和维生素 E

一、实验目的

(1)进一步了解分光光度计的性能、结构及其使用方法。

(2)学习在紫外光谱区同时测定双组分体系的方法。

二、实验用品

(1)仪器　紫外-可见分光光度计、1 cm 石英比色皿、容量瓶、移液管、吸量管。

(2)药品　维生素 C 储备液[①]、维生素 E 储备液[②]、无水乙醇。

(3)其他用品　含维生素 C 和维生素 E 的待测液。

---

① 准确称取 0.013 2 g 抗坏血酸溶于无水乙醇中，并用无水乙醇定容至 1 000 mL，浓度为 7.5×10^{-5} mol·L^{-1}。维生素 C 会缓慢地氧化成脱氢维生素 C，所以必须每次实验时配制新鲜溶液。

② 准确称取 0.048 8 g α-生育酚溶于无水乙醇中，并用无水乙醇定容至 1 000 mL，浓度为 1.13×10^{-4} mol·L^{-1}。

三、实验原理

根据朗伯-比尔定律，用紫外-可见分光光度法很容易定量测定在此光谱区内有吸收的单一组分。由两种组分组成的混合物中，若彼此都不影响另一种物质的光吸收性质，可根据相互间光谱相对应的方法来进行定量测定。例如，当两组分吸收峰部分重叠时，选择适当的波长，仍可按测定单一组分的方法处理；当两组分吸收峰大部分重叠时，则宜采用解联立方程组或双波长法等方法进行测定。

如图 8-8 所示，若 M 和 N 两组分的吸收光谱互相重叠，根据吸光度的加和性，在 M 和 N 的最大吸收波长 λ_1 和 λ_2 处测得总吸光度 $A_{\lambda_1}^{M+N}$ 和 $A_{\lambda_2}^{M+N}$，由下列方程式求出 M 和 N 组分含量：

$$A_{\lambda_1}^{M+N} = A_{\lambda_1}^{M} + A_{\lambda_1}^{N} = \varepsilon_{\lambda_1}^{M} b\, c_M + \varepsilon_{\lambda_1}^{N} b\, c_N$$

$$A_{\lambda_2}^{M+N} = A_{\lambda_2}^{M} + A_{\lambda_2}^{N} = \varepsilon_{\lambda_2}^{M} b\, c_M + \varepsilon_{\lambda_2}^{N} b\, c_N$$

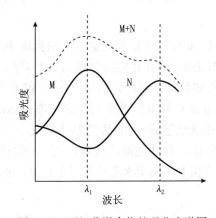

图 8-8　两组分混合物的吸收光谱图

假如采用 1 cm 比色皿，则 $b=1$。解此联立方程式，得

$$c_M = \frac{A_{\lambda_1}^{M+N} \cdot \varepsilon_{\lambda_2}^{N} - A_{\lambda_2}^{M+N} \cdot \varepsilon_{\lambda_1}^{N}}{\varepsilon_{\lambda_1}^{M} \cdot \varepsilon_{\lambda_2}^{N} - \varepsilon_{\lambda_2}^{M} \cdot \varepsilon_{\lambda_1}^{N}} \tag{8-8}$$

$$c_N = \frac{A_{\lambda_1}^{M+N} - \varepsilon_{\lambda_1}^{M} \cdot c_M}{\varepsilon_{\lambda_1}^{N}}$$

式中：$\varepsilon_{\lambda_1}^{M}$、$\varepsilon_{\lambda_1}^{N}$、$\varepsilon_{\lambda_2}^{M}$ 和 $\varepsilon_{\lambda_2}^{N}$ 分别代表组分 M 及 N 在 λ_1 与 λ_2 处的摩尔吸光系数，均由实验测得。

维生素 C 和维生素 E 具有抗氧化作用，它们在一定时间内能防止油脂氧化酸败。因为它们的抗氧化性具有"协同效应"，两者结合在一起比单独使用的效果更佳，因此，常常作为一种有用的组合试剂用于各种食品中。维生素 C 是水溶性的，而维生素 E 是脂溶性的，但它们都能溶于无水乙醇，因此可以利用在同一溶液中测定双组分的原理来测定它们。

四、操作步骤

（1）配制标准溶液　用吸量管分别取维生素 C 储备液 4.00 mL、6.00 mL、8.00 mL、10.00 mL 于 4 只 50 mL 容量瓶中；用另一支吸量管分别取维生素 E 储备液 4.00 mL、6.00 mL、8.00 mL、10.00 mL 于另外 4 只 50 mL 容量瓶中。均用无水乙醇稀释至刻度，摇匀。

（2）绘制吸收光谱曲线　以无水乙醇为参比，在 220～320 nm 范围用 1 cm 比色皿测定吸光度并绘出维生素 C 和维生素 E 的吸收光谱，确定维生素 C 和维生素 E 的最大吸收波长 λ_1 和 λ_2。

(3)绘制标准曲线 以无水乙醇为参比，在波长 λ_1 和 λ_2 处，分别测定步骤(1)配制的 8 个标准溶液的吸光度，得 4 条标准曲线。

(4)待测液的测定 取待测液 5.00 mL 于 50 mL 容量瓶中，用无水乙醇稀释至刻度，摇匀。在 λ_1 和 λ_2 处分别测其吸光度 A_1 和 A_2。

五、数据记录和处理

(1)绘制维生素 C 和维生素 E 的吸收光谱曲线，确定最大吸收波长 λ_1 和 λ_2。

(2)分别绘制维生素 C 和维生素 E 在 λ_1 和 λ_2 的 4 条标准曲线，并求出 4 条直线的斜率，即维生素 C 和维生素 E 在相应波长的摩尔吸光系数 $\varepsilon_{\lambda_1}^{V_C}$、$\varepsilon_{\lambda_1}^{V_E}$、$\varepsilon_{\lambda_2}^{V_C}$、$\varepsilon_{\lambda_2}^{V_E}$。

(3)用式(8-9)计算待测液中维生素 C 和维生素 E 的浓度。

$$A_{\lambda_1}^{V_C+V_E} = A_{\lambda_1}^{V_C} + A_{\lambda_1}^{V_E} = \varepsilon_{\lambda_1}^{V_C} b\, c_{V_C} + \varepsilon_{\lambda_1}^{V_E} b\, c_{V_E}$$

$$A_{\lambda_2}^{V_C+V_E} = A_{\lambda_2}^{V_C} + A_{\lambda_2}^{V_E} = \varepsilon_{\lambda_2}^{V_C} b\, c_{V_C} + \varepsilon_{\lambda_2}^{V_E} b\, c_{V_E} \qquad (8-9)$$

六、附注

(1)水溶性食品中维生素 C 和维生素 E 的测定 准确称取 10～20 g 样品(固体样品剪细或研磨粉碎)，加 5% 的偏磷酸溶液溶解(必要时过滤)，定容至 200 mL，取待测液 5.00 mL 于 50 mL 容量瓶中，用无水乙醇稀释至刻度，摇匀。在 λ_1 和 λ_2 处分别测其吸光度。

(2)不溶于水的食品中维生素 C 和维生素 E 的测定 准确称取 10～20 g 样品，加 5% 偏磷酸溶液 100 mL，均质化后用滤纸过滤(肉制品类加硅藻土 1～2 g 后过滤)，残留量用 5% 偏磷酸溶液 50～80 mL 洗涤数次，合并滤液及洗液，用 5% 偏磷酸溶液定容至 200 mL。取待测液 5.00 mL 于 50 mL 容量瓶中，用无水乙醇稀释至刻度，摇匀。在 λ_1 和 λ_2 处分别测其吸光度。

七、思考题

写出维生素 C 和维生素 E 的结构式，并解释一个是水溶性，一个是脂溶性的原因。

8.7 红外吸收光谱法测定苯甲酸

一、实验目的

(1)熟悉红外光谱仪的工作原理及其使用方法。

(2)掌握用压片法制作固体试样晶片的方法。

(3)学习用红外吸收光谱进行化合物的定性分析。

二、实验用品

(1)仪器 FTIR 光谱仪、压片机、玛瑙研钵、红外干燥灯。

(2)药品 苯甲酸(G.R.)、溴化钾(G.R.)。

(3)其他用品 苯甲酸试样(经提纯)。

三、实验原理

在化合物分子中，具有相同化学键的原子基团，其基本振动频率吸收峰(简称基频峰)基本上出现在同一频率区域内。例如，$CH_3(CH_2)_5CH_3$、$CH_3(CH_2)_4C\equiv N$ 和 $CH_3(CH_2)_5CH=CH_2$ 等分子中都有—CH_3、—CH_2—基团，它们的伸缩振动基频峰与 $CH_3(CH_2)_6CH_3$ 分子的红外吸收光谱中—CH_3、—CH_2—基团的伸缩振动基频峰都出现在同一频率区域内，即在

$<3\,000\ cm^{-1}$ 波数附近，但又有所不同，这是因为同一类型原子基团在不同化合物分子中所处的化学环境有所不同，使基频峰频率发生一定移动。例如，$\diagdown$C$\Longrightarrow$O 基团的伸缩振动基频峰频率一般出现在 $1\,850\sim1\,600\ cm^{-1}$ 范围内，当它位于酸酐中时，$\nu_{C\Longrightarrow O}$ 为 $1\,820\sim1\,750\ cm^{-1}$；在酯类中时，$\nu_{C\Longrightarrow O}$ 为 $1\,750\sim1\,725\ cm^{-1}$；在醛类中时，$\nu_{C\Longrightarrow O}$ 为 $1\,740\sim1\,720\ cm^{-1}$；在酮类中时，$\nu_{C\Longrightarrow O}$ 为 $1\,725\sim1\,710\ cm^{-1}$；在与苯环共轭时，如在乙酰苯中，$\nu_{C\Longrightarrow O}$ 为 $1\,695\sim1\,680\ cm^{-1}$；在酰胺中时，$\nu_{C\Longrightarrow O}$ 为 $1\,650\ cm^{-1}$ 等。因此掌握各种原子基团基频峰的频率及其位移规律，就可应用红外吸收光谱来确定有机化合物分子中存在的原子基团及其在分子结构中的相对位置。

由苯甲酸分子结构可知，分子中各原子基团的基频峰的频率在 $4\,000\sim650\ cm^{-1}$ 范围内有：

原子基团的基本振动形式	基频峰的频率/cm^{-1}
$\nu_{\Longrightarrow C-H}$（Ar 上）	3 077，3 012
$\nu_{C\Longrightarrow C}$（Ar 上）	1 600，1 582，1 495，1 450
$\delta_{\Longrightarrow C-H}$（Ar 上邻接五氢）	715，690
ν_{O-H}（形成氢键二聚体）	3 000～2 500（多重峰）
δ_{O-H}	935
$\nu_{C\Longrightarrow O}$	1 683
δ_{C-O-H}（面内弯曲振动）	1 250

本实验用溴化钾晶体稀释苯甲酸标样和试样，研磨均匀后，分别压制成晶片，以纯溴化钾晶片作参比，在相同的实验条件下，分别测绘标样和试样的红外吸收光谱，然后从获得的两张图谱中对照上述各原子基团基频峰的频率及其吸收强度，若两张图谱一致，则可认为该试样是苯甲酸。

不同的样品状态（固体、液体、气体以及黏稠样品）需要不同的制样方式，主要有以下五种。制样方式和制样技术直接影响谱带的频率、数目和强度。

① 液膜法：样品的沸点高于 100 ℃可采用液膜法测定。黏稠的样品也采用液膜法。这种方法较简单，只要在两个盐片之间滴加 1～2 滴未知样品，使之形成一层薄的液膜。流动性较大的样品，可选择不同厚度的垫片来调节液膜的厚度。

② 液池法：样品的沸点低于 100 ℃可采用液池法。选择不同的垫片尺寸可调节液池的厚度，对强吸收的样品及溶剂稀释后再测定。

③ 糊状法：需准确知道样品是否含—OH 基团时采用糊状法，可避免溴化钾中水的影响。这种方法是将干燥的粉末研细，然后加入几滴悬浮剂在玛瑙研钵中研磨成均匀的糊状，涂在盐片上测定。常用的悬浮剂有石蜡油和氟化煤油。

④ 压片法：粉末样品常采用压片法。将研细的粉末分散在固体介质中，并用压片装置压成透明的薄片后测定。固体分散介质一般是金属溴化物（如溴化钾），使用时要将其充分研细，因为中红外区的波长是从 2.5 μm 开始的，所以制样的固体颗粒直径最好小于 2 μm。

⑤ 薄膜法：对于那些熔点低且熔融时不发生分解、升华和其他化学变化的物质，可采用加热熔融的方法压制成薄膜后测定。

四、操作步骤

(1)恒温、恒湿　开启空调机，使室内恒温并控制在 18～20 ℃，相对湿度≤65％。

(2)苯甲酸标样、试样和纯溴化钾晶片的制作　取预先在 110 ℃下烘干 48 h 以上，并保存在干燥器内的溴化钾 150 mg 左右，在红外干燥灯的照射下[①]，研磨成均匀、细小的颗粒（粒度＜2 μm），然后转移到压片模具上（图 8-9 和图 8-10），依顺序放好各部件后，把压模置于图 8-10 中的 7 处，并将放油阀 4 旋转到底，然后一边抽气一边缓慢上下移动压把 6 加压，当压力表 8 指示的压力达到 1×10^5～1.2×10^5 kPa（100～120 kg·cm^{-2}）时，停止加压，维持 3～5 min，反时针旋转放油阀 4，解除加压，压力表指针指"0"，旋松压力丝杆手轮 1。取出压模，即可得到直径为 13 mm，厚 1～2 mm 的透明[②]的溴化钾晶片，小心从压片模具中取出晶片，并保存在干燥器内。

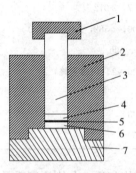

图 8-9　压模结构

1. 压杆帽　2. 压模体　3. 压杆
4. 顶模片　5. 试样
6. 底模片　7. 底座

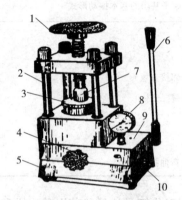

图 8-10　压片机

1. 压力丝杆手轮　2. 拉力螺柱
3. 工作台垫板　4. 放油阀　5. 基座
6. 压把　7. 压模　8. 压力表　9. 注油口
10. 油标及放油口

另取一份 150 mg 左右溴化钾置于洁净的玛瑙研钵中，加入约 2 mg 苯甲酸，按上述操作方法制备苯甲酸标样晶片，并保存在干燥器中。

按上述操作，再取一份 150 mg 左右溴化钾置于洁净的玛瑙研钵中，加入 2～3 mg 苯甲酸试样，制成试样晶片，保存在干燥器内。

(3)测试　将溴化钾参比晶片和苯甲酸标样晶片分别置于主机的参比窗口和试样窗口上。根据实验条件，将红外分光光度计按仪器操作步骤进行调节（参见 3.9），测绘红外吸收光谱。在相同的实验条件下，测绘苯甲酸试样的红外吸收光谱。

五、数据记录和处理

(1)记录实验条件。

---

① 溴化钾应干燥无水，固体试样研磨和放置均应在红外灯下，防止吸水变潮。

② 制得的晶片，必须无裂痕，局部无发白现象，如同玻璃般完全透明，否则应重新制作。如果有局部发白现象，表示压制的晶片厚薄不均；如果晶片模糊，表示晶体吸潮，水在光谱图 3 450 cm^{-1} 和 1 640 cm^{-1} 处出现吸收峰，影响测定结果。

(2)在苯甲酸标样和试样吸收光谱图上，标出各特征吸收峰的波数，并确定其归属。

(3)将苯甲酸试样光谱图与其标样光谱图进行对比，如果两张图谱上各特征吸收峰及其吸收强度一致，则可认为该试样是苯甲酸。

六、思考题

(1)红外吸收光谱分析，对固体试样的制片有何要求？

(2)用压片法制样时，为什么要求研磨到颗粒直径小于 2 μm？研磨时不在红外灯下操作，谱图上会出现什么情况？

(3)如何着手进行红外吸收光谱的定性分析？

(4)红外光谱实验为什么要求温度和相对湿度维持一定的指标？

8.8　原子吸收光谱法测定水中钙、镁的含量

一、实验目的

(1)了解原子吸收光谱仪的结构及使用方法。

(2)掌握火焰原子吸收光谱分析的基本操作和定量分析方法。

(3)掌握应用标准曲线法测定自来水中钙、镁的含量。

二、实验用品

(1)仪器　原子吸收光谱仪(附钙、镁空心阴极灯)、空气钢瓶、乙炔钢瓶、电动搅拌器、电炉、比色管、吸量管、容量瓶。

(2)药品　钙标准储备液[①]、钙标准使用液[②]、镁标准储备液[③]、镁标准使用液[④]、1 mol·L⁻¹ HCl、纯水(去离子水或蒸馏水)。

(3)其他用品　待测自来水。

三、实验原理

原子吸收光谱法是基于基态原子对特征波长辐射的吸收作用建立起来的分析方法。当具有一定强度的某波长辐射通过原子蒸气时，由于原子蒸气对光源辐射的吸收，光源强度减弱，减弱的强度与原子蒸气中待测元素原子浓度成正比，即遵循朗伯-比尔定律。

在低浓度和使用锐线光源的情况下，基态原子蒸气对共振谱线的吸收满足式(8-6)：

$$A = \lg \frac{I_0}{I} = Kcl$$

式中：A 为吸光度；I_0 为入射光强度；I 为经原子蒸气吸收后的透射光强度；K 为吸光系数；c 为待测元素浓度；l 为辐射光穿过原子蒸气的光程长度。固定实验条件则有

①　无水碳酸钙在 110 ℃下烘干 2 h 后，准确称取 0.625 0 g 于 100 mL 烧杯中，用少量纯水润湿，盖上表面皿，滴加 1 mol·L⁻¹ HCl 溶液，直至完全溶解，然后把溶液转移到 250 mL 容量瓶中，用水稀释至刻度，摇匀备用。此溶液每毫升含 1 000 μg 钙。

②　准确吸取 10 mL 钙标准储备液于 100 mL 容量瓶中，用水稀释至刻度，摇匀备用。此溶液每毫升含 100 μg 钙。

③　准确称取金属镁 0.250 0 g 于 100 mL 烧杯中，盖上表面皿，滴加 5 mL 1 mol·L⁻¹ HCl 溶液溶解金属镁，然后把溶液转移到 250 mL 容量瓶中，用水稀释至刻度，摇匀备用。此溶液每毫升含 1 000 μg 镁。

④　准确吸取 5 mL 上述镁标准储备液于 100 mL 容量瓶中，用水稀释至刻度，摇匀备用。此溶液每毫升含 50 μg 镁。

$$A = K'c \qquad (8-10)$$

式(8-10)即为原子吸收光谱法的定量基础。分析时通常采用标准曲线法。在特殊情况下，可采用标准加入法或内标法。

原子吸收光谱法具有灵敏度高、选择性好、操作简单和准确度高的特点，一般条件下相对误差在 1%～2%，适用于 70 多种元素的痕量分析。水的硬度(参见 6.6)是指水中钙、镁离子的浓度，自来水中钙、镁含量的测定是水质检验的一项重要指标。原子吸收法测定水中钙、镁含量是较为常用的方法之一。

四、操作步骤

(1)配制标准溶液系列

① 钙标准溶液系列：准确吸取 2.00 mL、4.00 mL、6.00 mL、8.00 mL、10.00 mL 上述钙标准使用液，分别置于 5 只 25 mL 容量瓶中，用纯水稀释至刻度，摇匀备用。该钙标准溶液系列的质量浓度分别为 8.0 $\mu g \cdot mL^{-1}$、16.0 $\mu g \cdot mL^{-1}$、24.0 $\mu g \cdot mL^{-1}$、32.0 $\mu g \cdot mL^{-1}$、40.0 $\mu g \cdot mL^{-1}$。

② 镁标准溶液系列：准确吸取 1.00 mL、2.00 mL、3.00 mL、4.00 mL、5.00 mL 上述镁标准使用液，分别置于 5 只 25 mL 容量瓶中，用纯水稀释至刻度，摇匀备用。该镁标准溶液系列的质量浓度分别为 2.0 $\mu g \cdot mL^{-1}$、4.0 $\mu g \cdot mL^{-1}$、6.0 $\mu g \cdot mL^{-1}$、8.0 $\mu g \cdot mL^{-1}$、10.0 $\mu g \cdot mL^{-1}$。

(2)配制自来水溶液　准确吸取适量(视待测自来水中钙、镁的浓度而定)自来水置于 25 mL 容量瓶中，用纯水稀释至刻度，摇匀。

(3)测定　根据表 8-5 所列的参考工作条件，按原子吸收光谱仪的操作步骤(参见 3.10)调节仪器，待仪器电路和气路系统达到稳定，记录仪基线信号平直时，即可进样。先测定各标准溶液系列溶液的吸光度。然后在相同的实验条件下，分别测定自来水溶液中钙、镁的吸光度。

表 8-5　本实验中原子吸收光谱仪工作条件

仪器工作条件	参　　数	
	钙	镁
吸收线波长 λ/nm	422.7	285.2
空心阴极灯电流 I/mA	8	8
狭缝宽度 d/mm	0.2(2 挡)	0.08(1 挡)
燃烧器高度 h/mm	6.0	4.0
负高压	(3 挡)	(3 挡)
量程扩展	(1 挡)	(1 挡)
时间常数	(1 挡)	(1 挡)
乙炔流量 Q/(L·min^{-1})	1	1
空气流量 Q/(L·min^{-1})	4.5	4.5

五、数据记录和处理

(1)将标准系列和自来水测定结果按下表列出：

编号	1	2	3	4	5	空白	自来水
钙标准溶液浓度/($\mu g \cdot mL^{-1}$)	8.0	16.0	24.0	32.0	40.0	0	
吸光度 A							
镁标准溶液浓度/($\mu g \cdot mL^{-1}$)	2.0	4.0	6.0	8.0	10.0	0	
吸光度 A							

(2)绘制标准曲线。

(3)由自来水测得的吸光度值从标准曲线上找出相应浓度，计算自来水中钙、镁的含量，并确定硬度等级。

六、思考题

(1)原子吸收光谱分析为何要用待测元素的空心阴极灯作光源？能否用氢灯或钨灯代替？为什么？

(2)如何选择最佳的实验条件？

8.9　气相色谱法测定风油精中的薄荷脑

一、实验目的

(1)了解气相色谱的原理和方法。

(2)学习用气相色谱法测定分析样品的基本方法及操作。

二、实验用品

(1)仪器　气相色谱仪(Agilent 6890N 型气相色谱仪)配 FID 检测器、微量注射器、容量瓶。

(2)药品　薄荷脑对照品[①]、乙酸乙酯(色谱纯)。

(3)其他用品　风油精(市售)。

三、实验原理

色谱分析法是一种分离技术与信号检测技术相结合的分析方法。它具有高效能、高选择性、高灵敏度、应用范围广等特点。

色谱中有固定相和流动相两相。对气-液色谱来说，前者是由高沸点的有机溶剂(称为固定液)涂渍在惰性固体(称为担体)的表面构成的，填充在色谱柱内。后者一般采用不与被测组分发生化学反应的 H_2、N_2 等气体，称为载气。

当载气携带被分析的气态混合物通过色谱柱时，各组分在气液两相间进行反复分配。由于各组分的分配系数不同，组分流出色谱柱的先后顺序不同，从而得到分离。根据组分的化学性质、热导率、电性能或光电性质等，用相应的检测器得到随时间变化的信号曲线，称为色谱图。色谱图中色谱峰出现的时间或距离(称为保留值)与该组分的性质有关，对照标准样

---

① 薄荷脑对照品：分子式 $C_{10}H_{20}O$，中文名 DL-薄荷醇，英文名 DL-menthol，相对分子质量 156.265 2。

品，可用于定性分析，一般相同物质在同一条件下的保留时间应该相同；峰高或峰面积的大小与组分的含量有关，可用于定量分析，含量越高，其峰越高或峰面积越大。色谱图的图示见图 8-11。

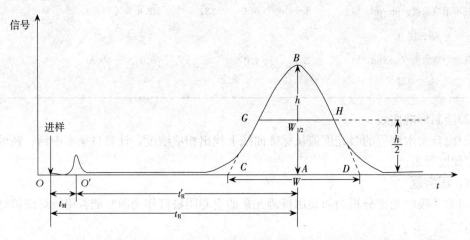

图 8-11　色谱流出曲线

Ot. 基线　t_M. 死时间　t_R. 保留时间　t'_R. 调整保留时间　$W_{1/2}$. 半峰宽时间　h. 峰高　W. 峰底宽时间

气相色谱检测器的类型主要有：热导池检测器（TCD）、氢火焰离子化检测器（FID）、电子捕获检测器（ECD）、火焰光度检测器（FPD）以及碱金属盐火焰离子化检测器、热离子氮磷检测器和气体密度池检测器等。其中常用的有 TCD 和 FID，分别为浓度型和质量型检测器。FID 灵敏度高、响应快、线性范围宽，主要用于测定有机化合物；TCD 灵敏度稍差，但具有通用、线性范围宽且测量时非破坏性的特点，对有机、无机样品皆有响应。

本实验利用毛细管气相色谱法测定风油精中薄荷脑的含量。薄荷脑是从薄荷油中得到的一种饱和的环状醇，能选择性地刺激人体皮肤或黏膜的冷觉感受器，产生冷觉反射和冷感，引起皮肤黏膜和深部组织血管收缩，外用可以消炎、止痛、止痒。目前多采用气相色谱法检测制剂中该成分的含量。

四、操作步骤

（1）设定色谱条件　根据下列色谱条件[①]，按气相色谱仪的操作步骤（参见 3.11）调节仪器。色谱柱：HP-5 玻璃毛细管柱（530 μm×30 μm，1 μm），进样口温度 250 ℃，检测器温度 250 ℃，柱温 130 ℃，载气为高纯氮，流速 1 mL·min^{-1}，氢气流速 40 mL·min^{-1}，空气流速 400 mL·min^{-1}，氢火焰离子化检测器，进样量 1 μL，分流比 30∶1，尾吹气流速 20 mL·min^{-1}。

（2）标准溶液的配制和标准曲线的绘制　准确称取 120 mg 薄荷脑对照品，用乙酸乙酯溶解稀释，定容至 10 mL 容量瓶中，得 0.076 8 mol·L^{-1} 储备液。取一定量储备液用乙酸乙酯稀释得到标准溶液系列，浓度分别为 0.038 4 mol·L^{-1}，0.019 2 mol·L^{-1}，0.009 6 mol·L^{-1}，

---

① 实验采用恒温、较低载气流速的方法测定风油精中薄荷脑含量，操作简便，分析时间短；如果风油精样品成分复杂，可采用程序升温法，提高样品的分离度。

$0.0048\ \text{mol·L}^{-1}$，$0.0024\ \text{mol·L}^{-1}$。用微量注射器分别取 $1\ \mu\text{L}$ 标准溶液系列进样分析，每个浓度分别进样 5 次，记录 5 个峰面积，取平均值，用峰面积平均值(A)对浓度(c)做线性回归，得工作曲线。

$$A = ac + b \qquad\qquad (8-11)$$

(3)样品测定　取 $50\ \mu\text{L}$ 风油精样品，放入 $5\ \text{mL}$ 容量瓶，用乙酸乙酯稀释至刻度得样品稀释液[①]。取 $1\ \mu\text{L}$ 样品稀释液，按上述色谱条件进样检测，将 5 次进样所得峰面积的平均值代入上述线性回归方程(式 8-11)，计算出样品中薄荷脑的含量。分析测定图谱如图 8-12 所示。风油精样品色谱图(图 8-12c)中保留时间与薄荷脑对照品色谱图(图 8-12b)中薄荷脑标准品的保留时间一致的色谱峰对应的即是风油精样品中薄荷脑的色谱峰。

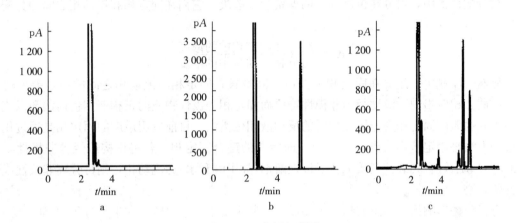

图 8-12　分析色谱图

a. 乙酸乙酯溶剂色谱图　b. 薄荷脑对照品色谱图　c. 风油精样品色谱图

五、数据记录和处理

(1)根据色谱图中所得峰面积 A 或峰高 h，绘制薄荷脑的工作曲线($A-c$ 或 $h-c$)。

(2)根据工作曲线，计算风油精中薄荷脑的含量(g·L^{-1})。

六、思考题

(1)怎样计算风油精中薄荷脑的含量？

(2)最佳氮气、氢气、空气的流速比如何选择？

8.10　高效液相色谱法测定果汁中的苹果酸和柠檬酸

一、实验目的

(1)了解高效液相色谱分析的实验方法。

(2)学习运用高效液相色谱仪进行定性及定量分析的基本方法。

二、实验用品

(1)仪器　高效液相色谱仪(Agilent 1100 型液相色谱仪)、可变波长紫外检测器、超声波

---

①　不同品牌风油精的成分、含量可能略有不同，分析时需根据实际情况适当调整色谱条件和稀释方案，以期达到较好的分析效果。

发生器或水泵、色谱柱[ODS(n-C$_{18}$)柱]、注射器、容量瓶、吸量管、0.45 μm 水相微孔滤膜。

(2)药品　流动相(4 mmol·L^{-1}磷酸二氢铵溶液)[①]、苹果酸和柠檬酸标准溶液[②]。

(3)其他用品　待测苹果汁[③]。

三、实验原理

高效液相色谱(HPLC)是色谱的一个重要分支，它是在经典液相色谱(层析)的基础上发展起来的一种现代仪器分析方法。由于采用了高压输液泵和小粒度填料，HPLC可获得很高的分离效率。目前，HPLC有多种分支，如主要以微粒硅胶为吸附剂的吸附色谱、以化学键合相为固定相的键合相色谱、以离子交换剂为固定相的离子交换色谱和在此基础上发展起来的离子色谱及以凝胶为填料的空间排阻色谱等。

在分配色谱中，组分在色谱柱上的保留程度取决于它们在固定相和流动相之间的分配系数 K：

$$K = \frac{组分在固定相中的浓度}{组分在流动相中的浓度}$$

显然，K 越大，组分在固定相上停留时间越长，固定相与流动相之间的极性差值也越大。因此，相应出现了流动相为非极性物质而固定相为极性物质的正相液相色谱法和以流动相为极性物质而固定相为非极性物质的反相液相色谱法。目前应用最广的固定相是通过化学反应的方法将固定液键合到硅胶表面，即所谓的键合固定相。若将正构烷烃等非极性物质(如 n-C$_{18}$烷)键合到硅胶基质上，以极性溶剂(如甲醇和水)为流动相，则可分离非极性或弱极性化合物。

有机酸是影响果汁口感酸味的主要成分，其主要来源于原料或在生产过程中(如发酵)生成或作为添加剂加入。在食品中，有机酸主要为乙酸、乳酸、丁二酸、苹果酸、柠檬酸、酒石酸等，测定有机酸含量的方法很多，目前测定果汁中有机酸的种类和含量的常用方法主要是色谱法，如液相色谱、气相色谱、薄层色谱和毛细管电泳等。利用食品中的有机酸在波长210 nm 附近有较强吸收的特性，高效液相色谱法可一次直接测定多种有机酸。这些有机酸在水溶液中有较大的离解度。在酸性(如 pH 2～5)流动相条件下，上述有机酸的离解得到抑制，利用分子形态的有机酸的疏水性，使其在 ODS 固定相中保留。不同有机酸的疏水性不同，疏水性大的有机酸在固定相中保留强，出峰相对慢，保留时间长。苹果汁中有机酸主要有苹果酸和柠檬酸。本实验采用外标一点法定量测定苹果汁中的苹果酸和柠檬酸。在实验操作条件下，测定它们在色谱图上的保留时间 t_R(或保留距离)和峰面积 A 后，可直接用 t_R 定性、用峰面积 A 作定量测定的参数，从而测定果汁中有机酸的含量。

四、操作步骤

(1)开机、设定分析条件　参照 3.12 介绍的仪器[④]开机步骤开机，使仪器处于工作状态。设定如下分析条件：Zorbax ODS 色谱柱(4.6 mm×150 mm)；4 mmol·L^{-1}磷酸二氢铵

---

① 称取分析纯或优级纯磷酸二氢铵，用蒸馏水配制，进入色谱系统前，用超声波发生器或水泵脱气5 min，然后用0.45 μm 水相滤膜减压过滤。

② 准确称取优级纯苹果酸和柠檬酸，用蒸馏水分别配制成质量浓度为1 000 mg·L^{-1}的浓溶液，使用时用蒸馏水或流动相稀释5～10 倍。两种有机酸的混合溶液(各含100～200 mg·L^{-1})用各自相应的浓溶液配制，水相滤膜减压过滤。

③ 市售苹果汁用 0.45 μm 水相滤膜减压过滤后，置于冰箱中冷藏保存。

④ 各实验室的仪器型号可能不一样，操作时一定要参照仪器的操作规程。

溶液作流动相，流速 $1.0\ mL\cdot min^{-1}$；紫外检测波长 210 nm；室温下测定。

(2)测定标准溶液　待基线稳定后，分别进样苹果酸和柠檬酸标准溶液[将进样阀从装载位(LOAD)转向进样位(INJECT)]，取样量一般为进样阀上定量管的 2～2.5 倍，分别记录保留时间 t_R。

(3)测定苹果汁样品　进样苹果汁样品，与苹果酸和柠檬酸标准溶液色谱图比较即可确认苹果汁中苹果酸和柠檬酸的相对峰位置。如果分离不完全，可适当调整流动相浓度或流速[1]。确定实验条件后平行进样 3 次，分别记录苹果汁中苹果酸和柠檬酸相应的峰面积 A。

(4)测定混合标准溶液　进样 $100～200\ mg\cdot L^{-1}$ 苹果酸和柠檬酸混合标准溶液 3 次，分别记录苹果酸和柠檬酸的峰面积 A。

(5)设置定量分析程序　用苹果酸和柠檬酸混合标准溶液 3 次分析结果的平均值建立定量分析表或计算校正因子。

(6)计算含量　用外标一点法[2]计算苹果汁中苹果酸和柠檬酸的含量。

五、数据记录和处理

参照下表整理苹果汁中有机酸的分析数据，根据 $c_s：A_s＝c_i：A_i$ 计算分析结果(注意样品稀释倍数)。

成分	保留时间 t_R/min	标准溶液浓度 $c_s/(mg\cdot L^{-1})$	标准溶液		苹果汁样品		苹果汁中有机酸含量 $c_i/(mg\cdot L^{-1})$
			峰面积 A_s	平均值	峰面积 A_i	平均值	
苹果酸							
柠檬酸							

六、思考题

(1)假设用 50% 的甲醇作流动相，有机酸的保留时间是变大还是变小？分离效果会变好还是变差？请说明理由。

(2)比较外标一点法和标准曲线法对分析结果的准确性的影响，为什么？

---

① 色谱柱的个体差异很大，即使是同一厂家的同型号色谱柱，性能也会有差异，因此，色谱条件(主要是流动相配比)应根据所用色谱柱的实际情况做适当的调整。

② 采用外标一点法定量测定两种有机酸的含量，要求标准溶液中有机酸的含量与分析测定样品中的大致相近。在实际测定过程中，需要根据不同果汁中两种有机酸的含量适当调整标准溶液中相应有机酸的浓度；具体浓度可根据预备实验中标准溶液的有机酸浓度和峰面积以及样品中有机酸的峰面积估算。

9 综合性、设计性和研究性实验

【概述】

综合性、设计性和研究性实验是为了进一步巩固学生的基本操作技能和所学相关知识而开设。综合性实验是综合运用多种实验技术和方法来研究化合物的制备与反应、分离和分析、性能和结构测试等；设计性实验是要求学生运用已学过的知识，通过查阅文献资料，设计出具体的实验方案，在指导教师认可后，在教师指导下完成实验；研究性实验是学生独立完成查阅文献，拟定实验方案，独立开展样品制备和性能测试，实验后除了要有产品外，还应按小论文的形式撰写研究性实验报告，参照一般化学、化工杂志的论文格式，使学生了解进行化学研究的一般程序，培养和提高学生的思维能力和独立开展科学研究工作的能力。

教师在设计性实验和研究性实验的实施过程中要起到指导作用，对各个实验必须心中有数，为学生独立完成实验提供必要的仪器、试剂和实验指导。在审查学生制定的实验方案时，切不可忽略对安全性因素的审查。在实验过程中要观察和评价学生的操作技术规范性，并及时纠正不规范操作。要随时准备解答学生实验中出现的各种问题。总之，在充分体现学生的主体作用的同时，要充分发挥教师的主导作用。这样有利于提高学生综合应用各种实验技术的能力，培养思考问题、解决问题和独立工作的能力。

9.1 废定影液中金属银的回收(综合性实验)

一、实验目的
(1)了解从废定影液中回收金属银的原理和方法，增强环保意识。
(2)系统地练习各种加热方法，运用液体与固体的分离技术。

二、实验用品
(1)仪器 红外加热炉、马弗炉、有柄蒸发皿、坩埚、抽滤装置一套、漏斗。
(2)药品 硼砂($Na_2B_4O_7 \cdot 10H_2O$)、Na_2CO_3、$NaNO_3$、$1 \ mol \cdot L^{-1}Na_2S$。
(3)其他用品 pH试纸、定量滤纸。

三、实验原理
定影液是处理各种黑白或彩色胶卷时所用的溶液，用来固定显影所得的影像，除去未感光的卤化银。其组成虽然不尽相同，但都含有大量的硫代硫酸钠，通常还含有少量亚硫酸钠、硫酸铝钾和醋酸等。$Na_2S_2O_3$能使未感光的AgBr溶解而生成可溶性的配合物$Na_3[Ag(S_2O_3)_2]$。

从节约成本和保护环境的角度出发，必须从废定影液中回收金属银以降低生产费用和消除排放废液时对环境的污染。回收方法有硫化物沉淀法、金属置换法和电解法等。传统的硫化物沉淀法从废定影液中回收银，具有操作方便、回收率较高的优点。往废定影液中加入适量的 Na_2S 溶液，可使银以硫化物的形式沉淀析出：

$$2[Ag(S_2O_3)_2]^{3-} + S^{2-} \Longrightarrow 4S_2O_3^{2-} + Ag_2S\downarrow$$

沉淀中夹杂的可溶性杂质用去离子水洗涤除去，而由 Na_2S 可能带入的单质硫以及废定影液中的其他难溶性杂质，则通过与硝酸钠共热，转化为可溶性硝酸盐，经进一步洗涤除去。最后所得的 Ag_2S 沉淀在碳酸钠和硼砂助熔剂存在下，高温灼烧即可得金属银。其主要反应式为

$$Ag_2S + O_2 \xrightarrow{\triangle} 2Ag + SO_2$$

$$Ag_2SO_4 \xrightarrow{\triangle} 2Ag + SO_2 + O_2$$

四、实验步骤

(1)硫化银沉淀的生成和分离　量取约 400 mL 废定影液，置于烧杯中，边搅拌边滴加 $1\ mol \cdot L^{-1}\ Na_2S$ 溶液，直至观察不到沉淀生成。取少量溶液离心分离，往清液中再加几滴 Na_2S 溶液，无沉淀、浑浊，表明溶液中 $[Ag(S_2O_3)_2]^{3-}$ 已全部转化为 Ag_2S 沉淀。

沉淀经减压过滤，用去离子水洗涤至滤液呈中性。将沉淀连同滤纸放入有柄蒸发皿中，用小火将沉淀烘干。

(2)硫化银沉淀的处理　用玻璃棒将冷却后的沉淀从滤纸上转移到已预先称量过的坩埚中，称量。然后往沉淀中加入 $NaNO_3$ 固体(沉淀与 $NaNO_3$ 的质量比约为 1：0.7)。混匀后在通风橱内加热，小心灼烧，至不再生成棕色 NO_2 气体为止。冷却后往坩埚中加入少量去离子水，搅拌，尽量使固体混合物溶解。然后用定量滤纸过滤，用去离子水充分洗涤固体残渣。

(3)银的提取　将固体残渣连同滤纸用火烘干。加入少量 Na_2CO_3 和 $Na_2B_4O_7 \cdot 10H_2O$ 固体混合物[①]，混匀后放回坩埚中，再放入 950～1 000 ℃马弗炉内加热 2 min 左右。趁热细心倾出坩埚内上层熔渣，下层即为金属银。冷却后称重。

五、思考题

(1)沉淀与 $NaNO_3$ 固体在共热前后的两次洗涤目的有何不同？

(2)将 Ag_2S 焙烧时常加入少量硼砂和碳酸钠的目的是什么？

(3)除了 $[Ag(S_2O_3)_2]^{3-}$ 外，实验室中含银废液还有哪些存在形式？有哪些处理或回收方法？

(4)实验中生成的 NO_2 应如何处理？

9.2　蚕沙中叶绿素的提取分离和含量测定(综合性实验)

一、实验目的

(1)掌握有机溶剂提取叶绿体色素等天然化合物的原理和实验方法。

(2)掌握分光光度法测定叶绿素含量的方法以及回收率试验的实验技术。

---

① 两物质按质量比 1：1 混合。

二、实验用品

(1)仪器　研钵、量筒、容量瓶、移液管、分离柱、比色管、碘量瓶、玻砂漏斗、紫外-可见分光光度计。

(2)药品　质量分数为 90% 丙酮水溶液、叶绿素 a 标准品、叶绿素 b 标准品、碳酸镁和无水硫酸钠。

(3)其他用品　蚕沙。

三、实验原理

植物光合作用是自然界最重要的现象,高等植物体内的叶绿体色素有叶绿素和类胡萝卜素两类,主要包括叶绿素 a、叶绿素 b、β-胡萝卜素和叶黄素四种。

植物叶绿体色素的提取、分离、表征及含量测定在植物生理学和农业科学研究中具有重要意义。叶绿素是一种含有卟啉环的天然色素,与蛋白质结合存在于植物的叶和绿色的茎中,是植物进行光合作用所必需的催化剂。同时,叶绿素和胡萝卜素等天然色素在食品工业和医药工业中也有广泛的应用。

家蚕在消化桑叶的过程中,叶绿素基本未被破坏而随蚕粪排出,对叶绿素起到了富集作用。蚕沙中含有 0.8%～1.0%(干物质量)的叶绿素、0.15% 的类胡萝卜素,还含有果胶、植物醇、叶蛋白、糠醛、蓖麻碱等。因此,利用蚕沙为原料提取叶绿素,具有广阔的应用和开发前景。

叶绿素 a 和叶绿素 b 都是吡咯衍生物与金属镁的配合物,尽管它们分子中含有一些极性基团,但大的烷基结构使它们易溶于丙酮、乙醇、乙醚、石油醚等有机溶剂。β-胡萝卜素和叶黄素是脂溶性的四萜化合物,与胡萝卜素相比,叶黄素易溶于醇而在石油醚中的溶解度较小,根据它们在有机溶剂中的不同溶解特性,可将它们从植物叶片中提取分离出来。植物叶绿体色素通常可用丙酮、乙醇、乙醚、丙酮-乙醚、乙醇-石油醚等有机溶剂提取。由于粗提取液中还可能包括残余植物组织和其他可溶性杂质,应对粗提液进一步纯化。

根据叶绿素的光吸收特性,丙酮溶液中,叶绿素 a 与叶绿素 b 分别于波长 663 nm、645 nm 处有最大吸收峰,吸收曲线彼此又有重叠。可以采用分光光度法测定叶绿素的含量。采用叶绿素标准品配制标准溶液,在 610～660 nm 波长下测其吸光度,绘制标准曲线。被测样品经提取分离后,在一定波长下与标准比较,计算出样品中叶绿素的含量。该方法操作简单快速,可以达到一般工业分析的要求。另外也可以用反相高效液相色谱法(HLPC)进行测定。

叶绿体色素对光、温度、氧气环境、酸碱及其他氧化剂都非常敏感。色素的提取和分析一般都要在避光、低温及无酸碱等干扰的情况下进行。叶绿素在溶液中也不稳定,提取液不宜长期存放,提取液应尽快制成糊状叶绿素或者叶绿素盐保存。

四、实验步骤

(1)配制标准系列并绘制标准曲线　准确称取叶绿素 a 标准品和叶绿素 b 标准品各 0.050 0 g,用质量分数为 90% 的丙酮溶解,定容至 100 mL 容量瓶中,制得叶绿素 a、叶绿素 b 标准液,备用。

分别准确吸取叶绿素 a、叶绿素 b 标准液 0.00 mL、0.25 mL、0.50 mL、1.00 mL、2.00 mL、4.00 mL 于 6 支干净比色管中,用 90% 丙酮稀释至 10.00 mL。混匀后分别于 645 nm、663 nm 波长下,以质量分数为 90% 的丙酮作参比,测其吸光度,记录于表 9-1

中。分别绘制叶绿素 a 和叶绿素 b 的标准曲线。

表 9-1 叶绿素标准液中叶绿素 a 和叶绿素 b 的吸光度

序号	样品体积 V_1/mL	稀释后的体积 V_2/mL	A_{645}	A_{663}	$\rho/(\text{mg} \cdot \text{L}^{-1})$
1	0	10.00	0.000	0.000	0.00
2	0.25	10.00			125
3	0.50	10.00			250
4	1.00	10.00			500
5	2.00	10.00			1 000
6	4.00	10.00			2 000

(2)蚕沙中叶绿素的提取及含量测定 称取 5 g(精确至 $\pm 0.000\,2$ g)风干的蚕沙放入研钵内,用 40 mL 质量分数为 90% 的丙酮以每次 6~8 mL 研磨浸溶蚕沙,约 5 次后浸提液接近无色,将各次浸提液及蚕沙合并后,置于碘量瓶中,在 45~50 ℃下密闭保温约 0.5 h,使其中的叶绿素充分溶解于丙酮中,过滤后滤液转入 50 mL 棕色容量瓶中,用 90% 丙酮定容至 50 mL。准确移取 0.25~1.00 mL 叶绿素提取液,用 90% 的丙酮在容量瓶中稀释定容至 10.00 mL,在 645 nm、663 nm 波长下测其吸光度。分别通过标准曲线法和经验公式两种方法求得样品的总叶绿素含量,并比较结果。

计算叶绿素的质量浓度(mg·L^{-1})公式:

$$\rho_a = 12.7 A_{663} - 2.69 A_{645} \tag{9-1}$$

$$\rho_b = 22.9 A_{645} - 24.67 A_{663} \tag{9-2}$$

$$\text{叶绿素总的质量浓度 } \rho = (\rho_a + \rho_b) \times \text{稀释倍数} \tag{9-3}$$

式中:ρ_a、ρ_b 分别为样品中叶绿素 a、叶绿素 b 的质量浓度(mg·L^{-1});A_{645}、A_{663} 分别代表 645 nm、663 nm 波长的吸光度。

在提取实验过程中可以尝试采用不同溶剂或采用超声振荡、微波加热等方式进行研究,以确定最佳的提取方法。

(3)回收率试验 通过回收率试验可以判断测定方法的可靠性。在含量测定方法的建立过程中,以回收率估计分析方法的误差和操作过程的损失,以及评价方法的可靠性。实验方法包括加样回收试验和模拟配方回收试验。回收率至少要做 5 次试验或 3 组平行试验,回收率一般要求在 95%~105%,RSD<3%。准确称取蚕沙 0.5 g(精确至 0.1 g),在其中加入一定量的叶绿素标准品[步骤(1)得到],按照步骤(2)研磨浸溶提取叶绿素并通过分光光度法测定含量,根据以下方法计算回收率。

$$\text{回收率} = \frac{m_x - m_0}{m_{加}} \times 100\% \tag{9-4}$$

式中:$m_{加}$ 为加入的叶绿素标准品质量(g);m_x 为蚕沙样品中加入叶绿素标准品后测得的叶绿素总质量(g);m_0 为不加叶绿素标准品时测得的叶绿素质量(g)。

例如,称取蚕沙样品的质量为 0.500 0 g,测得其中的叶绿素量为 $m_0 = 4.865$ mg,在另一份 0.500 0 g 的蚕沙样品中,加入叶绿素标准品 $m_{加} = 0.616\,8$ mg,经提取分离后,测得样品中的叶绿素总量 $m_x = 5.431$ mg,则计算得到实验的回收率为 91.76%。结果表明本方法可靠性较高，但有待于进一步优化以提高回收率。

(4)叶绿素稳定性测试　将含有叶绿素的丙酮提取液在密闭体系中于常温下不避光放置3 d，在 663 nm、645 nm 处每隔一定时间测一次吸光度，并根据式(9-1)～式(9-3)计算叶绿素 a 和叶绿素 b 的含量，比较叶绿素 a 和叶绿素 b 的含量随时间延长而降低的程度。

五、思考题

(1)蚕沙提取液中可能含有哪些化合物？

(2)蚕沙中叶绿素的提取过程中，提高温度和延长提取时间对实验结果有何影响？

(3)如何鉴定提取的叶绿素成分和检验其纯度？

9.3　茶多酚的提取及抗氧化性研究(综合性实验)

一、实验目的

(1)掌握茶叶中茶多酚提取纯化的原理及实验方法，了解茶多酚的抗氧化性及在日用化工领域的应用。

(2)提高常规实验操作技能，掌握分光光度法测定茶多酚含量的实验技术。

二、实验用品

(1)仪器　常规玻璃仪器(烧杯、量筒、锥形瓶、抽滤瓶、滴定管、移液管等)、减压过滤装置、粉碎机、紫外-可见分光光度计、低速离心机、酸度计、真空干燥箱、旋转蒸发仪、集热式磁力搅拌器。

(2)药品　体积分数为 70％的乙醇水溶液、0.4 mol·L⁻¹ $ZnCl_2$、质量分数为 15％的 $NaHCO_3$、3 mol·L⁻¹ HCl、NaCl、乙酸乙酯、维生素 C、维生素 E、柠檬酸、三氯甲烷、乙酸、KI 饱和溶液、质量分数为 0.5％的淀粉溶液①、$Na_2S_2O_3$ 标准溶液、酒石酸亚铁溶液②、pH＝7.5 磷酸盐缓冲液③。

(3)其他用品　茶粉④、棕榈油。

三、实验原理

茶叶中富含茶多酚——一种多羟基的酚类物质，质量分数一般在 15％～30％，远高于其他植物。茶多酚中以儿茶素类为主，质量分数为 60％～80％。儿茶素类化合物的结构中有连或邻苯酚基，即 B 环和 C 环上的酚羟基有提供质子的活性(图 9-1)，具有强还原能力，因此是活性较高的抗氧化剂。茶多酚在抗氧化性、安全性方面，明显优于现在广泛使用的抗氧化剂丁基羟基茴香醚、二丁基羟基甲苯和维生素 E。茶多酚能清除人体内过剩的活性自由基，提高抗衰老的能力，茶多酚对活性氧自由基和羟基自由基的清除率达到 98％以上，清除速率常数在 10^9～10^{14} 数量级。此外，茶多酚还具有高效的抗癌、抗衰老、抗辐射、降血脂等一系列药理功能，在油脂、食品、医药、日化等工业领域具有非常广阔的应用前景。

---

① 称取 0.5 g 可溶性淀粉，用少量水搅匀后，加入 100 mL 沸水，搅匀，如需久置，则加入少量的 HgI_2 或硼酸作防腐剂。

② 称取 0.200 0 g 硫酸亚铁铵和 1.000 0 g 酒石酸钾钠，用蒸馏水溶解后定容至 200 mL，放置过夜后使用。

③ 取 0.067 mol·L⁻¹ 的 Na_2HPO_4 溶液 85 mL 和 0.067 mol·L⁻¹ 的 KH_2PO_4 溶液 15 mL 混匀即得。

④ 市售绿茶经粉碎机粉碎后，过 30 目筛，避光保存备用。

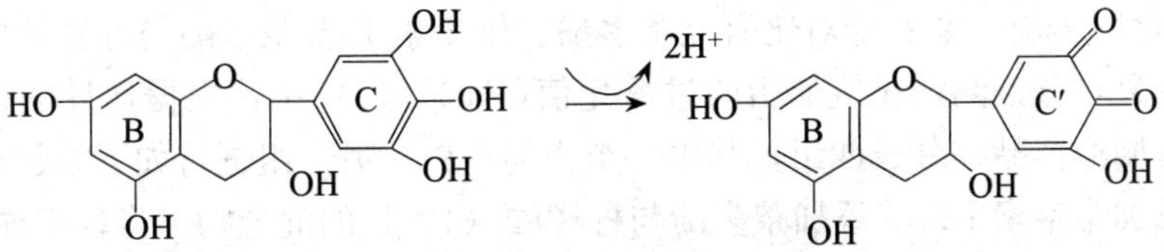

图 9-1　儿茶素氧化反应图

目前从茶叶中提取茶多酚的方法主要有三种。①有机溶剂萃取法：茶多酚易溶于水、醇类、醚类、酮类、酯类等，可利用水或有机溶剂将茶多酚从茶叶中提取出来，再用乙酸乙酯等有机溶剂将其从水提取物中分离出来，此法能有效地从各种茶叶原料中提取茶多酚，但其中含有大量的植物多糖、色素、咖啡碱等杂质，并且使用多种溶剂、步骤繁杂、产率低、生产成本高。②离子沉淀法：利用茶多酚在一定的酸度条件下可以和某些金属离子形成沉淀的性质，从茶多酚浸提液中富集提取茶多酚，再用酸溶解沉淀使茶多酚游离析出，此工艺减少了有机溶剂的用量，不必浓缩，能耗降低，产品无毒且纯度高，但在沉淀、过滤和转溶过程中茶多酚损失较多，并且在碱性条件下茶多酚会氧化成醌类物质，导致得率降低。③柱层析吸附分离法：色谱柱材料昂贵，且再生过程存在一定问题，无法实现大规模工业化生产。本实验中以绿茶为原料，将萃取法和沉淀法结合起来，研究提取茶多酚的效果，并初步研究茶多酚对油脂的抗氧化效果。

四、实验步骤

(1)浸提　准确称取 10 g(精确至 0.1 mg)茶粉，放入装有回流冷凝管的烧瓶中，加入 200 mL 体积分数为 70% 的乙醇溶液，加热回流 30 min 后趁热抽滤，即得茶多酚浸提液。取 1 mL 茶多酚浸提液稀释 10 倍后，按附注(1)的方法测定茶多酚含量，并计算其浸提率。浸提液经蒸发浓缩后可以回收大部分溶剂。

(2)沉淀　移取浓缩后的茶多酚浸提液 10 mL 于小烧杯中，加入 0.4 mol·L^{-1} ZnCl$_2$ 溶液，摇匀。用质量分数为 15% 的 NaHCO$_3$[①]调节酸度至 pH=6.0~6.5[②]，离心得到茶多酚-锌盐沉淀，用蒸馏水洗涤沉淀物两次，称重，计算茶多酚的沉淀率。

(3)萃取　将茶多酚-锌盐沉淀物转移至已称重的烧杯中，加入 2 倍体积的蒸馏水混匀，室温下搅拌滴加 3 mol·L^{-1} HCl 溶液，当 pH 约为 3.0 时，沉淀物溶解，离心去除少量胶状沉淀。取 1.0 mL 茶多酚酸化液，稀释 20 倍后，按附注(1)的方法测定茶多酚含量，计算其得率。在茶多酚酸化液中加入固体氯化钠，当质量分数达到约 4% 时，离心除去絮状沉淀，所得上清液用质量分数 15% 的 NaHCO$_3$ 调节 pH 至 5.0，再用乙酸乙酯在室温下分两次萃取，第一次茶多酚酸化液与乙酸乙酯的体积比为 1:1，第二次为 1:0.8，合并两次萃取液，按附注(1)的方法测定萃取相中的茶多酚含量，计算萃取率。

(4)减压浓缩　用质量分数为 2% 的维生素 C 水溶液洗涤乙酸乙酯相两次(用柠檬酸调节 pH 为 3.0)，加入量为乙酸乙酯体积的一半。在 60 ℃ 下减压浓缩，回收大部分乙酸乙酯，真空干燥后得棕黄色粉末状的成品茶多酚，称量，计算产率，并置于棕色玻璃瓶中低温保存。

---

① 茶多酚在碱性条件下易氧化褐变，碱性越强，氧化程度越严重。因此调节 pH 时选用 NaHCO$_3$ 溶液，以防茶多酚局部氧化。

② 在室温下用酸度计测定。

（5）抗氧化性实验　本实验对比研究茶多酚、维生素 E 及茶多酚与柠檬酸的混合物对油脂的抗氧化效果，分别测定相应油脂的过氧化值（PV）。实验中，根据估计的过氧化值称取相应质量的棕榈油样品，分成四组，其中一组作为空白，另三组进行如下添加处理：①添加茶多酚；②添加维生素 E；③添加茶多酚与柠檬酸[①]（1∶1）的混合物。将各组样品置于 50 ℃的通风、恒温条件下，间隔一定时间测定油样的过氧化值。油脂过氧化值可按附注（2）的方法测定。

五、附注

（1）茶多酚含量测定方法　准确吸取 1 mL 茶多酚待测液，加入 4.00 mL 蒸馏水和 5.00 mL 酒石酸亚铁溶液，充分混匀，再加入 pH＝7.5 的磷酸盐缓冲液，定容至 25 mL，在波长 540 nm 处，以试剂溶液作参比，测定吸光度 A。

$$茶多酚质量浓度(g \cdot mL^{-1}) = 1.957An/500 \tag{9-5}$$

式中：1.957 表示用 1 cm 比色杯，当吸光度为 0.50 时，每毫升茶汤中含茶多酚相当于 1.957 mg（参见 GB/T 8310—2013《茶水浸出物测定》）；n 表示待测液的稀释倍数。

$$茶多酚得率 = 成品中茶多酚质量(g)/干茶末质量(g) \times 100\% \tag{9-6}$$

（2）油脂过氧化值的测定方法　在装有称好试样的锥形瓶中加入 10 mL 三氯甲烷溶解试样，加入 15 mL 乙酸和 1 mL KI 饱和溶液，迅速盖好瓶塞，混匀溶液 1 min，在 15～25 ℃避光静置 5 min。加入约 75 mL 蒸馏水，以 0.5％淀粉溶液为指示剂，用 $Na_2S_2O_3$[②] 标准溶液滴定析出的碘，滴定过程要用力振摇。以同一试样进行平行测定。同时进行空白试验。

试样在上述规定的操作条件下，氧化碘化钾的物质的量用每千克样品中活性氧的质量（毫克）表示，按下式计算过氧化值：

$$PV(mg \cdot kg^{-1}) = \frac{c(V_1 - V_0)}{m} \times 16 \times 1\,000$$

式中：V_1 为用于测定的 $Na_2S_2O_3$ 标准溶液的体积（mL）；V_0 为用于空白的 $Na_2S_2O_3$ 标准溶液的体积（mL）；c 为 $Na_2S_2O_3$ 标准溶液浓度（mol·L⁻¹）；m 为试样的质量（g）。

本方法参考 GB/T 5538—2005/ISO 3960：2001《动植物油脂——过氧化值的测定》。

六、思考题

（1）浸提过程中，乙醇浓度、浸提温度对茶多酚的提取效果有何影响？
（2）乙醇浸提液中含有哪些成分？在实验过程中是如何将它们除去的？
（3）乙酸乙酯萃取时，加入维生素 C 的目的是什么？

9.4　几种日用化学品的制备及应用（综合性实验）

日用化学品是人们在日常生活中不可缺少的消费品，种类繁多，主要包括化妆品、洗涤

---

① 柠檬酸的抗氧化增效作用是由于柠檬酸分子中具有很多羟基，其质子可释放出来用于还原茶多酚，使茶多酚恢复抗氧化能力；另外，环境中的金属离子能催化脂肪氧化，柠檬酸的多羟基结构能螯合金属离子，将金属离子包容在配位结构中，使其与油脂隔离，阻止金属离子的助氧化作用。
② 估计值小于 12（试样质量 5.0～2.0 g）时用 0.002 mol·L⁻¹标准溶液；大于 12（试样质量小于 2.0 g）时用 0.01 mol·L⁻¹标准溶液。

剂、口腔卫生用品及专用清洁剂等。随着时代的发展，日用化学品的发展趋势是效用区分更加细致、功能性更强。

化妆品是指以涂抹、喷、洒或者其他类似方法，施于人体（皮肤、毛发、指/趾甲、口唇齿等），以达到清洁、保养、美化、修饰和改变外观，或者修正人体气味，保持良好状态为目的的产品。对化妆品的基本要求是：确保长期使用的安全性、保持产品长期稳定、有助于保持皮肤正常的生理功能和容光焕发的效果、必须有使用舒适感。化妆品的分类比较混乱，一般可分为护肤化妆品、美容化妆品、发用化妆品、专用化妆品等。按使用目的可分为清洁化妆品，用于洗净皮肤和毛发的化妆品；基础化妆品，化妆前，对面部、头发的基础处理；美容化妆品，用于面部及头发的美化用品；疗效化妆品，介于药品与化妆品之间的日化用品。按剂型可分为液体类，如洗面乳、浴液、洗发液、化妆水、香水等；乳液类，如蜜类、奶类；膏霜类，如润肤霜、粉底霜、洗发膏；粉类，如香粉、爽身粉；块状类，如粉饼、口红、发蜡。其中乳液及膏霜类是化妆品中种类最多、使用最广泛的产品。在设计配方时原料的标准要符合《中国化妆品卫生标准》规定的卫生化妆品和微生物学质量标准，还要考虑到组分中的禁用物质、限用物质、限用防腐剂、限用紫外吸收剂、暂用着色剂等，最后要研究各组分的相互配伍等问题。

洗涤剂主要指合成洗涤剂，如今人们对洗涤剂的要求并非单一的去污功能，还要求有增白、增艳、抗静电、柔软、杀菌等多种功能。主要剂型有粉状洗涤剂和液体洗涤剂。洗涤是指以化学和物理作用并用的方法，将附着在被洗物表面上的污物或有害物质除掉，而使物体表面清洁的过程。洗涤过程的本质十分复杂，通常可描述如下：被洗物浸入水中，由于洗涤剂的存在，减弱了污垢与物体表面的黏附作用，此时施以机械搅拌，使与表面活性剂结合的污垢从被洗物的表面脱离开来，悬浮于水中，经冲洗后除去。洗涤过程是可逆的，与洗涤剂结合的污物有可能重新回到被洗涤物表面。因此，作为优良的洗涤剂除了表面活性剂外，还包括助洗剂、漂白剂、荧光增白剂、泡沫稳定剂、污垢悬浮剂、酶、填充剂或辅助剂等成分。洗涤剂的主要有效成分是表面活性剂。常用表面活性剂分为阴离子型、阳离子型、两性离子型及非离子型。最早使用的表面活性剂是烷基磺酸盐，现在常用的是烷基芳基磺酸盐。烷基多苷（APG）和葡萄糖酰胺（AGA）是温和型易生物降解的表面活性剂。α-磺基脂肪酸酯盐（α-SFM 或 MES）、聚氧乙烯醚（AE）等表面活性剂的优点是低浓度具表面活性、耐硬水性高、对酶无影响等。

最常见的洗涤用品是洗衣粉、洗衣液、肥皂、香皂等。洗涤剂的发展趋势之一是各类专用清洁剂的问世。现在有食品清洁剂，餐具清洁剂，厨房清洁剂，卫生间清洁剂，玻璃、瓷砖清洁剂，地毯、地板清洁剂，皮革、橡胶、塑料清洁剂，珠宝、金银清洁剂，金属清洁剂，汽车、飞机清洁剂，机械、零件清洁剂，油漆清洁剂，杀菌消毒清洁剂等，根据不同的特点选用不同的清洁剂，这样不但使清洁效果更好，而且更有利于环境。沐浴用的化学品既可归为化妆品，也可归为洗涤品。由于它们在人们的日常生活中已变得必不可少，而且随着人们生活质量的提高，品种也在不断更新。除一般的洗发水、沐浴液外，也有专门的淋浴或盆浴浴液，还有各种浴盐、浴胶等。浴用产品要求性质温和，具抑菌性、高起泡性，泡沫稳定性好。

本实验以防晒霜为例介绍功能性膏霜类化妆品最基本的配方和制备过程，选取透明皂、洗发水、免洗消毒凝胶和液体洗洁精为例介绍常用洗涤剂的基本配方和制备过程。

9.4.1 维生素 A、维生素 E 防晒霜的制备及检测

一、实验目的

(1)掌握防晒化妆品的制备方法。

(2)了解防晒化妆品防晒性能的检测方法。

二、实验用品

(1)仪器　烧杯、搅拌器、温度计、水浴锅、紫外分光光度计。

(2)药品　三压硬脂酸、单硬脂酸甘油酯、三乙醇胺、95％乙醇、苯甲酸钠、香精、去离子水。

三、实验原理

紫外线在自然界中由太阳辐射产生，长久的紫外线辐射对人体皮肤有损伤已得到大家公认。根据产生的生物效应不同，紫外线分为短波(UVC)、中波(UVB)和长波(UVA)三种。其中，UVA 波长 320~400 nm，穿透力强，可达真皮上部，破坏弹性纤维和胶原蛋白纤维，造成肌肤老化、皮肤晒黑，也是引起皮肤癌的重要原因。UVB 波长 275~320 nm，中等穿透力，主要由表皮吸收，损伤表皮。近来的研究发现 UVB 是引起皮肤老化的重要因素，单一的 UVB 即可引发皮肤肿瘤，紫外线能改变与皮肤蛋白质有关的复合物的结构。临床上多表现为着色性干皮病，为常染色体退行性疾病，对紫外线引起的 DNA 胸腺二聚体失去修复能力，容易受紫外线损伤，表现为皮肤干燥，不规则性色素沉着，很容易引起皮肤癌(包括黑色素瘤)，还有可能引起多形性日光疹和红斑狼疮等许多严重的皮肤病。为了保护皮肤免受紫外线损伤，人们自然意识到皮肤需要防晒，目前防晒护肤品的研究开发已是国内外化妆品行业的热点。

防晒品的原理是借由吸收、反射或折射，减少紫外线进入皮肤，是物理防晒和化学防晒共同起作用。物理防晒是利用物理学原理，使防晒成分在皮肤上形成保护膜，令紫外线无法穿透皮肤表面，皮肤不吸收这部分成分；化学防晒就是利用化学成分吸收紫外线，使其转化为分子振动能或热能达到防晒的功效。

维生素在各种化妆品中具有多种用途，可用作镇静剂、紫外线吸收剂和角质化调节剂等。化妆品中使用最广泛的维生素有维生素 A、维生素 E 等，它们与其他遮光剂一起能较好地阻挡紫外线，同时还具有推迟细胞衰老、防止皮肤干燥和皮肤硬化症发生的功能。

四、实验步骤

(1)维生素 A、维生素 E 防晒霜的制备　按表 9-2 所给的配方称量三压硬脂酸、单硬脂酸甘油酯、甘油和维生素 A、维生素 E 等油性原料，置于烧杯中用水浴加热熔化，在 90 ℃保温。称量三乙醇胺放入另一个烧杯中，加去离子水溶解，并加热至 90 ℃[①]。在不断搅拌下慢慢将三乙醇胺水溶液[②]加到硬脂酸等油性原料中，直至完全中和乳化，生成白色的稠糊状的软膏。停止搅拌，继续加热 10 min 后冷却。当温度降至 50 ℃以下时加入防腐剂、钛白粉

---

① 应严格控制温度。温度太高，硬脂酸部分分解，会使防晒霜发黄；温度太低或加碱太快、搅拌不匀，使防晒霜膏体粗糙，影响质量。

② 三乙醇胺的用量不能随意增减。碱量不足，生成的皂少，硬脂酸与水不能充分乳化，胶体不稳定，膏中的水分会分离出来；碱量太多，防晒霜中的碱性太大，对皮肤有刺激和腐蚀作用。

及香精等，再搅拌均匀，即为成品。

表 9-2　维生素 A、维生素 E 防晒霜的配方

名称	活性物含量/%	质量分数/%	功用
三压硬脂酸	95%	10.0	乳化剂、赋形剂
单硬脂酸甘油酯	90%	1.0	乳化剂、润滑剂
甘油	99%	16.0	保湿剂
三乙醇胺	99%	1.6	中和
钛白粉*	纳米级	0.5	物理防晒剂
维生素 A		0.5	化学防晒剂
维生素 E		0.5	化学防晒剂
防腐剂		适量	
香精		适量	
纯净水		余量	

* 若采用溶液法测试吸光度，配方中不加钛白粉。

按上述方法制备不添加维生素 A 和维生素 E、只添加维生素 A、只添加维生素 E 的三种膏体。

(2)防晒效果评价方法　本实验中采用紫外吸光光度法进行防晒效果评价。首先用下列方法将防晒霜制成测试样品，然后用紫外分光光度计测定其在 280 nm、290 nm、300 nm、310 nm、320 nm(UVB)五个波长下的吸光度 A，求平均值。

① 溶液法：适用于透明液体产品和能被溶剂完全溶解的产品。称取样品 0.2 g，用 95% 乙醇稀释到 20 mL。用 1 cm 石英比色皿测样品吸光度 A 值。

② 胶带法：将 3M 公司透气医用胶带剪成 1 cm×4 cm 的长方形贴在 1 cm 的石英比色皿的侧表面上。称取 8 mg 防晒霜，均匀涂抹于贴有胶带的比色皿表面，放置 30 min，将待测样品池置于样品光路中，测定其吸光度 A 值。

根据吸光度判断所制得的产品的防护效果(表 9-3)。

表 9-3　防晒霜防晒效果评价对照表

吸光度	防晒效果	使用条件
<0.5	无防晒效果	
0.5~1.0	最小防护紫外线	冬日阳光、阴天
1.1~1.5	中等防护紫外线	中等强度阳光照射
1.6~2.0	高效防护紫外线	夏日强烈阳光照射
>2.0	完全防护紫外线	户外工作

五、思考题

(1)简单介绍其他防晒剂的品种及其防晒原理。

(2)分析实验配方中各组分的功能，并讨论各自对产品性能的影响。

9.4.2 透明皂的制备

一、实验目的

(1)了解透明皂的性能、特点和用途。

(2)熟悉配方中各原料的作用,掌握透明皂的配制操作技巧。

二、实验用品

(1)仪器 烧杯、玻璃棒、温度计、表面皿、搅拌器、模具。

(2)原料 牛羊油、椰子油、蓖麻油、质量分数为 30% 的 NaOH、乙醇、甘油、砂糖、去离子水。

三、实验原理

皂是传统的洗涤用品,具有极好的洁净能力并易生物降解,是对人体、环境影响最小的一类洗涤品。主要成分是硬脂酸钠、防腐剂、抗氧化剂、发泡剂、硬化剂、黏稠剂等,如果加入香料和染料,就是香皂;如果添加药物,如硼酸或石炭酸,即成药皂。

根据国内外行业的约定,透过 6.35 mm(1/4 英寸)厚的皂块能看清 14 号(4 mm)黑体字的肥皂称为透明皂,低于这一标准,就是半透明或不透明皂。国内制定了肥皂行业透明皂测定方法(详见 QB/T 1931—93)。透明皂晶莹剔透,所用原料为食用级油脂,降解度高、安全环保,干皂含量低、去脂力弱、质感滑嫩、起泡迅速,享有"天然健康""绿色消费"等美誉,深受消费者青睐。

按制作方法可将透明皂分为"研压法"透明皂和"加入物法"透明皂两大类。常用的透明剂有乙醇、甘油、蔗糖等,它们可提高肥皂的透明度,还能减少皂体开裂。透明剂多为保湿剂,对皮肤有滋润、保护之功效。"加入物法"透明皂与"研压法"透明皂相比,其外表透明,晶莹似蜡。

本实验选择"加入物法"制备透明皂。以牛羊油等含不饱和脂肪酸较多的油脂为原料,与氢氧化钠溶液发生皂化反应,反应后不用盐析,将生成的甘油留在体系中增加透明度。然后加入乙醇、蔗糖作透明剂促使肥皂透明,并加入结晶阻化剂,有效提高透明度,制得透明、光滑的透明皂。

透明皂的质量与配方设计和原料的选择密切相关,因此在配方设计时,应注意以下问题:①为保证成皂的色泽和透明度,应选择质好、色好、纯净的高档油脂为原料。原料油脂酸价和色泽要达标。油脂的凝固点越低,透明度越高,但凝固点过低,皂体发软,不耐用,生产上也难以操作。一般控制凝固点在 38~42 ℃,40 ℃最好。②加入物必须与皂浆的相容性好,要用去离子水溶解砂糖,若用自来水或硬度较大的水,成品颜色会变浅发白,透明度下降。③皂化时,NaOH 必须是纯品,以免成皂游离碱存在过量,且其中杂质影响皂体的透明度。④由于没有盐析、调碱等操作,所以油脂水解出的甘油留在皂浆中,应在配方设计时将这部分甘油考虑在内。

四、实验步骤

(1)按照表 9-4 所示的配方于 250 mL 烧杯中称入质量分数为 30% 的 NaOH 溶液,加入 95% 乙醇混匀备用。

表 9-4 透明皂的配方

原料	质量分数%			原料	质量分数%		
	配方 1	配方 2	配方 3		配方 1	配方 2	配方 3
牛羊油	14.8	13.5	11.8	乙醇	7.4	5.1	11.8
椰子油	14.8	16.9	11.8	甘油	3.7	—	5.9
蓖麻油	11.8	13.5	11.8	砂糖	11.8	15.2	16.2
NaOH	23.8	22.4	17.6	去离子水	加至 100	加至 100	加至 100

(2)在 500 mL 烧杯中依次称入牛羊油和椰子油，放入 75 ℃ 水浴混合熔化，如有杂质，应用热过滤装置趁热过滤，保持油脂澄清。然后加入蓖麻油[①]，混溶。快速倒入步骤(1)烧杯中的物料，匀速搅拌 1.5 h，完成皂化反应[②]，停止加热。

(3)于 50 mL 烧杯中称入甘油、砂糖、蒸馏水，搅拌均匀，预热至 80 ℃，呈透明状，备用。

(4)将步骤(3)中物料加入完成皂化的步骤(2)烧杯中，搅匀，降温至 60 ℃，加香精，继续搅拌。同时，用冷水冷却冷模或大烧杯，搅匀后出料，倒入冷模或大烧杯中，物料迅速凝固，得透明、光滑的透明皂。对比三个配方，描述产品性状、外观及计算产率，分析配方优缺点，讨论改进配方的方案。

五、思考题

(1)为什么制备透明皂不用盐析，反而加入甘油？

(2)为什么蓖麻油不与其他油脂一起加入，而在加碱前才加入？

(3)油脂的预处理有哪些步骤？各步骤的目标是什么？

(4)透明皂的基本组分有哪些？各有什么作用？

(5)透明皂的生产方法有哪些？怎样提高透明皂的透明度？

9.4.3 洗发水的制备

一、实验目的

(1)了解洗发水的配方原则和设计方法。

(2)掌握洗发水的制备方法和评价方法。

二、实验用品

(1)仪器 烧杯、玻璃棒、温度计、水浴锅。

(2)原料 脂肪醇聚氧乙烯醚硫酸钠(AES)、脂肪酸二乙醇酰胺(6501)、乳化硅油、水溶性硅油、十二烷基二甲基甜菜碱(BS-12)、乙二醇硬脂酸酯、苯甲酸钠、乙二胺四乙酸二钠(EDTA)、NaCl、色素、香精、去离子水。

三、实验原理

洗发水是洗发用化妆洗涤用品，是一种以表面活性剂为主的加香产品。用于洗净附着在头皮和头发上的人体分泌的油脂、汗垢、头皮上脱落的细胞以及外来的灰尘、微生物、定型

---

① 蓖麻油长时间加热颜色易变深。

② 取少许样品溶解在蒸馏水中呈清晰状，表明皂化完成。

产品的残留物和不良气味等，保持头皮和头发清洁及头发美观。目前市面上的洗发水种类繁多，功能划分越来越细化。要求在洗发过程中不但去油垢、去头皮，不损伤头发、不刺激头皮、脱脂性弱，而且洗后令头发光亮、美观、柔软、易梳理，甚至还能营养头发。

据此，设计洗发水配方时要遵循以下原则：具有适当的洗净力和柔的去油作用；能形成丰富而持久的泡沫；具有良好的梳理性；洗后的头发具有光泽、潮湿感和柔顺性；对头发、头皮和眼睑高度安全；易洗涤、耐硬水，常温下洗发效果应最佳；不应给染发和染发操作带来不利影响。在此基础上，应特别关注表面活性剂的选择，并确保配伍性良好。

主要原料要求：① 能提供泡沫和去污力的主表面活性剂，以阴离子表面活性剂为主；② 能增进去污力，促进泡沫稳定性，改善头发梳理性的辅助表面活性剂，包括阴离子、非离子、两性离子型表面活性剂；③赋予洗发水特殊效果的各种添加剂，如去头屑、固色剂、稀释剂、螯合剂、增溶剂、营养剂、防腐剂、染料和香精等。

四、实验步骤

(1)按照表 9-5 所示的配方量取去离子水于烧杯中，水浴加热至 60 ℃。

(2)加入 AES[①]，溶解，控温 60~65 ℃；保温下加入 6501、BS-12、乳化硅油、水溶性硅油及乙二醇硬脂酸酯，搅拌溶解。

表 9-5 洗发水配方

原料	质量分数/%	原料	质量分数/%
脂肪醇聚氧乙烯醚硫酸钠(AES)	8.0	苯甲酸钠	1
脂肪酸二乙醇酰胺(6501)	3	乙二胺四乙酸二钠(EDTA)	0.1
乳化硅油	1	NaCl	1.5
水溶性硅油	1	色素	适量
十二烷基二甲基甜菜碱(BS-12)	6	香精	适量
乙二醇硬脂酸酯	1~2	去离子水	余量

(3)降温至 40 ℃以下，加入香精、防腐剂、EDTA 等，搅拌溶解；用柠檬酸调 pH 至 5.5~7.0；接近室温时用 NaCl 调节到所需黏度。

五、思考题

(1)洗发水配方设计时要遵循哪些原则？

(2)分析实验配方中各组分的功能。

9.4.4 免洗消毒凝胶的制备

一、实验目的

(1)了解免洗消毒凝胶的设计原理与用途。

(2)学习免洗消毒凝胶的制备方法。

二、实验用品

(1)仪器 电子台秤、烧杯、玻璃棒。

---

① AES 应慢慢加入水中，不能直接加水去溶解 AES，否则可能成为一种黏度极大的凝胶。AES 在高温下极易水解，因此溶解温度不可超过 65 ℃。

(2)原料　乙醇、正丙醇、二氯苯氧氯酚、卡波姆 941、三乙醇胺、去离子水。

三、实验原理

手是人体接触外界最频繁的部位，双手温暖湿润，为病原微生物的生长繁殖提供了适宜的条件。单纯的洗手并不能彻底去除病原微生物。免洗消毒凝胶主要用于手部的清洁消毒，最大的特点就是在不需要清水冲洗的前提下，可以有效地清除和抑制手部的细菌。与水剂型消毒液相比，免洗消毒凝胶具有无滴漏、使用方便、干燥快、用后手感不黏腻、清爽保湿等特点，且制作工艺简单。

免洗消毒凝胶常用的凝胶基质为纤维素类或卡波姆(丙烯酸键合烯丙基蔗糖或季戊四醇烯丙醚的高分子聚合物)，有效成分包括乙醇、正丙醇和二氯苯氧氯酚。乙醇属于中等消毒剂，使细菌蛋白质凝固变性而起杀菌作用，浓度为 60%～90% 时，可快速杀灭大肠杆菌和金黄色葡萄球菌等多种微生物。正丙醇的作用原理与乙醇类似，杀菌效果优于乙醇。二氯苯氧氯酚是一种非离子型广谱杀菌剂，其作用机理在于破坏微生物的细胞壁，并具有持续抗菌作用。

四、实验步骤

(1)按照表 9-6 所示的配方，称取 0.59 份卡波姆 941 粉末缓缓分散在 16.7 去离子水表面，浸泡 50 h 左右至完全溶解，制得卡波姆 941 溶液备用。

(2)用 0.8 份乙醇溶解 0.055 份二氯苯氧氯酚，制成二氯苯氧氯酚乙醇溶液备用。

(3)将 65.9 份乙醇、12.0 份正丙醇和(2)制得的二氯苯氧氯酚乙醇溶液混合，搅拌均匀，再加入(1)制得的卡波姆 941 溶液和 3.2 份去离子水，搅拌均匀，最后滴加三乙醇胺调节 pH 至 6～7，制得免洗消毒凝胶。

表 9-6　免洗消毒凝胶配方

原料	质量分数/%	原料	质量分数/%
乙醇	66.7	卡波姆 941	0.59
正丙醇	12.0	去离子水	19.9
二氯苯氧氯酚	0.055	三乙醇胺	余量

五、思考题

(1)配方中各组分的作用是什么?

(2)哪些组分可能引起皮肤过敏?

9.4.5　洗洁精的制备

一、实验目的

(1)了解洗洁精各组分的性质及配方原理。

(2)掌握洗洁精的配制方法。

二、实验用品

(1)仪器　红外线加热炉、水浴锅、搅拌器、温度计、烧杯、量筒、天平、玻璃棒。

(2)原料　十二烷基苯磺酸钠(SDBS)、质量分数为 70% 的脂肪醇聚氧乙烯醚硫酸钠(AES)、质量分数为 70% 的椰子油酸二乙醇酰胺(6501)、乙二胺四乙酸二钠(EDTA)、苯甲酸钠、甲醛、NaCl、质量分数为10％的NaOH、香精、色素、去离子水。

三、实验原理

洗洁精又叫餐具洗涤剂或果蔬洗涤剂，通常是无色或淡黄色透明液体。主要用于洗涤碗碟和水果蔬菜。特点是去油腻性好、简易卫生、使用方便。洗洁精配方设计的基本原则是：①对人体安全无害；②能较好地洗净并除去动植物油垢，即使对黏附牢固的油垢也能迅速除去；③清洗剂和清洗方式不损伤餐具、灶具及其他器具；④用于洗涤蔬菜和水果时，无残留物，不影响其外观和原有风味；⑤手洗时，产品发泡性良好；⑥消毒洗涤剂能有效地杀灭有害菌，而不危害人的安全；⑦产品长期储存稳定性好，不发霉变质。根据洗洁精的洗涤方式、去除污垢的特点，配方设计时一定要充分考虑表面活性剂的配伍效应，以及各种助剂的协同作用；高档的餐具洗涤剂要加入釉面保护剂；为提高去污力和节省活性物，并降低成本，洗洁精一般碱性较强，但pH不能大于10.5。

四、实验步骤

(1)水浴锅中加入水并加热，烧杯中加入去离子水加热到60℃左右。

(2)按表9-7配方加入AES[①]，并不断搅拌至全部溶解，水温控制在60~65℃。

(3)在连续搅拌下加入SDBS，搅拌至全部溶解。再继续加入6501，搅拌至全部溶解。

(4)降温至40℃以下加入香精、苯甲酸钠、甲醛、EDTA，搅拌均匀。

(5)测溶液的酸度，用稀HCl或NaOH调节pH至9.0~10.5。

(6)待产品冷却到室温，加入NaCl调节到所需黏度，即得成品。

表9-7 洗洁精配方

原料	质量分数/％	原料	质量分数/％
十二烷基苯磺酸钠(SDBS)	3.0	甲醛	0.2
脂肪醇聚氧乙烯醚硫酸钠(AES)	5.0	NaCl	1.0
椰子油酸二乙醇酰胺(6501)	3.0	香精	适量
乙二胺四乙酸二钠(EDTA)	0.1	色素	适量
苯甲酸钠	0.5	去离子水	余量

五、思考题

(1)配制洗洁精有哪些原则？

(2)洗洁精的酸度应控制在什么范围？为什么？

(3)分析实验配方中各组分的功能。

9.5 稻米中镉及其他重金属含量的测定(设计性实验)

一、实验目的

(1)了解稻米重金属污染的根源、对人体的危害及检测手段。

(2)查阅相关的文献资料，设计具体的实验方案，采用原子吸收光谱法测定稻米中重金

---

① AES应慢慢加入水中，不能直接加水去溶解AES，否则可能成为一种黏度极大的凝胶。AES在高温下极易水解，因此溶解温度不可超过65℃。

属的含量。

二、实验用品

(1)仪器 烧杯、容量瓶、移液管、红外线加热炉、原子吸收光谱仪、石墨炉系统、空心阴极灯(镉、铬、铅)、砷和汞无极放电灯。

(2)药品 蒸馏水、HNO_3、$HClO_4$、体积分数为30%的H_2O_2、20 mg·L^{-1}(NH_4)$_2SO_4$[①]、待测重金属标准储备液[②]、含待测重金属的稻米标准样品[③]。

三、实验原理

重金属是指相对密度在5.0以上的金属,其中Pb、Cd、Hg、Cr和As被称为重金属污染物中的"五毒",具有潜伏期较长、难降解、毒性大等特点。随着工业化和城市化的发展,由于采矿、冶炼、化学工业、肥料制造、废物焚化处理、垃圾堆的冲刷和溶解,耕作土壤的重金属污染程度越来越严重。有毒重金属通过食物链进入人体,干扰人体正常生理功能,危害人身健康。重金属对农产品安全性的影响已引起广泛的关注。

食品安全国家标准《食品中污染物限量》(GB 2762—2017)中规定大米中镉、铅、无机砷、铬和汞的限量指标(mg·kg^{-1})分别为0.2、0.2、0.2、1.0和0.02,它们的检验方法可分别参考GB 5009.15、GB 5009.12、GB 5009.11、GB 5009.123和GB 5009.17。

汞及其化合物毒性都很大,尤其是甲基汞,进入人体后遍布全身各器官组织,主要危害中枢神经系统,并且这种损害是不可逆的。镉是一种生物不需要并且毒性很高的元素,一旦被吸收,迅速由血液分布到全身各个器官,造成多个器官损伤甚至引发癌症。砷具有无机砷和有机砷两种形态,一般无机砷毒性强于有机砷。低剂量的砷具有生血刺激作用,能促进细胞生长和繁殖,过量摄入则会导致中毒甚至死亡。铬是人体必需的痕量元素,但浓度高会对人体产生危害。人体内铅蓄积量增加可引起造血、肾及神经系统损伤。

重金属检测方法有很多,主要有原子吸收光谱法、紫外分光光谱法、电感耦合等离子体质谱法、原子荧光光谱法、液相色谱法、电感耦合等离子体发射光谱法。

准确测定样品中重金属含量的先决条件是消解方法的选择。选择合适的消解方法,既可缩短样品的消解时间、提高检测效率,又能保证分析结果的精密度和准确度。样品预处理常用三种方法,即干式灰化、湿法消化、微波消解。国家标准中湿法消化方法是用HNO_3-$HClO_4$(4∶1)作消解剂,但高氯酸对石墨管有较大影响,消煮时必须将白烟冒尽,赶尽残酸,以免对石墨管及测定结果造成影响。

四、实验步骤

(1)课前准备 任课教师讲解实验原理和实验要求。本实验可以设计不同的消煮体系或消解方法,比较测定稻米中的镉及其他重金属含量,并探讨各种元素的最佳测定条件。学生分组,查阅相关的文献资料,了解稻米重金属污染的根源、对人体的危害及检测手段、样品预处理的不同消解方法或消煮体系。综合文献资料中的相关内容,结合自己对本实验内容的认识,设计实验方案、消解液的组成配比及配制方法。例如测定镉,可参照食品安全国家标

---

① 称取2 g硫酸铵,用纯净水稀释并定容到100 mL。

② 1 000 mg·L^{-1}镉标准储备液:称取0.5000 g光谱纯金属镉粉,溶于25 mL HNO_3溶液中,微热溶解,冷却,移入500 mL容量瓶中,用去离子水稀释并定容。此溶液每毫升含1.0 mg镉。其他元素标准储备液的配制方法自行查阅文献。

③ 标准样品:国家标准物质GBW08511大米中镉含量为0.504 mg·kg^{-1}。

准 GB/T 5009.15—2017《食品中镉的测定》，设计实验方案(包括实验目的、原理、操作步骤、试样配制方法、仪器工作条件、计算公式等)及实验中应注意的问题等，经指导教师审阅、修订后进行实验。

(2)课堂实验　配制所需试剂[①]；将稻米试样进行湿法消解(可以采用不同的消解体系和消解液配比)或其他消解方法；制备试样溶液，稀释定容；用石墨炉原子吸收光谱仪进行测定，同时测定不同消解剂的空白试样的吸收值；记录实验数据和现象。

(3)课后总结　提交实验报告，进行课堂展示和报告交流。讨论如下问题：①重金属的定量分析，国家标准方法中常用三种预处理方法(干式灰化、湿法消化、微波消解)各自的优缺点。②根据实验结果，总结本实验测定方法上有哪些优缺点，提出改进意见。③比较不同消解体系下得到的测定结果的精密度和准确度(与稻米国家标准样品测定结果比较)，探讨消解条件对测定结果的影响。⑤与传统分析方法相比，原子吸收光谱法在测定重金属含量时有哪些优点。最后教师点评。

五、思考题

(1)自然界中重金属有哪些污染来源？重金属在人体中累积有哪些伤害？

(2)稻米中的镉主要以哪些化学形态存在？本实验的化学消解过程发生了怎样的反应？

9.6　防腐剂尼泊金乙酯的合成及分离纯化(设计性实验)

一、实验目的

(1)查阅文献，了解尼泊金酯的结构和防腐机理。

(2)运用已经学过的酯化反应的原理，设计合成防腐剂尼泊金乙酯的实验方案。

(3)掌握柱层析分离技术及薄层层析跟踪分离方法。

二、实验用品

(1)仪器　电动搅拌器、三口烧瓶、分液漏斗、层析柱、试管、试管架、薄层层析板、广口瓶、红外分光光度计。

(2)药品　对羟基苯甲酸、无水乙醇、硅胶 G、硅胶 GF$_{254}$、硫酸、乙酸乙酯、石油醚、乙醚。

三、实验原理

防腐剂是指天然或合成的化学物质，用于加入食品、药品、颜料、生物标本中，以延迟因微生物生长或化学变化引起的腐败。

尼泊金酯(对羟基苯甲酸酯)是目前国际上通用的安全有效的防腐剂，广泛用于食品、饮料、化妆品、医药等行业中。尼泊金酯与苯甲酸、山梨酸防腐剂相比，具有抑菌效果好、使用的 pH 范围广、毒副作用小、使用成本低的优势。其防腐机理是：破坏微生物的细胞膜，使细胞内的蛋白质变性，并能抑制细胞的呼吸酶系的活性。尼泊金酯的抗菌活性主要是分子态起作用，由于其分子内的羟基已被酯化，不再电离，pH 为 8 时仍有 60% 的分子存在，因

---

① 镉标准溶液配制：吸取 10.0 mL 镉标准储备液于 100 mL 容量瓶中，用纯净水稀释定容，摇匀备用。吸取 5.0 mL 稀释后的标准溶液于另一个 100 mL 容量瓶中，稀释定容，即得每毫升含 5 μg 镉的标准溶液。其他元素标准液的配制方法自行查阅文献。

此尼泊金酯在 pH 为 4.0～8.0 的范围内均有良好的防腐效果，是一种广谱型防腐剂。目前尼泊金乙酯、尼泊金丙酯是国际上用量较大的食品防腐剂。

尼泊金乙酯(对羟基苯甲酸乙酯)可用对羟基苯甲酸与乙醇在酸性催化剂作用下直接合成：

$$HO \!-\!\!\langle\ \rangle\!-\! COOH + C_2H_5OH \xrightarrow{H_2SO_4} HO \!-\!\!\langle\ \rangle\!-\! COOC_2H_5 + H_2O$$

由于酯化反应是一个可逆反应，尽管可以通过相应的方法和手段使平衡移动，但是由于反应物与产物的结构十分相似，少量的反应物仍然混杂在产物中。利用原料与产物的极性差别，可采用吸附柱层析法进行分离，并采用薄层层析法跟踪分离进程，脱去溶剂后可得到纯净的白色晶体，即为目标产物尼泊金乙酯。

四、实验步骤

查阅相关的文献资料，了解原料和产物的理化性质，反应原理，设计尼泊金乙酯的合成及柱层析分离纯化、薄层层析法跟踪分离、产物纯度检验的实验方案。经指导老师审阅后进行实验。

方案设计提示：

(1)根据反应原理，确定各反应物的投料配比及催化剂用量；对羟基苯甲酸及尼泊金乙酯均为固体，设计时可参照一般固体有机物的分离方法进行后处理。

(2)设计粗产物柱层析分离时，根据文献资料选择适当的固定相和淋洗剂。可选择湿法装柱或干法装柱，注意固定相要平整、密实、无气泡。淋洗过程中采用薄层层析法跟踪分离进程。

(3)设计对照实验确定薄层层析法中对羟基苯甲酸和尼泊金乙酯的 R_f 值，经脱溶剂后的尼泊金乙酯为白色晶体。

(4)设计相应的熔点测定实验和红外光谱测试，并与文献值对比。尼泊金乙酯熔点 116 ℃，红外光谱的文献值：IR(KBr)，2 958 cm^{-1}，2 873 cm^{-1}，1 711 cm^{-1}，1 635 cm^{-1}，1 605 cm^{-1}，1 576 cm^{-1}，1 514 cm^{-1}，1 464 cm^{-1}，1 423 cm^{-1}，1 381 cm^{-1}，1 309 cm^{-1}，1 288 cm^{-1}，1 254 cm^{-1}，1 203 cm^{-1}，1 171 cm^{-1}，1 032 cm^{-1}，984 cm^{-1}，829 cm^{-1}。

五、结果与讨论

(1)对实验数据进行处理，分析红外光谱各吸收峰所对应的特征官能团，分析实验结果，写出实验报告。

(2)根据实验结果，分析影响产物质量和收率的关键因素。

(3)分析实验方法的优缺点，提出实验过程中存在的问题和改进的意见。

六、思考题

(1)简述酯化反应的各种除水方法及其优缺点。

(2)简述淋洗剂极性对产物分离效果的影响。

9.7　泡菜中亚硝酸盐含量的测定(设计性实验)

一、实验目的

(1)了解传统泡菜的制作方法，泡菜中亚硝酸盐产生的原因及影响因素。

(2)掌握分光光度法测定泡菜中亚硝酸盐含量的原理和方法。

(3)提高资料查阅、实验方法设计和独立实验操作的能力。

二、实验用品

(1)仪器　常规玻璃仪器、搅拌机、超声仪、天平、离心机、紫外-可见分光光度计。

(2)药品[①]　活性炭(优级纯)、维生素 C(食品级)、106 g·L^{-1} K$_4$[Fe(CN)$_6$][②]、饱和硼砂溶液[③]、220 g·L^{-1}乙酸锌溶液[④]、4 g·L^{-1}对氨基苯磺酸溶液[⑤]、2 g·L^{-1}盐酸萘乙二胺溶液[⑥]、200 μg·mL^{-1}亚硝酸钠标准溶液[⑦]、蒸馏水。

(3)其他用品　泡菜(自制或购买)。

三、实验原理

泡菜是一种传统的乳酸发酵蔬菜制品,深受大众喜爱。泡菜在发酵过程中,产生大量乳酸菌及其代谢产物乳酸,可促进胃肠蠕动,帮助消化,可开胃、解油腻。但是泡菜存在着亚硝酸盐含量超标的问题。目前,含氮肥料的大量使用,使蔬菜中含有较多的硝酸盐和亚硝酸盐,蔬菜在储藏加工过程中,硝酸盐在还原酶的作用下,可以转化为亚硝酸盐。亚硝酸盐在适宜的条件下,可与食品中蛋白质的分解产物胺反应,生成具有致癌性的 N-亚硝基化合物。因此,泡菜腌制产品中亚硝酸盐含量及泡菜的安全性备受人们的关注。

大量研究都证实,泡菜在发酵过程中,乳酸菌产生大量的乳酸,使环境 pH 降低,硝酸盐含量呈下降趋势,而亚硝酸盐含量则呈先上升后下降的趋势。泡菜中亚硝酸盐含量主要受以下两方面因素的影响。一是乳酸菌本身对亚硝酸盐的还原作用。在泡菜发酵的前期,当卤汁 pH 高于 4.5 时,乳酸菌对亚硝酸盐的降解主要以酶降解为主。硝酸还原酶的适宜 pH 为 7.0～7.5,随着 pH 的降低还原酶活性降低或失活。二是酸性条件下的化学降解。低 pH 条件可以促使亚硝酸盐降解,在泡菜发酵后期,卤汁的 pH 低于 4.0 以后,亚硝酸盐发生酸降解。

食品安全国家标准 GB 2762—2017《食品中污染物限量》规定腌制蔬菜中亚硝酸盐含量的指标是 20 mg·kg^{-1}。目前食品安全国家标准 GB 5009.33—2016 中,亚硝酸盐的测定可以采用多种仪器分析法,国标中关于亚硝酸盐的测定是采用盐酸萘乙二胺比色法,该方法因灵敏度高、快速简便而被广泛应用。但是国家标准方法比较笼统,具体到泡菜这种食品,亚硝酸盐的提取方法以及测定条件需要进一步细化和探索。

四、实验步骤

查阅有关资料,弄清楚实验原理,设计一个测定泡菜中亚硝酸盐含量的实验方案。经指导老师审阅后进行实验。

方案设计提示:

(1)本实验中推荐的设计思路:先将泡菜粉碎、水浴加热提取制得被测试样,在弱酸性

---

① 除非另有规定,本实验所用试剂均为分析纯。

② 称取 1.06 g K$_4$[Fe(CN)]$_6$,用水溶解,并稀释至 10 mL。

③ 称取 5.0 g 硼砂钠溶于 100 mL 热水中,冷却后备用。

④ 称取 2.20 g 乙酸锌,加 0.30 mL 冰醋酸溶解,用水稀释到 10 mL。

⑤ 称取 0.40 g 对氨基苯磺酸,溶于 100 mL 体积分数为 20%的盐酸溶液中,置于棕色瓶中摇匀,避光保存。

⑥ 称取 0.2 g 盐酸萘乙二胺,溶于 100 mL 水中,混匀后置于棕色瓶中避光保存。

⑦ 准确称取 0.100 0 g 于 110～120 ℃干燥恒重的亚硝酸钠,加水溶解,移入 100 mL 容量瓶中,加水稀释至刻度,混匀。

条件下亚硝酸盐与对氨基苯磺酸重氮化后，与盐酸萘乙二胺发生偶合反应，生成偶氮染料，采用分光光度法测定亚硝酸盐含量。

(2)泡菜中亚硝酸盐的提取方法探索：在参考国家标准方法的基础上，设计不同水浴温度和提取时间的方法，测定相应的亚硝酸盐含量，探索提取方法对亚硝酸盐回收率的影响。

(3)抗干扰设计：泡菜腌制过程中蔬菜及香辛料中存在较多色素，在比色法测定中存在严重干扰，可在样品制备一步，设计采用活性炭脱色处理。

(4)亚硝酸盐标准曲线的绘制：用亚硝酸钠标准物质配制不同浓度的标准溶液，注意显色剂加入的顺序，并设计试剂空白作为对照实验。

(5)维生素 C 在酸性条件下很稳定，本身是一种还原剂，可以与亚硝酸盐反应。设计一步实验，考查维生素 C 及酸度对亚硝酸盐含量的影响。

五、结果与讨论

(1)写出完整的实验报告。

(2)根据系列亚硝酸钠标准溶液所测得的吸光度，用 Excel 或 Origin 软件作图，线性拟合并得出浓度对吸光度的标准曲线方程。

(3)通过标准曲线计算不同条件下测得的样品溶液的浓度，计算相应的亚硝酸盐含量。探讨该方法对测定泡菜中亚硝酸盐含量的可行性。

六、思考题

(1)参阅文献资料，分析亚硝酸盐有怎样的毒理作用，泡菜腌制过程中亚硝酸盐含量有怎样的变化。

(2)写出亚硝酸盐的显色反应过程，酸度对显色反应有什么影响？

(3)分析实验方案的优缺点。提出改进实验步骤、提高实验准确度的方法。

9.8 从猪毛中提取精制胱氨酸(研究性实验)

一、实验目的

(1)查阅文献资料，提出从猪毛中提取精制胱氨酸的实验方案。

(2)通过具体实验，完成工艺条件的优化，以提高胱氨酸的回收率。

二、实验原理

胱氨酸是一种含二硫键的氨基酸，其结构式如图 9-2 所示，为无色或白色六角形板状晶体或结晶粉末，无味，等电点为 4.6；难溶于水，不溶于乙醇、乙醚、苯、氯仿，易溶于稀酸、碱中。其结构中存在的二硫键易被还原断裂成两个半胱氨酸，加热也会使二硫键断裂。胱氨酸广泛存在于头

图 9-2 胱氨酸结构式

发、骨等中，能增强细胞氧化还原功能，使肝功能旺盛，并能中和毒素、促进白细胞增生、阻止病原菌发育。广泛应用于食品、化妆品和医药等行业，在国内外市场需求量很大。

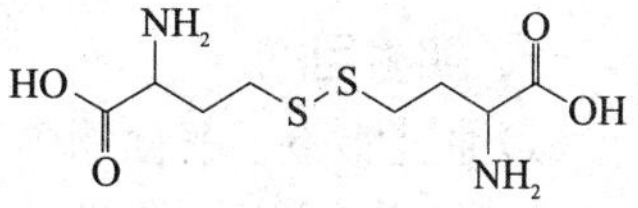

胱氨酸的生产方法主要有发酵法、合成法和水解法。我国主要以猪毛、羊毛、头发等天然蛋白为原料，采用酸水解法生产制备 L-胱氨酸。从猪毛中提取胱氨酸，原料价廉易得，目前工业生产上的提取率大约在 5% 左右。

三、实验步骤

查阅文献资料，综合文献资料中的相关内容，结合自己对本课题的认识，拟定合适的实验方案，包括具体的实验步骤及实验中应注意的问题等，经指导教师审阅后进行实验。通过筛选工艺条件，找到一种较为理想的提取方法，提高胱氨酸的提取率，降低成本，是本实验需要解决的问题。研究方案的设计可以从以下两个方面展开。

(1)胱氨酸的提取及精制　实验可参考以下思路进行。将猪毛清洗干净、烘干，采用工业盐酸按一定比例进行热酸解一段时间。酸液浓度、酸液温度和时间等因素影响胱氨酸的回收率。过滤除去不溶性杂质后，滤液可以用氨水慢慢调节 pH 至 4.6(胱氨酸的等电点为4.6)，使粗品胱氨酸沉淀析出。在中和胱氨酸的过程中，往往伴随着一些絮状的胶质沉淀(水解不完全引起)，同时，粗品中还混杂一些毛发色素、金属离子等杂质，色泽不好，需要进一步脱色精制。粗品胱氨酸重新用稀盐酸水溶液溶解，加活性炭及 EDTA 配位剂，加热脱色，以除去色素和一些金属离子杂质。过滤除杂，滤液用稀碱液中和至 pH 为 4.6 左右，胱氨酸结晶析出。如果一次精制未能制得白色的胱氨酸，可以重复精制一次。

在胱氨酸的提取步骤中探索不同酸度(猪毛与盐酸的质量比)、不同提取时间和温度对提取率的影响。在脱色精制步骤中，可以考查活性炭用量及脱色时间对脱色效果及回收率的影响。

(2)产品质量检测　参考我国药典中胱氨酸质量标准中的测定方法进行检测，主要包括形状、酸度、纯度、溶液透光率等。应当在保证产品质量一致的基础上，考查工艺条件对回收率的影响。

四、结果与讨论

(1)提交合格的产品，撰写研究性实验报告。

(2)讨论不同工艺条件对胱氨酸产品质量及回收率的影响。

(3)产品质量检测结果及分析。

五、思考题

(1)中和沉淀时出现絮状胶质沉淀，应如何调整工艺，以避免出现这样的状况？

(2)滤液用碱中和以析出胱氨酸时，哪些因素影响胱氨酸的品质？实验中应注意哪些细节？

(3)用活性炭脱色时，活性炭用量及加热时间对脱色效果有什么影响？

9.9　食物中几种重要元素的检验(研究性实验)

一、实验目的

(1)通过实验了解食物中某些重要元素的检验方法。

(2)验证某些元素化学性质的检验方法。

(3)综合训练查阅文献、设计方案、实验操作的能力。

二、实验原理

人们每天通过饮食摄入大量的碳水化合物，同时也会摄入多种其他元素。铝、铅等有害元素也会通过食物链进入人体。目前已知的人体必需微量元素有 18 种，包括铁、锌、铜、氟、锡、钴等。尽管微量元素在人体内含量极小，但都具有特殊的生理功能，对维持人体的新陈代谢、机体的功能、免疫能力具有重要的作用。

钙是构成骨骼的重要物质，参与神经递质的合成与释放，激素的合成与分泌；参与肌肉的收缩过程等。缺钙会导致营养不良、佝偻病、人体免疫力下降等。铁是人体必需且含量最多的微量元素，是血红蛋白的重要组成部分，能够增强白细胞抵抗病菌的能力；维持人体细胞的正常功能；参与氧气的运输。缺铁会导致各种贫血症，抵抗力和免疫力下降。铁广泛地存在于动物性和植物性食品中。锌在人体内的分布范围广泛，能够促进蛋白质的合成和制造胰岛素；组成多种酶；调节体液酸碱度；促进胶原蛋白的生成。缺锌会出现厌食偏食、嗅觉味觉失灵等症状；致使免疫力下降，引发动脉硬化和贫血症等疾病。一般坚果、豆类、谷物中含量较多，如小麦、玉米中的锌主要存在于胚芽和皮中。碘在人体内主要分布于甲状腺中，能够维持甲状腺激素的正常分泌；维持细胞的正常代谢过程以及体内能量的转化。缺碘会引起甲状腺肿，甚至造成智力低下。但是过量地摄取碘也会影响甲状腺的功能，致使甲状腺机能受损，进而产生疾病。碘的来源比较丰富，如加碘的食盐、海带等海产品。铝在人体中积累，可使人慢性中毒，引起痴呆、骨痛、贫血、甲状腺功能降低、胃液分泌减少等多种疾病。摄入过量的铝还会影响人体对磷的吸收和能量代谢，并损害心脏。当铝进入人体后，可形成牢固的难以消化的配位化合物，使其毒性增加。铅侵入人体后，绝大部分形成难溶的磷酸铅，沉积于骨骼，产生积累作用。铅主要损害骨髓造血系统和神经系统，危害极大。

本实验将设计合适的方法检验几种常见食品中的重要元素。

三、实验步骤

查阅相关的文献资料，综合文献资料中的相关内容，结合自己对本实验内容的认识及方案设计提示，针对以下问题提出实验方案，拟定具体实验步骤及实验中应注意的问题等，经指导教师审阅后进行实验。

（1）食物中必需微量元素的检验

① 大豆中铁的检验：大豆是营养丰富的食物，各类豆制品更是人们喜爱的大众化食品。大豆富含植物性蛋白质，不含胆固醇，还含有一些人体所必需的微量元素，如铁、锌、铬等。大豆中的铁经样品的灰化、酸浸处理后转化为 Fe^{3+}，与 SCN^- 反应生成血红色配合物。

$$Fe^{3+} + SCN^- \longrightarrow [Fe(SCN)]^{2+}$$

设计大豆灰化方法和铁含量的定量检验方法，并完成检验。

② 谷物中锌的检验：坚果、豆类、谷物中锌含量较多。锌的检验可采用双硫腙显色法。锌与双硫腙在 $pH = 4.5 \sim 5$ 时反应生成紫红色配合物：

该配合物能溶于 CCl_4 等有机溶剂中，故可用有机溶剂萃取。但 Pb^{2+}、Fe^{2+}、Hg^{2+}、Ca^{2+}、Cu^{2+} 等离子有干扰作用。

设计谷物的处理方法及锌含量的定量检验方法，特别设计干扰离子的掩蔽方法，并完成检验。

③ 海带中碘的检验：海带是营养价值和经济价值都较高的食物，碘含量较高。海带在碱性条件下灰化，其中的碘被还原为 I^-。将生成的碘化物在酸性条件下用 $K_2Cr_2O_7$ 氧化，

I⁻被氧化成 I_2，I_2 与淀粉形成蓝色化合物或用 CCl_4 萃取，在 CCl_4 层呈现玫瑰红色。

$$6I^- + Cr_2O_7^{2-} + 14H^+ \longrightarrow 2Cr^{3+} + 3I_2 + 7H_2O$$

设计海带的灰化方法及其中碘含量的定量检验方法，并完成检验。

(2)食物中有害元素的检验

① 油条中铝的检验：油条(或油饼)是很多人经常食用的大众化食品。为了使油条松脆可口，通常加入明矾[$KAl(SO_4)_2 \cdot 12H_2O$]和苏打($Na_2CO_3 \cdot 10H_2O$)，因而油条含有铝元素。

$$Al^{3+} + 3H_2O \Longrightarrow Al(OH)_3 + 3H^+$$

$$2H^+ + CO_3^{2-} \longrightarrow H_2O + CO_2\uparrow$$

设计油条的灰化方法及其中铝含量的定量检验方法，并完成检验。

② 松花蛋中铅的检验：松花蛋是一种具有特殊风味的食品，但制作工艺使其易受到铅的污染。在中性或弱碱性条件下，铅离子可与双硫腙形成一种疏水的红色配合物：

该配合物可用 CCl_4 或 $CHCl_3$ 萃取。由于双硫腙是一种广泛配位剂，用它检验 Pb^{2+} 时，Fe^{3+}、Hg^{2+}、Cd^{2+}、Cu^{2+}、Zn^{2+} 等离子对检验有干扰。

设计松花蛋的处理方法及铅含量的定量检验方法，特别设计干扰离子的掩蔽方法，并完成检验。

(3)茶叶中低含量元素的鉴定　茶叶属植物类有机体，主要由 C、H、O、N 等元素组成，还含有微量的 Fe、Al、Ca、Mg、P 等少量元素。对茶叶中低含量元素检验时，茶叶必须要先进行"灰化"。灰化后，用酸溶解，可得到浸取液。

设计茶叶灰化的方法、鉴别浸取液中 Fe、Al、Ca、Mg、P 的方法，特别注意其中 Fe^{3+} 对 Al^{3+} 的干扰，完成元素的定性鉴定。

四、结果与讨论

(1)撰写研究性实验报告。

(2)根据实验结果，总结自己设计的实验方法的优缺点，并提出改进意见。

五、思考题

(1)加工油条时加入明矾的作用是什么？

(2)简述松花蛋的加工工艺。

(3)海带为什么可以治大脖子病？

(4)茶叶中还有哪些元素？如何鉴定？

9.10　几种常见食品安全问题的化学检验(研究性实验)

一、实验目的

(1)了解日常生活中遇到的不同化学问题，并会运用化学知识及化学实验技术进行分析，加以解决。

(2)综合训练查阅文献、设计方案、实验操作的能力。

二、实验原理

在食品种类日益丰富、生产技术日益多样的情况下，人们面临的食品质量和食品安全问题日益增多。食品安全和人体健康有着千丝万缕的联系。不安全的食品将会造成疾病和营养不良的恶性循环。例如，食品制造过程中，滥用非食品加工用化学添加剂；使用劣质原料，掺杂低成本物质，以次充好或掺假；超量使用食品添加剂等。本实验选取四种容易出现质量问题和安全问题的典型的日常食品，通过化学方法进行质量检验。

(1)牛奶的质量和安全问题　牛奶是一种营养丰富、老幼皆宜的食品。纯牛奶为白色或浅黄色均匀胶体溶液，无沉淀、无凝块、无杂质，具有较轻微的甜味。由于其特殊的相容性，牛奶中可以添加多种物质以降低生产成本，不但降低牛奶的营养价值和风味，影响牛奶的加工性能和产品的品质，甚至可损害消费者的健康、造成食物中毒以致危及人的生命。

牛奶的掺杂物有 50 多种，其中以掺水、碱、盐、糖、淀粉、豆浆、尿素等物质较为常见，并且以混合物掺杂现象较为普遍。例如牛奶中若掺入豆浆，尽管此时牛奶的密度、蛋白质含量变化不大，可能仍在正常范围内，但成本大幅降低。由于豆浆中几乎不含淀粉，而含约 25% 其他碳水化合物(主要是棉籽糖、水苏糖、蔗糖、阿拉伯半乳聚糖等)，它们遇碘后显暗绿色，利用这种变化可定性地检验牛奶中是否掺入了豆浆。鲜牛奶掺水之后比重降低，掺入蔗糖可以提高牛奶的比重，从而隐蔽掺水的情况。蔗糖的检查可用两种方法：①蔗糖遇间二苯酚生成一种红色化合物；②蔗糖遇钼酸铵生成一种蓝色物质。

(2)蜂蜜的质量问题　蜂蜜是营养丰富的保健食品，主要成分葡萄糖和果糖占 65%～81%，蔗糖约占 8%，水占 16%～25%，糖精、非糖物质、矿物质和有机酸约占 5%，此外还含有少量酵素、芳香物质、维生素及花粉粒等，因所采花粉不同，其成分也有一定差异，但其密度为 $1.401～1.433 \ g \cdot mL^{-1}$。蜂蜜也常有掺杂造假情况，例如掺蔗糖、掺淀粉类物质、掺增稠剂等廉价物质。掺杂后的蜂蜜外观和口感会发生变化，掺杂物质可通过化学检验证实。例如人为地将蔗糖熬成糖浆掺入蜂蜜中，掺糖蜂蜜遇 $AgNO_3$ 溶液，有絮状物产生，可证明此蜂蜜中掺有蔗糖。而掺米汤、糊精及淀粉类物质的蜂蜜样品遇 $I_2 - KI$ 试剂，有蓝色、蓝紫色或红色出现。掺有增稠剂羧甲基纤维素钠(CMC－Na)的蜂蜜试样加入酒精后，与盐酸产生白色沉淀，与硫酸铜溶液产生绒毛状浅蓝色沉淀，两项试验皆出现相应现象，说明被检测样品中掺有羧甲基纤维素钠。

(3)食用油的质量问题　在价格较高的食用油里加入廉价油料，是食用油存在的主要质量和安全问题。例如加入棕榈油、脱毒棉籽油甚至矿物油，或者在芝麻油或花生油里加入大豆油。可采用化学方法加以鉴别。豆油溶于三氯甲烷后，可与硝酸钾溶液发生乳化作用使乳浊液呈现柠檬黄色；而芝麻油、花生油和玉米油的乳浊液呈现白色。将食用油试样溶解于含 1% 硫黄的二硫化碳溶液后，若棉籽油存在，可与吡啶或戊醇共热呈红色或橘红色。将油品放置在 1～9 ℃下，可凝固，然后置于 13～14 ℃恒温水浴中，花生油可熔化，棕榈油却不熔化，据此可区分食用油里是否有棕榈油。可以采用皂化法鉴定食用油中是否含有矿物油，因为食用油可与 30% 氢氧化钾溶液及乙醇发生皂化反应，而矿物油则不能皂化。也可用荧光法鉴定食用油中的矿物油，因为矿物油有荧光反应，而植物油均无荧光。

(4)滥用食用色素的问题　为改善食品的感官性，提高商品的市场价值，在食品制作过程中常会使用食用色素。食用色素可分为天然色素与合成色素，天然色素主要由植物组织、动物和微生物中提取，成本较高，在生产中的用量较少，不足色素总用量的 20%。合成色素是指用化学合成方法所制得的色素，主要以苯胺染料为原料制成，从结构上分为偶氮类、氧蒽类和二苯甲烷类等。食品安全国家标准《食品添加剂使用标准》(GB 2760—2014)规定了食用色素使用范围及用量。食用色素在最大使用限量范围内添加并不会对人体造成危害，但是，有不法商家使用非食用色素代替价格相对昂贵的食用色素添加到食品中，或者过量添加食用色素，长期食用会对人体的主要脏器造成损害。食品安全国家标准《食品中合成着色剂的测定》(GB/T 5009.35—2016)中规定新红、柠檬黄、苋菜红、胭脂红、日落黄、赤藓红、亮蓝、靛蓝等八种合成色素的三种检测方法，分别为高效液相色谱法、薄层色谱法、示波极谱法。

三、实验步骤

查阅文献资料，综合文献资料中的相关内容，结合自己对本实验内容的认识，针对以下问题提出实验方案，拟定具体操作步骤、产品性能检验方法以及实验中应注意的问题等，经指导教师审阅后进行实验。

(1)牛奶中掺豆浆、掺蔗糖的检验。实验室提供牛奶，其中可能掺有豆浆、蔗糖的一种或两种。

(2)检验实验室提供的蜂蜜中是否掺有蔗糖、米汤、糊精及其他淀粉类物质、增稠剂。

(3)实验室提供几种油品，鉴定其种类。

(4)检测实验室提供的食品和饮料中所含色素的种类及含量。

四、结果与讨论

(1)撰写研究性实验报告。

(2)根据实验结果，总结自己设计的实验方法的优缺点，并提出改进意见。

五、思考题

(1)写出蔗糖与间苯二酚反应生成红色化合物的方程式。

(2)为什么矿物油不会发生皂化反应？为什么矿物油在荧光灯下会发出荧光？

(3)合成色素对人体有哪些危害？

附　录

附录1　基本物理常数

物　理　量	符号	数值及单位
阿伏伽德罗(Avogadro)常数	N_A	$6.022\ 045 \times 10^{23} mol^{-1}$
里德堡(Rydberg)常数	R_∞	$1.097\ 373\ 177 \times 10^7 m^{-1}$
普朗克(Planck)常数	h	$6.626\ 176 \times 10^{-34} J \cdot s$
爱因斯坦(Einstein)常数	E	$8.987\ 55 \times 10^{18} J \cdot kg^{-1}$
玻耳兹曼(Boltzmann)常数	k	$1.380\ 662 \times 10^{-23} J \cdot K^{-1}$
法拉第(Faraday)常数	F	$9.648\ 456 \times 10^4 C \cdot mol^{-1}$
玻尔(Bohr)半径	a_0	$5.291\ 770\ 6 \times 10^{-11} m$
玻尔(Bohr)磁子	μ_B	$4.359\ 81 \times 10^{-18} J$
核磁子	μ_N	$2.374\ 43 \times 10^{-21} J$
摩尔气体常数	R	$8.314\ 41 J \cdot mol^{-1} \cdot K^{-1}$
标准状况($p=101\ 325 Pa$、$T=273.15K$)下，理想气体的摩尔体积	V_m	$22.413\ 83 \times 10^{-3} m^3 \cdot mol^{-1}$
标准重力加速度	g_n	$9.806\ 65 m \cdot s^{-2}$
真空中的光速度	c	$2.997\ 924\ 58 \times 10^8 m \cdot s^{-1}$
电子电荷	e	$1.602\ 189\ 2 \times 10^{-19} C$
电子半径	r_e	$2.817\ 938 \times 10^{-15} m$
电子静止质量	m_e	$9.109\ 534 \times 10^{-31} kg$
质子静止质量	m_p	$1.672\ 648\ 5 \times 10^{-27} kg$
中子静止质量	m_n	$1.674\ 954\ 3 \times 10^{-27} kg$
原子质量单位	u	$1.660\ 565\ 5 \times 10^{-27} kg$（$^{12}C$原子质量的$\frac{1}{12}$）

数据录自 Robert C. Weast，CRC Handbook of Chemistry and Physics，66th ed.，1985—1986。

附录2　元素的相对原子质量

（以$^{12}C=12$为基准）

原子序数	元素名称	元素符号	相对原子质量	原子序数	元素名称	元素符号	相对原子质量
1	氢 hydrogen	H	1.007 94(7)	12	镁 magnesium	Mg	24.305 0(6)
2	氦 helium	He	4.002 602(2)	13	铝 aluminium	Al	26.981 539(5)
3	锂 lithium	Li	6.941(2)	14	硅 silicon	Si	28.085 5(3)
4	铍 beryllium	Be	9.012 182(3)	15	磷 phosphorus	P	30.973 762(4)
5	硼 boron	B	10.811(5)	16	硫 sulfur	S	32.066(6)
6	碳 carbon	C	12.011(1)	17	氯 chlorine	Cl	35.452 7(9)
7	氮 nitrogen	N	14.006 747(7)	18	氩 argon	Ar	39.948(1)
8	氧 oxygen	O	15.999 4(3)	19	钾 potassium	K	39.098 3(1)
9	氟 fluorine	F	18.998 403 2(9)	20	钙 calcium	Ca	40.078(4)
10	氖 neon	Ne	20.179 7(6)	21	钪 scandium	Sc	44.955 910(9)
11	钠 sodium	Na	22.989 768(6)	22	钛 titanium	Ti	47.88(3)

（续）

原子序数	元素名称	元素符号	相对原子质量	原子序数	元素名称	元素符号	相对原子质量
23	钒 vanadium	V	50.941 5(1)	64	钆 gadolinium	Gd	157.25(3)
24	铬 chromium	Cr	51.996 1(6)	65	铽 terbium	Tb	158.925 34(3)
25	锰 manganese	Mn	54.938 05(1)	66	镝 dysprosium	Dy	162.50(3)
26	铁 iron	Fe	55.847(3)	67	钬 holmium	Ho	164.930 32(3)
27	钴 cobalt	Co	58.933 20(1)	68	铒 erbium	Er	167.26(3)
28	镍 nickel	Ni	58.69(1)	69	铥 thulium	Tm	168.934 21(3)
29	铜 copper	Cu	63.546(3)	70	镱 ytterbium	Yb	173.04(3)
30	锌 zinc	Zn	65.39(2)	71	镥 lutetium	Lu	174.967(1)
31	镓 gallium	Ga	69.723(4)	72	铪 hafnium	Hf	178.49(2)
32	锗 germanium	Ge	72.61(2)	73	钽 tantalum	Ta	180.947 9(1)
33	砷 arsenic	As	74.921 59(2)	74	钨 tungsten	W	183.85(3)
34	硒 selenium	Se	78.96(3)	75	铼 rhenium	Re	186.207 (1)
35	溴 bromine	Br	79.904(1)	76	锇 osmium	Os	190.2 (1)
36	氪 krypton	Kr	83.80(1)	77	铱 iridium	Ir	192.22 (3)
37	铷 rubidium	Rb	85.467 8(3)	78	铂 platinum	Pt	195.08(3)
38	锶 strontium	Sr	87.62(1)	79	金 gold	Au	196.966 54(3)
39	钇 yttrium	Y	88.905 85(2)	80	汞 mercury	Hg	200.59(3)
40	锆 zirconium	Zr	91.224(2)	81	铊 thallium	Tl	204.383 3(2)
41	铌 niobium	Nb	92.906 38(2)	82	铅 lead	Pb	207.2(1)
42	钼 molybdenum	Mo	95.94(1)	83	铋 bismuth	Bi	208.980 37(3)
43	锝 technetium	Tc	[97.907]	84	钋 polonium	Po	[208.98]
44	钌 ruthenium	Ru	101.07(2)	85	砹 astatine	At	[209.99]
45	铑 rhodium	Rh	102.905 50(3)	86	氡 radon	Rn	[222.02]
46	钯 palladium	Pd	106.42(1)	87	钫 francium	Fr	[223.02]
47	银 silver	Ag	107.868 2(2)	88	镭 radium	Ra	226.025 4(1)
48	镉 cadmium	Cd	112.411(8)	89	锕 actinium	Ac	227.027 8(1)
49	铟 indium	In	114.82(1)	90	钍 thorium	Th	232.038 1(1)
50	锡 tin	Sn	118.710(7)	91	镤 protactinium	Pa	231.035 88(2)
51	锑 antimony	Sb	121.75(3)	92	铀 uranium	U	238.028 9(1)
52	碲 tellurium	Te	127.60(3)	93	镎 neptunium	Np	237.048 2(1)
53	碘 iodine	I	126.904 47(3)	94	钚 plutonium	Pu	[244.06]
54	氙 xenon	Xe	131.29(2)	95	镅 americium	Am	[243.06]
55	铯 caesium	Cs	132.905 43(5)	96	锔 curium	Cm	[247.07]
56	钡 barium	Ba	137.327(7)	97	锫 berkelium	Bk	[247.07]
57	镧 lanthanum	La	138.905 5(2)	98	锎 californium	Cf	[251.08]
58	铈 cerium	Ce	140.115(4)	99	锿 einsteinium	Es	[252.08]
59	镨 praseodymium	Pr	140.907 65(3)	100	镄 fermium	Fm	[257.10]
60	钕 neodymium	Nd	144.24(3)	101	钔 mendelevium	Md	[258.10]
61	钷 promethium	Pm	[144.91]	102	锘 nobelium	No	[259.10]
62	钐 samarium	Sm	150.36(3)	103	铹 lawrencium	Lr	[262.11]
63	铕 europium	Eu	151.965(9)				

注：（1）相对原子质量录自 1995 年国际相对原子质量表，末位数的准确度注在其后的小括号内。

（2）相对原子质量加中括号的为半衰期最长的同位素的相对原子质量。

附录3　不同温度下水的饱和蒸气压

$t/℃$	p/kPa	$t/℃$	p/kPa	$t/℃$	p/kPa	$t/℃$	p/kPa	$t/℃$	p/kPa
0	0.61	21	2.49	42	8.20	63	22.85	84	55.57
1	0.67	22	2.64	43	8.64	64	23.90	85	57.81
2	0.71	23	2.8l	44	9.10	65	25.00	86	60.12
3	0.76	24	2.98	45	9.58	66	26.41	87	62.49
4	0.81	25	3.17	46	10.08	67	27.33	88	64.94
5	0.87	26	3.36	47	10.61	68	28.55	89	67.47
6	0.93	27	3.57	48	11.17	69	29.82	90	70.10
7	1.00	28	3.78	49	11.73	70	31.16	91	72.81
8	1.07	29	4.01	50	12.33	71	32.52	92	75.59
9	1.15	30	4.24	51	12.96	72	33.94	93	78.48
10	1.23	31	4.49	52	13.61	73	35.42	94	81.45
11	1.31	32	4.76	53	14.30	74	36.95	95	84.52
12	1.40	33	5.03	54	15.00	75	38.54	96	87.67
13	1.50	34	5.32	55	15.73	76	40.19	97	90.94
14	1.60	35	5.62	56	16.51	77	41.88	98	94.30
15	1.71	36	5.94	57	17.31	78	43.61	99	97.75
16	1.82	37	6.28	58	18.15	79	45.46	100	101.33
17	1.94	38	6.62	59	19.01	80	47.34	102	108.78
18	2.06	39	6.99	60	19.92	81	49.29	104	116.67
19	2.20	40	7.37	6l	20.85	82	51.32	106	125.04
20	2.34	41	7.78	62	21.84	83	53.41	108	133.92

附录4　不同温度下水的密度

$t/℃$	$\rho/(kg·m^{-3})$	$t/℃$	$\rho/(kg·m^{-3})$	$t/℃$	$\rho/(kg·m^{-3})$
0	999.839 5	19	998.405 2	38	992.965 3
1	999.898 5	20	998.204 1	39	992.594 3
2	999.939 9	21	997.992 5	40	992.215 8
3	999.964 2	22	997.770 5	41	991.829 8
4	999.972 0	23	997.538 5	42	991.436 4
5	999.963 8	24	997.296 5	43	991.035 8
6	999.940 2	25	997.044 9	44	990.628 0
7	999.901 5	26	996.783 7	45	990.213 2
8	999.848 2	27	996.513 2	46	989.791 4
9	999.780 8	28	996.233 5	47	989.362 8
10	999.699 6	29	995.944 8	48	988.927 3
11	999.605 1	30	995.647 3	49	988.485 1
12	999.497 4	31	995.341 0	50	988.036 3
13	999.377 1	32	995.026 2	51	987.580 9
14	999.244 4	33	994.700 0	52	987.119 0
15	999.099 6	34	994.371 5	53	986.650 8
16	998.943 0	35	994.031 9	54	986.176 1
17	998.774 9	36	993.684 2	55	985.695 2
18	998.595 6	37	993.328 7	56	985.208 1

（续）

$t/℃$	$\rho/(kg \cdot m^{-3})$	$t/℃$	$\rho/(kg \cdot m^{-3})$	$t/℃$	$\rho/(kg \cdot m^{-3})$
57	984.714 9	72	976.617 3	87	967.314 8
58	984.215 6	73	976.033 2	88	966.654 7
59	983.710 2	74	975.443 7	89	965.989 8
60	983.198 9	75	974.899 0	90	965.320 1
61	982.681 7	76	974.249 0	91	964.645 7
62	982.158 6	77	973.643 9	92	963.966 4
63	981.629 7	78	973.033 6	93	963.282 5
64	981.095 1	79	972.418 3	94	962.593 8
65	980.554 8	80	971.797 8	95	961.900 4
66	980.008 9	81	971.172 3	96	961.202 3
67	979.457 3	82	970.541 7	97	960.499 6
68	978.900 3	83	969.906 2	98	959.792 3
69	978.337 7	84	969.265 7	99	959.080 3
70	977.769 6	85	968.620 3	100	958.363 7
71	977.196 2	86	967.970 0		

附录 5　纯水的电导率($\kappa_{p,t}$)及换算系数(α_t)

$t/℃$	$\kappa_{p,t}/(mS \cdot m^{-1})$	α_t	$t/℃$	$\kappa_{p,t}/(mS \cdot m^{-1})$	α_t
10	0.002 30	1.412	22	0.004 66	1.067
12	0.002 60	1.346	24	0.005 19	1.021
14	0.002 92	1.283	26	0.005 78	0.980
16	0.003 30	1.224	28	0.006 40	0.941
18	0.003 70	1.168	30	0.007 12	0.906
20	0.004 18	1.116	32	0.007 84	0.875

注：α_t 是不同温度水的电导率换算成 25 ℃（即参考温度）时电导率的换算系数，其计算公式为

$$\kappa_{25} = \alpha_t(\kappa_t - \kappa_{p,t}) + 0.005\ 48$$

附录 6　常用酸碱溶液的浓度

名　称	$\rho/(g \cdot cm^{-3})$	质量分数/%	$c/(mol \cdot L^{-1})$
浓硫酸	1.84	95～66	18
稀硫酸	1.18	25	3
稀硫酸	1.06	9	1
浓盐酸	1.19	38	12
稀盐酸	1.10	20	6
稀盐酸	1.03	7	2
浓硝酸	1.40	65	14
稀硝酸	1.20	32	6
稀硝酸	1.07	12	2
浓磷酸	1.7	85	15
稀磷酸	1.05	9	1
稀高氯酸	1.12	19	2

（续）

名　称	$\rho/(g \cdot cm^{-3})$	质量分数/%	$c/(mol \cdot L^{-1})$
浓氢氟酸	1.13	40	23
氢溴酸	1.38	40	7
氢碘酸	1.70	57	7.5
冰醋酸	1.05	90~100	17.5
稀醋酸	1.04	35	6
稀醋酸	1.02	12	2
浓氢氧化钠	1.36	33	11
稀氢氧化钠	1.09	8	2
浓氨水	0.88	35	18
浓氨水	0.91	25	13.5
稀氨水	0.96	11	6
稀氨水	0.99	3.5	2

附录7　常见指示剂的性质

（一）常见酸碱指示剂

指示剂名称	pH 变色范围	配制方法
溴酚蓝	2.8~4.6(黄→蓝绿)	称溴酚蓝 0.1 g，加 0.05 mol·L^{-1} NaOH 溶液 3.0 mL，使溶解，用水稀释至 200 mL
甲基黄	2.9~4.0(红→黄)	称甲基黄 0.1 g，加乙醇 100 mL 溶解
刚果红	3.0~5.0(蓝→红)	称刚果红 0.5 g，加 10%乙醇 100 mL 溶解
甲基橙	3.1~4.4(红→黄)	称甲基橙 0.1 g，加水 200 mL 溶解
溴酚蓝	3.1~4.6(黄→紫)	称溴酚蓝 0.1 g，加 0.05 mol·L^{-1} NaOH 溶液 3.0 mL，使溶解，用水稀释至 200 mL
溴甲酚绿	3.6~5.4(黄→蓝)	称溴甲酚绿 0.1 g，加 0.05 mol·L^{-1} NaOH 溶液 2.8 mL，使溶解，用水稀释至 200 mL
甲基红	4.4~6.2(红→黄)	称甲基红 0.1 g，加 0.05 mol·L^{-1} NaOH 溶液 7.4 mL，使溶解，用水稀释至 200 mL
石蕊	4.5~8.0(红→蓝)	称石蕊粉末 10 g，加乙醇 40 mL，回流煮沸 1 h，静置，倾去上层清液，再用同一方法处理 2 次，每次用乙醇 30 mL，煮沸，冷却，过滤
溴甲酚紫	5.2~6.8(黄→紫)	称溴甲酚紫 0.1 g，加 0.02 mol·L^{-1} NaOH 溶液 20 mL，使溶解，用水稀释至 100 mL
溴百里酚蓝	6.0~7.6(黄→蓝)	称溴百里酚蓝 0.1 g，加 20%乙醇溶液 100 mL，使溶解
中性红	6.8~8.0(红→橙黄)	称中性红 0.5 g，加水溶解成 100 mL
酚酞	8.0~10.0(无色→红)	称酚酞 1 g，加乙醇 100 mL 溶解
百里酚蓝	1.2~2.8(红→黄)(第一次变色) 8.0~9.6(黄→蓝)(第二次变色)	称百里酚蓝 0.1 g，加 0.05 mol·L^{-1} NaOH 溶液 4.3 mL，使溶解，用水稀释至 200 mL
百里酚酞	9.3~10.5(无色→蓝)	称百里酚酞 0.1 g，加乙醇 100 mL 使溶解

(二)常见混合酸碱指示剂

指示剂溶液的组成	变色点 pH	颜色变化		备　注
		酸色	碱色	
一份 0.1%甲基黄乙醇溶液 一份 0.1%次甲基蓝乙醇溶液	3.3	蓝紫	绿	pH＝3.2 蓝紫色 pH＝3.4 绿色
一份 0.1%甲基橙水溶液 一份 0.25%靛蓝二磺酸水溶液	4.1	紫	黄绿	
一份 0.1%溴甲酚绿钠盐水溶液 一份 0.2%甲基橙水溶液	4.3	橙	蓝绿	pH＝3.5 黄色 pH＝4.05 绿色 pH＝4.3 蓝绿色
三份 0.1%溴甲酚绿乙醇溶液 一份 0.2%次甲基红乙醇溶液	5.1	酒红	绿	
一份 0.1%溴甲酚绿钠盐水溶液 一份 0.1%绿酚红钠盐水溶液	6.1	蓝绿	蓝紫	pH＝5.4 蓝绿色 pH＝5.8 蓝色 pH＝6.2 蓝紫色
一份 0.1%溴甲酚紫钠盐水溶液 一份 0.1%溴百里酚蓝钠盐水溶液	6.7	黄	蓝紫	pH＝6.2 黄紫色 pH＝6.6 紫色 pH＝6.8 蓝紫色
一份 0.1%中性红乙醇溶液 一份 0.1%次甲基蓝乙醇溶液	7.0	蓝紫	绿	pH＝7.0 蓝紫色
一份 0.1%溴百里酚蓝钠盐水溶液 一份 0.1%酚红钠盐水溶液	7.5	黄	绿	pH＝7.2 暗绿色 pH＝7.4 淡紫色 pH＝7.6 深紫色
一份 0.1%甲酚红钠盐水溶液 三份 0.1%百里酚蓝钠盐水溶液	8.3	黄	紫	pH＝8.2 玫瑰红 pH＝8.4 紫色 变色点微红色
一份 0.1%酚酞乙醇溶液 二份 0.1%甲基绿乙醇溶液	8.9	绿	紫	pH＝8.8 浅蓝色 pH＝9.0 紫色
一份 0.1%百里酚蓝 50%乙醇溶液 三份 0.1%酚酞 50%乙醇溶液	9.0	黄	紫	从黄到绿，再到紫
一份 0.1%酚酞乙醇溶液 一份 0.2%尼罗蓝乙醇溶液	10.0	蓝	红	pH＝10.0 紫色

(三)常见氧化还原指示剂

指示剂名称	变色点 $\varphi^{\ominus}/V$	颜色变化		配　制　方　法
		氧化型	还原型	
中性红	0.24	红	无色	配成 0.05%乙醇溶液
次甲基蓝	0.36	蓝	无色	配成 0.05%水溶液
二苯胺	0.76	紫	无色	1 g 二苯胺配成 1%浓 H_2SO_4 溶液

（续）

指示剂名称	变色点 $\varphi^{\ominus}/V$	颜色变化 氧化型	颜色变化 还原型	配　制　方　法
二苯胺磺酸钠	0.85	紫红	无色	称取 0.5 g 二苯胺磺酸钠，溶于 100 mL 水中，必要时过滤备用。用时现配
N-邻苯氨基苯甲酸	1.08	紫红	无色	0.2 g 加热溶于 100 mL 3% Na_2CO_3 溶液中，过滤，可保存几个月
邻二氮菲亚铁	1.06	浅蓝	红	1.485 g 邻二氮菲加 0.695 g $FeSO_4 \cdot 7H_2O$，溶于 100 mL 水中（0.025 mol·L^{-1}）
5-硝基邻二氮菲亚铁	1.25	浅蓝	紫红	1.608 g 5-硝基邻二氮菲加 0.695 g $FeSO_4 \cdot 7H_2O$，溶于 100 mL 水中（0.025 mol·L^{-1}）

（四）常见金属离子指示剂

指示剂名称	待测金属离子	颜色变化	测定条件	配制方法
酸性铬蓝 K	Ca	红→蓝	pH=12	配成 0.1% 乙醇溶液
	Mg	红→蓝	pH=10（氨缓冲溶液）	
K-B 指示剂	Ca	绿红→绿蓝	pH=12	0.4 g 萘酚绿和 0.2 g 酸性铬蓝 K 溶于 100 mL 水中
	Mg	绿红→绿蓝	pH=10（氨缓冲溶液）	
钙指示剂	Ca	酒红→蓝	pH>12（NaOH 溶液）	钙指示剂与 NaCl 按质量比 1∶100 研磨均匀，即得固体混合物。它的水溶液和乙醇溶液不稳定，要现用现配
双硫腙	Zn	红→绿紫	pH=4.5，50% 乙醇溶液	配成 0.03% 乙醇溶液
紫脲酸铵	Ca	红→紫	pH>10（NaOH 溶液）	紫脲酸铵与 NaCl 按质量比 1∶100 研磨均匀，即得固体混合物
	Co	黄→紫	pH=8～10（氨缓冲溶液）	
紫脲酸铵	Cu	黄→紫	pH=7～8（氨缓冲溶液）	
	Ni	黄→紫红	pH=8.5～11.5（氨缓冲溶液）	
PAN	Cd	红→黄	pH=6（乙酸缓冲溶液）	PAN 配成 0.1% 乙醇（甲醇）溶液
		紫→黄	pH=10（氨缓冲溶液）	
	Cu	红→黄	pH=6（乙酸缓冲溶液）	
	Zn	粉红→黄	pH=5～7（乙酸缓冲溶液）	
磺基水杨酸	Fe(Ⅲ)	红紫→黄	pH=1.5～2	磺基水杨酸配成 1%～2% 水溶液
二甲酚橙	Bi	红→黄	pH=1～2（HNO_3 溶液）	二甲酚橙配成 0.5%～2% 乙醇溶液或水溶液
	Cd	粉红→黄	pH=5～6（六次甲基四胺溶液）	
	Pb	红紫→黄	pH=5～6（乙酸缓冲溶液）	
	Th(Ⅳ)	红→黄	pH=1.6～3.5（HNO_3 溶液）	
	Zn	红→黄	pH=5～6（乙酸缓冲溶液）	

（续）

指示剂名称	待测金属离子	颜色变化	测定条件	配制方法
铬黑T(EBT)	Al	蓝→红	pH=7～8，吡啶存在下用 Zn^{2+} 回滴	称铬黑T 0.1g，加 NaCl 10g，研磨均匀，即得固体混合物，保存在干燥器中可长期使用
	Bi	蓝→红	pH=9～10，在吡啶存在下，用 Zn^{2+} 回滴	
	Ca	红→蓝	pH=10，加入 EDTA-Mg	
	Cd	红→蓝	pH=10(氨缓冲溶液)	
	Mg	红→蓝	pH=10(氨缓冲溶液)	
	Mn	红→蓝	氨缓冲溶液，加羟胺	
	Ni	红→蓝	氨缓冲溶液	
	Pb	红→蓝	氨缓冲溶液，加酒石酸氢钾	
	Zn	红→蓝	pH=6.8～10(氨缓冲溶液)	

附录8 离子的主要鉴定反应

(一)阴离子的主要鉴定反应

离子	试剂	鉴定反应	介质条件	主要干扰离子
Cl^-	$AgNO_3$	$Cl^- + Ag^+ = AgCl\downarrow$(白色) AgCl 溶于过量氨水或 $(NH_4)_2CO_3$ 中，用 HNO_3 酸化，沉淀重新析出	酸性介质	
Br^-	Cl_2 水，CCl_4(或苯)	$2Br^- + Cl_2 = Br_2 + 2Cl^-$ 析出的 Br_2 溶于 CCl_4(或苯)溶剂中，呈橙黄色(或橙红色)	中性或酸性介质	
I^-	Cl_2 水，CCl_4(或苯)	$2I^- + Cl_2 = I_2 + 2Cl^-$ 析出的 I_2 溶于 CCl_4(或苯)溶剂中，呈紫红色	中性或酸性介质	
SO_4^{2-}	$BaCl_2$	$SO_4^{2-} + Ba^{2+} = BaSO_4\downarrow$(白色)	酸性介质	
SO_3^{2-}	稀 HCl	$SO_3^{2-} + 2H^+ = SO_2\uparrow + H_2O$ SO_2 的检验： (1) SO_2 可使稀 $KMnO_4$ 还原而褪色； (2) SO_2 可将 I_2 还原为 I^-，使 I_2-淀粉液褪色； (3)可使品红溶液褪色。 因此，可用浸有 $KMnO_4$ 溶液，或 I_2-淀粉液，或品红溶液的试纸检验	酸性介质	$S_2O_3^{2-}$、S^{2-} 存在干扰鉴定
	$Na_2[Fe(CN)_5NO]$，$ZnSO_4$，$K_4[Fe(CN)_6]$	生成红色沉淀	中性介质	$Na_2[Fe(CN)_5NO]$ 与 S^{2-} 生成紫红色配合物，干扰 SO_3^{2-} 鉴定

（续）

离子	试剂	鉴定反应	介质条件	主要干扰离子
$S_2O_3^{2-}$	稀 HCl	$S_2O_3^{2-}+2H^+=SO_2\uparrow+S+H_2O$，反应中因有硫析出而使溶液变浑浊	酸性介质	SO_3^{2-}、S^{2-} 共存有干扰
	$AgNO_3$	$2Ag^++S_2O_3^{2-}=Ag_2S_2O_3\downarrow$（白） $Ag_2S_2O_3$ 沉淀不稳定，生成后立即发生水解，且这种水解常伴随着显著的颜色变化，由白→黄→棕，最后变为黑色物质 Ag_2S： $Ag_2S_2O_3+H_2O==Ag_2S$（黑）$+2H^++SO_4^{2-}$	中性介质	S^{2-} 存在干扰鉴定
S^{2-}	稀 HCl	$S^{2-}+2H^+=H_2S\uparrow$ H_2S 气体的检验：(1) 根据 H_2S 气体的特殊气味；(2) H_2S 气体可使蘸有 $Pb(NO_3)_2$ 或 $Pb(Ac)_2$ 的试纸变黑	酸性介质	SO_3^{2-}、$S_2O_3^{2-}$ 存在有干扰
	$Na_2[Fe(CN)_5NO]$	$S^{2-}+[Fe(CN)_5NO]^{2-}=[Fe(CN)_5NOS]^{4-}$（紫红）	碱性介质	
NO_2^-	对氨基苯磺酸，α-萘胺	$NO_2^-+H_2N-\!\!\bigcirc\!\!-SO_3H+$ $H_2N-\!\!\bigcirc\!\!\bigcirc$ $+H^+$ （先加）　　　（后加） $\rightarrow H_2N-\!\!\bigcirc\!\!\bigcirc-N=N-\!\!\bigcirc\!\!-SO_3H+2H_2O$ 红色	中性或醋酸介质	MnO_4^- 等强氧化剂存在有干扰
NO_3^-	$FeSO_4$ 固体，浓 H_2SO_4	$NO_3^-+3Fe^{2+}+4H^+=3Fe^{3+}+NO+2H_2O$ $Fe^{2+}+NO=[Fe(NO)]^{2+}$（棕色） 在 $FeSO_4$ 固体与液体分层处形成棕色环	酸性介质	NO_2^- 有同样的反应，妨碍鉴定
CO_3^{2-}	稀 HCl（或稀 H_2SO_4）	$CO_3^{2-}+2H^+=CO_2\uparrow+H_2O$ $CO_2+2OH^-+Ba^{2+}=BaCO_3\downarrow$（白色）$+H_2O$	酸性介质	
PO_4^{3-}	$AgNO_3$	$3Ag^++PO_4^{3-}=Ag_3PO_4\downarrow$	中性或弱酸性介质	CrO_4^{2-}、AsO_4^{3-}、AsO_3^{3-}、I^-、$S_2O_3^{2-}$ 等离子能与 Ag^+ 生成有色沉淀，妨碍鉴定
	$(NH_4)_2MoO_4$，HNO_3，HNO_3^*	$PO_4^{3-}+3NH_4^++12MoO_4^{2-}+24H^+==$ $(NH_4)_3PO_4\cdot12MoO_3\cdot6H_2O\downarrow+6H_2O$ ＊说明：(1) 无还原性干扰离子存在时，不必加入 HNO_3；(2) 磷钼酸铵能溶于过量磷酸盐生成配位离子，因此需加入过量钼酸铵试剂	HNO_3 介质	(1) SO_3^{2-}、$S_2O_3^{2-}$、S^{2-}、I^-、Sn^{2+} 等还原性物质存在时，易将 $(NH_4)_2MoO_4$ 还原为低价钼的化合物——钼蓝，而使溶液呈深蓝色，严重干扰 PO_4^{3-} 的检出； (2) SiO_3^{2-}、AsO_4^{3-} 与钼酸铵试剂也能形成相似的黄色沉淀，妨碍鉴定； (3) 大量 Cl^- 存在时，可与 Mo(Ⅳ) 形成配位化合物而降低反应的灵敏度

（续）

离子	试剂	鉴定反应	介质条件	主要干扰离子
SiO_3^{2-}	饱和 NH_4Cl	$SiO_3^{2-}+2NH_4^+ \xrightarrow{\triangle} H_2SiO_3 \downarrow$（白色胶状沉淀）$+$ $2NH_3 \uparrow$	碱性介质	
F^-	浓 H_2SO_4	$CaF_2+H_2SO_4 \xrightarrow{\triangle} 2HF\uparrow+CaSO_4$ ** 放出的 HF 与硅酸盐或 SiO_2 作用，则生成 SiF_4 气体，当 SiF_4 与水作用时，立即分解并转化为不溶性的硅酸沉淀而使水变浑 $Na_2SiO_3 \cdot CaSiO_3 \cdot 4SiO_2$（玻璃）$+28HF=$ $4SiF_4\uparrow+Na_2SiF_6+CaSiF_6+14H_2O$ $SiF_4+4H_2O=H_4SiO_3\downarrow+4HF$	酸性介质	** 用此方法鉴定溶液中的 F^- 时，应先将溶液蒸发至干或在 CH_3COOH 存在下用 $CaCl_2$ 沉淀 F^-，将 CaF_2 离心分离后，小心烘干，然后进行鉴定

（二）阳离子的分别鉴定法

离子	试剂	鉴定反应	介质条件	主要干扰离子
NH_4^+	NaOH	$NH_4^++OH^- \longrightarrow NH_3\uparrow+H_2O$ 气体使酚酞试纸变红	强碱性介质	—
	奈斯勒试剂	$NH_4^++2[HgI_4]^{2-}+4OH^- =\!=\!=$ $\begin{bmatrix} & Hg & \\ O & & NH_2 \\ & Hg & \end{bmatrix} I\downarrow+3H_2O+7I^-$ （红棕色）	碱性介质	Fe^{3+}、Cr^{3+}、Co^{2+}、Ni^{2+}、Ag^+、Hg^{2+} 等离子能与奈斯勒试剂生成有色沉淀，妨碍 NH_4^+ 检出
Na^+	焰色反应	挥发性钠盐在煤气灯的无色火焰中灼烧时，火焰呈黄色		
	醋酸铀酰锌	$Na^+ + Zn^{2+} + 3UO_2^{2+} + 9Ac^- + $ $9H_2O \longrightarrow 3UO_2(Ac)_2 \cdot Zn(Ac)_2 \cdot$ $NaAc \cdot 9H_2O \downarrow$（淡黄色）	中性或醋酸性溶液	大量 K^+ 存在有干扰，生成 $KAc \cdot UO_2$ $(Ac)_2$ 针状结晶，Ag^+、Hg_2^{2+}、Sb^{2+} 存在也有干扰
Na^+	$H_2SbO_4^-$	$Na^+ + H_2SbO_4^- \longrightarrow NaH_2SbO_4 \downarrow$ （白色）	中性或弱碱性介质	（1）强酸的铵盐水解后所带的微酸性能促使产生白色的 $HSbO_3$ 沉淀，干扰 Na^+ 检出； （2）碱金属外的金属离子也能生成白色沉淀干扰 Na^+ 检出
K^+	亚硝酸钴钠	$2K^+ + Na^+ + [Co(NO_2)_6]^{3-} \longrightarrow$ $K_2Na[Co(NO_2)_6] \downarrow$（亮黄色）	中性或弱酸性	Rb^+、Cs^+、NH_4^+ 能与试剂形成相似的化合物，妨碍鉴定
	四苯硼酸钠	$K^+ + [B(C_6H_5)_4]^- \longrightarrow K[B(C_6H_5)_4] \downarrow$ （白色）	在碱性、中性或稀酸溶液中进行	NH_4^+ 有类似的反应而干扰，Ag^+、Hg^{2+} 的影响可加 NaCN 消除，当 pH$=5$，若有 EDTA 存在时，其他阳离子不干扰
	焰色反应	挥发性钾盐在煤气灯的无色火焰中灼烧时，火焰呈紫色		Na^+ 存在时，K^+ 所显示的紫色被黄色遮盖，为消除黄色火焰的干扰，可透过蓝玻璃去观察

（续）

离子	试剂	鉴定反应	介质条件	主要干扰离子
Mg^{2+}	镁试剂：对硝基苯偶氮间苯二酚	 镁试剂被 $Mg(OH)_2$ 吸附后呈天蓝色，故反应结果形成天蓝色沉淀	强碱性介质	（1）除碱金属外，在强碱性介质中形成有色沉淀的离子，如 Ag^+、Hg^{2+}、Ni^{2+}、Co^{2+}、Cr^{3+}、Cu^{2+}、Mn^{2+}、Fe^{3+} 等离子对反应均有干扰； （2）大量 NH_4^+ 存在，可降低溶液中 OH^- 浓度，使 $Mg(OH)_2$ 难以析出，降低反应的灵敏度
	磷酸氢铵，氨水	$Mg^{2+}+HPO_4^{2-}+NH_3\cdot H_2O+5H_2O \longrightarrow MgNH_4PO_4\cdot 6H_2O\downarrow$（白色）	弱碱性介质，要高浓度的 PO_4^{3-} 和足够量的 NH_4^+	反应的选择性较差，除本组外，其他组很多离子都可能产生干扰
Ca^{2+}	草酸铵	$Ca^{2+}+(NH_4)_2C_2O_4 \longrightarrow 2NH_4^+ + CaC_2O_4\downarrow$（白色）	反应在 HAc 酸性、中性、碱性中进行	Mg^{2+}、Sr^{2+}、Ba^{2+} 有干扰，但 MgC_2O_4 溶于醋酸，CaC_2O_4 不溶，Sr^{2+}、Ba^{2+} 在鉴定前应除去
	乙二醛双缩[2-羟基苯胺]，简称 GBHA	 （GBHA） （红色螯合物沉淀）	$pH=12\sim 12.6$	（1）Ba^{2+}、Sr^{2+} 在相同条件下生成橙色、红色沉淀，但加入 Na_2CO_3 后，形成碳酸盐沉淀，螯合物颜色变浅，而钙的螯合物颜色基本不变； （2）Cu^{2+}、Cd^{2+}、Co^{2+}、Ni^{2+}、Mn^{2+}、UO_2^{2+} 等也与试剂生成有色螯合物而干扰，当用氯仿萃取时，只有 Cd^{2+} 的产物和 Ca^{2+} 的产物一起被萃取
Ba^{2+}	铬酸钾	$Ba^{2+}+K_2CrO_4 \longrightarrow 2K^+ + BaCrO_4\downarrow$（黄色）	$HAc-NH_4Ac$ 缓冲液	在 $HAc-NH_4Ac$ 缓冲液中进行反应
Al^{3+}	铝试剂	 （铝试剂） （红色沉淀）	$HAc-NH_4Ac$ 缓冲液	Cr^{3+}、Fe^{3+}、Bi^{3+}、Cu^{2+}、Ca^{2+} 等离子在 HAc 缓冲溶液中也能与铝试剂生成红色化合物而干扰，但加入氨水碱化后，Cr^{3+}、Cu^{2+} 的化合物即分解，加入 $(NH_4)_2CO_3$，可使 Ca^{2+} 的化合物生成 $CaCO_3$ 而分解，Fe^{3+}、Bi^{3+}（包括 Cu^{2+}）可预先加 $NaOH$ 形成沉淀而分离

（续）

离子	试剂	鉴定反应	介质条件	主要干扰离子
Al^{3+}	茜素磺酸钠(茜素 S)	 （红色沉淀）	茜素磺酸钠在氨性或碱性溶液中为紫色,在醋酸溶液中为黄色,在 $pH=5\sim5.5$ 介质中与 Al^{3+} 生成红色沉淀	Fe^{3+}、Cr^{3+}、Mn^{2+} 及大量 Cu^{2+} 有干扰,用 $K_4[Fe(CN)_6]$ 在纸上分离,由于干扰离子沉淀为难溶亚铁氰酸盐留在斑点的中心,Al^{3+} 不被沉淀,扩散到水渍区,分离干扰离子后,于水渍区用茜素磺酸钠鉴定 Al^{3+}
Cr^{3+}	硝酸铅	$Cr^{3+}+4OH^-\longrightarrow CrO_2^-+2H_2O$ $2CrO_2^-+3H_2O_2+2OH^-\longrightarrow 2CrO_4^{2-}+4H_2O$ $Pb^{2+}+CrO_4^{2-}\longrightarrow PbCrO_4\downarrow$	先调强碱性介质	形成 $PbCrO_4$ 的反应必须在弱酸性(HAc)溶液中进行
	双氧水、戊醇	$Cr_2O_7^{2-}+4H_2O_2+2H^+\longrightarrow 2H_2CrO_6+3H_2O$	H_2SO_4,$pH=2\sim3$,戊醇	H_2CrO_6 在水中不稳定,故用戊醇萃取,并在冷溶液中进行,其他离子无干扰
Fe^{3+}	六氰合铁（Ⅱ）酸钾（亚铁氰化钾）	$4Fe^{3+}+3K_4[Fe(CN)_6]\longrightarrow 12K^++Fe_4[Fe(CN)_6]_3\downarrow$（蓝色）	酸性介质	其他阳离子与试剂生成的有色化合物的颜色不及 Fe^{3+} 的鲜明,故可在其他离子存在时鉴定 Fe^{3+},如大量存在 Cu^{2+}、Co^{2+}、Ni^{2+} 等离子,也有干扰,分离后再做鉴定
Fe^{3+}	硫氰酸铵	$Fe^{3+}+6NH_4SCN\longrightarrow 6NH_4^++[Fe(SCN)_6]^{3-}$（红色溶液）	酸性溶液中进行,但不能用 HNO_3	F^-、H_3PO_4、$H_2C_2O_4$、酒石酸、柠檬酸以及含有羟基的有机酸都能与 Fe^{3+} 形成稳定的配合物而干扰。溶液中若有大量汞盐,由于形成 $[Hg(SCN)_4]^{2-}$ 而干扰,钴、镍、铬和铜盐因离子有色,或因与 SCN^- 的反应产物有颜色而降低检出 Fe^{3+} 的灵敏度
Fe^{2+}	六氰合铁（Ⅲ）酸钾（铁氰化钾）	(1)$3Fe^{2+}+2K_3[Fe(CN)_6]\longrightarrow 6K^++Fe_3[Fe(CN)_6]_2\downarrow$（蓝色）	反应在酸性溶液中进行	本法灵敏度、选择性都很高,仅在大量重金属离子存在而 $[Fe^{2+}]$ 很低时,现象不明显
	邻菲啰啉（phen）	(2)$Fe^{2+}+3phen\longrightarrow$ （橘红色溶液）	中性或微酸性介质	Fe^{3+} 微呈黄色,不干扰,但在 Fe^{3+}、Co^{2+} 同时存在时不适用。10 倍量的 Cu^{2+}、40 倍量的 Co^{2+}、140 倍量的 $C_2O_4^{2-}$、6 倍量的 CN^- 干扰反应。此法比(1)法选择性高

(续)

离子	试剂	鉴定反应	介质条件	主要干扰离子
Mn^{2+}	铋酸钠	$2Mn^{2+}+14H^{+}+5BiO_3^{-}\longrightarrow 2MnO_4^{-}$ $+5Bi^{3+}+7H_2O$(紫色溶液)	HNO_3 或 H_2SO_4 介质	(1)本组其他离子无干扰； (2)还原剂(Cl^-、Br^-、I^-、H_2O_2 等)有干扰
Zn^{2+}	四硫氰根合汞(Ⅱ)酸铵(硫氰酸汞铵)：$(NH_4)_2$ $[Hg(SCN)_4]$	$Zn^{2+}+[Hg(SCN)_4]^{2-}\longrightarrow$ $Zn[Hg(SCN)_4]\downarrow$(白色)	中性或微酸性介质	(1)Cu^{2+} 形成 $Cu[Hg(SCN)_4]$ 黄绿色沉淀，少量 Cu^{2+} 存在时，形成铜锌紫色混晶更有利于观察； (2)少量 Co^{2+} 存在时，形成钴锌蓝色混晶，有利于观察； (3)Cu^{2+}、Co^{2+} 含量大时干扰，Fe^{3+} 有干扰
	硫代乙酰胺：TAA	$Zn^{2+}+S^{2-}\longrightarrow ZnS\downarrow$(白色)，沉淀不溶于 HAc，溶于 HCl，示有 Zn^{2+}	pH＝10	铜锡组、银组离子应预先分离，本组其他离子也需分离
Co^{2+}	硫氰酸铵，戊醇	$Co^{2+}+4SCN^{-}\longrightarrow [Co(NCS)_4]^{2-}$，戊醇有机层呈蓝绿色	浓 NH_4SCN 溶液，用戊醇萃取，增加配合物的稳定性	Fe^{3+} 有干扰，加 NaF 掩蔽。大量 Cu^{2+} 也干扰。大量 Ni^{2+} 存在时溶液呈浅蓝色，干扰反应
	钴试剂：α-亚硝基-β-萘酚，有互变异构体		中性或弱酸性溶液中进行，沉淀不溶于强酸	(1)试剂须新鲜配制； (2)Fe^{3+} 与试剂生成棕黑色沉淀，溶于强酸，它的干扰也可加 Na_2HPO_4 掩蔽，Cu^{2+}、Hg^{2+} 及其他金属干扰
Ni^{2+}	丁二酮肟		在氨性溶液中进行，但氨不宜太多。沉淀溶于酸、强碱，故合适的酸度为 pH＝5～10	Fe^{2+}、Pd^{2+}、Cu^{2+}、Co^{2+}、Fe^{3+}、Cr^{3+}、Mn^{2+} 等干扰，可事先把 Fe^{2+} 氧化成 Fe^{3+}，加柠檬酸或酒石酸掩蔽 Fe^{3+} 和其他离子

（续）

离子	试剂	鉴定反应	介质条件	主要干扰离子
Cu^{2+}	六氰合铁（Ⅱ）酸钾（亚铁氰化钾）	$2Cu^{2+} + [Fe(CN)_6]^{4-} \longrightarrow Cu_2[Fe(CN)_6]\downarrow$（红棕色）	中性或弱酸性介质。沉淀不溶于稀酸，溶于氨水，生成$[Cu(NH_3)_4]^{2+}$，与强碱生成$Cu(OH)_2$	Fe^{3+}以及大量的Co^{2+}、Ni^{2+}会干扰
	吡啶（C_5H_5N），硫氰酸铵（NH_4SCN）	$Cu^{2+} + 2SCN^- + 2C_5H_5N \longrightarrow [Cu(C_5H_5N)_2(SCN)_2]\downarrow$（绿色），沉淀溶于氯仿变为绿色溶液	碱性，氯仿	无干扰
Pb^{2+}	铬酸钾	$Pb^{2+} + K_2CrO_4 \longrightarrow PbCrO_4\downarrow$（黄色）$+2K^+$	HAc介质，沉淀溶于强酸，溶于碱生成PbO_2^{2-}	Ba^{2+}、Bi^{3+}、Hg^{2+}、Ag^+等干扰
Hg^{2+}	KI-Na_2SO_3，硫酸铜	$Hg^{2+} + 2I^- \longrightarrow HgI_2\downarrow$ $HgI_2 + 2I^- \longrightarrow [HgI_4]^{2-}$ $2Cu^{2+} + 4I^- \longrightarrow 2CuI\downarrow + I_2$ $2CuI + [HgI_4]^{2-} \longrightarrow Cu_2HgI_4\downarrow$（橘黄色）$+2I^-$ 反应生成的I_2由Na_2SO_3除去	中性介质	（1）Pd^{2+}因有下面的反应而干扰：$2CuI + Pd^{2+} \Longrightarrow PdI_2 + 2Cu^+$，产生的$PdI_2$使CuI变黑； （2）CuI是还原剂，须考虑到氧化剂的干扰［Ag^+、Hg^{2+}、Au^{3+}、Pt（Ⅳ）、Fe^{3+}、Ce（Ⅳ）等］。钼酸盐和钨酸盐与CuI反应生成低氧化物（钼蓝、钨蓝）而干扰
	氯化亚锡	$4Hg^{2+} + 2Sn^{2+} + 4Cl^- \longrightarrow 2Sn^{4+} + 2Hg_2Cl_2\downarrow$（白色） $Hg_2Cl_2 + Sn^{2+} \longrightarrow Sn^{4+} + 2Cl^- + 2Hg\downarrow$（黑色）	酸性介质	（1）凡与Cl^-能形成沉淀的阳离子应先除去； （2）能与$SnCl_2$起反应的氧化剂应先除去； （3）该反应同样适用于Sn^{2+}的鉴定
Sn^{4+}、Sn^{2+}	镁片，氯化汞	$Sn^{4+} + Mg \longrightarrow Sn^{2+} + Mg^{2+}$ $4Hg^{2+} + 2Sn^{2+} + 4Cl^- \longrightarrow 2Sn^{4+} + 2Hg_2Cl_2\downarrow$（白色） $Hg_2Cl_2 + Sn^{2+} \longrightarrow Sn^{4+} + 2Cl^- + 2Hg\downarrow$（黑色）	强酸性介质	反应的特效性较好
Ag^+	盐酸，氨水，硝酸	$Ag^+ + Cl^- \longrightarrow AgCl\downarrow$（白色） $AgCl + 2NH_3 \longrightarrow [Ag(NH_3)_2]^+ + Cl^-$ $[Ag(NH_3)_2]^+ + 2H^+ + Cl^- \longrightarrow 2NH_4^+ + AgCl\downarrow$（白色）	酸性→弱碱性介质，后加硝酸	—

附录9　不同温度下纯水体积的综合换算系数

$t/℃$	$f/(mL \cdot g^{-1})$	$t/℃$	$f/(mL \cdot g^{-1})$
0	1.001 76	21	1.003 01
1	1.001 68	22	1.003 21
2	1.001 61	23	1.003 41
3	1.001 56	24	1.003 63
4	1.001 52	25	1.003 85
5	1.001 50	26	1.004 09
6	1.001 49	27	1.004 33
7	1.001 50	28	1.004 58
8	1.001 52	29	1.004 84
9	1.001 56	30	1.005 12
10	1.001 61	31	1.005 35
11	1.001 68	32	1.005 69
12	1.001 77	33	1.005 99
13	1.001 86	34	1.006 29
14	1.001 96	35	1.006 60
15	1.002 07	36	1.006 93
16	1.002 21	37	1.007 25
17	1.002 34	38	1.007 60
18	1.002 49	39	1.007 94
19	1.002 65	40	1.008 30
20	1.002 83		

注：f 为不同温度下用纯水充满 1L(20 ℃)玻璃容器时水质量的 0.1％的倒数。

附录10　常用干燥剂

干燥剂	吸水量	干燥速度	酸碱性	再生方法	适用范围	备　注
P_2O_5	大	快	酸性	不能再生	适用于大多数中性或酸性气体，乙炔，二硫化碳，炔，卤化氢，酸溶液，酸与酸酐，腈；不适用于碱性物质，醇，酮，易发生聚合的物质，氯化氢	使用时应与载体(石棉绒、玻璃棉、浮石等)混合；一般先用其他干燥剂预干燥；本品易潮解，与水作用生成偏磷酸、磷酸等
浓 H_2SO_4	大	快	酸性	蒸发浓缩再生	适用于大多数中性与酸性气体(干燥器、洗气瓶)，饱和烃，卤代烃，芳烃；不适用于不饱和的有机物，醇，酮，酚，碱性物质，硫化氢，碘化氢	不适宜升温真空干燥
BaO/CaO	—	慢	碱性	不能再生	适用于中性或碱性气体胺，醇；不适用于醛，酮，酸性物质	特别适用于干燥气体，与水作用生成$Ba(OH)_2$、$Ca(OH)_2$

（续）

干燥剂	吸水量	干燥速度	酸碱性	再生方法	适用范围	备　注
NaOH/KOH	大	较快	碱性	不能再生	适用于氨，胺，醚，烃（干燥器），肼；不适用于氯化氢(爆炸)，醇，伯胺，仲胺及易与金属钠反应的物质	易潮解
K_2CO_3	中	较慢	碱性	100 ℃烘干再生	适用于胺，醇，丙酮，一般的生物碱，酯，腈；不适用于醇，氨，胺，酸，酸性物质，某些醛，酮与酯	易潮解
$CaCl_2$	大	快	碱性	200 ℃下脱水再生	适用于烃，链烯烃，醚，酯，卤代烃，腈，中性气体，氯化氢	价廉，可与许多含氮、氧的化合物生成溶剂化物、配合物或与之发生反应；含有 CaO 等碱性杂质
$Mg(ClO_4)_2$	大	—	中性	烘干再生（251 ℃分解）	适用于含有氨的气体(干燥器)	适用于分析工作，能溶于多种溶剂中；碳、硫、磷及一切有机物不可与之直接接触，否则会发生爆炸
Na_2SO_4/$MgSO_4$	大	较快	中性/微酸性	200 ℃下脱水再生	普遍适用，特别适用于酯及敏感物质溶液	价廉，Na_2SO_4 常用作预干燥剂
$CaSO_4$	小	快	中性	在 163 ℃下脱水再生	普遍适用	常先用 Na_2SO_4 作预干燥剂
分子筛	大	较快	酸性	烘干，温度随型号而异	适用于 100 ℃下的大多数流动气体，有机溶剂(干燥器)；不适用于不饱和烃	一般先用其他干燥剂干燥，特别适用于低分压物质的干燥
硅胶	大	快	酸性	120 ℃烘干再生	适用于干燥器，不适用于氟化氢	

附录 11　危险药品的分类、性质和管理

类　别		举　例	性　质	注意事项
爆炸品		硝酸铵、苦味酸、三硝基甲苯	遇高热、摩擦、撞击等，引起剧烈反应，放出大量气体和热量，产生猛烈爆炸	存放于阴凉、地下处。轻拿、轻放
易燃品	易燃液体	丙酮、甲醇、乙醚、苯等有机溶剂	沸点低、易挥发，遇火则燃烧，甚至引起爆炸	存放阴凉处，远离热源。使用时注意通风、不得有明火
	易燃固体	红磷、硫、萘、硝化纤维	燃点低，受热、摩擦、撞击或遇氧化剂，可引起剧烈连续燃烧、爆炸	
	易燃气体	氢气、乙炔、甲烷	因撞击、受热引起燃烧，与空气按一定比例混合，则会爆炸	使用时注意通风。如为钢瓶气，不得在实验室存放
	遇水易燃品	钠、钾	遇水剧烈反应，产生可燃气体并放出热量，此反应热会引起燃烧	保存于煤油中，切勿与水接触
	自燃品	黄磷	在适当温度下被空气氧化，放热，达到燃点而引起自燃	保存于水中

（续）

类　别	举　例	性　质	注意事项
氧化剂	硝酸钾、氯酸钾、过氧化氢、过氧化钠、高锰酸钾	具强氧化性，遇酸，受热，与有机物、易燃品、还原剂等混合时，因反应引起燃烧或爆炸	不得与易燃品、爆炸品、还原剂等一起存放
剧毒品	氰化钾、三氧化二砷、升汞、氯化钡、六六六	剧毒，少量侵入人体（如误食或接触伤口）引起中毒，甚至死亡	专人、专柜保管，现用现领，用后的剩余物，不论是固体还是液体都应交回保管人，并应设有使用登记制度
腐蚀性药品	强酸、氟化氢、强碱、溴、酚	具有强腐蚀性，触及物品造成腐蚀、破坏，触及人体皮肤，引起化学烧伤	不要与氧化剂、易燃品、爆炸品放在一起

参 考 文 献

蔡炳新，陈贻文，2007. 基础化学实验[M]. 2版. 北京：科学出版社.

蔡怀友，于香安，1998. 从猪毛中提取胱氨酸的制备工艺[J]. 中国药学杂志，33(2)：112.

陈东红，2009. 有机化学实验[M]. 上海：华东理工大学出版社.

陈金芳，2008. 精细化学品配方设计原理[M]. 北京：化学工业出版社.

陈燕，2020. 稻谷重金属镉含量测定——快检方法与国家标准方法的比对与分析[J]. 现代食品(04)：
226-228.

崔学桂，张晓丽，胡清萍，2007. 无机及分析化学实验[M]. 2版. 北京：化学工业出版社.

丁长江，2006. 有机化学实验[M]. 北京：科学出版社.

范星河，李国宝，2009. 综合化学实验[M]. 北京：北京大学出版社.

方波，2008. 日用化工工艺学[M]. 北京：化学工业出版社.

猴卫军，猴奕显，2018，全透明皂制备方法浅析与展望[J]. 广州化工，46(11)：14-16.

郭海福，秦海莉，樊宏伟，等，1999. 尼泊金酯的合成及催化剂选择[J]. 精细石油化工，17(1)：34-37.

郭伟强，2005. 大学化学基础实验[M]. 北京：科学出版社.

韩春亮，陆艳琦，张泽志，2008. 大学基础化学实验[M]. 成都：电子科技大学出版社.

黄慧莉，林文銮，1996. 茶多酚的提取及抗氧化性能研究[J]. 华侨大学学报(自然科学版)，17(4)：
403-406.

霍冀川，2007. 化学综合设计实验[M]. 北京：化学工业出版社.

吉卯祉，梁久来，黄家卫，2009. 有机化学实验[M]. 2版. 北京：科学出版社.

焦家俊，2010. 有机化学实验[M]. 2版. 上海：上海交通大学出版社.

金建忠，2009. 基础化学实验[M]. 杭州：浙江大学出版社.

居学海，2007. 大学化学实验4综合与设计性实验[M]. 北京：化学工业出版社.

孔祥虹，李建华，2004. 反相高效液相色谱法测定果汁中的有机酸[J]. 理化检验——化学分册，40(6)：
331-333.

蓝蓉，王文蜀，惠岑怿，2006. 微型半微型有机化学实验[M]. 北京：中央民族大学出版社.

黎钢，张松梅，郝立根，2002. 两步碱催化法合成水溶性酚醛树脂[J]. 中国胶粘剂，12(1)：18-21.

李厚金，石建新，邹小勇，2017. 基础化学实验[M]. 北京：科学出版社.

李英俊，孙淑琴，2005. 半微量有机化学实验[M]. 北京：化学工业出版社.

梁亮，2009. 化学化工专业实验[M]. 北京：化学工业出版社.

刘汉兰，陈浩，文利柏，2008. 基础化学实验[M]. 北京：科学出版社.

刘约权，李贵深，2005. 实验化学[M]. 2版(上). 北京：高等教育出版社.

刘约权，李贵深，2005. 实验化学[M]. 2版(下). 北京：高等教育出版社.

鲁伟，王明元，2006. 利用毛发提取L-胱氨酸的生产工艺探讨[J]. 氨基酸和生物资源，28(1)：49-51.

罗士平，陈若愚，2005. 基础化学实验(上)[M]. 北京：化学工业出版社.

罗志刚，2007. 基础化学实验技术[M]. 2版. 广州：华南理工大学出版社.

罗志刚，2009. 基础化学实验(农科)[M]. 北京：中国农业出版社.

毛宗万，童叶翔，2008. 综合化学实验[M]. 北京：科学出版社.

孟长功，辛剑，2009. 基础化学实验[M]. 北京：高等教育出版社.

孟启，韩国防，2005. 基础化学实验(中)[M]. 北京：化学工业出版社.

倪静安，2007. 无机及分析化学实验[M]. 北京：高等教育出版社.

任玉杰，2007. 绿色有机化学实验[M]. 北京：化学工业出版社.

苏国钧，刘恩辉，2008. 综合化学实验[M]. 湘潭：湘潭大学出版社.

王学利，毛燕，2010. 有机化学实验[M]. 北京：中国水利水电出版社.

王尊万，2007. 综合化学实验[M]. 2版. 北京：科学出版社.

魏晓敏，2016. 乳与乳制品掺伪鉴别和检验技术[J]. 科技论(06)：124-125.

温普红，李宗孝，高拴平，2004. 芦丁生产新工艺[J]. 中医药学报，32(4)：20-22.

吴性良，朱万森，2008. 仪器分析实验[M]. 2版. 上海：复旦大学出版社.

熊莹，2020. 茶多酚超声辅助提取工艺优化及抗氧化活性研究[J]. 中国现代应用药学，37(2)：175-179.

徐宝财，2007. 日用化学品——性能、制备、配方[M]. 2版. 北京：化学工业出版社.

徐伟亮，2005. 基础化学实验[M]. 北京：科学出版社.

姚金凤，杜斌，张瑞锋，等，2007. 毛细管柱气相色谱法测定风油精中薄荷脑含量[J]. 郑州大学学报(医学版)，42(6)：1168-1169.

叶晶晶，曹宁宁，吴建梅，等，2016. 蚕沙资源的综合利用研究进展[J]. 四川蚕业，44(04)：10-11.

袁书玉，2006. 现代化学实验基础[M]. 北京：清华大学出版社.

曾跃，马铭，夏绍喜，2008. 本科化学实验[M]. 长沙：湖南师范大学出版社.

张朝燕，吴纯洁，谢绍绷，等，2002. 芦丁提取工艺的研究[J]. 基层中药杂志，16(4)：29-30.

张春荣，吕苏琴，揭念芹，2007. 基础化学实验[M]. 2版. 北京：科学出版社.

张寒琦，徐家宁，2006. 综合和设计化学实验[M]. 北京：高等教育出版社.

张淑婷，杨卓鸿，2017. 有机化学实验[M]. 北京：中国农业出版社.

张小林，余淑娴，彭在姜，2006. 化学实验教程[M]. 北京：化学工业出版社.

张勇，2010. 现代化学基础实验[M]. 3版. 北京：科学出版社.

张友兰，2005. 有机精细化学品合成及应用实验[M]. 北京：化学工业出版社.

赵会芝，赵莹，张建平，等，2010. 侧柏叶黄酮雪花膏配方研制及美白功效评价[J]. 安徽农业科学，38(19)：10262-10263.

周陆怡，潘文嘉，2017. 槐花米中芦丁提取的优化研究[J]. 海峡药学(01)：34-36.

周相玲，朱文娴，汤树明，等，2007. 人工发酵与自然发酵泡菜中亚硝酸盐含量的对比分析[J]. 中国酿造(11)：51-52.

周志高，蒋鹏举，2005. 有机化学实验[M]. 北京：化学工业出版社.

朱红军，2007. 有机化学微型实验[M]. 2版. 北京：化学工业出版社.

朱卫华，2012. 大学化学实验[M]. 北京：科学出版社.

朱霞石，2006. 大学化学实验[M]. 南京：南京大学出版社.

图书在版编目(CIP)数据

基础化学实验 / 刘晓瑭主编 . —3 版 . —北京：
中国农业出版社，2021.8(2023.7 重印)
普通高等教育农业农村部"十三五"规划教材　全国
高等农林院校"十三五"规划教材　全国高等农业院校优
秀教材
ISBN 978 - 7 - 109 - 28463 - 0

Ⅰ.①基…　Ⅱ.①刘…　Ⅲ.①化学实验－高等学校－
教材　Ⅳ.①O6 - 3

中国版本图书馆 CIP 数据核字(2021)第 131775 号

中国农业出版社出版

地址：北京市朝阳区麦子店街 18 号楼
邮编：100125
责任编辑：曾丹霞
版式设计：杜　然　责任校对：刘丽香
印刷：中农印务有限公司
版次：2009 年 12 月第 1 版　2021 年 8 月第 3 版
印次：2023 年 7 月第 3 版北京第 2 次印刷
发行：新华书店北京发行所
开本：787mm×1092mm　1/16
印张：18.5
字数：437 千字
定价：42.00 元